RECENT ADVANCES IN
ENGINEERING RELIABILITY THEORY AND APPLICATIONS

工程可靠度
理论前沿与应用

张　熠　张振浩 ◎ 主编

知识产权出版社
全国百佳图书出版单位
—北 京—

图书在版编目（CIP）数据

工程可靠度理论前沿与应用 / 张熠，张振浩主编. —北京：知识产权出版社，2024.9
ISBN 978-7-5130-9235-7

Ⅰ. ①工…　Ⅱ. ①张…②张…　Ⅲ. ①可靠性理论—研究　Ⅳ. ①O213.2

中国国家版本馆 CIP 数据核字（2024）第 030885 号

责任编辑：邓　莹　张　冰　　　　责任校对：潘凤越
特约编辑：彭　来　　　　　　　　责任印制：孙婷婷

工程可靠度理论前沿与应用
张　熠　张振浩　主　编

出版发行：知识产权出版社 有限责任公司　　　网　　址：http：//www.ipph.cn
社　　址：北京市海淀区气象路 50 号院　　　　邮政编码：100081
责编电话：010-82000860 转 8024　　　　　　责编邮箱：740666854@qq.com
发行电话：010-82000860 转 8101/8102　　　发行传真：010-82000893/82005070/82000270
印　　刷：三河市国英印务有限公司　　　　　经　　销：新华书店、各大网上书店及相关专业书店
开　　本：787mm×1092mm　1/16　　　　　印　　张：17
版　　次：2024 年 9 月第 1 版　　　　　　　印　　次：2024 年 9 月第 1 次印刷
字　　数：420 千字　　　　　　　　　　　　定　　价：99.00 元
ISBN 978-7-5130-9235-7

工程动力可靠度青年学科组

（按姓氏笔画排序，排名不分先后）

公常清，哈尔滨工业大学威海校区海洋工程学院副教授。2019 年获得加拿大西安大略大学博士学位。曾先后担任加拿大管道风险咨询公司 JANA Corporation 技术主管、美国里海大学博士后副研究员。研究兴趣包括大系统可靠度高效计算方法、基于风险的能源管道和海洋结构全寿命完整性管理，旨在为能源、舰船和保险业提供结构风险评价技术支持。公常清提出的系统可靠度算法被若干国内、国外大学研究课题组采用，用于计算各类可靠度问题。

白涌滔，重庆大学土木工程学院教授、博士研究生导师，重庆大学钢结构工程研究中心骨干成员（合作导师：周绪红院士）。主要围绕工程结构损伤演化理论与工程应用，开展疲劳损伤力学智能建模、激光冲击强化性能提升、折纸/声子晶体超材料等方面的前沿交叉领域研究。2021 年入选"国家青年人才计划"，德国洪堡学者，日本学术振兴会特别研究员等。曾赴英国伯明翰大学。意大利米兰理工大学、英国帝国理工大学等交流。现兼任 *The Structural Design of Tall and Special Buildings* 等 3 个国际期刊编委，担任 European Safety and Reliability Association 土木工程专业委员会委员等。主持国家重点研发计划青年科学家项目、国家自然科学基金项目、中国地震局重点实验室专项项目等。在 SCI 期刊发表论文 70 余篇，应用于日本最高层建筑钢结构、大跨空间网架结构及火电厂主厂房等重大工程基础设施，获重庆市科技进步一等奖等 4 项科研奖励。

毕司峰，英国南安普顿大学（University of Southampton）助理教授，分别在南京航空航天大学和北京航空航天大学获得学士与博士学位。2015年赴法国国家科学研究中心（CNRS）从事博士后研究。2017年获得德国洪堡基金会资助，在汉诺威莱布尼兹大学从事研究工作。2021年进入思克莱德大学机械与航天系，2024年加入南安普顿大学航空航天学院。主要研究方向为飞行器结构动力学数值仿真中的不确定性分析、大型复杂飞行器结构数值模型的随机修正与确认研究，以及以不确定性分析为基础的航天任务系统设计与可靠性优化。

刘勇，武汉大学水利水电学院教授。分别在中南大学、华中科技大学和新加坡国立大学获得本科、硕士和博士学位。入选"国家青年人才计划"、全球前2%顶尖科学家"2022年度科学影响力排行榜"，2023年获黄文熙-陈宗基岩土力学奖青年奖。主要研究方向为岩土工程不确定性定量表征和大型复杂水工程高效随机分析方法与应用等。在工程风险分析、岩土工程不确定性量化等方面取得一系列创新性成果，研究工作被国际土力学及岩土工程学会期刊 *ISSMGE Bulletin* 亮点评述。主持国家自然科学基金联合基金重点项目1项和面上项目2项、湖北省自然科学基金创新群体项目1项、武汉大学国际交流部重大合作项目1项以及若干横向咨询服务项目，获湖北省科技进步二等奖1项（排名第一），获得国家授权发明专利12件、计算机软件著作权8项（1项实现转化）。担任多个国际杂志副主编、中国土木工程学会港口工程分会理事等学术兼职。

张熠，清华大学土木工程系防灾减灾工程研究所副教授。2009年毕业于新加坡南洋理工大学土木工程与环境学院，2014年获得新加坡国立大学土木工程系博士学位。曾获得日本学术振兴会博士后奖学金，德国洪堡基金会博士后奖学金（洪堡计划）；入选"国家青年人才计划"。主要研究方向涉及结构可靠性分析、海洋结构工程、不确定性分析和模糊量化、基建设施安全检测及维护管理等。针对利用随机理论来模拟土木工程中的灾害灾变，在方法分析、实例运用方面做了大量工作，创造了全新的防灾评估技术及防治手段，相关研究成果被应用于港珠澳大桥等国家重大型工程建设。

张龙文，工学博士，湖南农业大学神农学者青年英才引进人才，硕士研究生导师，土木工程系主任，全国研究生教育评估监测专家库专家，担任 *Reliability Engineering & System Safety*、*Engineering Structures* 等多个权威国际学术期刊审稿人。2018 年于中南大学获得博士学位，师从日本工程院院士赵衍刚教授。主持国家、省、市级自然科学基金，以及湖南省教育厅科学研究重点等科研项目 7 项；发表高水平学术论文 20 余篇，其中 SCI/EI 论文 17 篇，获 Outstanding Achievement Award (ISLESI 2017)1 项；获湖南省首届自然科学优秀学术论文 1 篇，湖南省普通高校教师信息化教学竞赛一等奖，湖南农业大学优秀教师等荣誉称号。研究方向涉及工程结构风险评估与可靠度理论及应用方面等，特别在高阶矩可靠度理论、首次超越的极值分布方法分析上做了大量的工作。

张振浩，长沙理工大学教授，博士研究生导师，新材料与新技术研究所所长，湖南省科技人才托举工程中青年优秀科技人才，担任 *ASCE-ASME Journal of Risk and Uncertainty in Engineering Systems* 等国际期刊编委。从事结构动力可靠度研究，获随机过程多次跨阈问题首个精确解析解。发表论文 95 篇，ESI 热点 3 篇、高被引 4 篇，SCI 期刊封面文章 1 篇。获湖南省科技进步二等奖等科技奖励 6 项。

郭弘原，香港理工大学和同济大学双学位博士，现任香港理工大学土木与环境工程系研究助理教授。主要研究方向为工程结构和基础设施的全寿命周期设计与维护，以及人工智能驱动的可靠性、风险和不确定性评估方法。主持或参与国家自然科学基金 3 项、香港研究资助局项目 2 项，发表 15 篇 SCI 期刊论文。

黄磊，温州大学建筑工程学院讲师。2021 年于香港理工大学土木与环境工程学系获得博士学位。研究方向涉及岩土工程可靠度、边坡稳定性分析和岩土工程物联网智能监测等。运用随机场理论研究土体空间各向异性，不平稳性和约束作用对边坡可靠度评估的影响。相关研究成果以第一作者发表于 *Canadian Geotechnical Journal* 和 *Computers and Geotechnics* 等岩土工程领域国际知名 SCI 期刊。

潘秋景，中南大学土木工程学院教授，博士研究生导师，湖湘青年英才，中南大学隧地工程研究中心副主任，深圳大学未来地下城市研究院客座研究员。主要从事岩土与地下工程数字孪生、隧道掘进力学与风险控制、机器学习与岩土工程大数据分析等方面的研究。主持国家自然科学基金项目2项、湖南省自然科学基金1项及横向课题多项。荣获中国公路学会科学技术一等奖1项、中国交通运输协会科学技术一等奖1项。以第一作者和通讯作者发表论文40余篇。担任 *Journal of Central South University* 和 EI 期刊《铁道科学与工程学报》青年编委、*Underground Space* 客座编辑、中国岩石力学与工程学院兼职秘书长、中国土木工程学会工程风险与保险研究分会理事、世界交通运输大会隧道工程学部委员会委员等学术兼职。

魏鹏飞，西北工业大学动力与能源学院副教授，博士研究生导师，德国洪堡学者。任可靠性领域国际顶刊 *RESS* 等三个 SCI 期刊编委、中国振动工程学会随机振动专业委员会青年委员等。研究方向包括不确定性量化与结构安全、机器学习驱动的数值分析与计算力学、复杂系统理论。主持国家自然科学基金面上项目、中德国际合作项目（NSFC 和 DFG 联合项目）、国家自然科学基金青年项目、航天科技支撑基金、陕西省自然科学基金等项目，以第一作者和通讯作者在 *RESS*、*MSSP*、*CMAME*、*Structural Safety*、*SMO* 等国际重要期刊发表 SCI 论文40余篇。获国家科技进步奖二等奖、国防科技进步奖二等奖、陕西省科学技术奖二等奖、陕西省优秀博士论文等奖励。发起并主办了第一届中-德复杂系统可靠性研讨会，多次受邀在国内外学术会议上任分会主席并作邀请报告。

魏凯，西南交通大学土木工程学院桥梁工程系教授，博士研究生导师。国家优秀青年科学基金项目获得者，四川"天府峨眉"计划青年人才、四川五四青年奖章集体核心成员。曾先后在美国马萨诸塞大学和东北大学进行了为期三年的博士后研究（2013—2016年）。2007年获同济大学土木工程学士学位，2013年获得同济大学桥梁与隧道工程博士学位。曾获中国公路学会科学技术奖特等奖、上海市科学技术奖二等奖等。长期从事桥梁水动力作用的理论与应用基础研究。研究成果在平潭海峡公铁两用大桥、常泰长江大桥、甬舟铁路西堠门公铁两用跨海大桥、杭州湾跨海铁路大桥等重大桥梁工程中应用，取得良好的经济和社会效益。

序

可靠度理论在过去几十年中发生了革命性的变化，从最初的基础概念和简单模型，发展到今天这样一个多学科交叉的广阔领域。在这个发展过程中，我们见证了各种先进的统计方法的提出，近年来贝叶斯网络、马尔可夫模型以及复杂网络理论等的引入，极大地提升了我们对复杂系统可靠性进行定量分析的能力。

本书汇集了一批国内外知名学者的智慧和心血。从介绍可靠度理论的基本概念出发，深入探讨了可靠度分析、可靠性优化、可靠性工程设计等方面的研究内容和最新进展，为读者呈现了工程可靠度理论和应用的前沿动态。

首先，本书在内容的选择和组织上力求全面、系统。无论是可靠度理论的基础知识，还是可靠性工程的具体应用案例，本书都力求覆盖全面，使读者能够全面了解可靠度理论的发展历程和应用现状。其次，本书在作者的选择上注重学术水平和实践经验。本书的作者团队由一批在可靠度理论和应用领域具有丰富研究和实践经验的专家学者组成，他们既有理论造诣，又有丰富的实践经验，能够为读者提供权威、可靠的信息和见解。最后，本书在内容的编排和阐述上注重通俗易懂。尽管可靠度理论属于较为专业的领域，但本书力求以通俗易懂的语言和案例，向读者解释和展示复杂的理论概念和方法，使读者能够轻松理解和掌握。

这是一本兼具学术深度和实践广度的好书。我相信本书一定会成为可靠度领域内一个重要的参考资料，不仅能够激发更多的学术讨论，而且能够推动可靠度理论和实践的进一步发展。

北京工业大学　赵衍刚

2023 年 3 月 28 日

前　　言

2020 年 10 月 30 日，在由中国振动工程学会主办、随机振动专业委员会承办的第十二届全国随机振动理论与应用学术会议暨第九届全国随机动力学学术会议上，正式提出了成立工程动力可靠度青年学科组的动议。

工程动力可靠度青年学科组是在中国科学院院士、中国振动工程学会副理事长、同济大学李杰教授，中国振动工程学会随机振动专业委员会主任、国家杰出青年科学基金获得者、同济大学陈建兵教授，以及中国振动工程学会随机振动专业委员会秘书长、上海防灾救灾研究所彭勇波教授的支持下，由清华大学张熠教授、长沙理工大学张振浩教授牵头筹备并承担具体组织安排工作。

众所周知，可靠性理论研究对工程应用的安全保证起着重要作用。自 20 世纪 80 年代以来，我国工程设计就一直关注这一领域的发展，先后制定了以《工程结构可靠性设计统一标准》为代表的近十个国家标准，并以此为基础形成一套工程可靠性设计体系，为我国可靠性领域的发展打下坚实的基础。随着国家经济持续不断的发展，全国各大高校、科研机构从事可靠性相关研究的科研队伍也在不断壮大。特别是近年来，我国在可靠性领域的科研工作屡有突破，取得丰硕的成绩。这主要包括可靠性理论和方法在工程设计中的应用、工程风险分析及全生命周期管理与可持续性发展、安全评估与健康监测、不确定性的量化与评估等。借第十二届全国随机振动理论与应用学术会议之机，工程动力可靠度青年学科组举办了成组以来的第一届青年学术论坛，并邀请相关青年学科组成员做会议特邀报告。

本书收录了工程动力可靠度青年学科组第一届青年学术论坛的优秀论文，涵盖了近期国内各大高校在可靠度理论研究方面的最新成果。除此之外，本书同时收录了部分基于可靠度理论的最新工程应用研究。全书形成系统性的三大主题——不确定性量化建模、可靠度计算方法和可靠度工程应用。单丝不成线，独木不成林，能集合各位青年才俊的压卷之作，出版工程动力可靠度青年学科组的第一部作品，深感荣幸。在此感谢各位青年学科组成员，以及负责书稿编辑、整理的彭来老师在本书出版过程中付出的辛勤汗水与努力。

　　能够通过本书的出版为中国振动工程学会可靠度领域后备人才的培养作出些许贡献，是我们义不容辞的职责。希望工程动力可靠度青年学科组能保持求真务实的科研态度、孜孜不倦的求学精神，为可靠度研究领域的繁荣和中国振动工程学会的发展作出更大的贡献。

　　本书内容按照作者原文进行排版，如有不当之处，敬请谅解，欢迎各位读者批评指正。

中国振动工程学会

随机振动专业委员会

工程动力可靠度青年学科组

张熠、张振浩

2022 年 1 月

目 录
contents

上篇　不确定性量化建模

2　**1**由确定到随机：模型修正方法在不确定性分析框架下的发展
　　赵彦琳　毕司峰　魏鹏飞　Matteo Broggi　Michael Beer

20　**2**非侵入式非精确随机模拟：一种混合不确定性量化与可靠性分析的
　　方法框架
　　魏鹏飞　宋静文　毕司峰　Michael Beer

49　**3**基于多元土体参数间非对称相关性特征的非对称 Copula 建模方法
　　张熠

中篇　可靠度计算方法

78　**4**基于降维概率密度演化方程的复杂高维非线性随机动力系统可靠度
　　分析
　　陈建兵　律梦泽

107　**5**基于概率密度函数的退化结构时变可靠度分析
　　郭弘原　顾祥林　董优

134　**6**考虑约束作用和空间变异性的岩土工程可靠度分析方法
　　黄磊

150　**7**主动学习支持向量机-蒙特卡洛模拟可靠度计算方法
　　潘秋景　张瑞丰　赵炼恒

169　**8**结构抗震可靠度分析的线性矩法
　　张龙文

下篇　可靠度工程应用

192　9 超低周疲劳荷载下钢结构杆系单元损伤演化模型

　　　白涌滔　周绪红　解程　Julio Florez-Lopez

206　10 基于 Excel 的高效全概率管道结构可靠度工具

　　　公常清　秦国晋

219　11 隧道开挖中水力耦合随机有限元分析

　　　王若晗　刘勇

239　12 台风作用下海洋风-浪联合概率模型

　　　魏凯

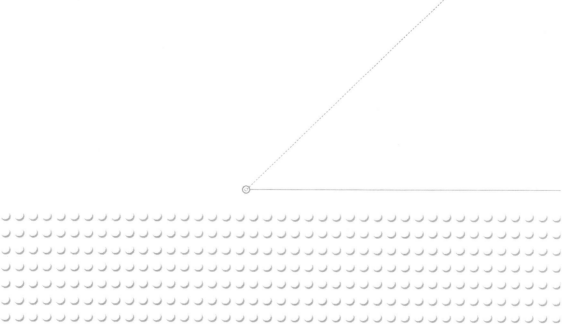

上 篇

不确定性量化建模

1 由确定到随机：模型修正方法在不确定性分析框架下的发展

赵彦琳，*北京科技大学机械工程学院*
毕司峰，University of Southampton, Department of Aeronautics and Astronautics
魏鹏飞，*西北工业大学动力与能源学院*
Matteo Broggi, Michael Beer, Leibniz University Hannover, Institute for Risk and Reliability

1.1 引言

随着计算机技术的发展，数值建模与仿真在航空航天、机械、土木等领域中的作用越来越明显。以有限元法（Finite Element Method, FEM）为核心的计算结构力学与计算流体力学（Computational Fluid Dynamics, CFD）近年来在各行业装备制造、产品设计过程中取得了长足的发展。但是，数值建模与仿真的本质为对实际物理系统的近似，不可能完全再现实际系统的所有物理特征。数值模型的分析结果与针对实际结构的实验观测结果相比，总存在不可避免的差异。因此，在有限元法诞生之初，人们便开始了对数值仿真差异的研究，即模型修正技术。模型修正可以理解为有限元数值建模过程的反问题，即在获得模型仿真结果和实验观测结果的前提下，比较和量化两者之间的差异，基于此差异反向调整数值模型的输入参数、单元类型、节点数目等，使得修正后模型的计算结果满足一定的精确度要求。

近年来，不确定性分析（Uncertainty Analysis）逐渐从经济、管理领域引入工程领域，成为各类重大重点工程风险与可靠性问题的重要分析技术。不确定性分析与模型修正存在天然的联系。模型修正所关注的数值分析与实验观测的差异可以理解为由不同来源的不确定性所导致。这里主要分为三个来源，即建模不确定性、参数不确定性以及实验不确定性。

（1）建模不确定性：主要包含有限元建模过程中的近似与简化。例如，对复杂结构几何外形的简化，对结构非线性特征的线性化近似，以及有限元法本身对连续系统的离散化假设等。

（2）参数不确定性：由于知识不完备造成的模型输入参数误差。例如，对于新型复合材料，某些物理参数难以精确标定，由于制造公差与材料不均匀性导致尺寸参数与材料参数的不精确，同时某些输入参数具有天然的随机性，如地震、波浪、阵风载荷等。模型的各类非精确输入参数是模型修正的主要修正对象。

（3）实验不确定性：作为模型修正基准的实验测量数据本身受到诸多随机与主观因素的影响。例如，实验过程的环境噪声影响、信号处理过程的误差以及观测人员的主观判断等。

上述三类不确定性的存在使得传统模型修正技术由确定性向随机性转变，表现为统计意义下的随机模型修正（Stochastic Model Updating）。不再以单一的实验观测值作为修正目标，而是借助不确定性传递与量化技术，对模型输入参数的不确定性特征进行修正，使得模型仿真输出可以再现实验测量结果的随机或分布特征。

　　本章对模型修正技术由确定性向随机性的发展历程做简要回顾，总结模型修正的总体技术路线，其主要包含特征提取、参数选择、代理模型、参数修正、模型调整与确认等内容。重点关注在不确定性分析背景下，随机模型修正所需要解决的新问题，包含不确定性量化以及不确定性传递方法。同时给出一个弹簧质量系统的仿真算例以及 NASA 不确定性量化挑战问题算例，以验证本章提出的随机模型修正方法的可行性与实际效果。

1.2　模型修正的发展历程

　　利用实验测量数据对数值仿真结果进行调整的思想，最早可追溯至 20 世纪 50 年代。1958 年，Gravitz[1] 为了解决地面振动实验的测量模态非正交问题，利用实验模态与数值模型的刚度质量信息，构建结构的挠性影响系数矩阵并将其对称化，从而实现模态向量的正交化。真正意义上的模型修正思想则诞生于 Collins 等人[2] 在 1973 年的工作，他们在对土星–5 号火箭进行有限元建模过程中，利用振动实验测得的固有频率与振型数据，修正了有限元模型的刚度与质量信息。在那之后的 20 年间，随着计算机技术的迅猛发展以及有限元法的广泛应用，模型修正技术取得长远发展。Mottershead 和 Friswell 于 1993 年发表了模型修正技术的第一篇综述文章[3]，随后出版了题为 "*Finite Element Model Updating in Structural Dynamics*" 的专著[4]。

　　确定性模型修正方法可以分为两类，即矩阵类修正和参数类修正。矩阵类修正方法是模型修正早期的主要方法，又称为"拉格朗日乘子类方法"。顾名思义，这类方法的修正对象为有限元模型的质量、刚度以及阻尼矩阵。它一般先将质量矩阵或刚度矩阵进行摄动，然后引入拉格朗日乘子并代入正交性条件求出摄动量，使修正后的广义刚度矩阵代入运动方程，最终计算获得的特征值与实验测量值相吻合[5]。这类方法的优点是它可提供修正矩阵的解析解，在计算精度和速度上具有明显优势。但它的缺点同样明显：①由于修正对象是特征矩阵的元素，因此缺乏明确的物理意义；②由于实验测量自由度一般远小于有限元模型的自由度，需要对有限元模型进行自由度缩聚，或对实验结果进行自由度扩展，增加了修正过程的复杂性和建模不确定性。

　　考虑到矩阵类方法的局限性，参数类修正方法逐渐成为近年来模型修正的主流方法。这类方法以具有明确物理意义的模型输入参数作为待修正变量，通过构造反映模型输出特征与实验观测值差异的罚函数，将罚函数的最小化作为优化目标。参数类修正方法将模型输入参数作为修正对象，将结构的固有频率、振型或频率响应函数等作为考察的输出特征。其中最典型的一类方法为基于灵敏度的模型修正。灵敏度修正法通过参数化有限元建模，建立模型输入参数与模态特征（固有频率或振型）之间的梯度信息，并结合对病态运动方程的正则化实现对模型输入参数的修正[6]。相关代表性的工作包含：Hua 等人[7] 提出了一种改进的自适应牛顿迭代法来处理不同迭代步中的参数正则化问题；Titurus 和 Friswell[8] 针对病态系统方程导致的修正结果不唯一的问题，提出了由输入特征空间向输入参数空间函数关系的线性化以及正则化方法。Mottershead 等人于 2011 年发表了灵敏度模型修正方法的综述文章[9]，详细推导了系统特征值、特征向量针对模型输入参数的灵敏度信息，并将此类方法应用到实际直升机有限元模型的修正过程。

模型修正早期主要在确定性框架内发展，认为有限元模型的待修正参数以及实验测量数据都是确定性的，主要研究工作集中于推导寻优算法与策略。从 20 世纪末开始，不确定性分析在各个工程领域逐渐被重视。人们认识到模型修正中实验与仿真的差异不仅源自有限元建模中的误差与近似，同时还受到实验过程中各类随机因素的影响。随机模型修正成为近年来模型修正领域最热点的问题。从确定到随机，这代表模型修正最终目标的转变，不再追求使差异最小化的"最优解"，转而将输入参数的随机特征作为修正目标，使仿真结果的随机特征与现有观测样本的分布特征在一定范围内满足精确度要求。

随机模型修正的概念首次由 Mares 和 Mottershead 等人[10]提出。在这一工作中他们用逆向蒙特卡罗（Monte Carlo）方法，基于多组符合一定概率分布的实验测量样本，在高斯分布的假设下修正了输入参数的均值和标准差。在特定概率分布假设下，利用随机抽样方法修正已知概率分布的未知分布参数，他们的这一思路对后续的随机模型修正研究产生了深远影响。基于这一思路，Govers 和 Link[11]将多维输出变量的协方差矩阵作为量化特征，在考虑多组实验数据的情况下修正了输入参数的均值与协方差矩阵信息。考虑各类不确定性后，随机模型修正面临的一大挑战是结果不唯一性。一般优化算法容易产生多组局部优化解，Bi 等人[12]提出了聚类分析的思路，结合统计学距离判别准则，从多组局部优化解中识别出符合实际物理意义的全局优化解。

随机模型修正与确定性模型修正的区别之一是需要多组实验观测样本，这在实际工程应用中是一个难点。如何充分利用少量的实验样本，提取出尽可能多的不确定性特征，是不确定性量化分析的主要研究内容。定义新型的不确定性量化准则，对实验观测与模型仿真间的差异给出统计意义下的全面描述，对于随机模型修正的结果具有重要影响。Bi（毕司峰）等人[13]首次将马氏距离（Mahalanobis Distance）和巴氏距离（Bhattacharyya Distance）引入模型修正，给出了各类统计学距离在随机模型修正中的应用方法与选用原则，并详细比较了各类距离的优缺点以及对修正结果的影响。新型不确定性量化指标不仅可以用于模型修正，而且可应用于正向的不确定性传递分析，例如灵敏度分析等[14]。

除基于梯度信息的优化方法之外，随机模型修正的另一类典型方法是贝叶斯修正方法（Bayesian Updating）。贝叶斯修正的思路是基于对输入参数的先验分布假设，利用已有实验样本数据定义似然函数，通过使似然函数概率最大化，获得输入参数的后验分布。这一思路充分利用现有的实验观测样本，对样本数量的要求不高，因此更适用于实际工程中实验成本昂贵的情况。将贝叶斯概率应用于模型修正最早由 Kennedy 和 O'Hagan[15]以及 Beck 和 Katafygiotis[16]提出。Beck 和 Au[17]随后又提出了利用马尔可夫链蒙特卡罗（Markov Chain Monte Carlo，MCMC）算法进行贝叶斯修正的思路。后来 Ching 和 Chen[18]针对复杂非线性问题导致的随机抽样困难，提出了过渡性 MCMC（Transitional MCMC，TMCMC）算法。MCMC 算法与贝叶斯修正存在天然的结合，因为它避免了对贝叶斯后验概率分布的直接积分运算，转而通过对一系列中间概率分布进行随机抽样，用中间概率分布逼近最终的后验分布。

为了解决贝叶斯修正过程似然函数计算复杂的问题，Bi（毕司峰）等人[19]提出了一种近似贝叶斯计算（Approximate Bayesian Computation，ABC）算法，利用马氏距离、巴氏距离等统计学距离构建了简化的似然函数，充分利用少量的实验观测样本，获得了较高的修正精度。不同于 MCMC 算法，Straub 和 Papaioannou[20] 提出了另一种典型的贝叶斯修正算法，即可靠性贝叶斯修正算法（Bayesian Updating with Structural Rreliability，BUS）。BUS 方法借鉴结构可靠性分析，将拒绝抽样和子集模拟法应用于贝叶斯后验分布的生成过程。针对贝叶斯修正中的各类抽样算法，Lye 等人[21] 发表了综述与教学论文，总结了 MCMC、TMCMC，以及连续蒙特卡罗算法的特点与应用范围。

除用概率分布描述参数的不确定性特征外，还可以用区间对随机参数进行描述，由此引出随机模型修正的另一个重要分支——区间修正。概率分布需要尽可能多的数据样本以拟合出尽可能精确的概率分布函数，区间描述则避免了这一问题，只需要对变量的上下界给出准确估计即可。这一领域的典型工作包括：Moens 和 Vandepitte[22] 基于模态叠加法给出了区间有限元方法的正向传递方法，获得了结构频率响应函数的区间描述。Qiu（邱志平）等人[23] 利用一阶参数摄动方法，结合区间变量计算，在大幅减少计算量的同时获得了系统输出特征的区间描述。Jiang 等人[24] 提出了"概率–区间混合模型"，对包含随机和认知不确定性的变量进行混合描述，并总结了此类方法在不确定性建模、传递以及可靠性分析领域的应用。

对随机模型修正而言，包含多组实验数据的基准算例对于验证方法有效性具有重要作用。目前具有多组公开数据的基准算例包括欧洲的 GARTEUR 结构和 NASA 的不确定性量化挑战问题算例。GARTEUR 结构的全称为 GARTEUR SM-AG-19 标准飞机模型，于 1995 年由法国航空航天研究院（ONERA）设计制造，旨在比较与考核不同振动模态试验技术和数值建模技术的精度。该结构在 20 世纪初由法国、德国、英国的多所科研机构在不同工况下由不同的实验测试技术测得了多组固有频率与振型数据[25]。随后德国宇航中心（DLR）对 GARTEUR 结构进行了仿制（称为 AIRMOD 结构），并对其进行了上百次的拆装与重复模态试验[26]。基于 GARTEUR 或 AIRMOD 结构的多组实验数据可以全面地反映各类实验的不确定性，因此被广泛应用于随机模型修正的方法验证，与此相关的文献包括文献[27]～[32]。NASA 兰利研究中心的 Crespo 和 Kenny 分别于 2014 年[33] 和 2021 年[34] 提出了两个版本的不确定性量化挑战问题。这类问题将物理系统抽象为黑箱模型，问题不涉及模型内部的物理原理，仅针对输入、输出变量的不确定性特征，提出各类子任务，包括模型修正、灵敏度分析、可靠性分析、可靠性优化、风险分析与优化等。问题设计者分别在国际期刊 *Journal of Aerospace Information Systems* 和 *Mechanical Systems and Signal Processing* 上组织了专刊，总结了世界范围内各研究团队对此问题的研究方法与结果，在不确定性分析领域产生了深远影响。针对 NASA 不确定性量化挑战问题，典型的工作可参见文献[19]、[35]～[37]。

综上所述，随机模型修正的主要方法包括概率统计类优化方法、概率统计类贝叶斯修正方法、区间修正方法；同时包括其他不确定性描述方法，例如专家论据[38]、模糊概率方法[39]、Inf-gap 方法[40] 等。针对上述不同方法的比较以及综述文献包括协方差修正与区间修正的对比[30]；贝叶斯修正与区间修正方法的对比[29]；优化算法与贝叶斯修正的对比[31]；Simoen 等对结构损伤评估领域不确定性分析与模型修正的综述文章[41]；Beer 等[42] 将概率区间混合模型、专家论据、模糊概率等方法统称为非精确概率方法，并给出了全面的分析与评述；Faes 和 Moens[43] 对非概率不确定性量化方法（主要涉及区间方法和模糊概率方法）进行了评述，包含正向的传递方法和反向的修正方法。上述对比和综述文献可以为各类不确定性描述方法下的随机模型修正研究提供参考。

1.3 模型修正的总体技术路线

模型修正是一个多学科融合的复杂技术体系，涉及有限元建模、结构振动实验、结构动力学分析、数据统计理论等各类专业技能与知识。本节对模型修正的总体技术路线及其包含的各个关键步骤进行分析说明，将回答如下问题：如何进行参数化建模；如何定义输出特征；如何选定关键待修正参数；如何定位模型误差；如何进行参数修正；如何评价与确认已修正模型。本节重点关注在考虑不确定性后，模型修正由确定性向随机性的拓展。这涉及借助不确定性传递与量化方法进行灵敏度分析、参数修正、模型确认等。

1.3.1 参数化建模与不确定性描述

有限元建模过程本质上是将客观连续的物理系统描述为抽象离散的数学模型的过程。这里的数学模型包含单元类型、尺寸的选择、材料特征的描述，以及线性或非线性的假设等。最终这一数学模型的分析结果由一系列输入参数决定。这里的输入参数包含几何尺寸、材料参数、载荷特性等。因此，数值建模过程包含的三个主要部分为输入参数、输出特征、分析模型。三者由式（1.1）描述：

$$Y = g(X) \tag{1.1}$$
$$其中 X = \begin{bmatrix} x_1, & x_2, & \cdots, & x_m \end{bmatrix}$$
$$Y = \begin{bmatrix} y_1, & y_2, & \cdots, & y_n \end{bmatrix}$$

式中：X 为输入参数矩阵，包含 m 个输入参数向量；Y 为输出特征矩阵，包含 n 个输出特征向量；$g(\cdot)$ 为分析模型，例如有限元模型或其他数值代理模型。

式（1.1）中的分析模型 $g(\cdot)$ 为确定性模型，但输入与输出可以描述为不确定性变量。首先不确定性可以分为最基本的两类，即认知不确定性（Epistemic Uncertainty）和随机不确定性（Aleatory Uncertainty）。认知不确定性由人们对问题的认识理解不全面导致，例如某类新型材料的性能参数。随着理解的加深和支撑数据的增加，认知不确定性可以被缩减。这也是模型修正的目的所在。随机不确定性代表系统的固有属性，例如结构承受的阵风载荷或地震载荷，具有天然的不确定性。此类不确定性无法被缩减，但需要合适的不确定性描述方法进行量化与表达。根据输入参数是否包含认知不确定性与随机不确定性，这里将输入参数分为以下四类。

（1）确定性参数：指不包含任何不确定性的理想状态，这类参数可以描述为具有确定值的常数。

（2）仅包含认知不确定性的参数：这类参数依然表现为一个常数，但由于认知不确定性的存在，常数的值无法确定，因此可以描述为一个区间。

（3）仅包含随机不确定性的参数：这类参数不再是一个常数，而是服从特定概率分布的随机变量，由于不涉及认知不确定性，此随机变量的所有分布特征（如分布类型、均值、方差）都是已知的。

（4）同时包含认知不确定性与随机不确定性的参数：这类参数依然被描述为随机变

量，但此随机变量的分布特征无法完全确定。这里采用"概率–区间混合模型"或"非精确概率"描述，其均值或方差为给定区间，因此参数本身可以描述为由无数条概率分布函数构成的概率盒（Probability-box，P-box）。

当仅有第（1）和第（2）类输入参数时，输出特征为区间变量；当仅有第（1）类和第（3）类输入参数时，输出特征为确定性随机变量；当同时涉及第（2）～（4）类输入参数时，输出特征为非精确概率变量。对于第三种情况，模型修正需要更加全面、高效的不确定性量化指标来实现对认知不确定性的缩减。

1.3.2　特征提取

特征提取是对模型输出变量再处理的过程。传统有限元模型修正以结构固有频率和振型作为输出特征。固有频率为标量，可以直接用于后续仿真值与实验值的对比，但结构振型数据无法直接使用。模态置信度（Modal Assurance Criterion，MAC）被广泛应用于对比两组振型向量的差异：

$$\mathrm{MAC}_{ij} = \frac{(\varphi_i^T \varphi_j)^2}{(\varphi_i^T \varphi_i)(\varphi_j^T \varphi_j)} \tag{1.2}$$

式中：φ_i 和 φ_j 分别为第 i 阶仿真模态和第 j 阶实验观测模态。

当 MAC = 1 时，代表两个对比振型完全相同；当 MAC = 0 时，代表两个振型完全正交，即模态阶次不同。

除固有频率和振型，频率响应函数（Frequency Response Function，FRF）也是典型的结构分析响应特征，可作为模型修正的参考输出变量。但 FRF 作为频域下曲线，具有多个共振峰值，无法在模型修正中直接使用。文献[44]定义了模式置信准则（Signature Assurance Criterion，SAC）和交叉置信因子（Cross Signature scale Factor，CSF）来比较两组频响函数的差异。对于更加复杂的分析类型，如瞬态冲击分析、大变形非线性响应等，需要定义峰值振幅、信号衰减率等用以全面描述特征数据，同时作为尽可能简单的标量，方便后续仿真值与实验值的对比。

1.3.3　参数选择与灵敏度分析

灵敏度分析是模型修正的一个重要步骤，主要用于衡量输入参数对输出特征的重要性，据此选择影响重大、灵敏度高的关键输入参数作为待修正参数。这一步骤对大型复杂结构的精细化有限元模型尤其重要。这类模型通常包含数量巨大的输入参数，不同输入参数对输出特征的影响程度不同，包含的不确定性水平也不同。同时，对所有输入参数进行修正将面临巨大的计算量，甚至导致系统方程病态，无法进行反问题求解。经典的灵敏度分析方法是基于方差的 Sobol 法[45]。另一种方法则是基于实用统计理论的方差分析（Analysis of Variance，ANOVA）与实验设计（Design of Experience，DOE）相结合，一次性给出了多输入-多输出的灵敏度信息矩阵，更适用于多维输出特征情况下的参数选择。

在确定性框架下，灵敏度分析的目的是考察输入参数的不同水平值对输出特征变化的影响。但是考虑不确定性后，在原先确定性框架下具有高灵敏度的输入参数可能包含比较低的不确定性水平。反之，低灵敏度的参数如果涉及较高的不确定性水平，则仍可能对输出变量的不确定性特征有重大影响。因此，考虑不确定性的随机灵敏度分析逐渐成为近年来的研究重点。文献［14］提出了一种标准的双层嵌套不确定性传递方法，同时考虑输入参数的认知与随机不确定性，获得输出特征概率盒的量化描述。在此意义下，随机灵敏度分析的目标变为分析与量化输入参数的认知不确定性与随机不确定性会以何种方式与何种程度来影响输出特征的不确定性空间（概率盒）。

1.3.4　代理模型

复杂工程结构的精细有限元模型往往规模巨大，单次计算的时间成本很高。然而随机模型修正需要大规模随机抽样，例如蒙特卡罗算法需要动辄千万次仿真计算，每次计算都调用全规模有限元模型，这将带来巨大的计算成本。因此，代理模型建模几乎成为随机有限元模型修正不可避免的步骤。代理模型的核心作用是减少计算量，利用输入与输出间的数学关系式代替复杂的有限元计算模型。近年来有大量关于代理模型的研究，其中典型的代理模型包括多项式响应面模型、径向基函数模型、支撑向量机模型、Kriging 模型、人工神经网络模型等。

构建代理模型首先需要一组少量的有限元计算数据作为训练样本。显然更多的训练样本可以提高代理模型的精度，但需要更多的计算成本。为了用尽可能少的训练样本覆盖尽可能全面的输入与输出参数空间，需要再次用到实验设计方法。典型的实验设计方法包括方差表法、正交拉丁方格法等。Yondo 等人[46]对代理模型方法和实验方法进行了全面总结，并分析了基于代理模型的优化与设计方法的优缺点、前景与挑战。

1.3.5　相关性分析与参数修正

将仿真结果与实验测量结果进行对比的过程称为相关性分析（Test-analysis Correlation，TAC）。相关性分析是模型修正的关键步骤，同时也是确定性模型修正和随机模型修正差别最大的步骤之一。确定性模型修正中相关性分析比较简单，仅针对单次实验观测值，给出确定性误差即可，例如针对固有频率特征，可以计算实验频率和仿真频率的均方根误差。随机模型修正面临多组实验与多组仿真数据，需要针对不同的不确定性量化方法（例如概率或区间描述）同时考虑认知与随机不确定性，给出在统计意义下两组数据间的差异水平。传统的欧氏距离仅考虑两个数据点间的几何距离，因此无法全面地衡量数据集的不确定性。巴氏距离是关于两个概率分布间统计学距离的描述，可以用于衡量随机模型修正实验与仿真两组数据集之间的差异。本章将探讨如何利用巴氏距离定义新型不确定性量化指标，并将其嵌入随机模型修正的算法中。

相关性分析的下一步即通过反向修正算法进行参数修正。最典型的修正算法为直接优化法，即利用相关性分析中仿真与实验的差异，将其最小化作为优化目标。另一类方法为贝叶斯修正，利用相关性分析的结果构建似然函数，通过将似然函数概率值最大化，获得待修正参数的后验分布。本章将比较直接优化法与贝叶斯算法，考查新型不确定性量化指标在随机模型修正中的作用。

1.3.6　模型调整与确认

参数修正完成后需要对修正后模型进行调整与确认，以评估其对于实际物理系统的合理性。Mottershead 等人[9]提出修正后模型需要满足以下三个标准：①修正后模型应可以预示现有的基准观测数据；②修正后模型应可以预示基准观测数据之外的独立观测数据；③对物理结构施加某一修改，修正后模型只需施加同样修改而不需新的修正过程，应可以预示修正后结构的观测数据。同时，针对大型结构系统，可额外考虑另一个标准：修正后模型组装到整体系统模型后，应可以改进整体系统模型对系统观测数据的预测精度。

模型调整与确认过程必须要面对的一个问题是模型参数与建模误差之间的相互补偿关系。模型修正的对象为输入参数，本质是利用待修正参数对建模不确定性的补偿过程。如果建模过程的误差过大，修正后模型参数可能偏离实际物理意义。这样的模型将无法满足上述所有四条确认准则。这时需要改进建模假设、更改单元类型、提高节点数量等，以获得与实际物理结构更接近的待修正初始有限元模型。

1.4 新型不确定性量化指标下的参数修正问题

本节针对 1.3.5 节的相关性分析与参数修正，给出新型不确定性量化指标的定义，并将其嵌入不同修正算法中，实现概率统计意义下的随机模型修正。

1.4.1 基于统计学距离的不确定性量化指标

考虑相关性分析中输出特征的实验观测样本 $\boldsymbol{Y}_e$ 和模型仿真样本 $\boldsymbol{Y}_s$，两个样本矩阵的维度分别为 $\boldsymbol{Y}_e \in \mathbb{R}^{N_e \cdot n}$，$\boldsymbol{Y}_s \in \mathbb{R}^{N_s \cdot n}$，其中 n 为输出特征变量的个数，例如结构的前 n 阶固有频率；N_e 和 N_s 分别为实验和仿真的样本数量。由此可见，$\boldsymbol{Y}_e$ 和 $\boldsymbol{Y}_s$ 为相同列数的矩阵，但行数可以不同。$\boldsymbol{Y}_e$ 和 $\boldsymbol{Y}_s$ 之间的欧氏距离表示为

$$d_E(\boldsymbol{Y}_e, \boldsymbol{Y}_s) = [(\overline{\boldsymbol{Y}}_e - \overline{\boldsymbol{Y}}_s)^T (\overline{\boldsymbol{Y}}_e - \overline{\boldsymbol{Y}}_s)]^{1/2} \tag{1.3}$$

式中：$\overline{\boldsymbol{Y}}_e$ 与 $\overline{\boldsymbol{Y}}_s$ 为 n 维均值列向量；上标 T 代表向量转置。

显然，欧氏距离只能考查两个样本集均值的重合程度，并不能反映样本集的分散特征。

因此，引入 $\boldsymbol{Y}_e$ 和 $\boldsymbol{Y}_s$ 之间的巴氏距离，其原始定义为

$$d_B(\boldsymbol{Y}_e, \boldsymbol{Y}_s) = -\ln\{BC[p(\boldsymbol{y}_e), p(\boldsymbol{y}_s)]\} \tag{1.4}$$

式中：$BC[p(\boldsymbol{y}_e), p(\boldsymbol{y}_s)]$ 为巴氏系数（Bhattacharyya Coefficient）；$p(\boldsymbol{y}_e)$ 和 $p(\boldsymbol{y}_s)$ 分别为实验输出变量和仿真输出变量的概率密度函数。

巴氏系数的定义为

$$BC[p(\boldsymbol{y}_e), p(\boldsymbol{y}_s)] = \int_{\mathbb{Y}} \sqrt{p(\boldsymbol{y}_e), p(\boldsymbol{y}_s)} \, \mathrm{d}y \tag{1.5}$$

在只有少量观测样本的情况下，上述概率密度函数难以精确确定，因此本章提出一种离散化近似方法，利用离散分布变量的概率质量函数（Probability Mass Function，PMF）近似估计连续分布变量的概率密度函数，也称为 Binning Algorithm。在获得离散的概率质量函数后，巴氏系数可以通过以下公式计算：

$$BC[p(\boldsymbol{y}_e), p(\boldsymbol{y}_s)] = \sum_{y_i \in \mathbb{Y}} \sqrt{p_i(\boldsymbol{y}_e), p_i(\boldsymbol{y}_s)} \tag{1.6}$$

式中：$p_i(\boldsymbol{y}_e)$ 和 $p_i(\boldsymbol{y}_s)$ 分别为实验样本和仿真样本在第 i 个网格 y_i 的概率质量函数值。

这里的网格划分，即 Binning Algorithm，的基本原理类似于基于一定数据样本以绘制

频率直方图的思路。首先考虑所有样本的数值区间，然后将此区间平均划分为一定数量的子区间（网格），再计算样本点落入每个网格的频数，具体方法参见文献［19］。

巴氏距离定量描述了两组数据样本集的概率分布之间的差异，其取值范围为 $[0, +\infty]$。当其取值为 0 时，代表两组样本集来自完全相同的概率分布；当其取值为 $+\infty$ 时，代表两组样本集的概率分布没有任何重合部分。巴氏距离提供了一种全面、简便的不确定性量化方式，可以方便地应用于随机模型修正中。下面针对贝叶斯修正法和直接优化法，分别介绍将统计学距离嵌入模型修正框架的方法。

1.4.2　贝叶斯优化法

贝叶斯模型修正算法的核心为贝叶斯定理：

$$P(\theta|Y_e) = \frac{P_L(Y_e|\theta)P(\theta)}{P(Y_e)} \tag{1.7}$$

式中：Y_e 为现有的输出特征观测样本；θ 为待修正的输入参数分布系数。

注意这里的 θ 与输入参数 X 有不同意义。θ 并非模型的输入参数本身，而是输入参数的概率分布的分布系数，例如均值、方差等。本章中，随机模型修正的修正对象不再是输入参数本身，而是将输入参数假定为服从特定概率分布的随机变量，修正对象变为概率分布的分布系数。最终目标为当输入变量的概率分布经过仿真模型传递到输出变量时，可以再现输出变量观测样本的分布特征。

式（1.7）中贝叶斯定理的四个主要元素介绍如下：

（1）$P(\theta)$ 为待修正分布系数的先验分布。它代表基于工程经验的先验基础知识，最常见的先验分布为在预定义区间上的均匀分布。

（2）$P(\theta|Y_e)$ 为基于现有实验观测样本的待修正系数的后验分布。这是贝叶斯修正的结果，基于此后验分布可以估计出 θ 的具体数值。

（3）$P_L(Y_e|\theta)$ 称为似然函数，本质为观测样本基于特定待修正参数样本的条件概率。贝叶斯修正的目的可以解释为：寻找特定的待修正样本，使现有观测样本的似然函数概率值达到最大。

（4）$P(Y_e)$ 称为论据（Evidence），本质为观测样本的概率，用于保证待修正系数的后验分布积分为 1，因此也称为标准化条件。

在实际操作中，对论据 $P(Y_e)$ 的直接计算非常困难。因此人们提出了利用 MCMC 算法，利用引入一系列中间分布，利用迭代程序逐步生成服从后验分布的参数样本。这一过程可以表示为

$$P(\theta|Y_e) = P_L(Y_e|\theta)^\beta P(\theta) \tag{1.8}$$

式中：β 为似然函数的权重指数，其取值为 $[0, 1]$。

当 $\beta = 0$ 时，式（1.8）等号右边与先验分布相等；当 $\beta = 1$ 时，式（1.8）等号右边即为后验分布。目前大部分 MCMC 程序都已经可以实现对 β 的自动取值，从 0 开始，逐渐迭代逼近 1。最终可以实现生成服从后验分布的参数样本。关于贝叶斯修正中 MCMC 的抽样方法，可以参见文献［21］。

然而，另一个难点是似然函数 $P_L(Y_e|\theta)$ 的计算。对于包含多组实验观测样本的情况，似然函数的精确计算涉及巨大的计算量。因为对每一个实验样本，都要估计出准确的

基于待修正参数 θ 的条件概率分布，而每一次估计，都需要调用大量的数值模型计算。因此，本章提出近似贝叶斯计算（Approximate Bayesian Computation，ABC）方法，并提出一种简化的似然函数。该方法可以在减少计算量的同时，为统计学距离作为参数修正准则创造条件。简化似然函数定义如下：

$$P_{\mathrm{L}}(\boldsymbol{Y}_{\mathrm{e}}\,|\,\theta) \approx \frac{1}{\sigma\,\sqrt{2\pi}}\exp\left\{\frac{-d\,(\boldsymbol{Y}_{\mathrm{e}}，\boldsymbol{Y}_{\mathrm{s}})^2}{2\sigma^2}\right\} \tag{1.9}$$

式中：$d(\boldsymbol{Y}_{\mathrm{e}}，\boldsymbol{Y}_{\mathrm{s}})$ 为 1.4.1 节提出的统计学距离指标，可应用式（1.3）的欧氏距离，也可应用式（1.4）的巴氏距离；σ 为宽度系数，用于控制修正得到的后验分布的形状。

σ 取值越小，获得的后验分布具有更明显的单峰聚集特性，因此更利于在最高点处估计参数修正值，但太小的 σ 值可能导致 MCMC 迭代过程收敛困难。σ 的取值对修正过程的影响将在 1.5 节算例中进一步说明。

1.4.3　直接优化法

相对于贝叶斯修正算法，直接优化法具有更直接的思路，即直接将 1.4.1 节中的不确定性量化指标作为优化问题的目标函数。但注意其优化变量并不是模型的输入变量本身。需要先假定输入变量服从某种概率分布，然后将其概率分布参数作为优化变量。这一优化问题可以表示为

寻找 $\hat{\theta} \in [\underline{\theta}，\overline{\theta}]$，使得输入变量服从概率分布 $\boldsymbol{X}_{\mathrm{s}} \sim f(\hat{\theta})$

基于 $\boldsymbol{X}_{\mathrm{s}}$ 获得输出变量样本 $\boldsymbol{Y}_{\mathrm{s}} = g(\boldsymbol{X}_{\mathrm{s}})$

最终最小化统计学距离 $d(\boldsymbol{Y}_{\mathrm{e}}，\boldsymbol{Y}_{\mathrm{s}})$

对于确定性模型修正，可以选用欧氏距离作为最小化目标函数。此时大部分传统优化算法，例如内点法、单纯形法等，都可用于此问题的求解。显然欧氏距离仅可以修正样本均值，但对样本的分布特征并无量化和修正效果。因此，在随机模型修正中需要用巴氏距离作为最小化目标函数。

但针对巴氏距离的优化面临的问题是巴氏距离本身带有随机性。这是因为针对特定的待修正系数 θ。在生成输入参数样本时需要从概率分布 $\boldsymbol{X}_{\mathrm{s}} \sim f(\theta)$ 中随机抽样，样本 $\boldsymbol{X}_{\mathrm{s}}$ 是随机的，进而获得的仿真输出样本 $\boldsymbol{Y}_{\mathrm{s}}$ 也是随机的，这决定了即使针对相同的修正系数 θ，每次抽样得到的输出样本 $\boldsymbol{Y}_{\mathrm{s}}$ 也具有一定差别，因此巴氏距离 $d_{\mathrm{B}}(\boldsymbol{Y}_{\mathrm{e}}，\boldsymbol{Y}_{\mathrm{s}})$ 会呈现一定的随机性。这导致传统基于梯度信息的优化算法在优化巴氏距离时难以收敛。然而，借鉴进化生物学具有随机搜获能力的遗传算法，可以很好地适应巴氏距离的随机特性，从而获得搜索空间内稳定的全局优化解。

1.5　验证算例

1.5.1　NASA 不确定性量化挑战问题

本节将 NASA 兰利研究中心于 2014 年提出的初代不确定性量化挑战问题[33]（本章称为 NASA UQ 问题）作为演示算例，验证本章提出的基于巴氏距离的不确定性量化指标作

为随机模型修正准则的效果。NASA UQ 问题基于实际飞行器控制实验建立了黑箱模型（Black-box Model），因此任何专业领域人员（无须专门飞行器控制理论）都可利用此问题分析验证各自的不确定性分析方法。NASA UQ 问题包含模型修正、灵敏度分析、可靠性分析、可靠性优化等一系列子问题。本算例只针对第一个子问题——模型修正问题——进行求解。NASA UQ 问题模型修正子问题的结构如图 1.1 所示。

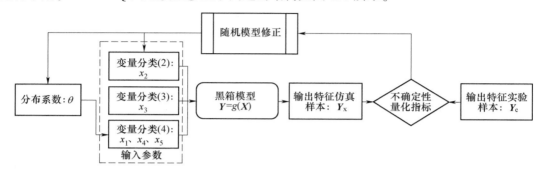

图 1.1　NASA UQ 问题模型修正子问题

此问题的黑箱模型 $Y = g(X)$ 包含 5 个输入变量 x_{1-5}，1 个输出变量 y。按照 1.3.1 节的输入变量分类方法，x_2 为第（2）类变量，即只涉及认知不确定性的未知常数；x_3 为第（3）类变量，即只涉及随机不确定性的随机变量；x_1、x_4、x_5 为第（4）类变量，即同时包含认知不确定性与随机不确定性的随机变量。因为随机模型修正目标为缩减认知不确定性，x_3 只包含随机不确定性，所以不是本算例的修正对象。本算例的修正对象为 x_1、x_4、x_5 的分布系数 θ，以及 x_2 本身。修正对象的具体信息如表 1.1 所示。

表 1.1　修正对象的不确定性信息

分类	输入变量	给定分布类型	修正对象
（2）	x_2	无	$\theta_1 = x_2 \in [0.0, 1.0]$
（4）	x_1	Beta 分布	$\theta_2 = \mu_1 \in [0.6, 0.8]$
			$\theta_3 = \sigma_1^2 \in [0.02, 0.04]$
（4）	x_4、x_5	联合高斯分布	$\theta_4 = \mu_4 \in [-5.0, 5.0]$
			$\theta_5 = \sigma_4^2 \in [0.0025, 4.0]$
			$\theta_6 = \mu_5 \in [-5.0, 5.0]$
			$\theta_7 = \sigma_5^2 \in [0.0025, 4.0]$
			$\theta_8 = \rho \in [-1.0, 1.0]$

此黑箱模型只有 1 个输出特征，问题提供了关于此输出变量的 50 个观测样本。这里随机模型修正的任务为：在给定的区间内修正表 1.1 中的分布系数 θ，使修正后输出特征的概率分布可以再现 50 组观测样本的分布特征。本算例中将分别用贝叶斯修正法和直接优化法对 θ 进行修正，并考察欧氏距离和巴氏距离作为修正准则的差异。

1.5.2　贝叶斯修正结果

在 MCMC 算法中每次迭代选定生成中间样本数量为 1000，因此在每次迭代中需要计算

1000 个仿真输出样本与已有的 50 个观测样本间的统计学距离信息。首先计算欧氏距离 $d_{\mathrm{E}}(\boldsymbol{Y}_{\mathrm{s}}, \boldsymbol{Y}_{\mathrm{e}})$，将其代入式（1.9）中构建似然函数。将似然函数中的宽度系数 σ 取值 0.002，由此经过 6 步迭代，MCMC 达到收敛，获得反映 θ 后验分布的 1000 组样本，如图 1.2 所示。在图 1.2 中对角线元素为修正对象 θ_{1-8} 的频率分布直方图。在修正过程实施之前，θ_{1-8} 的先验分布设定为在预定区间上的均匀分布。图 1.2 中显示除 θ_2 和 θ_6 外，其他修正对象的后验分布依然接近均匀分布，这说明利用欧氏距离的修正过程对大部分系数都无明显的修正效果。

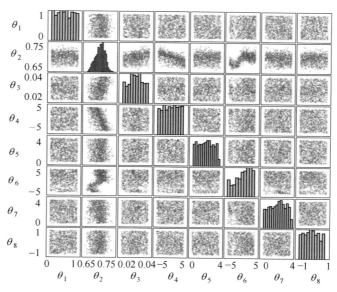

图 1.2 通过欧氏距离修正得到的 1000 组 θ 后验样本

将巴氏距离 $d_{\mathrm{B}}(\boldsymbol{Y}_{\mathrm{s}}, \boldsymbol{Y}_{\mathrm{e}})$ 代入式（1.9）构建新的似然函数，宽度系数取 0.1，重新进行 MCMC 修正，经过 8 次迭代达到收敛，获得反映 θ 后验分布的 1000 组样本，如图 1.3 所示。对比图 1.3 与图 1.2 可以发现，对角线元素有明显的变化，并且 θ_1、θ_2、θ_3、θ_4、θ_6 的后验分布明显不同于均匀分布。图 1.4 给出了利用欧氏距离和巴氏距离的修正结果之间的详细对比图。图 1.4 中曲线为基于频率直方图利用核密度估计方法（Kernel Density Estimation）估计的后验分布概率密度函数。此概率密度函数的最大值所处位置即为修正对象 θ 的修正值。图 1.4 中的黑色实线标记出了 θ_{1-8} 的真实值。

对比图 1.4 中的欧氏距离与巴氏距离结果可以发现，欧氏距离仅对 θ_2 有修正效果，但修正值（后验分布曲线顶点）相比真实值（0.64）依然存在较大误差。相比较而言，巴氏距离对 θ_1、θ_2、θ_3、θ_4、θ_6 的修正效果都比较明显，其中对 θ_1、θ_2、θ_4 的修正准确度较高，对 θ_3、θ_6 的修正存在一定误差，对 θ_5、θ_7、θ_8 的修正效果并不明显。总体而言，巴氏距离具有更好的修正效果，说明将巴氏距离作为不确定性量化准则可以更全面地描述不同样本集在概率分布方面的差异，并以此为修正指标实现对输入变量均值和方差的修正。表 1.2 列出了对 θ 后验分布取最大值时各修正对象的估计值。对于后验分布近似均匀分布的情况，这说明贝叶斯修正对此参数并无修正效果，因此并未列出修正值。

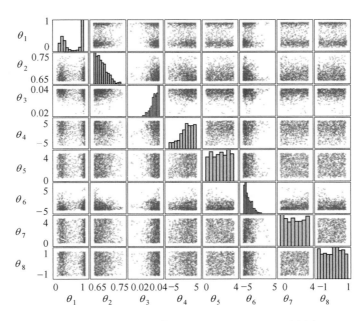

图 1.3　通过巴氏距离修正得到的 1000 组 θ 后验样本

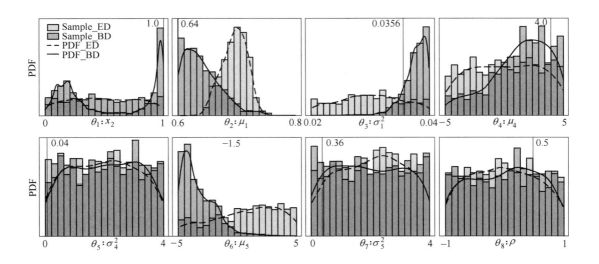

图 1.4　利用欧氏距离和巴氏距离的修正结果与实际值对比

表 1.2　不同修正方法的修正结果对比

修正对象	预定区间	真实值	修正结果			
			贝叶斯 欧氏距离	贝叶斯 巴氏距离	优化 遗传算法 1	优化 遗传算法 2
$\theta_1 : x_2$	[0.0, 1.0]	1.0	—	0.9802	0.9994	0.1700
$\theta_2 : \mu_1$	[0.6, 0.8]	0.6364	0.7019	0.6159	0.6481	0.6880

续表

修正对象	预定区间	真实值	修正结果			
			贝叶斯 欧氏距离	贝叶斯 巴氏距离	优化 遗传算法 1	优化 遗传算法 2
$\theta_3 : \sigma_1^2$	$[0.02, 0.04]$	0.0356	—	0.0392	0.0397	0.0398
$\theta_4 : \mu_4$	$[-5.0, 5.0]$	4.0	—	2.1058	2.1785	4.4152
$\theta_5 : \sigma_4^2$	$[0.0025, 4.0]$	0.04	—	—	3.5720	0.0131
$\theta_6 : \mu_5$	$[-5.0, 5.0]$	-1.5	—	-4.3110	-4.5796	-4.5531
$\theta_7 : \sigma_5^2$	$[0.0025, 4.0]$	0.36	—	—	0.0771	0.1925
$\theta_8 : \rho$	$[-1.0, 1.0]$	0.5	—	—	0.5100	0.5418

1.5.3　直接优化修正结果

1.5.2 节的结果显示，对于随机模型修正，巴氏距离较欧氏距离有更好的效果，因此本节将直接使用巴氏距离作为最小化优化目标。在 $d_B(Y_s, Y_e)$ 计算过程中，仿真样本集 Y_s 的样本个数为 1000，Y_e 依然选用题目给出的 50 个实验观测样本。选用标准遗传算法，一般会涉及交叉与突变过程。这里设定交叉概率为 80%，突变概率为 20%。经过 51 次迭代后，优化过程收敛。然而，经过多次重复运算，遗传算法的优化结果并不唯一，获得两组不同的优化结果如表 1.2 所示。可以看出优化结果对于 θ_1、θ_4、θ_5 的差异比较明显。优化遗传算法 1 对于 θ_1 的优化更接近真实值，而优化遗传算法 2 对于 θ_4、θ_5 更接近真实值。这表明由于问题的复杂性，单次优化无法将全部参数都修正至较高精度，这与 1.5.2 节贝叶斯修正的结果类似。

为了更全面地评价模型修正的结果，图 1.5 给了输出特征的概率密度曲线，将不同方法结果与实验数据进行对比。首先根据提供的 50 个输出特征的观测样本，绘制出频率直方图并利用核密度估计方法得到实验样本的概率密度曲线（黑色实线）。深色虚线代表利

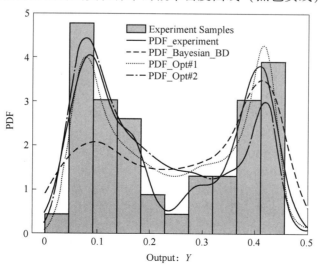

图 1.5　不同修正方法得到的输出特征概率密度曲线与实验样本的对比

用巴氏距离作为修正准则的贝叶斯修正结果，浅色虚线和点画线代表利用遗传算法的直接优化修正结果。三组结果曲线都可以再现实验曲线双极值的趋势，但贝叶斯修正结果的概率密度曲线对于第一个峰值的拟合精度偏低；直接优化结果的拟合精度更高。同时对于直接优化法的两组结果，虽然表 1.2 中的输入参数分布系数 θ 不同，但图 1.5 中的输出特征概率密度函数类似，这进一步表明对于随机模型修正这一典型反问题而言，修正结果不唯一、容易出现局部优化解等技术难点是普遍存在的。但此现象也反过来证明利用巴氏距离作为新型不确定性量化指标，并将其应用到随机模型修正中是完全可行的。

1.6　总结

　　模型修正涉及计算力学、实验力学、统计数学等多学科专业知识，以及实验、建模两方面的专业工程经验。成功的模型修正需要建立在对物理结构的深刻理解、建模过程的合理假设、实验过程的规范操作等基础之上。因此，模型修正的总体技术路线包含参数化建模、输出特征提取、输入参数选择、代理模型构建、相关性分析以及模型调整与确认等关键步骤。本章对这一总体技术路线进行了全面介绍，重点关注受不确定性分析影响的关键步骤。其中包含：参数化建模过程中对不确定性来源的分类，输入参数选择过程中的随机灵敏度分析，相关性分析中新型不确定性量化准则的应用，基于贝叶斯修正算法和直接优化法的参数修正方法等。

　　与确定性修正相比，随机模型修正最明显的特征就是利用不确定性量化方法对实验与建模两方面的不确定性进行量化与描述。因此，本章提出了基于欧氏距离和巴氏距离的不确定性量化指标，并且结合新定义的近似似然函数，将距离指标巧妙地嵌入贝叶斯随机修正框架，实现对 NASA 不确定性量化挑战问题的求解。同时比较了贝叶斯修正算法和直接优化算法在求解效果上的差异。两种方法均证明了，基于统计学距离的不确定性量化是将模型修正技术由确定性向随机性拓展的重要手段和发展方向。

参 考 文 献

［1］GRAVITZ S I. An analytical procedure for orthogonalization of experimentally measured modes ［J］. Journal of the Aerospace Sciences, 1958, 25 (11): 721-722.

［2］COLLINS J D, HART G C, HASSELMAN T K, et al. Statistical identification of structures ［J］. AIAA Journal, 1974, 12 (2): 185-190.

［3］MOTTERSHEAD J E, FRISWELL M I. Model updating in structural dynamics: a survey ［J］. Journal of Sound & Vibration, 1993, 167 (2): 347-375.

［4］FRISWELL M I, MOTTERSHEAD J E. Finite Element Model Updating in Structural Dynamics ［M］. Dordrecht: Kluwer Academic Press, 1995.

［5］CARVALHO J, DATTA B N, GUPTA A, et al. A direct method for model updating with incomplete measured data and without spurious modes ［J］. Mechanical Systems & Signal Processing, 2007, 21 (7): 2715-2731.

［6］FRISWEL M I, MOTTERSHEAD J E, AHMADIAN H. Finite element model updating using experimental test data: Parametrization and regularization ［J］. Philosophical Transactions: Mathematical, Physical and Engineering Sciences, 2001, 359 (1778): 169-186.

［7］ HUA X G, NI Y Q, KO J M. Adaptive regularization parameter optimization in output-error-based finite element model updating ［J］. Mechanical Systems and Signal Processing, 2009, 23（3）: 563-579.

［8］ TITURUS B, FRISWELL M I. Regularization in model updating ［J］. International Journal for Numerical Methods in Engineering, 2008, 75（4）: 440-478.

［9］ MOTTERSHEAD J E, LINK M, FRISWELLM I. The sensitivity method in finite element model updating: a tutorial ［J］. Mechanical Systems & Signal Processing, 2011, 25（7）: 2275-2296.

［10］ MARES C, MOTTERSHEAD J E, FRISWELLM I. Stochastic model updating: part 1—theory and simulated example ［J］. Mechanical Systems & Signal Processing, 2006, 20（7）: 1674-1695.

［11］ GOVERS Y,LINK M. Stochastic model updating—covariance matrix adjustment from uncertain experimental modal data ［J］. Mechanical Systems & Signal Processing, 2010, 24: 696-706.

［12］ BI S, DENG Z, CHEN Z. Stochastic validation of structural FE-models based on hierarchical cluster analysis and advanced Monte Carlo simulation ［J］. Finite Elements in Analysis & Design, 2013, 67（May）: 22-33.

［13］ BI S, PRABHU S, COGAN S, et al. Uncertainty quantification metrics with varying statistical information in model calibration and validation ［J］. AIAA Journal, 2017, 55: 3570-3583.

［14］ BI S, BROGGI M, WEI P, et al. The Bhattacharyya distance: enriching the P-box in stochastic sensitivity analysis ［J］. Mechanical Systems and Signal Processing, 2019, 129: 265-281.

［15］ KENNEDY M C. O' HAGAN A. Bayesian calibration of computer models ［J］. Journal of the Royal Statistical Society: Series B（Statistical Methodology）, 2001, 63（3）: 425-464.

［16］ BECK J L, KATAFYGIOTIS L S. Updating models and their uncertainties. I: Bayesian statistical framework ［J］. Journal of Engineering Mechanics, 1998, 124（4）: 455.

［17］ BECK J L, AU S K. Bayesian updating of structural models and reliability using Markov chain Monte Carlo simulation ［J］. Journal of Engineering Mechanics, 2002, 128（4）: 380-391.

［18］ CHING J, CHEN Y C. Transitional Markov chain Monte carlo method for Bayesian model updating, model class selection, and model averaging ［J］. Journal of Engineering Mechanics, 2007, 133（7）: 816-832.

［19］ BI S, MATTEO B, MICHAEL B. The role of the Bhattacharyya distance in stochastic model updating ［J］. Mechanical Systems and Signal Processing, 2019, 117: 437-452.

［20］ STRAUB D, PAPAIOANNOU I. Bayesian updating with structural reliability methods ［J］. Journal of Engineering Mechanics, 2015, 141（3）: 04014134.

［21］ LYE A, CICIRELLO A, PATELLI E. Sampling methods for solving Bayesian model updating problems: a tutorial ［J］. Mechanical Systems and Signal Processing, 2021, 159: 107760.

［22］ MOENS D, VANDEPITTE D. An interval finite element approach for the calculation of envelope frequency response functions ［J］. International Journal for Numerical Methods in Engineering, 2004, 61（14）: 2480-2507.

［23］ QIU Z, WANG X. Parameter perturbation method for dynamic responses of structures with uncertain-but-bounded parameters based on interval analysis ［J］. International Journal of Solids & Structures, 2005, 42（18-19）: 4958-4970.

［24］ JIANG C, ZHENG J, Han X. Probability-interval hybrid uncertainty analysis for structures with both aleatory and epistemic uncertainties: a review ［J］. Structural and Multidisciplinary Optimization, 2018, 57（6）: 2485-2502.

［25］ LINK M, FRISWELL M. Working group 1: Generation of validated structural dynamic models-results of a benchmark study utilising the GARTEUR SM-AG19 test-bed ［J］. Mechanical Systems and Signal

Processng, 2003, 17 (1): 9-20.

[26] GOVERS Y, LINK M. Using stochastic experimental modal data for identifying stochastic finite element parameters of the AIRMOD benchmark structure [C] // Isma-international Conference on Noise & Vibration Engineering. DLR, 2012: 4697-4715.

[27] FAES M, BROGGI M, PATELLI E, et al. A multivariate interval approach for inverse uncertainty quantification with limited experimental data [J]. Mechanical Systems and Signal Processing, 2019, 118 (MAR. 1): 534-548.

[28] PATELLI E, GOVERS Y, BROGGI M, et al. Sensitivity or Bayesian model updating: a comparison of techniques using the DLR AIRMOD test data [J]. Archive of Applied Mechanics, 2017, 87 (5): 905-925.

[29] FAES M, BROGGI M, PATELLI E, et al. Comparison of Bayesian and interval uncertainty quantification: application to the AIRMOD test structure [C] //2017 IEEE Symposium Series on Computational Intelligence (SSCI). IEEE, 2018: 1-8.

[30] GOVERS Y, KHODAPARAST H H, LINK M, et al. A comparison of two stochastic model updating methods using the DLR AIRMOD test structure [J]. Mechanical Systems & Signal Processing, 2015, 52-53: 105-114.

[31] BI S, BEER M, ZHANG J, et al. Optimization or Bayesian strategy? performance of the Bhattacharyya Distance in different algorithms of stochastic model updating [J]. ASCE-ASME Journal of Risk and Uncertainty in Engineering Systerms, Part B. Mechanical Engineering, 2021, 7 (2).

[32] 毕司峰, 邓忠民. 基于随机抽样与距离判别的 GARTEUR 模型修正与确认研究 [J]. 航空学报, 2013, 34 (12): 2757-2767.

[33] CRESPO L G, KENNY S P, GIESY D P. The NASA langley multidisciplinary uncertainty quantification challenge [C] // Aiaa Non-deterministic Approaches Conference, 2014: 1-9.

[34] CRESPO L G, KENNY S P. The NASA langley challenge on optimization under uncertainty [J]. Mechanical Systems and Signal Processing, 2021, 152: 107405.

[35] PATELLI E, ALVAREZ D A, BROGGI M, et al. Uncertainty management in multidisciplinary design of critical safety systems [J]. Journal of Aerospace Information Systems, 2015, 12: 140-169.

[36] SAFTA C, SARGSYAN K, NAJM H N, et al. Probabilistic methods for sensitivity analysis and calibration in the NASA challenge problem [J]. Journal of Aerospace Information Systems, 2015, 12 (1): 219-234.

[37] BI S, HE K, ZHAO Y, et al. Towards the NASA UQ Challenge 2019: Systematically forward and inverse approaches for uncertainty propagation and quantification [J]. Mechanical Systems and Signal Processing, 2022, 165: 108387.

[38] OBERKAMPF W L, HELTON J C. Evidence theory for engineering applications [M] // Engineering Design Reliability Hand book, CRC Press, 2004: 10-1-10-30.

[39] MÖLLER B, BEER M. Fuzzy randomness: uncertainty in civil engineering and computational mechanics [M]. Springer Science & Business Media, 2004.

[40] BEN-HAIM Y. Info-gap decision theory: decisions under severe uncertainty [M]. Elsevier, 2006.

[41] SIMOEN E, ROECK G D, LOMBAERT G. Dealing with uncertainty in model updating for damage assessment: a review [J]. Mechanical Systems and Signal Processing, 2015, 56: 123-149.

[42] BEER M, FERSON S, KREINOVICH V. Imprecise probabilities in engineering analyses [J]. Mechanical Systems and Signal Processing, 2013, 37 (s 1-2): 4-29.

[43] FAES M, MOENS D. Recent trends in the modeling and quantification of non-probabilistic uncertainty

［J］. Archives of Computational Methods in Engineering，2020，27：633-671.

［44］ BI S，OUISSE M，FOLTETET E. Probabilistic approach for damping identification considering uncertainty in experimental modal analysis ［J］. AIAA Journal，2018，56（12）：4953-4964.

［45］ SALTELLI A，RATTO M，ANDRES T，et al. Global Sensitivity Analysis ［M］. The Primer，2008.

［46］ YONDO R，ANDERES E，VALERO E. A review on design of experiments and surrogate models in aircraft real-time and many-query aerodynamic analyses ［J］. Progress in Aerospace Sciences，2018，96：23-61.

2 非侵入式非精确随机模拟：一种混合不确定性量化与可靠性分析的方法框架

魏鹏飞，西北工业大学动力与能源学院
宋静文，西北工业大学机电学院
毕司峰，University of Southampton，Department of Aeronautics and Astronautics
Michael Beer，Leibniz University Hannover，Institute for Risk and Reliability

2.1 引言

　　工程结构是航空航天工程、土木工程、车辆工程以及机器人等产品的重要组成部分，其服役过程的功能完整性直接影响这些产品的安全性和经济性。因此，结构安全分析是这些产品设计的重要环节，其在高端制造、关键基础设施建设等领域扮演着重要角色。然而，由于制造、服役等过程中广泛存在的不确定性因素，结构性能响应往往存在较大分散性，导致传统的确定性分析方法（如有限元分析）难以准确预测结构相应性能的分散性，这种响应性能的分散性进一步导致结构系统的失效存在偶然性。因此，预测不确定性环境下结构失效事件发生的概率成为结构安全分析的主要任务之一。

　　一般来讲，影响结构响应性能分散性的随机参数包括结构参数（包括材料属性、加工尺寸、运动副间隙等）、边界/初始条件（包括边界约束、初始温度场、预应力等）、环境载荷（例如振动激励、风载、高温等）等。这种随机性称为"随机不确定性"（Aleatory Uncertainty），是参数和事件的固有随机属性，不能缩减。随机不确定性也是导致结构响应存在随机性及结构失效存在偶然性的本质原因。概率模型是表征随机不确定性的最理想的数学工具，因此，经典的结构可靠性理论在采用随机变量和随机场模型表征输入随机不确定性的基础上，研究随机不确定性在结构（确定性）仿真模型中的传播、结构响应随机性的概率描述及极端失效事件发生的概率估计，其中涉及的关键子问题包括概率模型的建立与验证、基于物理力学的结构仿真建模、失效机理及失效准则的建立、随机性传播机制等[1]，其中结构仿真建模、失效机理及准则的建立等属于确定性分析范畴，而随机性传播机制及其相应的失效概率估计则是结构可靠性理论的核心问题[2]。

　　基于标准概率模型的"第一代"结构可靠性方法经过 50 余年的发展已经较为成熟，形成了一系列经典方法，例如基于概率守恒原理的概率密度函数演化[3,4]、基于随机抽样的随机模拟法[5-8]、基于结构响应统计矩的矩方法[9-11]以及代理模型法[12-15]，其中将随机模拟与高斯过程回归（又称 Kriging 模型）相结合的自适应学习算法由于兼具高效率和高精度的特点，近几年得到了广泛的关注和研究[16-18]。标准概率可靠性理论具有理论优美、方法成熟等特点，从根本上揭示了结构随机失效的本质，并定量化估计失效事件发生

的概率，目前仍然是结构工程领域的研究热点问题。然而，由于其某些原因，该理论在实际结构工程中的应用相较于传统确定性方法仍具有较大局限。

限制标准概率可靠性理论应用最主要的一个原因在于概率模型的可信性。在实际工程问题中，用于推断输入变量概率模型的信息往往较少，且数据质量往往不高，例如 Phoon 教授将岩土工程中的数据概括为 MUSIC，具体指多元的（Multivariate）、不确定的和唯一的（Uncertain and unique）、稀疏的（Sparse）、不完整的（Incomplete）及损坏的（Corrupted）[19]。在这种情况下，无论是采用频率学抑或贝叶斯统计推断方法，得到的标准概率模型与真实概率模型均存在一定偏差，且这种偏差难以估计，进而导致失效概率估计结果与真实值存在较大误差。这种数据特点引入了一种新的不确定性，即认知不确定性（Epistemic Uncertainty），指由于信息缺乏导致输入概率模型的分布类型和分布参数存在的不确定性，此类不确定性随着信息量的增加会逐步缩减。随机与认知混合不确定性环境广泛存在于机械产品、土木工程等领域的结构设计和可靠性评估阶段[22]，如何对其进行合理的数学建模并发展相应的结构可靠性分析方法是新一代结构可靠性理论所面临的关键难题。

除精确概率模型外，目前已经建立了非概率模型（如区间/凸集模型、模糊集合模型等）[23,24]和非精确概率模型（例如概率盒模型、模糊概率模型、证据理论等），其中非概率模型不描述任何概率性信息，更适合于表征认知不确定性，而非精确概率模型作为标准概率模型的推广，其分布类型和分布参数的非概率模型可以合理量化认知不确定性，因此更适用于描述随机与认知混合不确定性，且由于其层次化模型结构，可以确保在整个分析过程中两类不确定性的分离。三类不确定性表征模型及其组成如图 2.1 所示。非精确概率模型放宽了概率分布类型和分布参数的确定性假设，以给定的置信度包含真实的概率模型，因此，相较于精确概率模型，该模型在小数据情形下可以得到更为"可信"的可靠性分析结果。

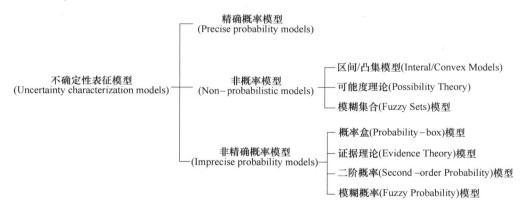

图 2.1　不确定性表征模型的分类

相较于精确概率模型，非概率模型和非精确概率模型在仿真模型中的传递方法研究目前尚不成熟。非概率模型的传递是典型的优化问题，尽管可以采用已经发展的启发式算法（如遗传算法和粒子群算法）及基于梯度的优化算法（如牛顿法和拟牛顿法）进行求解，然而当应用于大规模数值模型时，其计算代价往往难以接受。针对该问题，贝叶斯数值优化可在全局收敛性和计算代价之间获得较好的平衡[25]，然而对于可靠性分析（特别是稀有事件分析），此类方法仍需进一步发展。非精确概率模型的传递是典型的双层过程，例如，外层非概率信息的传递采用优化算法求解，而内层概率信息传递采用随机分析方法求解[26]；抑或，内层采用侵入式区间有限元或优化算法实现非概率信息传递，外层采用随机模拟等实现概率信息传递[27]。无论采用哪种策略，其计算代价都较大。为解决该问题，本章作者提出了非侵入式非精确随机模拟（Non-intrusive Imprecise Stochastic Simulation，NISS）方法体系解决该问题[28,30]，其目标是通过一次随机分析实现三类不确定性模型的统一传递，且任何随机分析方法均可嵌入其中以解决不同类型的问题。本章将以非精确概率模型的传递及其可靠性分析为例，对 NISS 方法体系的基本原理和方法进行综述性介绍。

2.2　NISS 方法的基本框架

假定某计算模型的响应量函数用 $y = g(\boldsymbol{x})$ 表示，其中 $\boldsymbol{x} = (x_1, x_2, \cdots, x_n)$ 为 n 维输入变量，y 是输出响应量。假定输入变量相互独立，其不确定性均用概率盒模型来描述。$\boldsymbol{x}$ 的联合概率密度函数（joint PDF）为 $f_X(\boldsymbol{x}|\boldsymbol{\theta}) = \prod_{i=1}^{n} f_{X_i}(x_i|\boldsymbol{\theta}_i)$，当考虑输入变量中的主观不确定性时，等式右边的边缘概率密度中的分布参数 $\boldsymbol{\theta}_i$ 也是不确定的。用 $\boldsymbol{\theta} = (\boldsymbol{\theta}_1, \boldsymbol{\theta}_2, \cdots, \boldsymbol{\theta}_n) = (\theta_1, \theta_2, \cdots, \theta_d)$ 表示所有 d 个不确定分布参数的集合，取值空间用 Θ 表示。在 NISS 方法中，假定分布参数服从辅助密度函数 $f_{\Theta}(\boldsymbol{\theta}) = \prod_{j=1}^{d} f_{\Theta_j}(\theta_j)$，那么 $f_{X,\Theta}(\boldsymbol{x}, \boldsymbol{\theta}) = f_X(\boldsymbol{x}|\boldsymbol{\theta}) f_{\Theta}(\boldsymbol{\theta})$ 就可看作 $\boldsymbol{x}$ 和 $\boldsymbol{\theta}$ 的联合分布函数。事实上，在所有非精确概率模型中，只有二阶概率模型中的分布参数具有分布密度，而这里引入的辅助密度函数只起到便于阐明方法的作用，而所论述的方法本身适用于任何参数型非精确概率模型。假设将 $g(\boldsymbol{x}) < 0$ 定义为一个失效事件，那么可靠性分析的任务就是对该失效事件发生的概率进行估计。

当考虑参数型非精确概率模型时，模型响应量的期望、方差以及失效概率等特征量就不再是常值，而是分布参数 $\boldsymbol{\theta}$ 的函数，用符号表示分别为 $E_y(\boldsymbol{\theta})$、$V_y(\boldsymbol{\theta})$ 和 $P_f(\boldsymbol{\theta})$，其积分表达式如下：

$$\begin{cases} E_y(\boldsymbol{\theta}) = \int g(\boldsymbol{x}) f(\boldsymbol{x}|\boldsymbol{\theta}) \mathrm{d}\boldsymbol{x} \\ V_y(\boldsymbol{\theta}) = \int (g(\boldsymbol{x}) - E_y(\boldsymbol{\theta}))^2 f(\boldsymbol{x}|\boldsymbol{\theta}) \mathrm{d}\boldsymbol{x} \\ P_f(\boldsymbol{\theta}) = \int_{g(\boldsymbol{x}) < 0} f(\boldsymbol{x}|\boldsymbol{\theta}) \mathrm{d}\boldsymbol{x} \end{cases} \tag{2.1}$$

如前所述，基本的随机模拟方法对于式（2.1）的求解是通过双层嵌套的过程来实现的，往往会导致非常高的计算成本。本章旨在对该过程进行解耦，给出两种非侵入式模拟算法（包括局部法和全局法），从而实现以上特征量函数的高效求解。为简化行文，本节均以期望函数 $E_y(\boldsymbol{\theta})$ 为例阐述非侵入式非精确随机模拟方法。

2.2.1　局部 NISS 方法

高维模型展开法（High-Dimensional Model Representation，HDMR）是一种有效的函

数分解方法，被广泛应用于代理模型和全局灵敏度分析中。对响应量期望函数 $E_y(\boldsymbol{\theta})$ 进行 HDMR 分解得到以下表达式[31]：

$$E_y(\boldsymbol{\theta}) = E_{y0} + \sum_{i=1}^{d} E_{yi}(\theta_i) + \sum_{1 \leqslant i < j \leqslant d} E_{yij}(\boldsymbol{\theta}_{ij}) + \cdots + E_{y_{12\cdots d}}(\boldsymbol{\theta}) \quad (2.2)$$

其中
$$\boldsymbol{\theta}_{ij} = (\theta_i, \theta_j)$$

常用的两类 HDMR 分解方法包括 cut-HDMR 和 RS（Random sampling）-HDMR，这两类分解都是基于以上表达式，但是在求解右侧分量函数的时候有较大差异。在当采用cut-HDMR 分解时，式（2.2）各阶分量函数定义如下[32]：

$$\begin{cases} E_{y0}^C = E_y(\boldsymbol{\theta}^*) = \int g(\boldsymbol{x}) f_X(\boldsymbol{x}|\boldsymbol{\theta}^*) \mathrm{d}\boldsymbol{x} \\[2mm] E_{yi}^C(\theta_i) = E_y(\theta_i, \boldsymbol{\theta}_{-i}^*) - E_{y0}^C = \int g(\boldsymbol{x}) f_X(\boldsymbol{x}|\theta_i, \boldsymbol{\theta}_{-i}^*) \mathrm{d}\boldsymbol{x} - E_{y0}^C \\[2mm] E_{yij}^C(\boldsymbol{\theta}_{ij}) = E_y(\boldsymbol{\theta}_{ij}, \boldsymbol{\theta}_{-ij}^*) - E_{yi}^C(\theta_i) - E_{yj}^C(\theta_j) - E_{y0}^C \\[2mm] \qquad\quad = \int g(\boldsymbol{x}) f_X(\boldsymbol{x}|\boldsymbol{\theta}_{ij}, \boldsymbol{\theta}_{-ij}^*) \mathrm{d}\boldsymbol{x} - E_{yi}^C(\theta_i) - E_{yj}^C(\theta_j) - E_{y0}^C \\[2mm] \cdots \end{cases} \quad (2.3)$$

式中：C 为 cut-HDMR 分量函数；$\boldsymbol{\theta}_{-i}$ 为除 θ_i 以外所有的（$d-1$）维分布参数组成的向量；$\boldsymbol{\theta}_{-ij}$ 为除 θ_i 和 θ_j 以外所有的（$d-2$）维分布参数组成的向量；$\boldsymbol{\theta}^*$ 为在 $\boldsymbol{\theta}$ 的不确定分布域内选取的一个固定点。

由于这种分解方式是在固定点处进行函数展开，通常在固定点附近具有较高的计算精度而在远离固定点处则计算精度降低，因此将这种方法称为局部法。

容易验证，式（2.3）所示的各阶 cut-HDMR 分量函数满足消失条件，即当其参数被固定在 $\boldsymbol{\theta}^*$ 时，分量函数的值等于 0，例如 $E_{yi}^C(\theta_i^*) = 0$。

在用局部 NISS 法估计 $E_y(\boldsymbol{\theta})$ 时，先由概率密度函数 $f_X(\boldsymbol{x}|\boldsymbol{\theta}^*)$ 生成一组随机样本点 $\boldsymbol{x}^{(k)}(k=1, \cdots, N)$，然后调用仿真模型求解这组样本所对应的输出响应值 $y^{(k)} = g(\boldsymbol{x}^{(k)})$。依据这些样本值即可构造出 cut-HDMR 法中各阶分量函数的估计量如下[28]：

$$\begin{cases} \hat{E}_{y0}^C = \dfrac{1}{N} \sum_{k=1}^{N} y^{(k)} \\[3mm] \hat{E}_{yi}^C(\theta_i) = \dfrac{1}{N} \sum_{k=1}^{N} y^{(k)} r_i^C(\boldsymbol{x}^{(k)}|\theta_i, \boldsymbol{\theta}^*) \\[3mm] \hat{E}_{yij}^C(\boldsymbol{\theta}_{ij}) = \dfrac{1}{N} \sum_{k=1}^{N} y^{(k)} r_{ij}^C(\boldsymbol{x}^{(k)}|\boldsymbol{\theta}_{ij}, \boldsymbol{\theta}^*) \end{cases} \quad (2.4)$$

其中

$$\begin{cases} r_i^C(\boldsymbol{x}^{(k)}|\theta_i, \boldsymbol{\theta}^*) = \dfrac{f_X(\boldsymbol{x}^{(k)}|\theta_i, \boldsymbol{\theta}_{-i}^*)}{f_X(\boldsymbol{x}^{(k)}|\boldsymbol{\theta}^*)} - 1 \\[3mm] r_{ij}^C(\boldsymbol{x}^{(k)}|\boldsymbol{\theta}_{ij}, \boldsymbol{\theta}^*) = \dfrac{f_X(\boldsymbol{x}^{(k)}|\boldsymbol{\theta}_{ij}, \boldsymbol{\theta}_{-ij}^*)}{f_X(\boldsymbol{x}^{(k)}|\boldsymbol{\theta}^*)} - \dfrac{f_X(\boldsymbol{x}^{(k)}|\theta_i, \boldsymbol{\theta}_{-i}^*)}{f_X(\boldsymbol{x}^{(k)}|\boldsymbol{\theta}^*)} - \dfrac{f_X(\boldsymbol{x}^{(k)}|\theta_j, \boldsymbol{\theta}_{-j}^*)}{f_X(\boldsymbol{x}^{(k)}|\boldsymbol{\theta}^*)} + 1 \end{cases}$$

$$(2.5)$$

显然，式（2.4）中的估计量是无偏的，且估计量的方差可由式（2.6）估计：

$$
\begin{cases}
\mathbb{V}(\hat{E}_{y_0}^C) \hat{=} \dfrac{1}{N(N-1)}\left(\sum_{k=1}^{N} y^{(k)2} - N(\hat{E}_{y_0}^C)^2 \right) \\[2.5ex]
\mathbb{V}(\hat{E}_{y_i}^C) \hat{=} \dfrac{1}{N(N-1)}\left(\sum_{k=1}^{N} (y^{(k)} r_i^C(\boldsymbol{x}^{(k)} | \boldsymbol{\theta}_i, \boldsymbol{\theta}^*))^2 - N(\hat{E}_{y_i}^C)^2 \right) \\[2.5ex]
\mathbb{V}(\hat{E}_{y_{ij}}^C) \hat{=} \dfrac{1}{N(N-1)}\left(\sum_{k=1}^{N} (y^{(k)} r_{ij}^C(\boldsymbol{x}^{(k)} | \boldsymbol{\theta}_{ij}, \boldsymbol{\theta}^*))^2 - N(\hat{E}_{y_{ij}}^C)^2 \right)
\end{cases}
\tag{2.6}
$$

$\mathbb{V}(\cdot)$ 表示方差算子。方差估计量的推导过程可以参考文献［28］。根据大数定理，式（2.5）中的估计量近似服从正态分布，从而得到估计量在给定置信水平下的置信区间。例如，$\left[\hat{E}_{y_0}^C - 2\sqrt{\mathbb{V}(\hat{E}_{y_0}^C)}, \ \hat{E}_{y_0}^C + 2\sqrt{\mathbb{V}(\hat{E}_{y_0}^C)} \right]$ 就表征了常数阶 $\hat{E}_{y_0}^C$ 的 95.45% 的置信区间。注意，式（2.6）中的常数阶、一阶和二阶估计量均采用的是由概率密度函数 $f_X(\boldsymbol{x} | \boldsymbol{\theta}^*)$ 抽得的同一组样本来估计的，因此调用计算模型的次数与分布参数 $\boldsymbol{\theta}$ 的维度无关。类似地，估计二阶以上的分量函数仍可采用同一组样本进行估计，且估计量仍是无偏的，因此不会引入额外计算代价。一般来讲，采用同一组样本进行估计，高阶分量函数的估计量变异性会大于低阶分量函数。然而，工程经验表明，对于绝大多数工程问题，三阶及以上分量函数的影响是微乎其微的，因此二阶 cut-HDMR 截断即可得到 $E_y(\boldsymbol{\theta})$ 较高精度的近似。

此外，式（2.4）中的估计量也满足消失条件和相互正交的性质。以二阶估计量 $\hat{E}_{y_{ij}}^C(\boldsymbol{\theta}_{ij})$ 为例，当 θ_i 和 θ_j 中任何一点的取值位于固定点 θ_i^* 或者 θ_j^* 时，比例函数 $r_{ij}^C(\boldsymbol{x}^{(k)} | \boldsymbol{\theta}_{ij}, \boldsymbol{\theta}^*)$ 恒等于零，从而使得估计量 $\hat{E}_{y_{ij}}^C$ 恒等于零。对于一阶和二阶估计量 $\hat{E}_{y_i}^C$ 和 $\hat{E}_{y_{ij}}^C$，若其共有的分布参数 θ_i 取值为 θ_i^*，这两项所包含的比例函数恒等于零，从而使得两个估计量相互正交。该结论对更高阶的分量函数估计量也同样适用。

基于消失条件，我们可以通过一个分量函数相对于基准点或者基准平面的平均距离来判断该分量函数是否重要。平均距离越大，表明该分量函数越重要。为了能够定量地判断每个分量函数的重要性，定义了以下灵敏度指标[28]：

$$
S_{i_1, \cdots, i_s}^C = \frac{\mathbb{V}_{\Theta_{i_1, \cdots, i_s}}(E_{y_{i_1, \cdots, i_s}}^C(\boldsymbol{\theta}_{i_1, \cdots, i_s}))}{\displaystyle\sum_{\{i_1, \cdots, i_s\} \subset \{1, 2, \cdots, d\}} \mathbb{V}_{\Theta_{i_1, \cdots, i_s}}(E_{y_{i_1, \cdots, i_s}}^C(\boldsymbol{\theta}_{i_1, \cdots, i_s}))} \quad |\{i_1, \cdots, i_s\}| \leqslant M
$$

$$\tag{2.7}$$

式中：$\mathbb{V}_{\Theta_{i_1, \cdots, i_s}}(\cdot)$ 为对分布参数的集合 $\boldsymbol{\theta}_{i_1, \cdots, i_s}$ 在分布域 $\Theta_{i_1, \cdots, i_s}$ 上求方差的算子；符号 $|\cdot|$ 为某集合中所包含元素的总个数；M 为所考虑的灵敏度指标的最大阶数。

根据定义可知，$S_{i_1, \cdots, i_s}^C$ 在 0 到 1 之间取值。该灵敏度指标的值越大，表明所对应的分量函数对响应量函数 $E_y(\boldsymbol{\theta})$ 的影响越大。通常来讲，一阶和二阶分量函数所对应的灵敏度指标可以通过一维和二维数值积分来估计。

在后续的算例分析部分将会看到，以上方法在固定点 $\boldsymbol{\theta}^*$ 附近具有较好的局部特性。这是因为在 $\boldsymbol{\theta}^*$ 附近的点所对应的比值函数［见式（2.5）］的分散性比较小，从而导致这些点所对应的分量函数的估计量方差也比较小，因此估计得更为准确。在一些实际应用问题中，所感兴趣的 $\boldsymbol{\theta}$ 的取值可能会离固定点 $\boldsymbol{\theta}^*$ 比较远，这可能会导致分量函数的估计具有较大误差。针对这一问题，可以通过引入多个展开点进行 cut-HDMR 分解，这种多点展开的处理方法能够在一定程度上提高估计精度，但也会同时引入更多的计算代价。因此，本章作者进一步发展了一种新的基于 RS-HDMR 展开的全局 NISS 方法，在不增加计算量的前提下实现提高全局估计特性的目的。

2. 2. 2　全局 NISS 方法

现在采用 RS-HDMR 方法来求解式（2.2）中的各阶分量函数。在此之前，需要给分布参数 $\boldsymbol{\theta}$ 引入辅助概率分布，设其概率密度为 $f_{\boldsymbol{\Theta}}(\boldsymbol{\theta}) = \prod_{i=1}^{d} f_{\Theta_i}(\theta_i)$，其中 $f_{\Theta_i}(\theta_i)$ 为 θ_i 的边缘辅助概率密度，即假设各分布参数相互独立。一般可以假设各分布参数在其区间内服从均匀分布，该辅助概率分布并不会影响 $E_y(\boldsymbol{\theta})$ 的函数形式，但是会影响其 RS-HDMR 分量函数的表达与估计。以响应量的期望函数 $E_y(\boldsymbol{\theta})$ 为例，RS-HDMR 的常数阶、一阶和二阶分量函数表达式如下[33]：

$$
\begin{cases}
E_{y_0}^R = \mathbb{E}_{\boldsymbol{\Theta}}(E_y(\boldsymbol{\theta})) = \int g(\boldsymbol{x}) f_X(\boldsymbol{x} \mid \boldsymbol{\theta}) f_{\boldsymbol{\Theta}}(\boldsymbol{\theta}) \, \mathrm{d}\boldsymbol{x}\mathrm{d}\boldsymbol{\theta} \\[2mm]
E_{y_i}^R(\theta_i) = \mathbb{E}_{\boldsymbol{\Theta}_{-i}}(E_y(\boldsymbol{\theta}) \mid \theta_i) - E_{y_0}^R = \int g(\boldsymbol{x}) f_X(\boldsymbol{x} \mid \boldsymbol{\theta}) f_{\boldsymbol{\Theta}_{-i}}(\boldsymbol{\theta}_{-i}) \, \mathrm{d}\boldsymbol{x}\mathrm{d}\boldsymbol{\theta}_{-i} - E_{y_0}^R \\[2mm]
E_{y_{ij}}^R(\boldsymbol{\theta}_{ij}) = \mathbb{E}_{\boldsymbol{\Theta}_{-ij}}(E_y(\boldsymbol{\theta}) \mid \boldsymbol{\theta}_{ij}) - E_{y_i}^R(\theta_i) - E_{y_j}^R(\theta_j) - E_{y_0}^R \\[2mm]
\qquad = \int g(\boldsymbol{x}) f_X(\boldsymbol{x} \mid \boldsymbol{\theta}) f_{\boldsymbol{\Theta}_{-ij}}(\boldsymbol{\theta}_{-ij}) \, \mathrm{d}\boldsymbol{x}\mathrm{d}\boldsymbol{\theta}_{-ij} - E_{y_i}^R(\theta_i) - E_{y_j}^R(\theta_j) - E_{y_0}^R \\[2mm]
\cdots
\end{cases} \tag{2.8}
$$

式中：上标 R 为采用 RS-HDMR 方法估计的分量函数；$\mathbb{E}_{\boldsymbol{\Theta}}(\cdot)$ 为对分布参数 $\boldsymbol{\theta}$ 求期望的算子；$\mathbb{E}_{\boldsymbol{\Theta}_{-i}}(\cdot \mid \theta_i)$ 为在 θ_i 固定的条件下对 $\boldsymbol{\theta}_{-i}$ 求条件期望的算子。

采用 RS-HDMR 方法得到的分量函数同样具有两个重要性质。第一个是满足消失条件，即每一个分量函数的期望均为零，表达式为

$$
\mathbb{E}_{\{i_1, \cdots, i_s\}}(E_{y_{i_1, \cdots, i_s}}^R(\boldsymbol{\theta}_{i_1, \cdots, i_s})) = 0 \quad \forall \{i_1, \cdots, i_s\} \subseteq \{1, 2, \cdots, d\} \tag{2.9}
$$

第二个是相互正交性，即任何两个分量函数之间的协方差等于零，即

$$
\mathbb{E}_{\{i_1, \cdots, i_s\} \cup \{j_1, \cdots, j_t\}}(E_{y_{i_1, \cdots, i_s}}^R(\boldsymbol{\theta}_{i_1, \cdots, i_s}) E_{y_{j_1, \cdots, j_t}}^R(\boldsymbol{\theta}_{j_1, \cdots, j_t})) = 0
$$
$$
\forall (i_1, \cdots, i_s), \{j_1, \cdots, j_t\} \subseteq \{1, 2, \cdots, d\} \text{ and} \{i_1, \cdots, i_s\} \neq \{j_1, \cdots, j_t\} \tag{2.10}
$$

当分布参数相互独立且期望函数 $E_y(\boldsymbol{\theta})$ 平方可积时，以上性质均满足。

下面讨论用全局 NISS 方法估计式（2.8）所示 RS-HDMR 分量函数的具体过程。从 $\boldsymbol{x}$ 和 $\boldsymbol{\theta}$ 的联合分布函数 $f_{X, \boldsymbol{\Theta}}(\boldsymbol{x}, \boldsymbol{\theta})$ 中抽取联合样本 $(\boldsymbol{x}^{(k)}, \boldsymbol{\theta}^{(k)})(k=1, \cdots, N)$，其基本原理如下：首先由 $\boldsymbol{\theta}$ 的概率密度 $f_{\boldsymbol{\Theta}}(\boldsymbol{\theta})$ 得到其随机样本 $\boldsymbol{\theta}^{(k)}$，然后将 $\boldsymbol{\theta}$ 固定在 $\boldsymbol{\theta}^{(k)}$，由密度 $f_X(\boldsymbol{x} \mid \boldsymbol{\theta}^{(k)})$ 得到 $\boldsymbol{x}$ 的样本 $\boldsymbol{x}^{(k)}$。接着求解每个样本对应的仿真模型响应值 $y^{(k)} = g(\boldsymbol{x}^{(k)})$。基于上述样本，RS-HDMR 方法中各阶分量函数的无偏估计量为[28]

$$\begin{cases} \hat{E}_{y_0}^R = \dfrac{1}{N} \sum_{k=1}^{N} y^{(k)} \\[2mm] \hat{E}_{y_i}^R(\theta_i) = \dfrac{1}{N} \sum_{k=1}^{N} y^{(k)} r_i^R(\boldsymbol{x}^{(k)} | \theta_i, \boldsymbol{\theta}^{(k)}) \\[2mm] \hat{E}_{y_{ij}}^R(\boldsymbol{\theta}_{ij}) = \dfrac{1}{N} \sum_{k=1}^{N} y^{(k)} r_{ij}^R(\boldsymbol{x}^{(k)} | \boldsymbol{\theta}_{ij}, \boldsymbol{\theta}^{(k)}) \end{cases} \quad (2.11)$$

其中比值函数表达式为

$$\begin{cases} r_i^R(\boldsymbol{x}^{(k)} | \theta_i, \boldsymbol{\theta}^{(k)}) = \dfrac{f_X(\boldsymbol{x}^{(k)} | \theta_i, \boldsymbol{\theta}_{-i}^{(k)})}{f_X(\boldsymbol{x}^{(k)} | \boldsymbol{\theta}^{(k)})} - 1 \\[3mm] r_{ij}^R(\boldsymbol{x}^{(k)} | \theta_{ij}, \boldsymbol{\theta}^{(k)}) = \dfrac{f_X(\boldsymbol{x}^{(k)} | \boldsymbol{\theta}_{ij}, \boldsymbol{\theta}_{-ij}^{(k)})}{f_X(\boldsymbol{x}^{(k)} | \boldsymbol{\theta}^{(k)})} - \dfrac{f_X(\boldsymbol{x}^{(k)} | \theta_i, \boldsymbol{\theta}_{-i}^{(k)})}{f_X(\boldsymbol{x}^{(k)} | \boldsymbol{\theta}^{(k)})} - \dfrac{f_X(\boldsymbol{x}^{(k)} | \theta_j, \boldsymbol{\theta}_{-j}^{(k)})}{f_X(\boldsymbol{x}^{(k)} | \boldsymbol{\theta}^{(k)})} + 1 \end{cases}$$
$$(2.12)$$

式（2.11）所示估计量的方差可以用以下表达式估计[28]：

$$\begin{cases} \mathbb{V}(\hat{E}_{y_0}^R) \hat{=} \dfrac{1}{N(N-1)} \Big(\sum_{k=1}^{N} y^{(k)2} - N(\hat{E}_{y_0}^R)^2 \Big) \\[3mm] \mathbb{V}(\hat{E}_{y_i}^R) \hat{=} \dfrac{1}{N(N-1)} \Big(\sum_{k=1}^{N} (y^{(k)} r_i^R(\boldsymbol{x}^{(k)} | \theta_i, \theta^*))^2 - N(\hat{E}_{y_i}^R)^2 \Big) \\[3mm] \mathbb{V}(\hat{E}_{y_{ij}}^R) \hat{=} \dfrac{1}{N(N-1)} \Big(\sum_{k=1}^{N} (y^{(k)} r_{ij}^R(\boldsymbol{x}^{(k)} | \boldsymbol{\theta}_{ij}, \theta^*))^2 - N(\hat{E}_{y_{ij}}^R)^2 \Big) \end{cases} \quad (2.13)$$

从式（2.11）~式（2.13）可以看出，当采用全局法时，所有 RS-HDMR 分量函数都可以通过同一组联合样本来求解，所以调用计算模型的次数为 N，且与输入变量的个数和不确定分布参数的个数均无关。同时，式（2.13）中的估计量的方差也可以通过这组样本来求解。从式（2.12）中还可以看出，对于每一个联合样本点 $(\boldsymbol{x}^{(k)}, \boldsymbol{\theta}^{(k)})$，在比值函数的分子和分母中只有一个（一阶分量函数）或者两个（二阶分量函数）分布参数变化，因此在式（2.11）的估计量中，比值函数的样本通常分散性都比较小，从而具有较好的收敛性。

以上方法虽然只阐述了期望函数 $E_y(\boldsymbol{\theta})$ 的求解过程，但是可以很直接地推广到响应量的任意阶原点矩或者中心距，因此在此不再赘述。本章将这一方法体系称为全局 NISS 方法。

为了判断式（2.11）中各阶分量函数对响应量函数的影响大小，在此引入 Sobol'全局灵敏度指标[31]。由于各分量函数之间具有相互正交的特性，所以对式（2.2）的等式两边同时求方差得到

$$\mathbb{V}_{\boldsymbol{\Theta}}(E_y(\boldsymbol{\theta})) = \sum_{i=1}^{d} D_{Ei} + \sum_{1 \le i < j \le d} D_{Eij} + \cdots + D_{E12\cdots d} \quad (2.14)$$

其中，$D_{Ei} = \mathbb{V}_{\Theta_i}(\mathbb{E}_{\Theta_{-i}}(\mathbb{E}_y(\boldsymbol{\theta}) | \theta_i))$ 为一阶偏方差，$D_{Eij} = \mathbb{V}_{\Theta_{ij}}(\mathbb{E}_{\Theta_{-ij}}(E_y(\boldsymbol{\theta}) | \boldsymbol{\theta}_{ij})) - D_{Ei} - D_{Ej}$ 为二阶偏方差，以此类推。分量函数 $E_{y_{i_1, \cdots, i_s}}^R(\boldsymbol{\theta}_{i_1, \cdots, i_s})$ 的 Sobol'灵敏度指标定义为

$$S_{i_1, \cdots, i_s}^R = \frac{D_{Ei_1, \cdots, i_s}}{\mathbb{V}_{\boldsymbol{\Theta}}(E_y(\boldsymbol{\theta}))} \quad (2.15)$$

该定义式具有归一化的性质，即 $0 \leqslant S_{i_1,\cdots,i_s}^R \leqslant 1$。灵敏度指标 $S_{i_1,\cdots,i_s}^R$ 的值越大，表明分量函数 $E_{y i_1,\cdots,i_s}^R(\theta_{i_1},\cdots,i_s)$ 的影响越显著。当该灵敏度指标低于某一阈值（如0.01），则可认为所对应的分量函数对响应量不确定性的影响可以忽略。同时，该灵敏度指标还可以用来估计 RS-HDMR 分解的截断误差。例如，若所有一阶指标之和 $\sum_{j=1}^d S_j^R$ 接近于1，所有二阶及二阶以上的分量函数可以忽略。

对于以上 Sobol' 指标的求解，可以很容易地通过数值积分或者抽样技术来实现，并且只需要用到与式（2.11）中的估计量相同的一组样本点，而不需要额外调用计算模型。以一阶灵敏度指标 S_i^R 为例，相应的一阶偏方差估计量为

$$\hat{D}_{Ei} = \int (\hat{E}_{y_i}^R(\theta_i))^2 f_{\Theta_i}(\theta_i) \mathrm{d}\theta_i \tag{2.16}$$

从式（2.11）中可以看出，估计量 $\hat{E}_{y_i}^R(\theta_i)$ 与 $\hat{E}_{y_0}^R$ 中包含了同一组输出样本，而比值函数 r_i^R 仅与 θ_i 以及 x 和 θ 的样本有关，而与输出响应量无关。因此，对显式化表达的 $\hat{E}_{y_i}^R(\theta_i)$ 而言，式（2.16）中的一维积分可以用任何的数值积分方法来求解，也可以采用以下估计量来求解：

$$\hat{D}_{Ei} = \frac{1}{N} \sum_{k=1}^N (\hat{E}_{y_i}^R(\theta_i^{(k)}))^2 \tag{2.17}$$

式中：$\theta_i^{(k)}$ 为 θ_i 的第 k 个样本点。

类似地，二阶偏方差 D_{Eij} 可以通过二维数值积分 $[\hat{E}_{y_{ij}}^R(\theta_{ij})$ 为被积函数$]$ 来求解，或者采用以下估计量估计：

$$\hat{D}_{Eij} = \frac{1}{N} \sum_{k=1}^N (\hat{E}_{y_{ij}}^R(\theta_{ij}^{(k)}))^2 \tag{2.18}$$

式中：$\theta_{ij}^{(k)}$ 为 θ_{ij} 的第 k 个样本点。

更高阶的偏方差的求解过程以此类推。

此外，对于定义式（2.15）中总方差（分母）的求解，在高阶影响（三阶及以上）可以忽略的情况下，可以用一阶和二阶偏方差之和来求得近似总方差。事实上，估计高阶偏方差不需要额外调用原计算模型，因此，在高阶影响不明确时也可以进一步估算高阶偏方差，最后保留具有显著影响的分量函数即可。

一般来讲，全局 NISS 方法相对于 2.2.1 节的局部 NISS 方法具有更好的全局估计效果，而这两种方法也可以结合起来使用。例如，可以先用较少的样本点用全局法进行估计，然后在参数分布域中确定感兴趣的区域，再用局部法估计来提高局部区域的计算精度；亦可将 cut-HDMR 和 RS-HDMR 分解结合建立混合 NISS 方法，此处不再赘述。

2.3 基于 NISS 方法的可靠性分析

上一节介绍了 NISS 方法的基本框架，本节着重针对结构系统可靠性分析中的失效概率函数求解问题进行探讨[29]。这里用 $y = g(x)$ 表示极限状态函数，x 的不确定性描述与上一节相同。假设当极限状态函数小于零时结构发生失效；反之，结构安全。则失效域定义为 $F = \{x: g(x) < 0\}$。定义失效域指示函数 $I_F(x)$：当 $x \in F$ 时，$I_F(x) = 1$，否则 $I_F(x) = 0$。

失效概率函数定义为

$$P_f(\boldsymbol{\theta}) = \int_{R^n} I_F(\boldsymbol{x}) f_X(\boldsymbol{x} \mid \boldsymbol{\theta}) \, \mathrm{d}\boldsymbol{x} \tag{2.19}$$

对其进行 HDMR 分解，则失效概率函数也可以表示为递增阶次的分量函数之和，即

$$P_f(\boldsymbol{\theta}) = P_{f0} + \sum_{i=1}^{d} P_{fi}(\theta_i) + \sum_{1 \leqslant i < j \leqslant d} P_{fij}(\theta_{ij}) + \cdots + P_{f1,2,\cdots,d}(\boldsymbol{\theta}) \tag{2.20}$$

当采用 cut-HDMR 分解时，失效概率在固定点 $\boldsymbol{\theta}^*$ 处展开，那么式 (2.20) 中的各分量函数可以表示为

$$\begin{cases} P_{f0}^C = P_f(\boldsymbol{\theta}^*) \\ P_{fi}^C(\theta_i) = P_f(\theta_i, \boldsymbol{\theta}_{-i}^*) - P_{f0}^C \\ P_{fij}^C(\theta_{ij}) = P_f(\theta_{ij}, \boldsymbol{\theta}_{-i}^*) - P_{fi}^C(\theta_i) - P_{fj}^C(\theta_j) - P_{f0}^C \\ \cdots \end{cases} \tag{2.21}$$

式中：$\boldsymbol{\theta}^*$ 可以是不确定性参数 $\boldsymbol{\theta}$ 的均值，也可以是其他任意 $\boldsymbol{\theta}$ 取值区间的点。由概率密度函数 $f_X(\boldsymbol{x} \mid \boldsymbol{\theta}^*)$ 抽取一组样本 $\boldsymbol{x}^{(k)}(k = 1, \cdots, N)$，可以得到分量函数的无偏估计量分别为

$$\begin{cases} \hat{P}_{f0}^C = \dfrac{1}{N} \sum_{k=1}^{N} I_F(\boldsymbol{x}^{(k)}) \\ \hat{P}_{fi}^C(\theta_i) = \dfrac{1}{N} \sum_{k=1}^{N} I_F(\boldsymbol{x}^{(k)}) r_i^C(\boldsymbol{x}^{(k)} \mid \theta_i, \boldsymbol{\theta}^*) \\ \hat{P}_{fij}^C(\boldsymbol{\theta}_{ij}) = \dfrac{1}{N} \sum_{k=1}^{N} I_F(\boldsymbol{x}^{(k)}) r_{ij}^C(\boldsymbol{x}^{(k)} \mid \boldsymbol{\theta}_{ij}, \boldsymbol{\theta}^*) \end{cases} \tag{2.22}$$

式中：r_i^C 和 r_{ij}^C 的定义与式 (2.5) 相同。

当采用 RS-HDMR 分解时，式 (2.20) 中的分量函数表达式为

$$\begin{cases} P_{f0}^R = \mathbb{E}_{\boldsymbol{\Theta}}(P_f(\boldsymbol{\theta})) \\ P_{fi}^R(\theta_i) = \mathbb{E}_{\boldsymbol{\Theta}_{-i}}(P_f(\boldsymbol{\theta}) \mid \theta_i) - P_{f0}^R \\ P_{fij}^R(\boldsymbol{\theta}_{ij}) = \mathbb{E}_{\boldsymbol{\Theta}_{-ij}}(P_f(\boldsymbol{\theta}) \mid \boldsymbol{\theta}_{ij}) - P_{fi}^R(\theta_i) - P_{fj}^R(\theta_j) - P_{f0}^R \\ \cdots \end{cases} \tag{2.23}$$

从联合密度函数 $f_{X, \boldsymbol{\Theta}}(\boldsymbol{x}, \boldsymbol{\theta})$ 中抽取一组联合样本 $(\boldsymbol{x}^{(k)}, \boldsymbol{\theta}^{(k)})(k = 1, \cdots, N)$，则式 (2.23) 中 RS-HDMR 分量函数的无偏估计量为

$$\begin{cases} \hat{P}_{f0}^R = \dfrac{1}{N} \sum_{k=1}^{N} I_F(\boldsymbol{x}^{(k)}) \\ \hat{P}_{fi}^R(\theta_i) = \dfrac{1}{N} \sum_{k=1}^{N} I_F(\boldsymbol{x}^{(k)}) r_i^R(\boldsymbol{x}^{(k)} \mid \theta_i, \boldsymbol{\theta}^{(k)}) \\ \hat{P}_{fij}^R(\boldsymbol{\theta}_{ij}) = \dfrac{1}{N} \sum_{k=1}^{N} I_F(\boldsymbol{x}^{(k)}) r_{ij}^R(\boldsymbol{x}^{(k)} \mid \boldsymbol{\theta}_{ij}, \boldsymbol{\theta}^{(k)}) \end{cases} \tag{2.24}$$

式中：r_i^R 和 r_{ij}^R 的定义与式 (2.12) 相同。

同样地，也可以很容易地推导出以上分量函数估计量的方差，具体表达式参照 2.2 节

中的式（2.6）和式（2.13）。

以上估计过程可以很容易地推广到多失效模式和时变问题中。但是对于小概率事件而言，这两种方法的计算量通常很大，给其在复杂工程问题中的应用带来了更大的挑战，因此，需要发展更高效的计算方法。从理论上讲，任何经典的随机分析方法均可与 NISS 思想结合以建立不同类型问题的求解方法。以下两节中分别介绍将子集模拟和线抽样与 NISS 相结合解决小概率估计问题。

2.3.1 NISS 子集模拟法

在精确概率模型中（不考虑主观不确定性），子集模拟（Subset Simulation，SS）法是用于解决结构失效事件是小概率事件问题的经典方法之一[34]。本节基于局部法和全局法两种思路，提供了两类子集模拟抽样方法，简称局部法（Local-NISS-SS）和全局法（Global-NISS-SS）。下面分别介绍这两种思路估计失效概率函数的过程。

1. 局部法：Local-NISS-SS

经典的子集模拟法通过引入一系列的中间失效域 $F_1 \supset F_2 \supset \cdots \supset F_m = F$，进而将小失效概率表达为一组较大失效概率的乘积，即 $P_{f0} = P(F_1) \prod_{q=1}^{m} P(F_q | F_{q-1})$，其中 $F_q = \{x: g(x) < b_q\}$，且 $b_1 > b_2 > \cdots > b_m = 0$。假定 θ 固定于 θ^* 点处，则抽样密度为 $f_X(x | \theta^*)$，同时设定所抽取的样本量为 N，中间概率为 p_0（通常取值范围为 $0.1 \sim 0.3$）。这里用子集模拟法来估计式（2.22）中常数项 P_{f0}^C，具体实现步骤如下：

（1）根据密度函数 $f_X(x | \theta^*)$ 抽取 Monte Carlo 样本集 $S_1 = \{x_1^{(k)}: k = 1, \cdots, N\}$，计算对应的极限状态函数的值 $y_1^{(k)}(k = 1, \cdots, N)$。令 $q = 1$。

（2）将 $y_q^{(k)}(k = 1, \cdots, N)$ 的值按照升序排列，设定 b_q 的值为其中第 $[p_0 N]$ 个极限状态函数的值。如果 $b_q < 0$，则转入步骤（4）；否则，定义第 q 层中间失效域 $F_q = \{x: g(x) < b_q\}$，对应的失效域样本集和为 $S_{Fq} = \{x_q^{(k)}: x_q^{(k)} \in S_q, \text{且 } g(x_q^{(k)}) < b_q\}$，转入步骤（3）。

（3）令 $q = q + 1$。将样本集 $S_{F(q-1)}$ 中的每一个点作为初始点，采用任意的 Monte Carlo Markov Chain（MCMC）抽样[34]产生服从条件密度函数 $f_X(x | F_{q-1}, \theta^*)$ 的条件样本集 $S_q = \{x_q^{(k)}: k = 1, \cdots, N\}$，转入步骤（2）。

（4）令 $m = q$，$b_m = 0$ 且 $F_m = \{x: g(x) < b_m\}$。从而得到常数项 P_{f0}^C 的估计量为

$$\hat{P}_{f0}^C = p_0^{m-1} \frac{1}{N} \sum_{k=1}^{N} I_F(x_m^{(k)}) \qquad (2.25)$$

基于以上步骤得到的 Monte Carlo 样本集和 MCMC 样本集，就可以估计出 cut-HDMR 分解中所有其他分量函数，其中一阶和二阶分量函数的估计量表达式为[29]

$$\begin{cases} \hat{P}_{fi}^C(\theta_i) = p_0^{m-1} \left[\dfrac{1}{N} \sum_{k=1}^{N} I_F(x_m^{(k)}) r_i^C(x_m^{(k)} | \theta_i, \theta^*) \right] \\ \hat{P}_{fij}^C(\theta_{ij}) = p_0^{m-1} \left[\dfrac{1}{N} \sum_{k=1}^{N} I_F(x_m^{(k)}) r_{ij}^C(x_m^{(k)} | \theta_{ij}, \theta^*) \right] \end{cases} \qquad (2.26)$$

其中 r_i^C 和 r_{ij}^C 的表达式与式（2.5）相同，式（2.26）的推导参见文献 [29]。

上述估计量的统计特性与经典子集模拟法类似，即估计量是渐进无偏估计，由中间概率之间的相关性引起的偏差是 $O(1/N)$。假定所有中间概率估计量之间相互独立，那么一阶估计量 $\hat{P}_{fi}^C$ 的方差可以用式（2.27）来近似得到：

$$\mathbb{V}(\hat{P}_{fi}^C) \hat{=} \left(\frac{\hat{P}_{fi}^C}{\hat{P}_q}\right)^2 \sum_{q=1}^{m-1} \mathbb{V}(\hat{P}_q) + \left(\frac{\hat{P}_{fi}^C}{\hat{P}_m(\theta_i)}\right)^2 \mathbb{V}(\hat{P}_m(\theta_i)) \tag{2.27}$$

其中　　$\hat{P}_q = \sum_{k=1}^N I_{Fq}(\boldsymbol{x}_q^{(k)})/N$，$\hat{P}_m(\theta_i) = \sum_{k=1}^N I_F(\boldsymbol{x}_m^{(k)}) r_i^C(\boldsymbol{x}_m^{(k)}|\theta_i, \boldsymbol{\theta}^*)/N$

文献［29］中证明了式（2.27）能够很好地近似求得方差 $\mathbb{V}(\hat{P}_{fi}^C)$。此外，式（2.27）右端的方差项估计量为

$$\begin{cases} \mathbb{V}(\hat{P}_q) = \dfrac{\hat{P}_q - \hat{P}_q^2}{(N-1)}(1+\gamma_q) \\ \mathbb{V}(\hat{P}_m(\theta_i)) = \dfrac{1}{(N-1)}\left[\dfrac{1}{N}\sum_{k=1}^N I_F(\boldsymbol{x}_m^{(k)})(r_i^C(\boldsymbol{x}_m^{(k)}|\theta_i, \boldsymbol{\theta}^*))^2 - \hat{P}_m^2(\theta_i)\right](1+\gamma_m) \end{cases} \tag{2.28}$$

式中：$\gamma_q(q=1,\cdots,m)$ 为一个因子，反映了同一条马尔科夫链中样本之间的相关性。在子集模拟法计算步骤中，马尔科夫链样本之间的强相关性通常会导致较差的估计结果，而当样本相关性较弱时，因子 $\gamma_q(q=1,\cdots,m)$ 就可以忽略。

值得注意的是，为了保证所产生马尔科夫链样本的质量，建议先通过 Nataf 变换或者 Rosenblatt 变换[35]将输入变量变换到独立标准正态空间中。在 MCMC 模拟中，使用最广泛的获得马尔科夫链的准则是 Metropolis-Hastings（M-H）准则，该准则的不足之处是在高维情况下会导致较低的接收率和较强的样本相关性。因此，有不少学者就如何提高 M-H 准则的接收率展开研究，其中一个著名的方法是改进 M-H 准则，它对备选状态点的分量逐一进行分析，进而接收或者拒绝该备选状态点。其他方法包括重复产生备选状态点[36]、延迟接收[37]等策略。近年来发展了一种新的 MCMC 模拟方法[38]，给当前状态和备选状态之间施加一个联合正态分布，这一方法被证明在高维情况下是有效的。

2. 全局法：Global-NISS-SS

发展 Global-NISS-SS 方法的目的是估计式（2.23）中的基于 RS-HDMR 分解的各分量函数。该方法所需要的极限状态函数计算次数与局部法相同，所不同的是，局部法是在输入变量 $\boldsymbol{x}$ 的 n 维空间中构建中间失效面，而全局法是在不确定变量 $(\boldsymbol{x}, \boldsymbol{\theta})$ 的 $n+d$ 维空间中构建中间失效面，而不需要提前固定参数 $\boldsymbol{\theta}$ 的值。首先以式（2.23）中的常数项 P_{f0}^R 为例，阐明具体步骤[29]。

（1）抽取服从联合密度函数 $f_{X,\Theta}(\boldsymbol{x}, \boldsymbol{\theta})$ 的样本集 $S_1 = \{(\boldsymbol{x}_1^{(k)}, \boldsymbol{\theta}_1^{(k)}), k=1,\cdots,N\}$，调用计算模型得到对应极限状态函数的值 $y_1^{(k)} = g(\boldsymbol{x}_1^{(k)})$，$(k=1,\cdots,N)$。令 $q=1$。

（2）升序排列 $y_1^{(k)}(k=1,\cdots,N)$ 的值，令 b_q 等于该序列中第 $[p_0N]$ 个极限状态函数的值。如果 $b_q < 0$，则转入步骤（4）；否则，定义第 q 层联合失效域 $F_q = \{(\boldsymbol{x}, \boldsymbol{\theta}): g(\boldsymbol{x}) < b_q\}$，则第 q 层失效域样本集为 $S_{Fq} = \{(\boldsymbol{x}_q^{(k)}, \boldsymbol{\theta}_q^{(k)}) \in S_q$，且 $g(\boldsymbol{x}_q^{(k)}) < b_q\}$，转入步骤（3）。

（3）令 $q=q+1$。通过 MCMC 模拟生成服从条件密度函数 $f_{X,\Theta}(\boldsymbol{x}, \boldsymbol{\theta}|F_{q-1})$ 的条件样

本，即用集合 S_{Fq} 内的样本作为初始状态点，用任意的 MCMC 模拟法产生的新的马尔科夫链 $S_q = \{(\boldsymbol{x}_q^{(k)}, \boldsymbol{\theta}_q^{(k)}): k = 1, \cdots, N\}$，转入步骤（2）。

（4）令 $m = q$，$b_m = 0$，且 $F_m = \{(\boldsymbol{x}, \boldsymbol{\theta}): g(\boldsymbol{x}) < b_m\}$，那么 RS-HDMR 分解的常数项的估计量表达式为 $\hat{P}_{f0}^R = p_0^{m-1}(1/N)\sum_{k=1}^N I_F(\boldsymbol{x}_m^{(k)})$。

基于以上过程所产生的 MC 和 MCMC 样本集，导出用于计算一阶和二阶分量函数的估计量表达式：

$$\begin{cases} \hat{P}_{fi}^R(\boldsymbol{\theta}_i) = p_0^{m-1}\left[\dfrac{1}{N}\sum_{k=1}^N I_F(\boldsymbol{x}_m^{(k)})r_i^R(\boldsymbol{x}_m^{(k)} | \theta_i, \boldsymbol{\theta}_m^{(k)})\right] \\ \hat{P}_{fij}^R(\boldsymbol{\theta}_{ij}) = p_0^{m-1}\left[\dfrac{1}{N}\sum_{k=1}^N I_F(\boldsymbol{x}_m^{(k)})r_{ij}^R(\boldsymbol{x}_m^{(k)} | \boldsymbol{\theta}_{ij}, \boldsymbol{\theta}_m^{(k)})\right] \end{cases} \quad (2.29)$$

其中 r_i^R 和 r_{ij}^R 的表达式与式（2.12）相同，以上分量函数估计量的推导参考文献[29]。

类似地，可以推导出 RS-HDMR 分解中的三阶及以上的分量函数的估计量表达式，此处不再赘述。

Local-NISS-SS 和 Global-NISS-SS 两种计算方法都能够高效地估计失效概率函数，且计算代价均与传统的子集模拟方法相同，前者具有较高的局部精度，而后者在分布参数整个不确定性分布域内均具有较好的估计效果。然而，对于一些包含复杂工程结构的应用实例而言，这类抽样方法的计算代价仍然可能是不可接受的。一方面，因为在传统子集模拟方法中，构建每一层中间失效面时均需调用 N 次极限状态函数，所以极限状态函数的计算总次数为 mN。另一方面，中间概率 p_0 的取值范围通常是 $0.1 \sim 0.3$，因而对于极小失效概率而言，m 的取值往往比较大。这两个因素使得传统子集模拟方法以及针对非精确概率问题所发展的 Local-NISS-SS 和 Global-NISS-SS 方法都具有很高的计算代价。因此，下面将进一步引入主动学习机制，在保证计算精度的同时能够大大降低调用极限状态函数的次数。

3. 基于主动学习机制的 NISS 子集模拟法

文献［39］在精确概率框架下，发展了一种基于子集模拟的主动学习方法用于估计极小失效概率，文献［29］将该思想拓展到 NISS 子集模拟法中，从而大幅度降低 NISS 子集模拟的计算代价。将结合主动学习机制后的方法记为 AK-Local-NISS-SS 和 AK-Global-NISS-SS。这里以 AK-Local-NISS-SS 为例，给出关键的步骤如下：

（1）根据密度函数 $f_X(\boldsymbol{x} | \boldsymbol{\theta}^*)$ 抽取样本集 $S_1 = \{x_1^{(k)}: k = 1, \cdots, N\}$，并从该集合中随机选出 N_0 个样本点，计算相应的极限状态函数的值 $y_1^{(k)} = g(\boldsymbol{x}_1^{(k)})$，$(k = 1, \cdots, N_0)$。将这 N_0 个样本放入训练样本集 S_T 中，令 $q = 1$。

（2）用训练集 S_T 训练 Kriging 代理模型。

（3）用代理模型预测集合 $S_q - S_T$（S_q 中除训练点以外的其他所有样本点）的极限状态函数值，计算或者更新 b_q 的值使得 $[p_0 N]$ 个样本落在失效域 $F_q = \{\boldsymbol{x}: \hat{g}(x) < b_q\}$ 内。当 $b_q < 0$ 时，令 $b_q = 0$。计算集合 $S_q - S_T$ 中所有样本点对应的学习函数 U 的值，U 函数定义式为 $U_k = |\mu_g(x^{(k)}) - b_q| / \sigma_g(x^{(k)})$。当 $\min U_k > U_0$，转到步骤（4）；否则，选出集合 $S_q - S_T$ 中所对应 U 函数值最小的样本，计算对应的真实极限状态函数的值，并加入训练集 S_T 中，转到步骤（2）。

（4）当 $b_q = 0$，转到步骤（5）；否则，令 $q = q+1$，采用任意的 MCMC 模拟方法和 Kriging 代理模型，根据条件密度函数 $f_X(\boldsymbol{x}|F_{q-1}, \boldsymbol{\theta}^*)$ 产生第 q 层的条件样本集 $\boldsymbol{S}_q = \{\boldsymbol{x}_q^{(k)}: k = 1, \cdots, N\}$。转到步骤（3）。

（5）令 $m = q$，用式（2.30）估计 cut-HDMR 的分量函数：

$$\begin{cases} P_{f_0}^C = \prod_{q=1}^{m} \left[\frac{1}{N} \sum_{k=1}^{N} \hat{I}_{Fq}(\boldsymbol{x}_q^{(k)}) \right] \\ \hat{P}_{f_i}^C(\theta_i) = \prod_{q=1}^{m-1} \left[\frac{1}{N} \sum_{k=1}^{N} \hat{I}_{Fq}(\boldsymbol{x}_q^{(k)}) \right] \left[\frac{1}{N} \sum_{k=1}^{N} \hat{I}_{Fm}(\boldsymbol{x}_m^{(k)}) r_i^C(\boldsymbol{x}_m^{(k)}|\theta_i, \boldsymbol{\theta}^*) \right] \\ \hat{P}_{f_{ij}}^C(\boldsymbol{\theta}_{ij}) = \prod_{q=1}^{m-1} \left[\frac{1}{N} \sum_{k=1}^{N} \hat{I}_{Fq}(\boldsymbol{x}_q^{(k)}) \right] \left[\frac{1}{N} \sum_{k=1}^{N} \hat{I}_{Fm}(\boldsymbol{x}_m^{(k)}) r_{ij}^C(\boldsymbol{x}_m^{(k)}|\boldsymbol{\theta}_{ij}, \boldsymbol{\theta}^*) \right] \end{cases} \tag{2.30}$$

式中：失效域指示函数上方的符号"^"表示函数值是由训练好的 Kriging 代理模型估计得来的。

值得注意的是，在上述求解步骤中，中间失效概率可能不会完全等于预设值 p_0，因为收敛条件只保证了能够准确预测 $g(\boldsymbol{x}) - b_q$ 的符号，但是不能保证每一层的中间失效概率都收敛于 p_0。不过一般来说，所估计的中间概率的值都接近 p_0。因此，前面的 $m-1$ 个中间概率应该采用每一层对应的样本集以及训练好的 Kriging 代理模型来进行估计，而不是直接等于 p_0。在上述算法中，笔者建议 p_0 的取值范围是 $10^{-3} \sim 10^{-2}$，每层样本量 N 的取值范围为（50~100）$/p_0$。当常数项 $P_{f_0}^C$ 的真值比 p_0 还要大时，以上步骤就会退化成无中间失效面的主动学习 NISS 方法。此外，AK-Global-NISS-SS 的执行步骤与上述过程类似，所不同的是样本集合 $\boldsymbol{S}_q$ 是在 $(\boldsymbol{x}, \boldsymbol{\theta})$ 的 $n+d$ 维联合空间抽取的，而不是在 n 维空间抽取的，此处不再重复陈述。

2.3.2　NISS 线抽样方法

除子集模拟法，线抽样方法也是一种适用于高维小概率问题估计的高效随机模拟法[40]，特别是当极限状态函数非线性程度不高时，对小概率问题可以获得很高的效率。其基本思想是将原始可靠性问题表示为标准正态空间中的一系列一维可靠性问题，通过在重要方向上一维搜索失效边界来实现失效概率的高效求解。当线抽样方法的抽样方向与功能函数最速下降方向一致时，其高效性就能够充分发挥。因此，线抽样方法的实现依赖于重要方向的确定，对于难以确定重要方向的高非线性问题，线抽样方法的应用具有明显的局限性。

本节将线抽样方法纳入 NISS 方法的基本框架下，将其应用于失效概率函数的求解。同样地，基于局部和全局估计的两类思路，将两类非精确概率下的线抽样方法简称为 Local-NISS-LS（局部法）和 Global-NISS-LS（全局法）。

1. Local-NISS-LS

事实上，极限状态函数 $y = g(\boldsymbol{x})$ 是在原始的 n 维输入变量空间中讨论的，而线抽样方法是在标准正态空间中建立的。在实际问题中不可避免地要考虑非标准正态分布的情况，所以必须先将输入变量变换到标准正态空间中。如前所述，该变换可以通过 Rosenblatt 法或 Nataf 变换等方法实现。这里对变换过程进行符号约定。假定 $\boldsymbol{x}$ 所对应的标准正态变量为 $\boldsymbol{z}$，用概率积分转换公式实现该变换，即 $\boldsymbol{z} = \Phi^{-1}(F_X(\boldsymbol{x}|\boldsymbol{\theta}))$，其中 $F_X(\cdot)$ 表示变量

x 的累积分布函数，$\Phi^{-1}(\cdot)$ 表示标准正态变量累积分布函数的反变换，简记作 $z = T(x|\theta)$。在局部法中，先将不确定性分布参数 θ 固定于 θ^* 处，又因为输入变量的分布类型已知，所以该变换公式就可以唯一确定。对关系式 $\Phi(z) = F_X(x|\theta^*)$ 两边求微分得到 $\phi(z)dz = f_X(x|\theta^*)dx$，因而概率密度函数的积分表达式可以进一步表示为[41]

$$P_f(\theta) = \int_{g(x)\leq 0} \frac{f_X(x|\theta)}{f_X(x|\theta^*)}f_X(x|\theta^*)dx = \int_{g(T^{-1}(z|\theta^*))\leq 0} \frac{f_X(T^{-1}(z|\theta^*)|\theta)}{f_X(T^{-1}(z|\theta^*)|\theta^*)}\phi(z)dz$$

(2.31)

用 α 表示最优重要方向，并将标准化后的重要方向记为 $e_\alpha = \alpha/\|\alpha\|$。当 e_α 确定之后，就可以将 n 维标准正态空间分解为相互正交的一维和 $n-1$ 维空间，那么标准正态变量 z 就表示为 $z = z^\perp + \bar{z}e_\alpha$，其中 $z^\perp$ 表示垂直于 e_α 的 $n-1$ 维超平面上的标准正态向量，$\bar{z}$ 表示一维标准正态变量。经过这样的分解，上述积分表达式就分为两层积分，外层是对向量 $z^\perp$ 进行的 $n-1$ 维积分，内层是对 $\bar{z}$ 进行的一维积分，即

$$P_f(\theta) = \int_{g(T^{-1}(z^\perp+\bar{z}e_\alpha|\theta^*))\leq 0} \frac{f_X(T^{-1}(z^\perp+\bar{z}e_\alpha|\theta^*)|\theta)}{f_X(T^{-1}(z^\perp+\bar{z}e_\alpha|\theta^*)|\theta^*)}\phi(\bar{z})d\bar{z}\phi_{n-1}(z^\perp)dz^\perp$$

$$= \int_{g(T^{-1}(z^\perp+\bar{z}e_\alpha|\theta^*))\leq 0} \eta(z^\perp+\bar{z}e_\alpha,\theta,\theta^*)\phi(\bar{z})d\bar{z}\phi_{n-1}(z^\perp)dz^\perp$$

(2.32)

式中：$\eta(z^\perp+\bar{z}e_\alpha,\theta,\theta^*)$ 称为密度权重。

从 $n-1$ 维密度函数 $\phi_{n-1}(z^\perp)$ 抽取一组样本 $z^{\perp(k)}(k=1,\cdots,N)$，则失效概率密度函数的 Monte Carlo 估计量可以表示为

$$\hat{P}_f(\theta) = \frac{1}{N}\sum_{k=1}^{N}\int_{g(T^{-1}(z^{\perp(k)}+\bar{z}e_\alpha|\theta^*))\leq 0} \eta(z^{\perp(k)}+\bar{z}e_\alpha,\theta,\theta^*)\phi(\bar{z})d\bar{z}$$

(2.33)

事实上，在式（2.33）中，由不等式 $g(T^{-1}(z^{\perp(k)}+\bar{z}e_\alpha|\theta^*))\leq 0$ 所定义的第 k 个一维积分域和线抽样方法中第 k 条线落在失效域中的部分相一致。因此，式（2.33）中的积分边界就可以替换为 $[\tilde{c}^{(k)},+\infty)$，其中 $\tilde{c}^{(k)}$ 对应于第 k 条线和失效边界的交点处 $\bar{z}$ 的取值。用符号 $L^{(k)}(\theta)$ 表示式（2.33）中第 k 个包含不确定参数 θ 的积分式，即

$$L^{(k)}(\theta) = \int_{\tilde{c}^{(k)}}^{+\infty} \eta(z^{\perp(k)}+\bar{z}e_\alpha,\theta,\theta^*)\phi(\bar{z})d\bar{z}$$

(2.34)

特别指出的是，当 $\theta = \theta^*$、$\eta = 1$ 时，$L^{(k)}(\theta) = \Phi(-\tilde{c}^{(k)})$，也就退化为原始的线抽样方法中的求解公式。因此，失效概率函数的估计量表示为

$$\hat{P}_f(\theta) = \frac{1}{N}\sum_{k=1}^{N}L^{(k)}(\theta)$$

(2.35)

与前面方法类似，以上估计量的方差为

$$\mathbb{V}(\hat{P}_f(\theta)) = \frac{1}{N(N-1)}\sum_{k=1}^{N}(L^{(s)}(\theta) - \hat{P}_f(\theta))^2$$

(2.36)

基于 NISS 方法基本框架，为了提高失效概率函数的估计精度，采用 cut-HDMR 分解，从而推导得到常数阶、一阶和二阶估计量的表达式如下[41]：

$$
\begin{cases}
\hat{P}_{f0}^{C} = \dfrac{1}{N} \sum_{k=1}^{N} L^{(s)}(\boldsymbol{\theta}^{*}) \\[3mm]
\hat{P}_{fi}^{C}(\theta_i) = \dfrac{1}{N} \sum_{k=1}^{N} (L^{(s)}(\boldsymbol{\theta}_i,\ \boldsymbol{\theta}_{-i}^{*}) - L^{(s)}(\boldsymbol{\theta}^{*})) \\[3mm]
\hat{P}_{fij}^{C}(\theta_i,\ \theta_j) = \dfrac{1}{N} \sum_{k=1}^{N} (L^{(s)}(\boldsymbol{\theta}_i,\ \boldsymbol{\theta}_j,\ \boldsymbol{\theta}_{-ij}^{*}) - L^{(s)}(\boldsymbol{\theta}_i,\ \boldsymbol{\theta}_{-i}^{*})L^{(s)}(\boldsymbol{\theta}_j,\ \boldsymbol{\theta}_{-j}^{*}) + L^{(s)}(\boldsymbol{\theta}^{*}))
\end{cases}
$$

$$(2.37)$$

进一步推导以上分量函数估计量中由随机抽样而引入的估计误差，表达式如下：

$$
\begin{cases}
\mathbb{V}(\hat{P}_{f0}^{C}) = \dfrac{1}{N(N-1)} \sum_{k=1}^{N} (L^{(s)}(\boldsymbol{\theta}^{*}) - \hat{P}_{f0}^{C})^2 \\[3mm]
\mathbb{V}(\hat{P}_{fi}^{C}(\theta_i)) = \dfrac{1}{N(N-1)} \sum_{k=1}^{N} (L^{(s)}(\theta_i,\boldsymbol{\theta}_{-i}^{*}) - L^{(s)}(\boldsymbol{\theta}^{*}) - \hat{P}_{fi}^{C})^2 \\[3mm]
\mathbb{V}(\hat{P}_{fij}^{C}(\theta_i,\theta_j)) = \dfrac{1}{N(N-1)} \sum_{k=1}^{N} (L^{(s)}(\theta_i,\theta_j,\boldsymbol{\theta}_{-ij}^{*}) - L^{(s)}(\theta_i,\boldsymbol{\theta}_{-i}^{*}) - L^{(s)}(\theta_j,\boldsymbol{\theta}_{-j}^{*}) + L^{(s)}(\boldsymbol{\theta}^{*}) - \hat{P}_{fij}^{C})^2
\end{cases}
$$

$$(2.38)$$

事实上，以上估计量中最核心的就是计算给定分布参数值后的 $L^{(k)}(\boldsymbol{\theta})$ 的值，而该积分函数的计算不需要引入新的功能函数计算次数，只是从 $\boldsymbol{\theta}^{*}$ 处执行的一次线抽样方法中提取关键信息，加以使用。因而该过程也实现了将双层抽样解耦为单层抽样的目的，能够用和传统线抽样方法一样的计算量估计失效概率函数。此外，以上积分函数，如 $L^{(s)}(\theta_i,\boldsymbol{\theta}_{-i}^{*})$ 和 $L^{(s)}(\theta_i,\theta_j,\boldsymbol{\theta}_{-ij}^{*})$，可以很容易地通过一维数值积分方法来计算，而不需要引入新的近似。

接下来讨论积分函数 $L^{(k)}(\boldsymbol{\theta})$［见式（2.34）］的求解问题。当输入变量的分布类型是某些特定分布时，能够对该积分函数进行解析推导从而避免引入积分误差。下面分类阐述这些情形。

（1）正态分布类型。

对正态型输入变量，第 i 个变量 $x_i \sim N(\mu_i,\ \sigma_i^2)$，那么等概率变换关系 $x_i = T^{-1}(z_i | \boldsymbol{\theta}_i^{*})$ 的解析表达式具体化为

$$x_i = \mu_i^{*} + \sigma_i^{*} z_i = \mu_i^{*} + \sigma_i^{*} z_i^{\perp(k)} + \sigma_i^{*} \bar{z} e_{\alpha,i} \tag{2.39}$$

式中：$e_{\alpha,i}$ 为重要方向 $\boldsymbol{e}_\alpha$ 的第 i 维分量。那么密度权重 $\eta(z^{\perp} + \bar{z}e_\alpha,\ \boldsymbol{\theta},\ \boldsymbol{\theta}^{*})$ 可以解析推导为

$$\eta = \left(\prod_{i=1}^{n} \frac{\sigma_i^{*}}{\sigma_i}\right) \exp\left(\sum_{i=1}^{n} \left(\frac{(\mu_i^{*} + \sigma_i^{*} z_i^{\perp(k)} + \sigma_i^{*}\bar{z}e_{\alpha,i} - \mu_i^{*})^2}{2\sigma_i^{*2}} - \frac{(\mu_i^{*} + \sigma_i^{*} z_i^{\perp(k)} + \sigma_i^{*}\bar{z}e_{\alpha,i} - \mu_i)^2}{2\sigma_i^2}\right)\right)$$

$$(2.40)$$

将式（2.40）代入式（2.34）中，积分函数就可以解析表示为正态变量分布参数的函数，即

$$L^{(k)}(\boldsymbol{\theta}) = L^{(k)}(\boldsymbol{\mu},\boldsymbol{\sigma}) = \frac{\xi}{\sqrt{1-2\zeta}} \exp\left(\lambda^{(k)} + \frac{(\kappa^{(k)})^2}{2-4\zeta}\right) \varPhi\left(\frac{\kappa^{(k)} - (1-2\zeta)\widetilde{c}^{(k)}}{\sqrt{1-2\zeta}}\right)$$

$$(2.41)$$

其中关于自定义参数 ξ、ζ、$\lambda^{(k)}$、$\kappa^{(k)}$ 的定义式如下：

$$\xi = \prod^{i=1,\cdots,n} \sigma_i^* / \sigma_i$$

$$\zeta = \sum_{i=1}^{n} \frac{1}{2} e_{\alpha,i}^2 (1 - \sigma_i^{*2}/\sigma_i^2)$$

$$\lambda^{(k)} = \sum_{i=1}^{n} \left(\frac{1}{2}(z_i^{\perp(k)})^2 - (\mu_i^* + \sigma_i^* z_i^{\perp(k)} - \mu_i)^2 / (2\sigma_i^2) \right)$$

$$\kappa^{(k)} = \sum_{i=1}^{n} e_{a,z}(z_i^{\perp(k)} - (\mu_i^* + \sigma_i^* z_i^{\perp(k)} - \mu_i)\sigma_i^*/\sigma_d^2) \tag{2.42}$$

可以看出，所有自定义参数也都是分布参数 $\boldsymbol{\mu}$ 和 $\boldsymbol{\sigma}$ 的函数，且 $\zeta \leq 1/2$，$\lambda^{(k)}$ 和 $\kappa^{(k)}$ 还随着样本 $z_i^{\perp(k)}$ 的变化而变化。有了积分函数 $L^{(k)}(\boldsymbol{\theta})$ 的解析表达式以后，就可以直接代入失效概率函数及其方差的估计量当中进行计算。在实际使用时，我们需要计算的是包含在一阶分量函数 $P_f(\theta, \boldsymbol{\theta}_{-i}^*)$ 和二阶分量函数 $P_f(\theta, \theta_j, \boldsymbol{\theta}_{-i,j}^*)$ 中的积分函数，将其分别记为 $L^{(k)}(\mu)$、$L^{(k)}(\mu_j)$、$L^{(k)}(\mu_i, \mu_j)$、$L^{(k)}(\sigma_i, \sigma_j)$ 和 $L^{(k)}(\mu_i, \sigma_j)$。为方便利用解析式进行计算，在表 2.1 中列出了这些积分函数中自定义参数的解析表达式。

表 2.1　一阶和二阶分量函数估计量中自定义参数 ζ、$\lambda^{(k)}$、$\kappa^{(k)}$ 的解析表达式

积分函数	ζ	$\lambda^{(k)}$	$\kappa^{(k)}$
$L^{(k)}(\mu_i)$	0	$\dfrac{(z^{\perp(k)})^2}{2} - \dfrac{(\mu_i^* + \sigma_i^* z_i^{\perp(k)} - \mu_i)^2}{2\sigma_i^{*2}}$	$\dfrac{(\mu_i - \mu_i^*)e_{\alpha,i}}{\sigma_i^*}$
$L^{(k)}(\sigma_i)$	$\dfrac{e_{\alpha,i}^2}{2}\left(1 - \dfrac{\sigma_i^{*2}}{\sigma_i^2}\right)$	$\dfrac{(z^{\perp(k)})^2}{2}\left(1 - \dfrac{\sigma_i^{*2}}{\sigma_i^2}\right)$	$z_i^{\perp(k)} e_{\alpha,i}\left(1 - \dfrac{\sigma_i^{*2}}{\sigma_i^2}\right)$
$L^{(k)}(\mu_i, \mu_j)$	0	$\sum_{l=i,j} \dfrac{(z^{\perp(k)})^2}{2} - \dfrac{(\mu_l^* + \sigma_l^* z_l^{\perp(k)} - \mu_l)^2}{2\sigma_l^{*2}}$	$\sum_{l=i,j} \dfrac{(\mu_l - \mu_l^*)e_{\alpha,l}}{\sigma_l^*}$
$L^{(k)}(\sigma_i, \sigma_j)$	$\sum_{l=i,j}\left(\dfrac{e_{a,l}^2}{2}\left(1 - \dfrac{\sigma_l^{*2}}{\sigma_l^2}\right)\right)$	$\sum_{l=i,j} \dfrac{(z^{\perp(k)})^2}{2}\left(1 - \dfrac{\sigma_l^{*2}}{\sigma_l^2}\right)$	$\sum_{l=i,j} z_l^{\perp(k)} e_{\alpha,l}\left(1 - \dfrac{\sigma_l^{*2}}{\sigma_l^2}\right)$
$L^{(k)}(\mu_i, \sigma_i)$	$\dfrac{e_{\alpha,i}^2}{2}\left(1 - \dfrac{\sigma_i^{*2}}{\sigma_i^2}\right)$	$\dfrac{(z^{\perp(k)})^2}{2} - \dfrac{(\mu_i^* + \sigma_i^* z_i^{\perp(k)} - \mu_i)^2}{2\sigma_i^2}$	$z_i^{\perp(k)} e_{\alpha,i} - \dfrac{(\mu_i^* + \sigma_i^* z_i^{\perp(k)} - \mu_i)\sigma_i^* e_{\alpha,i}}{\sigma_i^2}$
$L^{(k)}(\mu_i, \sigma_j)$ $(i \neq j)$	$\dfrac{e_{\alpha,j}^2}{2}\left(1 - \dfrac{\sigma_j^{*2}}{\sigma_j^2}\right)$	$\dfrac{(z^{\perp(k)})^2}{2} - \dfrac{(\mu_i^* + \sigma_i^* z_i^{\perp(k)} - \mu_i)}{2\sigma_i^{*2}} + \dfrac{(z_j^{\perp(k)})^2}{2}\left(1 - \dfrac{\sigma_j^{*2}}{\sigma_j^2}\right)$	$\dfrac{(\mu_i - \mu_i^*)e_{\alpha,i}}{\sigma_i^*} + z_j^{\perp(k)} e_{\alpha,j}\left(1 - \dfrac{\sigma_j^{*2}}{\sigma_j^2}\right)$

（2）对数正态分布类型。

对于对数正态分布，输入变量 x_i 和标准正态变量 z_i 之间的变换关系为 $z_i = (\ln x_i - \mu_i^*)/\sigma_i^*$。进一步将 z_i 分解为 $z_i = z_i^{\perp(k)} + \bar{z}e_{\alpha,i}$，那么该变换关系可以表示为

$$\ln x_i = \mu_i^* + \sigma_i^* z_i^{\perp(k)} + \sigma_i^* \bar{z}e_{\alpha,i} \tag{2.43}$$

密度权重 $\eta(z^{\perp} + \bar{z}e_\alpha, \boldsymbol{\theta}, \boldsymbol{\theta}^*)$ 可以重新表示为

$$\eta = \left(\prod_{i=1}^{n} \frac{\sigma_i^*}{\sigma_i}\right) \exp\left(\sum_{i=1}^{n}\left(\frac{(\ln x_i - \mu_i^*)^2}{2\sigma_i^{*2}} - \frac{(\ln x_i - \mu_i)^2}{2\sigma_i^2}\right)\right) \tag{2.44}$$

将式（2.44）中的 $\ln x_i$ 用 $\mu_i^* + \sigma_i^* z_i^{\perp(k)} + \sigma_i^* \bar{z} e_{\alpha,i}$ 来代替，可以发现替换后密度权重的解析表达式与正态分布的情形［见式（2.40）］完全一致。而积分函数的求解都是围绕密度权重进行的，所以后续的解析推导过程也就与正态分布的情况完全一样，直接参考正态分布的推导结论即可。

（3）其他任意分布类型。

对于一般分布类型，即 x_i 服从一般的随机分布密度 $f_{X_i}(x_i|\boldsymbol{\theta}_i)$，那么 x_i 和 z_i 之间的关系表示为 $x_i = F_{X_i}^{-1}(\Phi(z_i^{\perp(k)} + \bar{z} e_{\alpha,i})|\boldsymbol{\theta}_i^*)$，所以密度权重表示为

$$\eta = \prod_{i=1}^{n} \frac{f_{X_i}(F_{X_i}^{-1}(\Phi(z_i^{\perp(k)} + \bar{z} e_{\alpha,i})|\boldsymbol{\theta}_i^*)|\boldsymbol{\theta}_i)}{f_{X_i}(F_{X_i}^{-1}(\Phi(z_i^{\perp(k)} + \bar{z} e_{\alpha,i})|\boldsymbol{\theta}_i^*)|\boldsymbol{\theta}_i^*)} \tag{2.45}$$

因而积分函数 $L^{(d)}(\boldsymbol{\theta})$ 就表达为

$$L^{(k)}(\boldsymbol{\theta}) = \int_{\tilde{c}^{(k)}}^{\infty} \prod_{i=1}^{n} \frac{f_{X_i}(F_{X_i}^{-1}(\Phi(z_i^{\perp(k)} + \bar{z} e_{\alpha,i})\boldsymbol{\theta}_i^*)|\boldsymbol{\theta}_i)}{f_{X_i}(F_{X_i}^{-1}(\Phi(z_i^{\perp(k)} + \bar{z} e_{\alpha,i})|\boldsymbol{\theta}_i^*)|\boldsymbol{\theta}_i^*)} \phi(\bar{z}) \mathrm{d}\bar{z} \tag{2.46}$$

式中一维积分的积分精度取决于密度函数和累积分布函数的具体形式，当然，最好可以像正态分布和对数正态分布类型一样进行解析推导。接下来就可以用和之前相同的步骤来计算失效概率的分量函数。

2. Global-NISS-LS

从 NISS 全局法的思路考虑，还可以通过探索非精确分布参数的整个空间来进一步提高线抽样方法的全局特性，所发展的方法简称 Global-NISS-LS[42]。首先，对失效概率函数的积分维度进行扩展。假设 $\boldsymbol{\theta}'$ 是与分布参数 $\boldsymbol{\theta}$ 独立同分布的 d 维变量，其联合分布函数表示为 $f_{\Theta}(\boldsymbol{\theta}')$，那么失效概率函数的积分表达式可以重新表示为

$$P_f(\boldsymbol{\theta}) = \int_{g(\boldsymbol{x}) \leqslant 0} f_X(\boldsymbol{x}|\boldsymbol{\theta}) f_{\Theta}(\boldsymbol{\theta}') \mathrm{d}\boldsymbol{x}\mathrm{d}\boldsymbol{\theta}' = \int_{g(\boldsymbol{x}) \leqslant 0} \frac{f_X(\boldsymbol{x}|\boldsymbol{\theta})}{f_X(\boldsymbol{x}|\boldsymbol{\theta}')} f_X(\boldsymbol{x}|\boldsymbol{\theta}') f_{\Theta}(\boldsymbol{\theta}') \mathrm{d}\boldsymbol{x}\mathrm{d}\boldsymbol{\theta}' \tag{2.47}$$

同样需要将原空间变换到标准正态空间中讨论，$\boldsymbol{x}$ 和对应的标准正态变量 z 之间的变换关系由 $\boldsymbol{\theta}'$ 的取值来确定，即 $\boldsymbol{x} = T^{-1}(z|\boldsymbol{\theta}')$。依然将 z 进行分解 $z = z^{\perp} + e_{\alpha}\bar{z}$，则失效概率函数可推导为

$$
\begin{aligned}
P_f(\boldsymbol{\theta}) &= \int_{g(T^{-1}(z|\boldsymbol{\theta}')) \leqslant 0} \frac{f_X(T^{-1}(z|\boldsymbol{\theta}')|\boldsymbol{\theta})}{f_X(T^{-1}(z|\boldsymbol{\theta}')|\boldsymbol{\theta}')} \phi_n(z) f_{\Theta}(\boldsymbol{\theta}') \mathrm{d}z\mathrm{d}\boldsymbol{\theta}' \\
&= \int_{g(T^{-1}(z^{\perp} + \bar{z}e_{\alpha}|\boldsymbol{\theta}')) \leqslant 0} \frac{f_X(T^{-1}(z^{\perp} + \bar{z}e_{\alpha}|\boldsymbol{\theta}')|\boldsymbol{\theta})}{f_X(T^{-1}(z^{\perp} + \bar{z}e_{\alpha}|\boldsymbol{\theta}')|\boldsymbol{\theta}')} \phi(\bar{z}) \mathrm{d}\bar{z}\phi_{n-1}(z^{\perp}) \mathrm{d}z^{\perp} f_{\Theta}(\boldsymbol{\theta}') \mathrm{d}\boldsymbol{\theta}' \\
&= \int_{g(T^{-1}(z^{\perp} + \bar{z}e_{\alpha}|\boldsymbol{\theta}')) \leqslant 0} \omega(\boldsymbol{\theta}, \boldsymbol{\theta}', z^{\perp}, \bar{z}) \phi(\bar{z}) \mathrm{d}\bar{z}\phi_{n-1}(z^{\perp}) \mathrm{d}z^{\perp} f_{\Theta}(\boldsymbol{\theta}') \mathrm{d}\boldsymbol{\theta}'
\end{aligned}
\tag{2.48}
$$

式中：$\omega(\boldsymbol{\theta}, \boldsymbol{\theta}', z^{\perp}, \bar{z})$ 表示密度权重函数。接下来同时从密度函数 $\phi_{n-1}(z^{\perp})$ 和 $f_{\Theta}(\boldsymbol{\theta}')$ 中抽取样本，记为 $S = (z^{\perp(k)}, \boldsymbol{\theta}^{(k)})(k = 1, \cdots, N)$，则失效概率函数的估计量表示为

$$P_f(\boldsymbol{\theta}) \approx \hat{P}_f(\boldsymbol{\theta}) = \frac{1}{N} \sum_{k=1}^{N} \int_{g(T^{-1}(z^{\perp(k)} + \bar{z}e_z|\boldsymbol{\theta}^{(k)})) \leqslant 0} \omega(\boldsymbol{\theta}, \boldsymbol{\theta}^{(k)}, z^{\perp(k)}, \bar{z}) \phi(\bar{z}) \mathrm{d}\bar{z} \tag{2.49}$$

从而失效概率函数的估计变为对 N 个一维积分的估计。由于是 $z^{\perp}$ 和 $\boldsymbol{\theta}'$ 的联合样本，

所以积分域的确定与局部法略有不同。以第 k 个联合样本为例来说明，图 2.2 为联合样本所产生的第 k 条线样本与失效域交汇的示意图。在该图中，水平面为二维标准正态变量分布区域，并将坐标轴由 (z_1, z_2) 旋转到 $(\bar{z}, z^{\perp})$。垂直坐标轴表示极限状态函数 $g(T^{-1}(z|\boldsymbol{\theta}^{(k)}))$，注意该函数中包含的变换关系 $T^{-1}(z|\boldsymbol{\theta}^{(k)})$ 与 $\boldsymbol{\theta}^{(k)}$ 的取值相关。从图 2.2 还可以看出，第 k 条线过样本 $z^{\perp(k)}$ 且平行于重要方向 $\boldsymbol{e}_\alpha$。从而式 (2.49) 中一维积分计算的是被积函数 $\omega(\boldsymbol{\theta}, \boldsymbol{\theta}^{(k)}, z^{\perp(k)}, \bar{z})\phi(\bar{z})$ 在该条线落在失效域中的部分，也即该条线对应的 g 函数落在水平面以下的部分。图中假定 g 函数沿着该条线是单调递减的，显然积分域就是从交点延伸到正无穷的部分 $[v^{(k)}, +\infty)$，其中 $v^{(k)}$ 表示样本 $z^{\perp(k)}$ 与交点之间的 Euclidean 距离。$v^{(k)}$ 的值可以这样确定[43]：在第 k 条线上按照一定法则选取三个点，计算 g 函数的值，进而通过二次多项式插值得到一条近似的曲线来求解该曲线与水平面的交点，使得 $\hat{g}(T^{-1}(z^{\perp(k)} + \boldsymbol{e}_\alpha v^{(k)}|\boldsymbol{\theta}^{(k)})) = 0$。

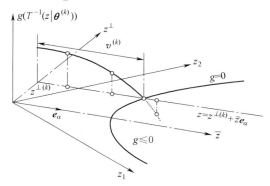

图 2.2 线抽样全局法中第 k 条线与失效域相交示意

基于估计得到的 $v^{(k)}$ 的值，概率估计量就可以写为

$$\hat{P}_f(\boldsymbol{\theta}) = \frac{1}{N}\sum_{k=1}^{N}\int_{v^{(k)}}^{+\infty}\omega(\boldsymbol{\theta}, \boldsymbol{\theta}^{(k)}, z^{\perp(k)}, \bar{z})\phi(\bar{z})\mathrm{d}\bar{z} = \frac{1}{N}\sum_{k=1}^{N}L^{(k)}(\boldsymbol{\theta}) \tag{2.50}$$

根据 NISS 全局法的思想，对失效概率函数进行 RS-HDMR 分解来同时提高估计精度和提供分布参数的灵敏度信息。Global-NISS-LS 估计各分量函数的表达式为

$$\begin{cases} \hat{P}_{f0} = \dfrac{1}{N}\sum_{k=1}^{N}\int_{v^{(k)}}^{+\infty}\phi(\bar{z})\mathrm{d}\bar{z} = \dfrac{1}{N}\sum_{k=1}^{N}\Phi(-v^{(k)}) \\[3mm] \hat{P}_{fi}(\theta_i) = \dfrac{1}{N}\sum_{k=1}^{N}\int_{v^{(k)}}\omega(\theta_i, \boldsymbol{\theta}^{(k)}, z^{\perp(k)}, \bar{z})\phi(\bar{z})\mathrm{d}\bar{z} - \hat{P}_{f0} \\[3mm] \hat{P}_{fij}(\theta_i, \theta_j) = \dfrac{1}{N}\sum_{k=1}^{N}\int_{v^{(k)}}\omega(\theta_i, \theta_j, \boldsymbol{\theta}^{(k)}, z^{\perp(k)}, \bar{z})\phi(\bar{z})\mathrm{d}\bar{z} - \hat{P}_{fi}(\theta_i) - \hat{P}_{fj}(\theta_j) - \hat{P}_{f0} \end{cases} \tag{2.51}$$

其中，密度权重表达式为

$$\begin{cases} \omega(\theta_i, \boldsymbol{\theta}^{(k)}, z^{\perp(k)}, \bar{z}) = \dfrac{f_X(T^{-1}(z^{\perp(k)} + \bar{z}\boldsymbol{e}_\alpha|\boldsymbol{\theta}^{(k)}|\theta_i, \boldsymbol{\theta}_{-i}^{(k)})}{f_X(T^{-1}(z^{\perp(s)} + \bar{z}\boldsymbol{e}_\alpha|\boldsymbol{\theta}^{(s)}|\boldsymbol{\theta}^{(s)})} \\[4mm] \omega(\theta_i, \theta_j, \boldsymbol{\theta}^{(k)}, z^{\perp(k)}, \bar{z}) = \dfrac{f_X(T^{-1}(z^{\perp(k)} + \bar{z}\boldsymbol{e}_\alpha|\boldsymbol{\theta}^{(k)})|\theta_i, \theta_j, \boldsymbol{\theta}_{-ij}^{(k)})}{f_X(T^{-1}(z^{\perp(k)} + \bar{z}\boldsymbol{e}_\alpha|\boldsymbol{\theta}^{(k)})|\boldsymbol{\theta}^{(k)})} \end{cases} \tag{2.52}$$

注意，以上估计量的求解只需要用与式（2.49）相同的一组样本。对于正态分布和对数正态分布类型，可以解析地推导分量函数估计量中的一维积分，推导过程可参见线抽样局部法。

总而言之，先抽取一组联合样本 $(z^{(k)}, \boldsymbol{\theta}^{(k)})(k=1,\cdots,N)$，对应产生 N 条线。对每一条线采用高效的方法进行一维搜索，得到线与失效面的交点。这里样本 $\boldsymbol{\theta}^{(k)}$ 的值是在 z 变换回原始 x 空间求解 g 函数时发挥作用。然后提取 $z^{\perp(k)}$、$\boldsymbol{\theta}^{(k)}$ 和 $v^{(k)}$ 的值用于计算式（2.51）的估计量，从而实现失效概率函数的有效计算。以上过程推荐用于非线性程度较低的问题，而对于高非线性问题，一方面会增加每条线上求交点时的计算次数，另一方面会增加所需线样本的条数从而保证估计精度。这两个因素都导致了调用极限状态函数次数的增加。下面探讨如何用主动学习机制来克服该方法的缺陷。

3. 基于主动学习机制的 NISS 线抽样方法

文献［18］中提出了一种在标准概率模型下的主动学习线抽样方法，适用于解决非线性程度较高的小失效概率问题，这里借助于 NISS 线抽样方法将其拓展到非精确概率模型中。主动学习算法的最关键要素是学习函数，其决定了学习的效率和有效性。学习函数的作用是自适应地选取训练样本点，从而大大加速训练高斯过程回归模型的效率。

对于线抽样法，主动学习的目的是消耗最少的模型调用，准确学习得到每条样本线与失效面的交点。其学习函数定义为[18]

$$\eta(x) = \int_{-\varepsilon+\dot\mu_g(x)}^{\varepsilon+\dot\mu_g(x)} \phi(\hat g(x)|\hat\mu_g(x), \hat\sigma_g^2(x))\mathrm{d}\hat g(x) \qquad (2.53)$$

式中：$\phi(\cdot|\hat\mu_g(x), \hat\sigma_g^2(x))$ 为正态概率密度函数，且均值和方差分别为 Kriging 模型的后验均值 $\hat\mu_g(x)$ 和后验方差 $\hat\sigma_g^2(x)$；ε 为预先设定的误差容限，决定了线样本与失效面交点的估计精度。

对于某条线，设其与 Kriging 后验均值 $\hat\mu_g(x)$ 的交点为 x^*，则 x^* 点对应的学习函数退化为

$$\eta(x^*) = \int_{-\varepsilon}^{\varepsilon} \phi(\hat g(x^*)|\hat\mu_g(x^*), \hat\sigma_g^2(x^*))\mathrm{d}\hat g(x^*) \qquad (2.54)$$

由（2.54）可知，$\eta(x^*)$ 本质上衡量了在 $\hat\mu_g(x^*)=0$ 的条件下 $\hat g(x^*)$ 的真实值处于 0 的小邻域 $[-\varepsilon, \varepsilon]$ 的概率，因此 $\eta(x^*)\in[0,1]$，且其值越接近于 1，就表明对于该条样本线，x^* 越接近于其与失效面的真实交点。因此，在学习过程中，将学习函数值最小的点加入训练数据集可最大限度提高交点的估计精度，进而提高失效概率的估计精度。

基于上述原理，主动学习 NISS 线抽样方法的计算步骤如下：

（1）初始化。给定总的候选线样本个数 N，初始用于训练 Kriging 模型的线数 N_0，收敛阈值 η^*，以及误差容限 ε。初始训练集为 $S=(X, G)$，令训练集样本量 $N_c=0$。

（2）抽取一组联合样本 $(z^{(k)}, \boldsymbol{\theta}^{(k)})(k=1,\cdots,N)$，对每一样本，生成平行于重要方向 $\boldsymbol{e}_\alpha$ 的线样本，从中选出 N_0 条线。

（3）对选出的第 k 条线，通过一维数值方法求得 $g(T^{-1}(z^{\perp(k)}+\bar z\boldsymbol{e}_\alpha|\boldsymbol{\theta}^{(k)}))$ 的根 $v^{(k)}$。当采用二次多项式插值时，每条线上产生三个点（即给 $\bar z$ 赋予三个常数 c_1、c_2、c_3）

用于计算极限状态函数的值。将点 $x^{(k)} = T^{-1}(z^{\perp(k)} + e_\alpha c_r \mid \theta^{(k)})$ $(r = 1, 2, 3)$ 的值加入训练集 X，将 $g(T^{-1}(z^{\perp(k)} + e_\alpha c_r \mid \theta^{(k)}))$ 的值加入集合 G。

（4）计算 N_0 个交点处的 g 函数值，并将这些点加入训练集 S。目前，训练点包含步骤（3）中的 $3N_0$ 个点以及 N_0 个交点，以及用于确定重要方向的点 N_{e_α}，即 $N_c = N_{e_\alpha} + 3N_0 + N_0$。

（5）训练或者更新 Kriging 模型 $\hat{g}(x)$。

（6）对所有候选 N 个线样本（包含选出的 N_0 个线样本）估计所有线样本和 $\hat{g}$ (x) 所确定失效面之间的交点，使得后验均值 $\hat{\mu}_g(T^{-1}(z^{\perp(s)} + e_\alpha v^{(s)} \mid \theta^{(s)})) = 0$。Kriging 模型的光滑特性保证了用数值方法可以准确计算 $v^{(s)}$。

（7）预测 N 个交点处的后验方差 $\hat{\sigma}_g^2(T^{-1}(z^{\perp(k)} + e_\alpha v^{(k)} \mid \theta^{(k)}))$，并计算每个交点处的学习函数值 $\eta^{(k)}$ $(k = 1, \cdots, N)$。$\eta^{(k)}$ 越大表明估计精度越高。

（8）取最小值 $\eta_{\min} = \min_{k=1}^N(\eta^{(k)})$。当 $\eta_{\min} < \eta^*$，将最小值对应的交点加入训练样本集 X 中，并计算 g 函数值加入 G 中，令 $N_c = N_c + 1$，转入步骤（5）。否则说明满足停止准则，主动学习过程停止，转入步骤（9）。

（9）估计常数分量 $\hat{P}_{f0}$，并计算变异系数 $COV = \sqrt{\text{var}(\hat{P}_{f0})}/\hat{P}_{f0}$。当变异系数大于 0.05 时，增加候选线样本量 $N = N + N_{\text{add}}$，其中 $N_{\text{add}} = 50 \sim 200$。然后转到步骤（6）。当变异系数小于 0.05，说明计算结果已经收敛，结束计算。

此时训练得到的 Kriging 模型能够很好地近似失效边界，且同时兼顾考虑了输入变量和分布参数的不确定性。从以上过程中提取所有线样本的信息，包括 $z^{\perp(k)}$、$\theta^{(k)}$ 和 $v^{(k)}$ $(k = 1, \cdots, N)$，即可以代入相应估计量 [见式（2.51）] 中得到失效概率函数的准确估计结果。

2.4. 验证算例

考虑一个二维解析计算模型，其响应量函数表达式为

$$y = g(x) = 1 - \frac{(x_1 - 1)^2}{a^2} - \frac{(x^2 - 1)^3}{b^2}$$

式中：x_1 和 x_2 分别为两个服从正态分布的独立随机变量。

由于主观不确定性的存在，两个变量的分布参数存在不确定性，其中均值 μ_1 和 μ_2 服从均匀分布 U（-0.2，0.2），标准差 σ_1 和 σ_2 服从均匀分布 U（0.8，1.2）。将所有不确定分布参数记为 $\theta = (\theta_1, \theta_2, \theta_3, \theta_4) = (\mu_1, \mu_2, \sigma_1, \sigma_2)$。考虑两种情形：① $a = 3$，$b = 4$，估计响应量均值函数 $E_y(\theta)$ 和方差函数 $V_y(\theta)$；② $a = 3$，$b = 4$，估计失效（$y < 0$）概率函数 $P_f(\theta)$。

2.4.1 响应量均值函数 $E_y(\theta)$ 和方差函数 $V_y(\theta)$ 的估计

首先采用局部 NISS 方法，在抽样时将分布参数固定于均值处，即 $\theta^* = (0, 0, 1, 1)$，通过 Latin-hypercube 法抽取 5000 个样本。计算得到 $E_y(\theta)$ 和 $V_y(\theta)$ 在 95.45% 置信水平下的 cut-HDMR 常数分量分别为 [1.012，1.0433] 和 [1.3029，1.4197]，而解析推导

得到的对照解为 1.0278 和 1.3648。显然，解析结果落在估计区间内，表明局部 NISS 法准确估计了常数分量。然后，用全局 NISS 方法计算 RS-HDMR 常数分量，同样用 Latin- hypercube 法抽取 5000 个样本，得到的 95.45% 置信水平下的估计区间为 [1.0159，1.0496] 和 [1.3428，1.4973]，而解析解为 1.0298 和 1.4061，也落在估计区间内。表明全局 NISS 法也能够准确估计常数分量。

根据定义式（2.7）和式（2.15）进一步计算灵敏度指标，并将正则化后的一阶和二阶灵敏度指标估计结果列入表 2.2 和表 2.3 中，两表中指标值的上标表示正则化后的估计标准差，用于验证灵敏度指标估计是否收敛。由结果可知所有敏感度指标估计均准确。由表 2.2 结果可知，对 $E_y(\boldsymbol{\theta})$ 而言，所有一阶分量函数都对均值 $E_y(\boldsymbol{\theta})$ 有显著贡献，而对 $V_y(\boldsymbol{\theta})$ 而言，仅 μ_2 和 σ_2 对应的分量函数有显著贡献。由表 2.3 可以看出，在所有二阶 cut-HDMR 和 RS-HDMR 分量函数中，只有 $(\mu_2，\sigma_2)$ 表现出略微明显的影响，而其他所有二阶分量函数都没有影响。

表 2.2　一阶灵敏度估计结果（其中上标表示估计标准差）

指标	方法	μ_1	μ_2	σ_1	σ_2
S_{Ei}^C	局部 NISS 方法	$0.1347^{(0.0006)}$	$0.3634^{(0.0017)}$	$0.1366^{(0.0010)}$	$0.3406^{(0.0099)}$
	解析法	0.1293	0.3712	0.1293	0.3682
S_{Vi}^C	局部 NISS 方法	$0.0285^{(0.0002)}$	$0.2663^{(0.0019)}$	$0.0167^{(0.0003)}$	$0.6615^{(0.0259)}$
	解析法	0.0252	0.2892	0.0129	0.6656
S_{Ei}^R	全局 NISS 方法	$0.1140^{(0.0013)}$	$0.3712^{(0.0036)}$	$0.1533^{(0.0025)}$	$0.3517^{(0.0146)}$
	解析法	0.1283	0.3732	0.1283	0.3654
S_{Vi}^R	全局 NISS 方法	$0.0255^{(0.0004)}$	$0.2885^{(0.0039)}$	$0.0091^{(0.0007)}$	$0.6396^{(0.0309)}$
	解析法	0.0247	0.2966	0.0127	0.6492

表 2.3　二阶灵敏度估计结果（其中上标表示估计标准差）

指标	方法	$(\mu_1，\mu_2)$	$(\mu_1，\sigma_1)$	$(\mu_1，\sigma_2)$	$(\mu_2，\sigma_1)$	$(\mu_2，\sigma_2)$	$(\sigma_1，\sigma_2)$
S_{Ei_1,i_2}^C	局部 NISS 方法	$0.0000^{(0.0000)}$	$0.0001^{(0.0000)}$	$0.0009^{(0.0001)}$	$0.0003^{(0.0000)}$	$0.0232^{(0.0027)}$	$0.0002^{(0.0001)}$
	解析法	0.0000	0.0000	0.0000	0.0000	0.0020	0.0000
S_{Vi_1,i_2}^C	局部 NISS 方法	$0.0007^{(0.0000)}$	$0.0011^{(0.0000)}$	$0.0016^{(0.0003)}$	$0.0005^{(0.0000)}$	$0.0211^{(0.0024)}$	$0.0020^{(0.0002)}$
	解析法	0.0000	0.0001	0.0000	0.0000	0.0068	0.0000
S_{Ei_1,i_2}^R	全局 NISS 方法	$0.0000^{(0.0001)}$	$0.0014^{(0.0002)}$	$0.0001^{(0.0004)}$	$0.0001^{(0.0001)}$	$0.0080^{(0.0014)}$	$0.0003^{(0.0002)}$
	解析法	0.0000	0.0000	0.0000	0.0000	0.0049	0.0000
S_{Vi_1,i_2}^R	全局 NISS 方法	$0.0003^{(0.0001)}$	$0.0015^{(0.0000)}$	$0.0005^{(0.0007)}$	$0.0002^{(0.0001)}$	$0.0399^{(0.0035)}$	$0.0010^{(0.0002)}$
	解析法	0.0001	0.0002	0.0001	0.0001	0.0163	0.0001

图 2.3 绘制了 $E_y(\boldsymbol{\theta})$ 在 cut-HDMR 分解下一阶分量函数随不确定分布参数的变化曲线。图中还包含了一阶分量函数在 95.45% 置信水平下的置信上下界，可以看出解析解被

包含在很窄的置信上下界之间，表明计算结果具有很高的精度和稳健性。而对于 $E_{y_4}^C$ 而言，其置信区间在 $\boldsymbol{\theta}$ 远离 $\boldsymbol{\theta}^*$ 时明显变宽，这是由于 g 函数对变量 x_2 具有较高的非线性。图 2.4 绘制了 $E_y(\boldsymbol{\theta})$ 在 RS-HDMR 分解下的一阶分量函数曲线。在图 2.4 中，所估计的一阶分量函数与解析方法得到曲线有很高的一致性，也同时具有较窄的置信上下界。对比图 2.3 和图 2.4 还可以看出，采用 cut-HDMR 分解的局部 NISS 方法在 $\boldsymbol{\theta}^*$ 处的一阶分量函数总是零，而在 $\boldsymbol{\theta}^*$ 附近的分量函数估计结果都非常准确，所以体现出很好的局部特性。而采用 RS-HDMR 分解的全局 NISS 方法没有估计误差为零的点，但是具有较高的全局估计能力。

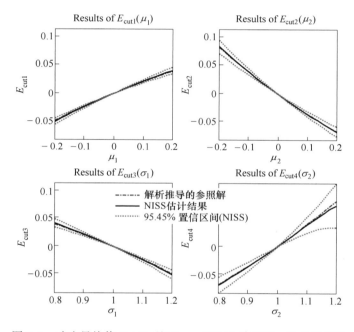

图 2.3　响应量均值 $E_y(\boldsymbol{\theta})$ 基于 cut-HDMR 分解的一阶分量函数

基于以上分析，响应量均值函数 $E_y(\boldsymbol{\theta})$ 可以用一阶 cut-HDMR 分解或者 RS-HDMR 分解来近似，同时保证很小的截断误差，即 $\hat{E}_y(\boldsymbol{\theta}) \approx \hat{E}_{y_i}^C + \sum_{i=1}^{4} E_{y_i}^C(\theta_i) \approx \hat{E}_{yj}^R + \sum_{i=1}^{4} E_{y_i}^R(\theta_i)$，同时，也表明均值函数对分布参数 $\boldsymbol{\theta}$ 近似可加。而且响应量函数也可以用两种方法的平均来衡量，从而同时兼顾局部和全局特性。

2.4.2　失效概率函数 $P_f(\boldsymbol{\theta})$

对于可靠性分析问题，采用基于子集模拟的 NISS 方法来估计失效概率函数。同样先将分布参数固定于 $\boldsymbol{\theta}^* = (0, 0, 1, 1)$ 处。首先采用局部法，子集模拟每层样本数设置为 10^4，中间概率 p_0 设为 0.1，当加入主动学习算法时，每层样本数设为 10^5，中间概率 p_0 设置为 10^{-3}。局部方法求解的一阶和二阶敏感度指标分别如表 2.4 和表 2.5 所示。当采用子集模拟方法估计 cut-HDMR 常数项时，算法自动引入了 5 个中间失效面，总的计算代价接近 5×10^4 次，而加入主动学习后仅需引入两个中间失效面，总计算代价为 33 次。由

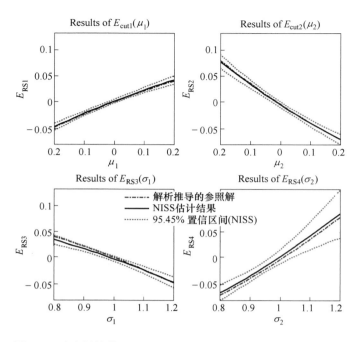

图 2.4　响应量均值 $E_y(\boldsymbol{\theta})$ 基于 RS-HDMR 分解的一阶分量函数

表 2.4 和表 2.5 可知，所有敏感度指标和 cut-HDMR 常数项都估计准确。由敏感度指标可知，当采用 cut-HDMR 分解时，σ_1 和 σ_2 的一阶分量以及 (μ_1,σ_1) 与 (μ_2,σ_2) 的两个二阶分量较为重要，这四个较为重要的 cut-HDMR 分量函数计算结果如图 2.5 和图 2.6 所示，与参照解对比，两种方法结果的精度均较高，且估计量的标准差很小，说明结果是准确且稳健的。

表 2.4　二维数值算例情形②失效概率函数的一阶敏感度指标结果（其中上标为估计量标准差）

指标	$S_{\mathrm{Pf,cut},i}$		$S_{\mathrm{Pf,RS},i}$	
方法	局部 NISS+子集模拟	局部 NISS+子集模拟+主动学习	全局 NISS+子集模拟	全局 NISS+子集模拟+主动学习
设置	$p_0=0.1,\ N=1\times10^4$	$p_0=1\times10^{-3},N=1\times10^5$	$p_0=0.1,\ N=1\times10^4$	$p_0=10\times10^{-3},N=1\times10^5$
μ_1	$0.0136^{(0.0001)}$	$0.0133^{(0.0001)}$	$0.0669^{(0.0003)}$	$0.0852^{(0.0003)}$
μ_2	$0.0059^{(0.0000)}$	$0.0056^{(0.0001)}$	$0.0380^{(0.0002)}$	$0.0672^{(0.0003)}$
σ_1	$0.6122^{(0.0024)}$	$0.6339^{(0.0066)}$	$0.4554^{(0.0056)}$	$0.4155^{(0.0026)}$.
σ_2	$0.2403^{(0.0010)}$	$0.2210^{(0.0024)}$	$0.2568^{(0.0156)}$	$0.2828^{(0.0037)}$
b_i	0.8365>0.5846>0.3356>0.0983>0	0.3502>0	0.8310>0.5623>0.2834>0	0.5673>0
$P_{f,0}$	$3.9280\times10^{-5(2.407\times10^{-6})}$	$4.0293\times10^{-5(4.0946\times10^{-6})}$	$1.2030\times10^{-4(1.1022\times10^{-5})}$	$1.3187\times10^{-4(5.4984\times10^{-6})}$
N_{call}	5×10^4	$22+11=33$	4×10^4	$31+11=42$

表 2.5 二维数值算例情形②失效概率函数二阶敏感度指标计算结果

指标	$S_{\mathrm{Pf,cut},ij}$		$S_{\mathrm{Pf,RS},ij}$	
方法	局部 NISS+子集模拟	局部 NISS+子集模拟+主动学习	全局 NISS+子集模拟	全局 NISS+子集模拟+主动学习
(μ_1, μ_2)	$0.0002^{(0.0000)}$	$0.0002^{(0.0000)}$	$0.0007^{(0.0000)}$	$0.0008^{(0.0000)}$
(μ_1, σ_1)	$0.0832^{(0.0003)}$	$0.0868^{(0.0009)}$	$0.1115^{(0.0041)}$	$0.0720^{(0.0010)}$
(μ_1, σ_2)	$0.0023^{(0.0000)}$	$0.0015^{(0.0000)}$	$0.0024^{(0.0005)}$	$0.0013^{(0.0003)}$
(μ_2, σ_1)	$0.0043^{(0.0000)}$	$0.0031^{(0.0000)}$	$0.0024^{(0.0001)}$	$0.0028^{(0.0001)}$
(μ_2, σ_2)	$0.0346^{(0.0002)}$	$0.0310^{(0.0003)}$	$0.0588^{(0.0053)}$	$0.0698^{(0.0036)}$
(σ_2, σ_2)	$0.0034^{(0.0000)}$	$0.0037^{(0.0001)}$	$0.0070^{(0.0062)}$	$0.0027^{(0.0007)}$

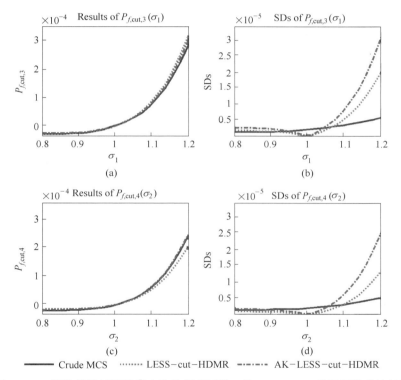

图 2.5 二维数值算例情形②中失效概率函数一阶 cut-HDMR 分量函数估计结果
注：LESS 表示采用子集模拟，AK-LESS 表示加入了主动学习。

接下来采用基于子集模拟的全局 NISS 方法估计失效概率函数，同样，每层样本数设为 10^4，中间概率 p_0 设为 0.1，当加入主动学习算法时，每层样本数设为 10^5，中间概率 p_0 设为 10^{-3}。全局方法计算得到的前两阶 Sobol 指标如表 2.4 和表 2.5 最后两列。需要注意的是，全局方法定义的敏感度指标成为 Sobol 指标，其定义和局部法是不同的，因此，敏感度指标的值也是不同的。很显然，所有 Sobol 指标均得到了较为准确而稳健的估计。RS-HDMR 展开常数项的估计值如表 2.4 倒数第二行所示，很显然，两种方法得到的估计

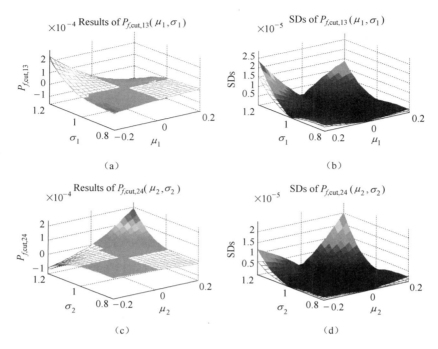

图 2.6　二维数值算例情形②中失效概率函数二阶 cut-HDMR 分量函数估计结果

值吻合度很好。由前两阶 Sobol 指标的值可知，所有的 4 个一阶 RS-HDMR 分量函数及 (μ_1, σ_1) 和 (μ_2, σ_2) 的两个二阶分量函数具有显著贡献，该六个分量函数的估计结果如图 2.7 和图 2.8 所示，这 6 个分量函数与常数项之和即可作为失效概率函数的估计。很显然，两种方法得到的六个重要分量函数的估计均和参照解吻合较好。

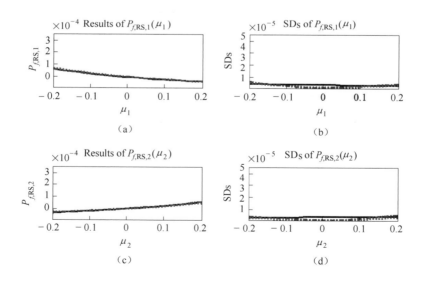

图 2.7　二维数值算例情形②中失效概率函数一阶 RS-HDMR 分量函数估计结果

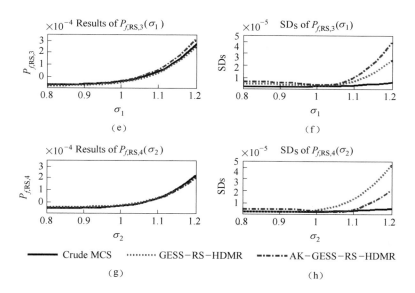

图 2.7 二维数值算例情形②中失效概率函数一阶 RS-HDMR 分量函数估计结果（续）

注：GESS 表示采用子集模拟，AK-GESS 表示加入了主动学习

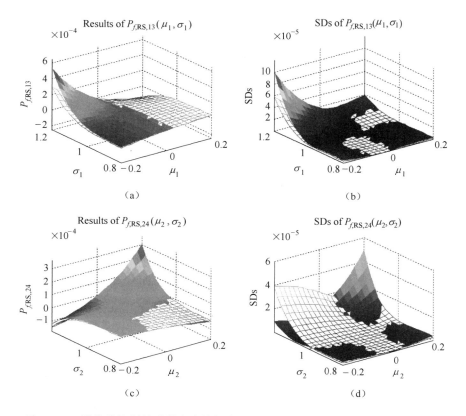

图 2.8 二维数值算例情形②中失效概率函数二阶 RS-HDMR 分量函数估计结果

2.5　结论

本章重点介绍了三类不确定性表征模型，即概率模型、非概率模型和非精确概率模型及其传递的 NISS 方法体系。假设概率模型表征随机不确定性，非概率模型表征认知不确定性，非精确概率模型表征随机与认知混合不确定性，针对工程计算中的三种参数（信息充分的随机参数、数据不足的确定性参数和信息不足的随机参数）实现了统一的不确定性分类表征。在上述不确定性模型框架下，重点介绍了三类不确定性模型传递的 NISS 方法体系，特别地，以参数化概率盒模型为例进行了说明。对于三类模型同时存在的情形，NISS 方法的推广可以参考文献［30］，受制于篇幅原因，本章未有涉及。NISS 方法的优势是仅需一次随机模拟，且所有经典的随机模拟方法均可与之结合形成新的方法以解决不同类型的问题，因此其计算代价与随机分类在同一量级。本章以子集模拟和线抽样两类最常用的小失效概率估计方法进行了详细说明。此外，NISS 方法涉及的截断误差可通过其副产品（敏感度指标）估计，统计误差可通过估计量的方差估计，因此可以实现效率与精度的均衡。NISS 方法的主要不足是对于认知不确定性很大的情形（此时非概率层支撑域很大），在边缘处估计误差较大，对于此类问题的改进可参考文献［44］、［45］，此处不再赘述。

参 考 文 献

［1］李杰. 工程结构整体可靠性分析研究进展［J］. 土木工程学报，2018，51（8）：1-10.

［2］吕震宙，宋述芳，李洪双，等. 结构机构可靠性及可靠性灵敏度分析［M］. 北京：科学出版社，2017.

［3］LI J，CHEN J. The principle of preservation of probability and the generalized density evolution equation［J］. Structural Safety，2006，30（1）：65-77.

［4］LI J. Probability density evolution method：background，significance and recent developments［J］. Probabilistic Engineering Mechanics，2016，44：111-117.

［5］AU S K，BECK J L. Estimation of small failure probabilities in high dimensions by subset simulation［J］. Probabilistic Engineering Mechanics，2001，16（4）：263-277.

［6］SCHUELLER G I，PRADLWARTER H J，KOUTSOURELAKIS P S. A critical appraisal of reliability estimation procedures for high dimensions［J］. Probabilistic Engineering Mechanics，2004，19（4）：463-474.

［7］PAPAIOANNOU I，PAPADIMITRIOU C，STRAUB D. Sequential importance sampling for structural reliability analysis［J］. Structural Safety，2016，62：66-75.

［8］MELCHERS R E. Structural system reliability assessment using directional simulation［J］. Structural Safety，1994，16（1-2）：23-37.

［9］KIUREGHIAN A D. The geometry of random vibrations and solutions by FORM and SORM［J］. Probabilistic Engineering Mechanics，2000，15（1）：81-90.

［10］ZHAO Y G，LU Z H. Fourth-moment standardization for structural reliability assessment［J］. Journal of Structural Engineering，2007，133（7）：916-924.

［11］ZHANG X F，PANDEY M D. Structural reliability analysis based on the concepts of entropy，fractional moment and dimensional reduction method［J］. Structural Safety，2013，43：28-40.

［12］ LIM H U, MANUEL L. Distribution－free polynomial chaos expansion surrogate models for efficient structural reliability analysis ［J］. Reliability Engineering and System Safety, 2021, 205.

［13］ 肖宁聪, 袁凯, 王永山. 基于序列代理模型的结构可靠性分析方法 ［J］. 电子科技大学学报, 2019, 48 （1）: 156-160.

［14］ DAI H, CAO Z. A wavelet support vector machine-based neural network metamodel for structural reliability assessment ［J］. Computer-aided Civil & Infrastructure Engineering, 2017, 32 （4）: 344-357.

［15］ 赵维涛, 吴广, 祁武超. 基于多重子域代理模型的结构可靠性分析 ［J］. 计算力学学报, 2019, 36 （2）: 160-165.

［16］ ECHARD B, GAYTON N, LEMAIRE M. AK-MCS: an active learning reliability method combining Kriging and Monte Carlo simulation ［J］. Structural Safety, 2011, 33 （2）: 145-154.

［17］ WEI P, TANG C, YANG Y. Structural reliability and reliability sensitivity analysis of extremely rare failure events by combining sampling and surrogate model methods ［J］. Proceedings of the Institution of Mechanical Engineers, Part O: Journal of Risk and Reliability, 2019, 233 （6）: 943-957.

［18］ SONG J, WEI P, VALDEBENITO M, et al. Active learning line sampling for rare event analysis ［J］. Mechanical Systems and Signal Processing, 2021, 147: 107113.

［19］ PHOON K K. Probabilistic site characterization ［J］. ASCE-ASME Journal of Risk and Uncertainty in Engineering Systems, Part A: Civil Engineering, 2018, 4 （4）: 02018002.

［20］ BEER M, FERSON S, KREINOVICH V. Imprecise probabilities in engineering analyses ［J］. Mechanical Systems and Signal Processing, 2013, 37 （s1-2）: 4-29.

［21］ ZIO E. Reliability engineering: old problems and new challenges ［J］. Reliability Engineering & System Safety, 2009, 94 （2）: 125-141.

［22］ 黄洪钟, 刘征, 米金华, 等. 混合不确定性下机床主轴可靠性建模与分析 ［J］. 中国科学: 物理学 力学 天文学, 2018, 48 （1）: 42-53.

［23］ FAES M, MOENS D. Recent trends in the modeling and quantification of non－probabilistic uncertainty ［J］. Archives of Computational Methods in Engineering, 2020, 27 （3）: 633-671.

［24］ JIANG C, BI R G, LU G Y, et al. Structural reliability analysis using non－probabilistic convex model ［J］. Computer Methods in Applied Mechanics and Engineering, 2013, 254 （FEB.）: 83-98.

［25］ WANG J, CLARK S C, LIU E, et al. Parallel Bayesian global optimization of expensive functions ［J］. Operations Research, 2020, 68 （6）: 1850-1865.

［26］ PATELLI E, ALVAREZ D A, BROGGI M, et al. Uncertainty management in multidisciplinary design of critical safety systems ［J］. Journal of Aerospace Information Systems, 2015, 12 （1）: 140-169.

［27］ HAO Z, MULLEN R L, MUHANNA R L. Interval Monte Carlo methods for structural reliability ［J］. Structural Safety, 2010, 32 （3）: 183-190.

［28］ WEI P, SONG J, BI S, et al. Non－intrusive stochastic analysis with parameterized imprecise probability models: I. performance estimation ［J］. Mechanical Systems and Signal Processing, 2019, 124 （124）: 349-368.

［29］ Wei P, Song J, BI S, et al. Non－intrusive stochastic analysis with parameterized imprecise probability models: II. reliability and rare events analysis ［J］. Mechanical Systems and Signal Processing, 2019, 126 （JUL. 1）: 227-247.

［30］ SONG J, WEI P, VALDEBENITO M, et al. Generalization of non－intrusive imprecise stochastic simulation for mixed uncertain variables ［J］. Mechanical Systems and Signal Processing, 2019, 134: 106316.

[31] TARANTOLA S, GATELLI D, KUCHERENKO S S, et al. Estimating the approximation error when fixing unessential factors in global sensitivity analysis [J]. Reliability Engineering and System Safety, 2006, 92 (7): 957-960.

[32] LI G, WANG S, ROSENTHAL C, et al. High Dimensional Model Representations Generated from Low Dimensional Data Samples. I. mp-Cut-HDMR [J]. Journal of Mathematical Chemistry, 2001, 30 (1): 1-30.

[33] ÖMER F. ALIŞ, RABITZ H. Efficient Implementation of High Dimensional Model Representations [J]. Journal of Mathematical Chemistry, 2001, 29 (2): 127-142.

[34] AU S K, BECK J L. Estimation of small failure probabilities in high dimensions by subset simulation [J]. Probabilistic Engineering Mechanics, 2001, 16 (4): 263-277.

[35] LEBRUN R, DUTFOY A. Do Rosenblatt and Nataf isoprobabilistic transformations really differ? [J]. Probabilistic Engineering Mechanics, 2009, 24 (4): 577-584.

[36] SANTOSO A M, PHOON K K, QUEK S. Modified Metropolis-Hastings algorithm with reduced chain correlation for efficient subset simulation [J]. Probabilistic Engineering Mechanics, 2011, 26 (2): 331-341.

[37] MIAO F, GHOSN M. Modified subset simulation method for reliability analysis of structural systems [J]. Structural Safety, 2011, 33 (4-5): 251-260.

[38] AU S K, PATELLI E. Rare event simulation in finite-infinite dimensional space [J]. Reliability Engineering & System Safety, 2016, 148: 67-77.

[39] WEI P, TANG C, YANG Y. Structural reliability and reliability sensitivity analysis of extremely rare failure events by combining sampling and surrogate model methods [J]. Journal of Risk and Reliability, 2019, 233 (6): 943-957.

[40] SCHU EE LLER G I, PRADLWARTER H J, KOUTSOURELAKIS P S. A critical appraisal of reliability estimation procedures for high dimensions [J]. Probabilistic Engineering Mechanics, 2004, 19 (4): 463-474.

[41] SONG J, WEI P, VALDEBENITO M A, et al. Non-intrusive imprecise stochastic simulation by line sampling [J]. Structural Safety, 2020, 84: 101936.

[42] SONG J, WEI P, VALDEBENITO M A, et al. Adaptive reliability analysis for rare events evaluation with global imprecise line sampling [J]. Computer Methods in Applied Mechanics and Engineering, 2020, 372: 113344.

[43] KOUTSOURELAKIS P S, PRADLWARTER H J, SCHUEELER G I. Reliability of structures in high dimensions, part I: algorithms and applications [J]. Probabilistic Engineering Mechanics, 2004, 19 (4): 409-417.

[44] WEI P, LIU F, VALDEBENITO M, et al. Bayesian probabilistic propagation of imprecise probabilities with large epistemic uncertainty [J]. Mechanical Systems and Signal Processing, 2021, 149: 107219.

[45] WEI P, HONG F, PHOON K, et al. Bounds optimization of model response moments: a twin-engine Bayesian active learning method [J]. Computational Mechanics, 2021, 67 (5): 1273-1292.

3 基于多元土体参数间非对称相关性特征的非对称 Copula 建模方法

张熠，清华大学土木工程系

3.1 引言

岩土工程设计问题中经常涉及多变量的数据分析，因此建立一个能准确描述多元物理量的数学模型尤为重要。针对岩土工程设计中多元土壤性能指标参数之间的不确定性，通常会采用联合概率分布来进行表征。在这种情况下，不同土体参数之间的相关性成为联合分布建立的关键。不准确的相关性模拟或联合分布建立将可能在很大程度上导致岩土性质判断的错误，进而导致岩土结构的失效，从而造成巨大的工程损失[1,2]。

在实际工程中，土体参数的相关性较为普遍，例如，标准贯入试验（Standard Penetration Test，SPT）和孔压静力触探试验（Piezocone Test，CPTU）测试结果往往在物理上是相关的。然而，如何准确描述土体参数之间的相关性是建立联合概率模型的关键。本章讨论的"相关性"，在数学上可以有多种定义。对于不同土体参数间的相关性，联合概率分布模型的选取也会不一样。当相关性不是完全线性时，传统的线性相关系数可能就不太适用。尽管众多学者对线性相关系数的准确性进行过探讨[3-5]，但在多元联合概率分布模型的构建中，仍然较为频繁地采用了线性相关系数取代广泛的"相关性"这一概念[6-8]。

应当指出的是，在大多数实际岩土工程中，由于现场试验、实验室试验或其他资源数据有限，导致联合累积分布函数（Cumulative Distribution Function，CDF）或联合概率密度函数（Probability Density Function，PDF）通常是未知的[9,10]。纵观近些年来发表的有关多参数分析的文献[11-13]，与黏土参数或摩尔库仑滑落包络线以及黏聚力和摩擦角之间的负相关性均受到了关注[14-18]。例如，Tang[17]和 Li[19]等均采用不同联合概率模型，研究了内聚力和摩擦角的负相关性对简单土体结构失效概率的影响。然而，相关研究能够应用于实际数据的难度仍然较大。从岩土工程学角度来看，如何使岩土参数设计与结构工程设计保持一致仍然是一个值得关注的课题[20]。

Copula 模型在多参数分析中的优势逐步引起众多岩土工程学者关注[21,22]。Copula 因其具有灵活建模的特点，使其能精准捕捉多元变量之间的相关性。较之而言，传统联合概率模型由于公式结构固定，相关性过分依赖于线性相关系数，因此在岩土工程中不具备适用性。此外，相关研究还指出利用 Copula 模型可以大大提高岩土工程中可靠性分析的速度，这也成为其一大优势[19]。根据目前岩土工程的最新研究进展，Copula 模型作为一种精确有效的多变量土体参数概率模型建模工具，已得到岩土工程界的广泛认可，但使用时仍然存在由各种复杂相关性造成的潜在偏差，可能会影响建模质量。具体而言，岩土参数的非对称相关性是影响大部分 Copula 模型准确性的因素之一。研究表明，岩土参数的非对称相关性广泛存在于自然界中。幸运的是，近期兴起的非对称 Copula 模型研究为上述问题提供了可行性解决方案[23]，使用非对称 Copula 可以显著改善传统 Copula 函数拟合非对称相关数据的功能。然而，目前还没有针对非对称 Copula 模型对土体多元参数进行建模的系统研究，如何构建土体参数非对称 Copula 模型的理论和步骤有待深入研究。因此，本章旨在弥合这一差距，重点论证和分析使用非对称 Copula 模型的优点和局限性，并结合工程实例对此进行探究。

　　本章内容共分为七个部分。3.2 节对多元土体参数建模的现有技术和前人的工作进行了文献综述。3.3 节回顾了基础 Copula 理论，重点讨论了多元参数相关性度量问题。3.4 节详细阐述了非对称相关性度量的基本概念以及构建非对称 Copula 模型的基础步骤和方法。3.5 节介绍了演示算例中研究的土体参数数据来源详细信息。3.6 节以对比方式研究了对称和非对称 Copula 模型对收集的土体参数数据的拟合情况，并对模型拟合质量、尾部相关性表征和极值预测进行了探讨。3.7 节为结论。

3.2　土体参数多元联合分布的文献综述

　　土体参数比其他建筑材料更具有变异性，而且其区域特征性不利于模型的泛化。自 20 世纪 90 年代以来，研究人员一直在努力统计设计土体参数的不确定性，目的是建立一套可以考虑土体不确定性的设计策略[15,16,24]。最初，工程上常采用参数的变异系数来表征参数的不确定性，确定参数之间相关性的过程主要是将试验测量数据转化为设计参数的过程。例如，Ching 等人[25]列举了一个针对黏土参数的多元分布构建算例，其研究指出，单一的模型可能仅适用于特定场地的数据，但可将其用于诸如贝叶斯等更新算法里作为先验信息。Zhang 等人[18]也通过研究 Copula 多元分布，实现更新多元数据全概率分布，与传统的回归模型相比，该方法能更好地表征数据间的相关性。这主要是因为在传统回归模型中，设计参数的边缘分布是基于另一个参数观测值而产生的。

　　近年来，Copula 理论得到了广泛应用并逐步深入岩土工程领域[26]，例如，Tang 等人[17]通过不同类型的 Copula 模型模拟了在四个不同场地的内聚力和摩擦角数据中的相关性。Zhang 等人[31]明确指出，以往用于岩土工程的概率模型（例如多元正态分布等）绝大部分是基于高斯 Copula，其只能考虑随机变量之间的线性相关关系，但在实际工程应用中不一定总是最优的模型，因此，岩土工程可靠度分析在建立参数概率模型时，有必要考虑多种 Copula 模型，并从中寻找更为贴近实际的参数统计模型[17,19,27]。尤其是在涉及多参数模型时，例如在使用莫尔-库仑破坏准则时，通常需要用黏聚力和摩擦角两个参数进行描述，若两者相关性不能得到精准描述，其岩土特性模型将会出现偏差。此外，近期也有少数研究人员尝试对非高斯相关函数进行调整，以构成可考虑非线性相关性的多元高斯分布[28,29]。此外，部分岩土材料的相关性呈现出明显的非线性，例如残积土由于胶结材料的原因，其黏聚力和摩擦角相关性通常呈现出不对称的特性。因此，传统的对称 Copula 模型并不能作为处理真实数据的有效解决方案，需要非对称 Copula 模型来进一步提升模型。

3.3 Copula 理论和相关性度量

本节对 Copula 理论和多元参数的相关性度量概念进行概述。Copula 模型作为多元分布为土体参数的统计表征提供了一种新的思路，其理论概念已被广泛应用于海洋工程[12,31,65]和可靠度工程[28-30]。关于基本的理论推导，可以详见 Nelsen[26] 和 Joe 等人[32] 的著作，而实际相关应用可参见 Genest 等人[33]、Salvadori 等人[34] 和 Hong 等人[35] 的成果。

3.3.1 定义和基本属性

Copula 的理论定义可以用 Sklar[36] 定理来进行推导。

Sklar 定理：设 F 为一个 n 维分布函数，其边缘分布为 F_1，$\cdots$，F_n。因此，可将 Copula 函数用 C 表示，定义为 n 维分布函数，使其对于所有 $x \in R^n$，都有如下公式成立：

$$F(x_1, \cdots, x_n) = C(F_1(x_1), \cdots, F_n(x_n)) \tag{3.1}$$

在该式中，F_1，F_2，$\cdots$，F_n 均为连续边缘概率分布，同样定理指出唯一存在一个 C 函数使得式（3.1）成立。反之，如果 C 是一个 Copula 函数，F_1，F_2，$\cdots$，F_n 都是连续的边缘分布函数，那么分布函数 F 一定是一个具有边缘分布 F_1，F_2，$\cdots$，F_n 的多元联合分布函数。二者互为唯一。

与其他联合分布模型相比，同一个 Copula 函数可以自由选择变量的边缘分布，这使得该方法在表征单个变量不确定性时更加灵活。现有 Copula 函数的基本理论研究已经在文献[37,38,67,68]中进行了详尽的阐述。需要注意的是，每个 Copula 函数都表征一种独自的多变量相关性关系。

3.3.2 相关性度量

Copula 模型对在岩土数据建模中的重要性，究其本质而言主要体现在对参数相关性的表征上。Copula 模型的关键优势在于其函数中对相关性的描述。传统模型通常采用皮尔逊相关系数 ρ 来表征数据相关性，这样计算简便且易于操作，因此被许多统计方法广泛采用。但是许多研究人员对其产生质疑，因为线性相关系数对于非线性相关性的描述是不准确的。特别对于严格递增的非线性变换，其线性相关性并非不变的，因此采用线性相关性系数来作为相关性度量会出现偏差。基于这些考虑，不少文献也提出了其他相关性的定义，如 Kendall 相关系数 τ_k 和 Spearman 相关系数 ρ_s。Kendall 相关系数 τ_k 是衡量多元样本中一致性或不一致性的一种相关性度量，而 Spearman 相关系数 ρ_s 测量的是所选 Copula 模型的和原始自变量之间的相关性"距离"[37]。这种相关性度量方法也是公认的最为客观反映数据相关性的定义之一。Kendall 相关系数 τ_k 和 Spearman 相关系数 ρ_s 的定义在 Copula 模型中能得到很好的整合。例如，对于任何一个双变量 Copula 函数，这两个系数分别可以直接通过式（3.2）与式（3.3）和 Copula 函数进行计算：

$$\tau_k(u_1, u_2) = 4\int_0^1\int_0^1 C(u_1, u_2)\,\mathrm{d}C \tag{3.2}$$

$$\rho_s(u_1, u_2) = 12\int_0^1\int_0^1 C(u_1, u_2)\,\mathrm{d}C - 3 \tag{3.3}$$

这里 $u_i = F_i(x_i)$。这种关联使 Copula 模型能够准确描述各种不同的相关性关系，如一致性、线性相关性等。

然而，将传统 Copula 模型，尤其是阿基米德 Copula 族群，应用于土体参数建模时仍存在诸多问题。其中一个关键的劣势在于大多数成熟的 Copula 模型只能针对对称相关的多元数据进行建模，而土体参数通常呈现的是非对称相关性，这主要是受物理限制的影响。例如，由于物理极限的限制，大黏聚力的岩土不太可能同时具有大的摩擦角值。也就是说，某些变量组合在现实中无法实现。图 3.1 的散点图列举说明了这种现象。如该图所示，由于存在物理限制使得参数组合不可能出现在双变量值域的右下方区域（×标记区域），数据只有可能在左上方区域（√标记区域）观测得到。也就是说，隐含的物理限制会限制某些数据的值域空间，使得可行域减小并变得不对称。

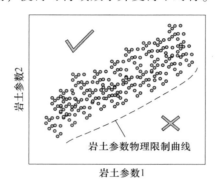

图 3.1　物理限制引起的土体参数不对称域

图 3.2 展示了 TC304 提供的岩土数据库中典型土体参数数据的散点图。由该图可见，抗剪强度 s_u、预固结应力 σ_p' 和垂直有效应力 σ_v' 等土体参数之间的关系都并非完美的线性关系。事实上，这些土体参数本质上依赖于液限和超固结比，其相关性呈现相对复杂的非线性。此外，从这些散点图不难看出都存在不可行域（用星号标记），实际上大部分的岩土参数都具有非对称分布的受限域。若在多元建模中忽略这种非对称相关性可能会对设计估计造成误差。因此，需要在传统 Copula 模型基础上改良出更先进的统计技术来进一步考虑这一物理特征。

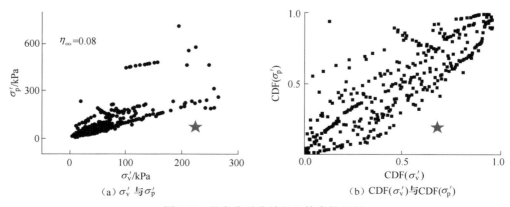

（a）σ_v' 与 σ_p'　　　　　　　　　　（b）CDF(σ_v') 与 CDF(σ_p')

图 3.2　具有非对称域的土体参数示例

注：数据引自文献 [38-41]。

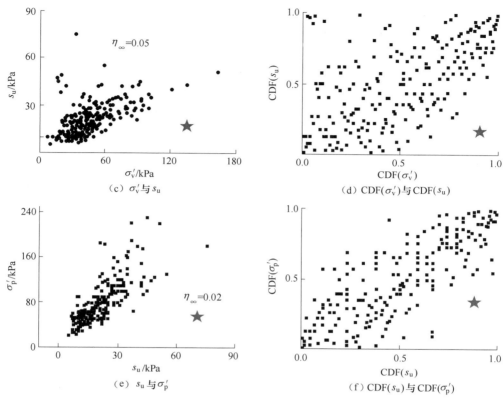

图 3.2 具有非对称域的土体参数示例（续）

注：数据引自文献 [38-41]。

3.4 非对称 Copula 模型

本章主要介绍几种非对称 Copula 模型的构建方法以及不对称相关性的基本概念。

3.4.1 不对称相关性和尾部相关性的度量

Copula 模型中对称相关性的基本定义为：对于给定的 Copula 函数 $C(u_1, \cdots, u_n)$，如果 $C(u_1, \cdots, u_i, \cdots, u_j, \cdots, u_n) = C(u_1, \cdots, u_j, \cdots, u_i, \cdots, u_n)$ 对任何一对 u_i，$u_j \in I$ 都成立，那么我们可以说 u_i 和 u_j 在 Copula 函数 $C(u_1, \cdots, u_n)$ 中是可交换的，并且这个 Copula 是对称的[42]。同理，如果这个 Copula 函数不能满足上述条件，则认为它是不对称的。遵循这一概念，可以得到式（3.4）来对 Copula 模型中的不对称相关性进行度量[43]：

$$\eta_p(C) = \left\{ \int_0^1 \int_0^1 |C(u_1, u_2) - C(u_2, u_1)|^p du_1 du_2 \right\}^{1/p} \tag{3.4}$$

其中 p 是一个可以设置为任何大于或等于 1 的因子，即 $p \geqslant 1$。换句话说，该函数计算 Copula 函数 C 与其交换项 C^T 之间的距离。类似范数，当 p 的值设为无穷大时，计算结果可称为相关性不对称度，故简化为

$$\eta_\infty(C) = \sup_{(u_1,\ u_2) \in [0,\ 1]^2} |C(u_1,\ u_2) - C(u_2,\ u_1)| \tag{3.5}$$

显然，如果该度量值太大，则认为 Copula 函数是不对称的。当式（3.5）应用于双变量数据的不对称度量时，其结果同样代表了数据之间的可交换性。

此外，尾部相关性也可以用来检测相关性非对称特征。基于尾部相关性的概念，定义了四个系数来描述尾部相关性，即下-下（l，l）、下-上（l，u）、上-下（u，l）和上-上（u，u）尾部相关性系数。例如，对于一个二元 Copula 函数 $C(u_1,\ u_2)$ 来说，其尾部相关性系数可以通过下列公式进行计算[26]：

$$\lambda_{1|2}^{l|l}(C) = \lim_{u \to 0+} P(x_1 \leqslant F_1^{-1}(u) \mid x_2 \leqslant F_2^{-1}(u)) = \lim_{u \to 0+} \frac{C(u,\ u)}{u} \tag{3.6}$$

$$\lambda_{1|2}^{l|u}(C) = \lim_{u \to 0+} P(x_1 \geqslant F_1^{-1}(1-u) \mid x_2 \leqslant F_2^{-1}(u)) = 1 - \lim_{u \to 0+} \frac{C(u,\ 1-u)}{u} \tag{3.7}$$

$$\lambda_{1|2}^{u|l}(C) = \lim_{u \to 0+} P(x_1 \leqslant F_1^{-1}(u) \mid x_2 \geqslant F_2^{-1}(1-u)) = 1 - \lim_{u \to 0+} \frac{C(1-u,\ u)}{u} \tag{3.8}$$

$$\lambda_{1|2}^{u|u}(C) = \lim_{u \to 0+} P(x_1 \geqslant F_1^{-1}(1-u) \mid x_2 \geqslant F_2^{-1}(1-u)) = 2 - \lim_{u \to 0+} \frac{1 - C(1-u,\ 1-u)}{u} \tag{3.9}$$

其中 $F_1^{-1}(\cdot)$ 和 $F_2^{-1}(\cdot)$ 是 x_1 和 x_2 的逆边缘分布函数。因此，这些公式提供了两个变量在四种不同极端情况下的尾部相关性的度量。尾部系数取值范围在 0~1，其中 0 表示完全不相关。

尾部相关性可以提供多元数据中极值相关性的信息。它给出了一种度量方法，用于关联一个参数超出某个分位数阈值而另一个参数已超过该分位数阈值的可能性。下-上和上-下尾部系数是评估 Copula 的不对称性的重要参考。如果观察到该两项系数的极大不同，那么就可以判断这个 Copula 通常是不对称的。

3.4.2　基于乘积组合的非对称 Copula 构造方法

近期关于构造非对称 Copula 模型的方法研究有很多[44-46]。总体思路是在已有的对称 Copula 模型上，通过增加函数关系以添加非对称相关性关系[47]。然而，并非所有非对称 Copula 在实践应用中均有效，一些非对称 Copula 可能需要非常复杂的额外函数来描述非对称相关性，这在某种程度上增大了非对称 Copula 模型的使用难度。Archimax 类 Copula 函数就是一个典型例子，它需要经过复杂细致的推导来构造 Pickhands 相关函数[48]，构建非对称 Copula 函数。因此，本章从工程学角度出发，选择最普及、最实用的非对称 Copula 模型进行探讨。同时，本章也倾向于在传统对称 Copula 的基础上构建非对称 Copula 族，如利用阿基米德 Copula 族群。因此，数学公式相对复杂的非对称 Copula 在本章中不作讨论。

构造非对称 Copula 的一种最普及的方法是通过 Copula 函数乘积形式进行构造[49,69]。构造这类非对称 Copula 的一般形式如下：

$$C_{\text{product}}(u_1,\ \cdots,\ u_n) = \prod_{i=1}^{m} C_i(f_{i1}(u_1),\ \cdots,\ f_{in}(u_n)) \tag{3.10}$$

式中：$C_1,\ \cdots,\ C_m$ 是 n 维变量的 Copula，$f_{ij}: [0,\ 1] \to [0,\ 1]\ (i=1,\cdots,m, j=1,\cdots,n)$ 是

复合Copula中第 i 个 Copula 函数所描述的第 j 个变量行为的个体函数，该个体函数应严格递增或对于所有 x 都等于 1。

为保证式（3.10）也是一个 Copula 函数，个体函数 f_{ij} 必须满足以下附加属性：

（1）$f_{ij}(1) = 1$ 和 $f_{ij}(0) = 0$。

（2）f_{ij} 在 $[0, 1]$ 上是连续的。

（3）如果复合 Copula 函数里至少有两个个体函数 $f_{i_{1j}}$、$f_{i_{2j}}$ 且 $1 \leqslant i_1$、$i_2 \leqslant m$ 不相同且不等于 1，那么 $f_{ij}(x) > x$ 适用所有 $x \in (0, 1)$，$i = 1, \cdots, m$。

从式（3.10）不难看出，如果变量的个体函数不同，所构造的 Copula 可能是不对称的。每个个体函数 f_{ij} 在非对称相关性建模中，可单独描述边缘变量的特定属性。这种构造非对称 Copula 的理念称为 Khoudraji 扩展方法[49]。例如，采用 I 型个体函数构造非对称 Copula（见表 3.1），设 $m = 2$，$n = 2$，则式（3.10）正好成为 Khoudraji Copula。另外，对于诸如阿基米德 Copula 的 n 维 Copula $C_1, \cdots, C_m$ 来说，可以选择不同的 Copula 基础函数组来进行构成。对于个体函数 f_{ij}，Liebscher 提出许多适用于 Copula 构造的候选函数，如表 3.1[49] 所示。此外，也选择 Copula 的数量和类型也可以在一定程度上改变模型的不对称相关性。

表 3.1　个体函数示例

型	个体函数	参数	取值范围
I	$f_{ij}(u) = u^{\theta_{ij}}$	$\sum_{i=1}^{m} \theta_{ij} = 1$	$\theta_{ij} \in [0, 1]$
II	$f_{ij}(u) = u^{\theta_{ij}} e^{(u-1)\alpha_{ij}}$	$\sum_{i=1}^{m} \theta_{ij} = 1$, $\sum_{i=1}^{m} \alpha_{ij} = 0$	$\theta_{ij} \in (0, 1)$, $\alpha_{ij} \in (-\infty, 1)$, $\theta_{ij} + \alpha_{ij} \geqslant 0$
III	$f_{1j}(u) = \exp(\theta_j - \sqrt{|\ln u| + \theta_j^2})$, $f_{2j}(u) = u\exp(-\theta_j + \sqrt{|\ln u| + \theta_j^2})$	$\theta_j \, \text{for} \, j \in \{1, \cdots, n\}$	$\theta_j \geqslant \dfrac{1}{2}$

注：III 型个体函数只能用于双变量 Copula 函数的非对称扩展（例如 $m = 2$）。

3.4.3　基于线性加和的非对称 Copula 构造方法

构造非对称 Copula 的另一种方法是通过 Copula 函数的线性加和。但是需要注意的是，直接进行对称 Copula 的线性加和不能产生非对称 Copula。简单的线性加和 Copula 是改变不了复合之后相关性的对称性的，这种线性组合的形式并不能改变其相关性对称的特征。唯一的办法是通过修改对称 Copula 来形成不对称的特性[50]。本章提出了一种方法，可对对称 Copula 进行以下修改：

$$\breve{C}_h(u_1, \cdots, u_n) = C(u_1, \cdots, u_{h-1}, 1, u_{h+1}, \cdots, u_n) - C(u_1, \cdots, u_{h-1}, 1 - u_h, u_{h+1}, \cdots, u_n) \quad (3.11)$$

式中：$C(\cdot)$ 是原始 n 维 Copula。

很容易看出，Copula 模型中任意变量 u_h 都不能与其他变量交换，即具有不对称度。如文献[51]所述，这种修改后的模型也称为旋转 Copula 模型。因此，旋转 Copula 可以用来拟合不相等尾部相关性的数据。通过组合所有可能的旋转 Copula，即可以使用以下加和

Copula 对多个变量中的相关性不对称属性进行建模：

$$C_{\text{addition}}(u_1, \cdots, u_n) = \sum_{h=0}^{n} p_h \breve{C}_h(u_1, \cdots, u_n) \tag{3.12}$$

式中：P_h 是需要满足条件 $0 \leqslant P_h \leqslant 1$ 和 $\sum_{h=0}^{n} P_h = 1$ 的加权因子。

当 $h = 0$ 时，旋转 Copula 退化为初始 Copula，例如 $\breve{C}_0(u_1, \cdots, u_n) = C(u_1, \cdots, u_n)$。与 3.4.2 节中 Copula 相同，不同类型 Copula 族可用作基础 Copula $C(u_1, \cdots, u_n)$ 来进行变换组合。当模拟双变量数据时，式（3.12）可以表示为

$$\breve{C}_1(u_1, u_2) = u_2 - C(1 - u_1, u_2) \tag{3.13}$$

$$\breve{C}_2(u_1, u_2) = u_1 - C(u_1, 1 - u_2) \tag{3.14}$$

式（3.13）和式（3.14）可以称为水平翻转 Copula 和垂直翻转 Copula[34]。这种情况下，典型双变量非对称 Copula 可以表示为

$$C_{\text{addition}}(u_1, u_2) = p_0 C(u_1, u_2) + p_1 \breve{C}_1(u_1, u_2) + p_2 \breve{C}_2(u_1, u_2) \tag{3.15}$$

其中 $p_0 \geqslant 0$，$p_1 \geqslant 0$，$p_2 \geqslant 0$ 以及 $p_0 + p_1 + p_2 = 1$。调整该式中分配给每个基础 Copula 加权因子的值，即可以对双变量数据的不对称属性进行简单建模。也就是说，旋转 Copula 之后的 $\breve{C}_1(u_1, u_2)$ 或 $\breve{C}_2(u_1, u_2)$ 可用于对每个变量中的不对称相关性进行建模，这也是该构造方法与 Liebscher 方法主要的区别之处。该方法一次只能对一个变量的非对称属性进行建模，以此来构造非对称 Copula，但是 Liebscher 方法可以同时为所有变量构造非对称 Copula。

3.4.4　偏态 Copula（Skewed Copula）

除以上复合 Copula 函数的构造方法外，构造非对称 Copula 的另一种便捷方式是基于多元偏态高斯分布的偏态 Copula（skewed multivariate Guassian distribution）。其基本思路是引入偏态参数将多元高斯分布转换为非对称分布[52]。最著名、最常用的是偏态高斯 Copula。

偏态高斯 copula 起源于高斯 Copula。根据定义，n 维高斯 Copula 可以表示为

$$C_{\text{Gaussian}}(u_1, \cdots, u_n) = \boldsymbol{\Phi}_n(\boldsymbol{\Phi}^{-1}(u_1), \cdots, \boldsymbol{\Phi}^{-1}(u_n); \Sigma) \tag{3.16}$$

式中：$\boldsymbol{\Phi}_n(\cdot)$ 为 n 维正态分布函数；$\boldsymbol{\Phi}^{-1}(\cdot)$ 为标准正态分布函数的反函数；Σ 为协方差矩阵。

在偏态高斯 Copula 中，加入形状参数对基本公式进行修正形成不对称性。广义 n 维偏态高斯 Copula 可以表示如下：

$$\begin{aligned}
&C_{\text{skew-Gaussian}}(u_1, \cdots, u_n; \mu, \Sigma, \beta) \\
&= F_{n, \text{skew}}(F_{1, \text{skew}}^{-1}(u_1; \mu_1, 1, \beta_1), \cdots, F_{n, \text{skew}}^{-1}(u_n; \mu_n, 1, \beta_n); \mu, \Sigma, \beta)
\end{aligned} \tag{3.17}$$

式中：$F_{n, \text{skew}}(\cdot)$ 为 n 维偏态正态分布累计函数；μ 为变量均值参数；$F_{n, \text{skew}}^{-1}(\cdot)$ 为单变量偏态正态分布的反函数；β 为形状参数；Σ 为协方差矩阵。

因此，n 维随机变量多元偏态高斯 Copula 的密度函数可以由式（3.18）表示：

$$f_n(u_1, \cdots, u_n; \mu, \Sigma, \beta) = 2\phi_n(u_1, \cdots, u_n; \mu, \Sigma)\Phi_n(\beta^T u_1, \cdots, u_n; \mu, \Sigma)$$

$$(3.18)$$

式中：$\phi_n(\cdot)$ 和 $\Phi_n(\cdot)$ 分别为 n 维高斯分布的概率密度函数和累积分布函数[53]。

在这种非对称 Copula 构造形式中，非对称属性由形状参数决定。例如，当 $\beta = 0$ 时，偏态高斯 Copula 退化为无偏态标准高斯 Copula。如果 β 增加，偏态高斯 Copula 的偏度也随之增加。

此外，偏态高斯 Copula 实际上是 3.4.2 节中构造 Copula 函数的一种特例。与式 (3.10) 构造的 Copula 相比，偏态高斯 Copula 是只有一个个体 Copula 的特殊 Copula（$m = 1$），且基础 Copula（C_i）都是偏态高斯分布。然而，与其他方法相比，偏态 Copula 仍然值得研究。不过目前还没有研究将其应用于实际工程参数建模当中。下面结合实例，演示并说明非对称 Copula 模型在岩土参数数据建模中使用的关键和优势。

3.5 案例研究——现场土体参数

本章使用的土体参数来自波尔图花岗岩残积土的试验结果。基于对残留土壤局部区域进行了广泛表征[54,55,66]，从大约 $1m^2$ 区域中收集到 40 多个样本。样本采集区域详细情况如图 3.3 所示。

图 3.3 样本采集区域详细情况

现场通过切割取样器（0.1m×0.1m×0.03m）采集周围的残余土壤，然后分离运送到岩土工程实验室。所有样本均测量干容重（γ_d）、含水量（w）和孔隙比（e）以及饱和容重（γ_{sat}）[55]。挑选出三个具有代表性的样本，测定其材料粒度曲线（见图 3.4）以及土体颗粒容重（γ_s）。

所有样本均进行直剪试验，正应力分别设为 25kPa、50kPa、75kPa 和 100kPa。在安装初始应力过程中，为避免颗粒破裂或试样扰动，有意将正应力设计值调低。现场样本垂直应力约为 120kPa。在这种条件下，所有试验均在法向应力低于现场垂直应力的情况下进行，固结时间设为 1h。几分钟后，如果没有出现额外垂直沉降，岩土体就被认为没有进一步固结。试验剪切速率降低为 0.03mm/min，可确保剪切过程中不会出现与排水条件相对应的超孔隙水压。

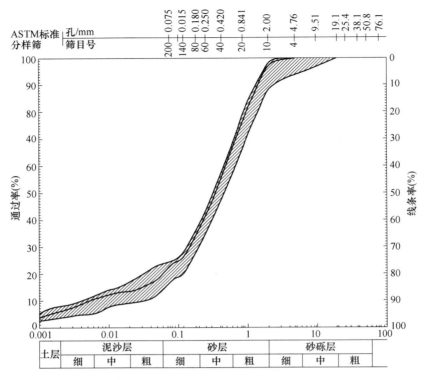

图 3.4　土壤样本的粒度曲线

　　按压力取值范围将 40 个样本分为 10 组。每次剪切试验都需测量峰值剪应力 τ_p、残余剪应力 τ_r 和剪胀角 Ψ，残余强度根据等体积摩擦角 ϕ'_{cv} 定义。峰值强度根据唯一摩擦角 ϕ'_s 定义，尽管其值取决于试验正应力。表 3.2 列出了 40 个样本直剪试验中测量或计算出的完整变量，其中参数与每个单独样本相对应。在岩土工程实践中，峰值强度通常定义为莫尔-库仑破坏准则，即黏聚力 c'_p 和峰值摩擦角 ϕ'_p。需要对土体参数样本进行分组并利用莫尔-库仑圆评估才能确定这些参数。为此，将 40 个样本分成 3 组，得出 40 个莫尔-库仑参数值，如表 3.3 所示。

表 3.2　现场收集土壤性质数据

σ'/kPa	ϕ'_{cv} (°)	ϕ'_s (°)	e	$\gamma/(\text{kN/m}^3)$	$\gamma_d/(\text{kN/m}^3)$	Ψ (°)
25.0	39.35	53.45	0.578	19.19	16.37	13.55
25.0	41.96	49.00	0.574	19.41	16.41	8.72
25.0	36.42	50.46	0.573	19.44	16.42	14.68
25.0	34.78	47.53	0.558	19.52	16.58	16.20
25.0	41.19	41.80	0.640	18.29	15.75	3.03
25.0	41.11	47.18	0.568	19.03	16.47	13.85
25.0	35.87	50.15	0.453	20.27	17.78	14.28
25.0	39.83	47.32	0.551	19.10	16.66	14.93

σ'/kPa	ϕ'_{cv} （°）	ϕ'_{s} （°）	e	$\gamma/(\text{kN/m}^3)$	$\gamma_d/(\text{kN/m}^3)$	Ψ （°）
25.0	40.46	40.46	0.694	17.23	15.25	7.88
25.0	38.70	53.61	0.525	19.19	16.94	19.20
50.0	39.30	46.61	0.717	17.72	15.05	6.80
50.0	38.36	47.83	0.574	19.29	16.42	10.95
50.0	38.10	50.98	0.577	19.27	16.39	11.01
50.0	39.14	52.34	0.530	19.20	16.88	14.15
50.0	40.37	50.67	0.589	18.87	16.26	8.82
50.0	38.61	47.24	0.543	19.23	16.74	7.77
50.0	37.78	48.51	0.489	19.87	17.35	13.12
50.0	37.43	44.88	0.530	19.07	16.88	12.33
50.0	35.96	41.02	0.649	17.78	15.66	4.43
50.0	38.20	41.96	0.589	18.35	16.26	8.13
75.0	37.20	45.51	0.571	19.40	16.45	9.32
75.0	42.57	51.28	0.575	19.40	16.41	10.66
75.0	37.33	47.89	0.557	19.57	16.59	14.54
75.0	38.49	45.89	0.567	19.43	16.48	10.22
75.0	38.74	38.74	0.581	19.06	16.34	0.53
75.0	38.40	40.77	0.609	18.50	16.05	3.76
75.0	38.12	47.08	0.499	19.58	17.23	6.76
75.0	37.86	45.22	0.625	18.02	15.90	7.23
75.0	40.03	48.67	0.517	19.30	17.02	11.24
75.0	37.45	39.74	0.663	17.46	15.53	2.79
100.0	36.33	44.57	0.611	18.96	16.03	8.23
100.0	37.59	40.42	0.576	19.20	16.40	4.41
100.0	33.22	40.16	0.581	19.02	16.33	8.74
100.0	38.30	43.45	0.599	19.11	16.15	3.14
100.0	35.44	39.97	0.588	18.78	16.27	4.57
100.0	37.95	46.16	0.549	19.22	16.68	8.89
100.0	33.46	40.02	0.563	18.86	16.53	6.32
100.0	39.00	46.03	0.562	18.70	16.54	5.25
100.0	36.67	38.73	0.599	18.14	16.16	2.86
100.0	36.53	45.70	0.479	19.81	17.46	6.34

表 3.3　黏聚力和预估摩擦角

c_p'/kPa	$\tan\phi_p'$	c_p'/kPa	$\tan\phi_p'$	c_p'/kPa	$\tan/\phi_p'$	c_p'/kPa	$\tan/\phi_p'$
11.68	0.85	14.61	0.76	10.89	0.75	1.22	1.01
10.91	0.87	55.00	0.32	1.96	1.02	30.38	0.68
12.04	0.86	6.44	1.00	0.00	1.19	0.00	1.19
36.69	0.58	12.34	0.85	34.14	0.60	2.98	0.77
0.00	1.19	5.56	0.91	5.00	1.01	5.23	0.85
13.79	0.73	53.75	0.37	16.23	0.69	33.74	0.53
13.84	0.82	10.03	0.75	14.04	0.76	18.65	0.56
47.85	0.45	10.95	0.76	48.22	0.38	5.16	0.94
5.62	1.05	1.40	0.81	2.36	0.96	8.60	0.86
18.93	0.68	51.12	0.25	0.17	1.02	22.79	0.70

3.6　数据分析

本章选取统一采样地区的 40 个土体参数总样本量进行分析，因此本章认为其具有相同统计特征。为了解所收集数据的统计特性，表 3.4 列出了 c_p'、$\tan\phi_p'$、$\tan\phi_s'$、$\tan\phi_{cv}'$、e、γ、γ_d 和 Ψ 的总体统计概况。可以看出 c_p' 的变化幅度比其他土体参数要大得多。摩擦角平均值和变化幅度通常都很小，特别是 $\tan\phi_{cv}'$。但是 $\tan\phi_p'$、$\tan\phi_s'$ 和 $\tan\phi_{cv}'$ 之间的差异非常明显，其容重与干容重统计值相当接近。土体参数 c_p'、$\tan\phi_p'$、$\tan\phi_s'$、$\tan\phi_{cv}'$、e、γ、γ_d 和 Ψ 的个体特征需要单独研究。

表 3.4　收集土体参数的统计汇总

土体参数	数据量	均值	标准差	最小值	最大值
c_p' /kPa	40	16.35	16.38	0	54.99
$\tan\phi_p'$	40	0.78	0.23	0.25	1.19
$\tan\phi_s'$	40	1.03	0.15	0.80	1.35
$\tan\phi_{cv}'$	40	0.78	0.05	0.65	0.91
e	40	0.57	0.05	0.45	0.71
γ /(kN/m³)	40	18.97	0.66	17.23	20.27
γ_d /(kN/m³)	40	16.42	0.54	15.04	17.78
Ψ (°)	40	8.99	4.38	0.53	19.20

Copula 统计分析第一步需要确定所有土体参数的边缘分布函数。为了得到最精确的边缘分布，这里选取了一组参数统计模型来拟合收集数据，包括威布尔分布、正态分布、对数正态分布、对数分布、极值分布、指数分布和伽玛分布。本章采用赤池信息准则（Akaike Information Criterion，AIC）作为参考来比较所有候选模型的好坏。AIC 计算公式如下：

$$AIC = -2l(p) + 2p \tag{3.19}$$

式中：p 为每个统计模型中使用的参数数量；$l(p)$ 为该模型最大对数似然。

可以看出，AIC 同时考虑了模型的简单性和拟合优度，AIC 值越小，模型越好。

表 3.5 列出了拟合数据之后各参数模型的 AIC 值。从结果来看，最佳模型依次是：c'_p，伽玛分布；$\tan\phi'_p$，极值分布；$\tan\phi'_s$，对数正态分布；$\tan\phi'_{cv}$，正态分布；e，对数正态分布；γ，威布尔分布；γ_d，正态分布；Ψ，威布尔分布。基于所选模型，通过最大似然法估计统计模型参数。表 3.6 列出了包含统计误差的参数估计值，如模型参数所示，e、γ_d 和 Ψ 在分布密度函数对称程度较好，而 γ 和 c'_p 具有较高偏度。在 Copula 模型中所有参数会根据边缘分布转换为相应的 CDF 值。因此，变换后各参数均为 0~1 之间的均匀分布变量。因此，边缘分布可在 Copula 建模之初，消除掉部分由于个体参数的分布特征而造成的不对称相关性。

表 3.5　边缘分布模型拟合 AIC 统计量（括号内为显著性水平为 5% 的卡方检验 p 值）

分布方式	威布尔分布	正态分布分布	对数正态分布	对数分布	极值分布	指数分布	伽玛分布
c'_p /kPa	299.8 (0.172)	340.2 (0.009)	329.2 (0.127)	339.1 (0.133)	356.3 (0.141)	303.5 (0.130)	295.2[①] (0.199)
$\tan\phi'_p$	-0.8646 (0.679)	0.0341 (0.556)	10.21 (0.060)	0.6868 (0.759)	-0.8672[①] (0.277)	63.01 (0.005)	5.404 (0.244)
$\tan\phi'_s$	-30.04 (0.3199)	-32.51 (0.298)	-33.18[①] (0.264)	-30.02 (0.301)	-28 (0.341)	86.92 (0.007)	-33.18 (0.276)
$\tan\phi'_{cv}$	-135.4 (0.103)	-140.3[①] (0.371)	-139.7 (0.349)	-139.4 (0.513)	-133.1 (0.076)	63.08 (0.001)	-139.9 (0.371)
e	-151.2 (0.003)	-151.9 (0.036)	-152.5[①] (0.173)	-150.1 (0.155)	-149.8 (0.001)	39.64 (0.001)	-151.1 (0.043)
γ/(kN/m³)	51.36[①] (0.090)	52.12 (0.089)	55.62 (0.056)	54.92 (0.029)	53.74 (0.062)	319.4 (0.001)	54.4 (0.074)
γ_d /(kN/m³)	49.48 (0.003)	36.38[①] (0.082)	38.86 (0.080)	38.76 (0.278)	50.84 (0.001)	307.92 (0.001)	37.02 (0.091)
Ψ (°)	188.7[①] (0.822)	189.9 (0.825)	201.5 (0.001)	190.5 (0.793)	189.1 (0.297)	259.6 (0.001)	196.2 (0.294)

①AIC 最低即为最佳模型（当数值相同时，选用 p 值较小的模型为最佳模型）。

表 3.6　各土体参数最佳边缘分布模型的模型参数估计值（括号内为标准误差）

参数	c'_p /kPa	$\tan\phi'_p$	$\tan\phi'_s$	$\tan\phi'_{cv}$	e	γ/(kN/m³)	γ_d /(kN/m³)	Ψ (°)
参数估计	$a=0.5477$ (0.0094) $b=29.8625$ (8.4622)	$k=-0.4184$ (0.181) $\sigma=0.2442$ (0.0031) $\mu=0.7228$ (0.0425)	$\mu=0.0256$ (0.0007) $\sigma=0.1500$ (0.0004)	$\mu=0.7854$ (0.0006) $\sigma=0.0576$ (0.0046)	$\mu=-0.5563$ (0.0083) $\sigma=0.0619$ (0.0061)	$A=19.1829$ (0.0666) $B=48.1434$ (5.7492)	$\mu=16.4277$ (0.0581) $\sigma=0.3673$ (0.0419)	$A=9.8905$ (0.3834) $B=4.2735$ (0.5455)

接下来主要关注相关性的表征。为全面了解所有土体参数之间的关系，针对每个数据

集计算了 Kendall 的 τ_k、Spearman 的 ρ_s 和相关系数，如表 3.7 所示。由表 3.7 中可以看出，数据对（c_p'，$\tan\phi_p'$）、（$\tan\phi_s'$、$\tan\phi_{cv}'$）、（e，Ψ）和（γ，γ_d）呈现较强的相关性。而从统计学角度来看，相关性很弱意味着多元建模没有太大意义。因此，数据集（c_p'、$\tan\phi_p'$、$\tan\phi_s'$、$\tan\phi_{cv}'$）、（e，Ψ）和（γ，γ_d）被选择作为非对称 Copula 建模的研究对象。

表 3.7　收集土体参数之间的相关性汇总

皮尔逊线性相关系数

	c_p' /kPa	$\tan\phi_p'$	$\tan\phi_s'$	$\tan\phi_{cv}'$	e	$\gamma/(\text{kN/m}^3)$	$\gamma_d/(\text{kN/m}^3)$	Ψ (°)
c_p' /kPa	—	−0.91353	—	—	—	—	—	—
$\tan\phi_p'$	−0.91353	—	—	—	—	—	—	—
$\tan\phi_s'$	—	—	—	0.36488	−0.44835	0.54173	0.44988	0.78078
$\tan\phi_{cv}'$	—	—	0.36488	—	0.15556	−0.09402	−0.15627	0.05931
e	—	—	−0.44835	0.15556	—	−0.87407	−0.99857	−0.58744
$\gamma/(\text{kN/m}^3)$	—	—	0.54173	−0.09402	−0.87407	—	0.8677	0.61339
$\gamma_d/(\text{kN/m}^3)$	—	—	0.44988	−0.15627	−0.99857	0.8677	—	0.57945
Ψ (°)	—	—	0.78078	0.05931	−0.58744	0.61339	0.57945	—

Spearman 的 ρ_s

	c_p' /kPa	$\tan\phi_p'$	$\tan\phi_s'$	$\tan\phi_{cv}'$	e	$\gamma/(\text{kN/m}^3)$	$\gamma_d/(\text{kN/m}^3)$	Ψ (°)
c_p' /kPa	—	−0.9116	—	—	—	—	—	—
$\tan\phi_p'$	−0.9116	—	—	—	—	—	—	—
$\tan\phi_s'$	—	—	—	0.37317	−0.50544	0.59981	0.50544	0.78837
$\tan\phi_{cv}'$	—	—	0.37317	—	0.08818	−0.11445	−0.08818	0.06323
e	—	—	−0.50544	0.08818	—	−0.86224	−0.99872	−0.58819
$\gamma/(\text{kN/m}^3)$	—	—	0.59981	−0.11445	−0.86224	—	0.85366	0.60810
$\gamma_d/(\text{kN/m}^3)$	—	—	0.50544	−0.08818	−0.99872	0.85366	—	0.58037
Ψ (°)	—	—	0.78837	0.06323	−0.58819	0.60810	0.58037	—

Kendall 的 τ

	c_p' /kPa	$\tan\phi_p'$	$\tan\phi_s'$	$\tan\phi_{cv}'$	e	$\gamma/(\text{kN/m}^3)$	$\gamma_d/(\text{kN/m}^3)$	Ψ (°)
c_p' /kPa	—	−0.77864	—	—	—	—	—	—
$\tan\phi_p'$	−0.77864	—	—	—	—	—	—	—
$\tan\phi_s'$	—	—	—	0.26667	−0.31282	0.39744	0.31282	0.57692
$\tan\phi_{cv}'$	—	—	0.26667	—	0.05641	−0.08974	−0.05641	0.03333
e	—	—	−0.31282	0.05641	—	−0.67318	−0.97378	−0.41115

续表

Kendall 的 τ								
	c'_p/kPa	$\tan\phi'_p$	$\tan\phi'_s$	$\tan\phi'_{cv}$	e	γ/(kN/m³)	γ_d/(kN/m³)	Ψ(°)
γ/(kN/m³)	—	—	0.39744	−0.08974	−0.67318	—	0.66382	0.42598
γ_d/(kN/m³)	—	—	0.31282	−0.05641	−0.97378	0.66382	—	0.40519
Ψ(°)	—	—	0.57692	0.03333	−0.41115	0.42598	0.40519	—

所选数据集的二维散点图如图 3.5 所示。由图 3.5 中可以看出，数据集（$\tan\phi'_s$、$\tan\phi'_{cv}$）和（γ，γ_d）呈正相关，而（c'_p，$\tan\phi'_p$）和（e，Ψ）呈负相关，与表 3.7 结果吻合。同时可以观察出，这四个成对数据集相关性并非完全线性，尤其是数据集（γ，γ_d）在其域内（均值附近）具有一定的聚度。当 c'_p 接近于零时，可以观察到数据集（c'_p，$\tan\phi'_p$）相关性也很高。为更好理解土体参数之间的相关关系，将数据集转换到 Copula 值域进行分析。图 3.6 给出了转换后土体参数在 Copula 值域内的散点图。正如预期，Copula 值域中转换后的土体参数仍然呈现相关性的非对称性。从概率密度图可以看出，数据集（$\tan\phi'_s$，$\tan\phi'_{cv}$）概率密度集中在 Copula 域几个部分，并不对称。数据集（c'_p，$\tan\phi'_p$）概率密度集中在极小值，同样也导致 Copula 密度函数呈现显著的非对称性。

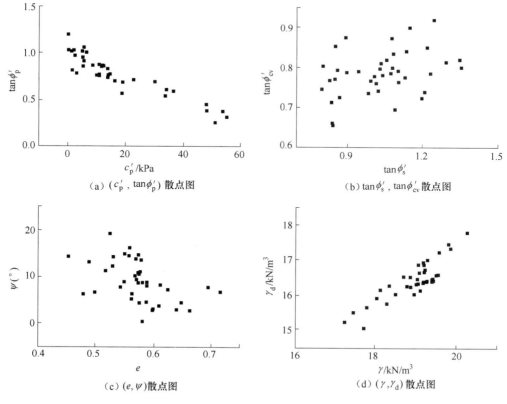

（a）（c'_p，$\tan\phi'_p$）散点图　　（b）$\tan\phi'_s$，$\tan\phi'_{cv}$ 散点图
（c）（e，ψ）散点图　　（d）（γ，γ_d）散点图

图 3.5　（c'_p，$\tan\phi'_p$）、（$\tan\phi'_s$，$\tan\phi'_{cv}$）、（e，Ψ）和（γ，γ_d）散点图

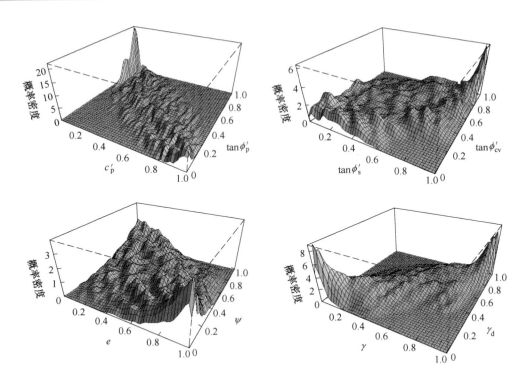

图 3.6　（c_p'、$\tan\phi_p'$）、（$\tan\phi_s'$、$\tan\phi_{cv}'$）、（e，Ψ）和（γ，γ_d）在 Copula 域的经验概率密度

　　为进一步了解数据的非对称相关性，基于 3.4.1 节中介绍的相关性不对称度量，岩土参数的相关计算结果如表 3.8 所示。这里，在计算不对称度量时，将式（3.5）中的 p 值设为无穷大。结果表明，数据集（$\tan\phi_s'$，$\tan\phi_{cv}'$）比其他数据集具有更大的非对称性。

表 3.8　双变量数据集（$-c_p'$，$\tan\phi_p'$）、（$\tan\phi_s'$，$\tan\phi_{cv}'$）、
（$-e$，Ψ）和（γ，γ_d）的不对称度量

双变量数据集	（$-c_p'$，$\tan\phi_p'$）	（$\tan\phi_s'$，$\tan\phi_{cv}'$）	（$-e$，Ψ）	（γ，γ_d）
非对称度量 η_∞	0.011	0.033	0.009	0.012

　　利用尾部相关性概念，根据式（3.7）、式（3.8）分别计算数据集的上-下和下-上尾部相关系数，结果如图 3.7 所示。不难看出，当分位数值接近零（例如 $u\rightarrow0$）时，所有数据集上-下（$\lambda^{u,l}$）和下-上（$\lambda^{l,u}$）尾部相关系数存在一定差异。一般情况下，如果观测到上-下（$\lambda^{u,l}$）和下-上（$\lambda^{l,u}$）尾部相关系数之间存在较大差异，则认为双变量数据呈现非对称相关性。因此，在多种度量验证下证明数据集均具有不对称性，有必要利用非对称 Copula 模型对数据进行建模。

　　基于 3.4 节介绍的非对称 Copula 模型，接下来将重点介绍如何利用非对称 Copula 对土体参数进行建模。为与对称 Copula 形成对比，在此也采用了常用的对称阿基米德 Copula 一起进行建模。为使问题更简化，本章将只使用阿基米德 Copula 作为基础 Copula 来构造非对称 Copula。本章选择可以表征不同尾部相关关系最常用的阿基米德 Copula，即

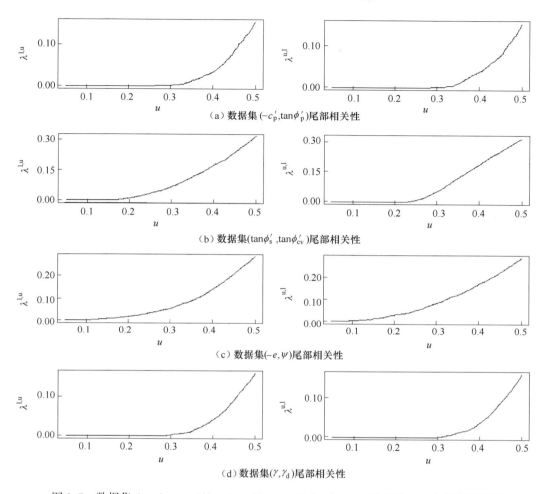

(a) 数据集$(-c'_p, \tan\phi'_p)$尾部相关性

(b) 数据集$(\tan\phi'_s, \tan\phi'_{cv})$尾部相关性

(c) 数据集$(-e, \psi)$尾部相关性

(d) 数据集(γ, γ_d)尾部相关性

图 3.7　数据集$(-c'_p, \tan\phi'_p)$，$(\tan\phi'_s, \tan\phi'_{cv})$、$(-e, \psi)$和$(\gamma, \gamma_d)$尾部相关性

冈贝尔 Copula(Gumbel Copula)、克莱顿 Copula(Clayton Copula) 和弗兰克 Copula (Frank Copula)。遵循构造规则，基于选定 Copula 建立非对称 Copula 的种类如下：

（1）对称 Copula：本章第一类 Copula 模型考虑原始对称阿基米德 Copula，即单参数 Copula、冈贝尔 Copula、克莱顿 Copula 和弗兰克 Copula。

（2）乘积构造的非对称 Copula：这里采用 Khoudraji 方法构造非对称 Copula。根据式 (3.10)，从选定的阿基米德 Copula 中合并两个基础 Copula，得到三种组合，即冈贝尔-克莱顿、冈贝尔-弗兰克和克莱顿-弗兰克。针对个体函数，选择表 3.1 中 I 型函数用于构造非对称 Copula 函数。

（3）线性加和构造的非对称 Copula：根据 3.4.3 节介绍的规则构造，基础 Copula 为冈贝尔 Copula、克莱顿 Copula 和弗兰克 Copula。

（4）非对称偏态高斯 Copula：最后一个非对称 Copula 公式，参照 3.4.4 节所述。此类别不需要基础 Copula。

同时，应注意冈贝尔 Copula、克莱顿 Copula 和弗兰克 Copula 通常表征正相关数据。

对负相关双变量数据在使用上述 Copula 建模进行参数估计时，需要对负相关的数据集 $(c_{\mathrm{p}}', \tan\phi_{\mathrm{p}}')$ 和 (e, Ψ) 进行细微更改，即保证 Copula 模型不是直接对原始数据进行建模，而是对 $(-c_{\mathrm{p}}', \tan\phi_{\mathrm{p}}')$ 和 $(-e, \Psi)$ 进行建模。这样处理的依据在于 Copula 模型是根据变量累积分布函数值建立，因此这种幅度的变化不会影响 Copula 模型质量，而且参数变量边缘分布模型也能保持不变。

利用候选的 Copula 对 $(-c_{\mathrm{p}}', \tan\phi_{\mathrm{p}}')$、$(\tan\phi_{\mathrm{s}}'、\tan\phi_{\mathrm{cv}}')$、$(-e, \Psi)$ 和 $(\gamma, \gamma_{\mathrm{d}})$ 数据集进行拟合，计算得到的 AIC 统计结果如表 3.9 所示。模型参数采用 Cramer-von Mises 最小化方法进行估算，其具体步骤见附录 A。表中标记了所有候选模型中的最佳模型，拟合结果表明数据集 $(-c_{\mathrm{p}}', \tan\phi_{\mathrm{p}}')$、$(\tan\phi_{\mathrm{s}}'、\tan\phi_{\mathrm{cv}}')$、$(-e, \Psi)$ 和 $(\gamma, \gamma_{\mathrm{d}})$ 的最佳 Copula 模型分别为冈贝尔-克莱顿 I 型、冈贝尔-弗兰克 I 型、弗兰克和冈贝尔-克莱顿 I 型。除数据集 $(-e, \Psi)$ 之外，非对称 Copula 的 AIC 值均低于单参数阿基米德 Copula 的 AIC 值（见表 3.8）。这从侧面反映数据集 $(-e, \Psi)$ 在 Copula 值域中非常对称。因此，在这种情况下，使用非对称 Copula 并未显示出明显优势。而其他三个数据集非对称 Copula 的 AIC 值均较低。同时需要注意，非对称 Copula 性能在很大程度上依赖使用的基础 Copula。例如，在对数据 $(\tan\phi_{\mathrm{s}}', \tan\phi_{\mathrm{cv}}')$ 建模时，冈贝尔 Copula 和弗兰克 Copula 用作基础 Copula 时比克莱顿 Copula 表现更好（具体体现为克莱顿-冈贝尔 I 型和克莱顿-弗兰克 I 型的 AIC 值均大于弗兰克-冈贝尔 I 型），这表明克莱顿 Copula 中相关性的特性可能不适用于数据 $(\tan\phi_{\mathrm{s}}'、\tan\phi_{\mathrm{cv}}')$。此外，除了基础 Copula 的选择，非对称 Copula 构造规则也是决定其性能的主要因素。根据表 3.9 的 AIC 值统计结果，Khoudraji 方法构造的非对称 Copula 的整体性能相对突出。由 AIC 可以看出，线性加和组合构造的非对称 Copula 模型效果并不理想。因此，在这种情况下，线性加和构造非对称 Copula 的方法并不适合对土体参数数据集进行建模。与这些复合的非对称 Copula 相比，偏态高斯 Copula 同样具有较好性能。使用偏态高斯 Copula 的关键优势还在于它不需要选择基础 Copula，可以省去选择基础 Copula 造成的不准确性。

表 3.9　数据集 $(-c_{\mathrm{p}}', \tan\phi_{\mathrm{p}}')$、$(\tan\phi_{\mathrm{s}}'、\tan\phi_{\mathrm{cv}}')$、$(-e, \Psi)$ 和 $(\gamma, \gamma_{\mathrm{d}})$
经 Copula 模型拟合后的参数估计和 AIC 统计数据对比

Copula 类型		AIC			
		$(-c_{\mathrm{p}}', \tan\phi_{\mathrm{p}}')$	$(\tan\phi_{\mathrm{s}}', \tan\phi_{\mathrm{cv}}')$	$(-e, \Psi)$	$(\gamma, \gamma_{\mathrm{d}})$
1. 单参数 Copula	冈贝尔	−63.62	6.574	1.56	−28.9
	克莱顿	−57.62	9.05	0.442	−33.28
	弗兰克	−56.34	5.848	−2.504[①]	−23.5
2. 由乘积构成的非对称 Copula	冈贝尔-克莱顿 I 型	−64.9[①]	6.502	−1.946	−35.5[①]
	冈贝尔-弗兰克 I 型	−64.4	5.764 *	−0.392	−24.92
	弗兰克-克莱顿 I 型	−62.96	10.312	0.358	−31.04

Copula 类型		AIC			
		$(-c'_p, \tan\phi'_p)$	$(\tan\phi'_s, \tan\phi'_{cv})$	$(-e, \Psi)$	(γ, γ_d)
3. 由线性加和构造的非对称 copula	冈贝尔–LCC[②]	−26.8	13.198	11.336	−4.626
	克莱顿–LCC	−27.08	14.796	22.182	0.256
	弗兰克–LCC	−22.94	11.428	1.822	−8.506
4. 偏态 copula	偏态高斯	−44.02	11.936	8.61	−19.542

① 最小 AIC 值表示每种类型最佳模型。

② LCC，Linear Convex Conbination。

为进一步检验拟合后的非对称 Copula 模型，在此对原始数据和模拟数据进行了对比。根据表 3.9 中选取的最佳 Copula 模型，基于附录 A 中介绍的方法模拟生成 5000 组数据。图 3.8 绘制了数据组 $(c'_p, \tan\phi'_p)$、$(\tan\phi'_s, \tan\phi'_{cv})$、$(e, \Psi)$ 和 (γ, γ_d) 的模拟数据以及原始数据。通过图 3.8 可看出，模拟数据与原始数据在散点图上的拟合效果较好，而且模拟数据的密度与原始数据的密度基本可以重叠。另外，从经验数据和模拟数据概率密度等高线图中也可以更清晰地观察拟合的好坏。概率密度等高线作为重要的极值拟合好坏指标，能反映概率密度尾部的拟合准确性。图 3.9 对比了原始数据和模拟数据的概率密度等高线。正如所料，模型拟合质量随着等高线水平值的下降而下降。

由此可见，数据集 $(c'_p, \tan\phi'_p)$、$(\tan\phi'_s, \tan\phi'_{cv})$、$(e, \Psi)$ 和 (γ, γ_d) 的原始数据

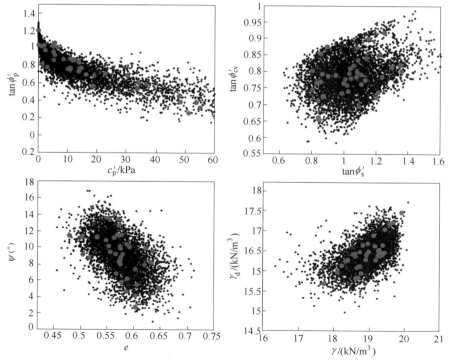

图 3.8 $(c'_p, \tan\phi'_p)$、$(\tan\phi'_s, \tan\phi'_{cv})$、$(e, \Psi)$ 和 (γ, γ_d) 原始数据和模拟数据散点图对比

注：·表示根据拟合非对称 Copula 抽样得到的样本数据；● 表示实验数据。

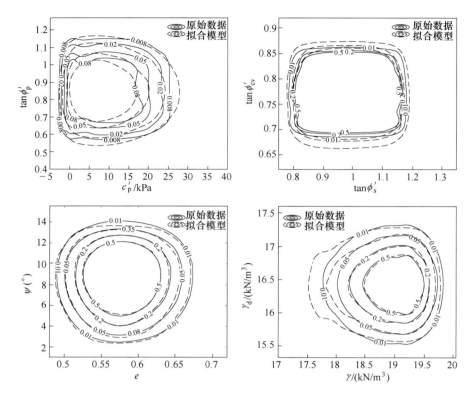

图 3.9　$(c_p',\ \tan\phi_p')$、$(\tan\phi_s',\ \tan\phi_{cv}')$、$(e,\ \varPsi)$ 和 $(\gamma,\ \gamma_d)$
原始数据与最佳拟合 Copula 模型等高线图对比
注：黑线表示原始数据；虚线表示拟合模型。

和模拟数据差别不大，等高线相似度始终很高。例如，对于数据集 $(e,\ \varPsi)$，即使等高线水平值等于 0.01，原始数据和模拟数据等高线也能很好地拟合。其余数据集采用的非对称 Copula 在拟合方面同样表现突出，这进一步验证了非对称 Copula 模型在土体参数建模中的适用性及在岩土工程统计分析中的优势。

　　为进一步验证采用非对称 Copula 的意义，这里利用构造的 Copula 模型针对典型的岩土工程问题进行可靠度分析。以相同土体花岗岩残积土为例，如图 3.10 所示，研究条形

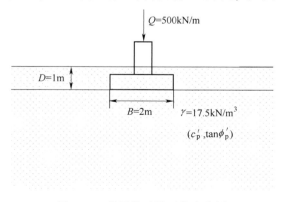

图 3.10　条形基础桩可靠度分析

浅基础桩的安全性。基础位于地表以下 1m 处，即 $D=1m$，宽度 2m，即 $B=2m$。填充土容重 17.5kN/m³，而土黏聚力 c'_p 和摩擦角 $\tan\phi'_p$ 假定符合由表 3.9 中构造的 Copula 模型来表征。

在本例中，对基础桩施加的荷载设为 $Q=500kN/m$。计算基础承载力的设计公式为

$$q_{\text{ult}} = c'_p N_c + q' N_q + \frac{\gamma B N_\gamma}{2} \tag{3.20}$$

其中承载力系数 N_c、N_q 和 N_γ 取决于地基土的摩擦角，并通过式（3.21）估算：

$$N_q = e^{\pi\tan\phi'_p} \tan^2\left(45° + \frac{\phi'_p}{2}\right) \tag{3.21}$$

$$N_c = (N_q - 1)\cot\phi'_p \tag{3.22}$$

$$N_\gamma = e^{\frac{1}{6}(\pi + 3\pi^2\tan\phi'_p)} (\tan\phi'_p)^{\frac{2\pi}{5}} \tag{3.23}$$

本例中，基础基底的有效应力 q' 根据式（3.24）计算：

$$q' = D\gamma \tag{3.24}$$

式中：D 为基脚深度；γ 为残积土容重。

因此，基础的极限垂直荷载强度取决于：

$$Q_{\text{ult}} = q_{\text{ult}} B \tag{3.25}$$

因此，总体功能函数可由式（3.26）表示：

$$G = Q_{\text{ult}} - Q \tag{3.26}$$

采用 10^6 个样本的蒙特卡罗模拟估算等式（3.26）中的失效概率，再借助表 3.9 中所列岩土参数相关的 Copula 模型进行可靠度分析。为突出使用非对称 Copula 模型的意义，这里可靠度分析考虑对称 Copula 和非对称 Copula 两种模型。失效概率结果汇总如表 3.10 所示。从表中可以看出，不同 Copula 模型计算的失效概率差异很大。冈贝尔 Copula 给出最大失效概率的估计达到 2.59×10^{-3}，克莱顿 Copula 估计出最低失效概率为 3.05×10^{-5}，而非对称 Copula 的失效概率为 1.44×10^{-4}，在所有 Copula 中属于中等值。可以看出，非对称 Copula 与对称 Copula 估计出截然不同的失效概率，即失效概率结果对所采用的 Copula 模型非常敏感。因此，即使对 AIC 非常接近的 Copula 模型，也不能简单随意使用。无论是对称相关性还是非对称相关性都可能对可靠性分析产生重大影响。

表 3.10　不同 Copula 失效概率比较

Copula 类型	高斯	冈贝尔	克莱顿	弗兰克	冈贝尔-克莱顿 I 型
失效概率	9.05×10^{-4}	2.59×10^{-3}	3.05×10^{-5}	2.49×10^{-3}	1.44×10^{-4}

本章最后简要讨论如何通过 "pair copula construction"（PCC）基于 Copula 函数对的构造技术将现有双变量非对称 Copula 模型扩展到多变量非对称 Copula 模型。相关文献可参阅涉及 PCC 技术及其特性的研究[32,56,57]。其关键思想是推导出将多元分布分解为二元 Copula 和边缘分布的迭代准则。最常用方法是利用条件分布将多元分布与二元分布联系起来。然而，多元分布模型精度在很大程度上依赖每一步 Copula 的选择，因为"明智"选择基础 Copula 会使多元模型更易分解。关于 PCC 更先进的技术，可参考构造 vine Copula

等相关书籍[58]。

需要指出的是，本章结果只用于解释实例中采集到的小样本土体参数，可能不足以代表所有土体参数，尤其是当地质/岩土条件发生变化时，结论可能呈现出不同相关性，有关数据稀缺不确定性对多元建模影响可参阅[9,25,39,59,60]。事实上，本章中非对称 Copula 只在非对称相关的情况下才证明其描述数据的准确性。如果岩土工程数据不满足非对称相关，那么非对称 Copula 就不一定是最优选择。虽然这一分析仅对选定数据集有效，但结果可用于解释使用非对称 Copula 进行一般土体参数建模的显著特征。同时，可看出非对称 Copula 比传统 Copula 模型更具灵活性。因此，在构建非对称 Copula 时，可以对个体函数调用多种类型的基础 Copula，而非对称 Copula 的灵活性使其在数据分析中更有优势。本章结果可以帮助岩土科研从业人员更好地了解土体参数，指导并支持有关土体相关性的岩土问题设计和分析。

3.7　结论

本章采用多元非对称 Copula 模型分析岩土体参数。首先详细阐述了非对称 Copula 在土体参数建模方面的理论基础，包括基本公式、测量非对称相关性和尾部相关性等概念，并对几种构造非对称 Copula 的方法进行了介绍。然后，针对从葡萄牙采集的土体参数分别采用非对称 Copula 与几种阿基米德 Copula 进行建模分析。具体将土体参数分为四组双变量数据集，对每个数据集构建 Copula 模型，并根据拟合优度进行对比。结果表明，非对称 Copula 可以较好地表征土体参数非对称相关性和尾部相关性，并能根据原始数据准确预测极值，但对于无明显非对称相关性的土体参数无须使用非对称 Copula。因此，本章期望借助非对称 Copula 在捕获相关性的优势，通过建立适应不同现场数据中土体参数模型，来对实际岩土工程问题进行更为准确的可靠性分析或风险评估。

致谢

笔者感谢国际土力学与岩土工程学会 TC304 风险评估与管理工程委员会成员提供了数据库 304dB，以及 Jaksa、Stuedlein 和 Grashuis 对 TC304 数据库所作出的贡献。

附录 A　非对称 Copula 的参数估计与模拟

本部分简要介绍了非对称 Copula 参数估计和模拟的基本原理，更多详细基础知识和理论证明可参照 Nelsen[26] 等著作。在此将仅对简化的双变量 Copula 问题进行讨论，同样的概念可以扩展到高维模型。

以往研究人员已经开发了许多 Copula 参数估计方法，最著名的方法是最大似然法。最大似然法的概念是将分布函数与经验数据拟合后的似然值最大化。该方法直截了当，并已广泛用于估计且仅有一个参数的 Copula 参数。然而，当 Copula 中存在多个参数时，由于最大化往往比较烦琐，使得最大似然法在计算过程中变得困难、烦琐。

多参数的 Copula 预测最直接的方法是基于距离的估计，本章利用 Cramer-von Mises 统计量 S 来寻找最合适的 Copula 模型参数 $\Theta = \{\theta_1, \cdots, \theta_n\}$。统计量 S 计算经验 Copula 分

布函数和理论 Copula 分布函数之间的距离，最小化该信息便可得到最理想的 Copula 参数估计。例如，在估计双变量 Copula 参数时，可以将基于 Cramer-von Mises 统计的估计方法表示为

$$\Theta = \underset{\theta_1,\cdots,\theta_n}{\arg\ \min} S = \underset{\theta_1,\cdots,\theta_n}{\arg\ \min} \sum_{i=1}^{N} \{C_{\text{empirical}}(u_1^i,\ u_2^i) - C_{\Theta}(u_1^i,\ u_2^i)\}^2 \qquad (\text{A.1})$$

式中：N 为数据量；$C_{\text{empirical}}$ 为经验 Copula 函数；C_{Θ} 为拟合 Copula 参数；Θ 为需要预估的 Copula 参数集。

因此，式（A.1）是通过评估每个观察到的数据点（$u_1^i,\ u_2^i$）的统计量来最小化累积分布函数的距离。

基于非对称 Copula 的抽样方法可以遵循对称 Copula 的传统抽样算法。例如，最常用的模拟方法就是基于罗森布拉特发展起来的条件分布抽样方法[61]。其他研究人员也提出了类似的概念，用于 Copula 的数据抽样[58]。但基于条件分布抽样方法的主要缺点是需要求根的过程。如果可以很容易地从 Copula 函数中推导出条件分布，则该抽样技术比较容易实现。然而，由于不对称 Copula 模型往往公式复杂，推导出的条件分布也相对复杂。本章将介绍一种简单的方法来抽样由乘积构造的非对称 Copula 模型。例如，假设需要由两个基础 Copula（如 $m=2$）和 I 型个体函数乘积构造的非对称 Copula 生成一组 n 维多元数据（见 3.4.2 节）：

$$C_{\text{product}}(u_1,\ \cdots,\ u_n) = C_1(u_1^{\theta_1},\ \cdots,\ u_n^{\theta_n}) C_2(u_1^{1-\theta_1},\ \cdots,\ u_n^{1-\theta_n}) \qquad (\text{A.2})$$

可以通过以下步骤来抽样源自此 Copula 的统一变量：

（1）由第一个基础 Copula C_1（·）生成 n 个数据（$v_1,\ \cdots,\ v_i,\ \cdots,\ v_k$）。

（2）由第二个基础 Copula C_2（·）生成 n 个数据（$t_1,\ \cdots,\ t_i,\ \cdots,\ t_k$）。

（3）那么非对称 Copula 的随机数据（$u_1,\ \cdots,\ u_n$）可由式（A.3）获得：

$$\text{对于 } i = 1,\ \cdots,\ n,\ u_i = \max\{v_i^{1/\theta_i},\ t_i^{1/(1-\theta_i)}\} \qquad (\text{A.3})$$

不难看出，具有不同数量和类型的基础 Copula 及其他 Copula 都可以通过这种方法进行抽样。同理，由不同类型个体函数乘积构成的其他非对称 Copula，也可以通过本算法进行抽样。

为便于岩土工程科研从业人员调用非对称 Copula，一些统计软件已经开发了一些非对称 Copula 模型的统计计算模块。例如，计算语言 R 中名为 "Copula" 的软件包[62,63]可轻松对 Khoudraji Copula 进行模拟。在此作简要演示，如为模拟双变量非对称冈贝尔-弗兰克 I 型 Copula（见表 3.9），可在 R 中直接使用以下代码实现：

```
C1<-khoudrajiCopula(copula1 = gumbelCopula(param = 5), copula2 = frankCopula(param = 5),
shapes = c(0.7, 0.4))
    X1<-rCopula(copula = C1, n = 5000)
    plot(X1)
    contour(C1, dCopula, nlevels = 20)
    C2<-khoudrajiCopula(copula1 = gumbelCopula(param = 5), copula2 = frankCopula(param = 5),
shapes = c(0.5, 0.5))
    X2<-rCopula(copula = C2, n = 5000)
    plot(X2)
```

```
contour(C2, dCopula, nlevels = 20)
C3 <- khoudrajiCopula(copula1 = gumbelCopula(param = 5), copula2 = frankCopula(param = 5),
shapes = c(0.4, 0.7))
X3 <- rCopula(copula = C3, n = 5000)
plot(X3)
contour(C3, dCopula, nlevels = 20)
```

由图 A.1 和图 A.2 可以看到抽样数据的总体情况。

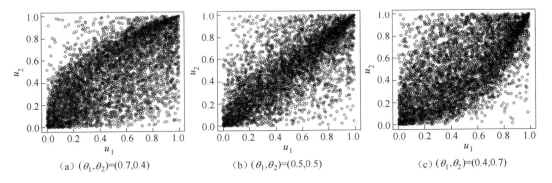

(a) $(\theta_1, \theta_2) = (0.7, 0.4)$ (b) $(\theta_1, \theta_2) = (0.5, 0.5)$ (c) $(\theta_1, \theta_2) = (0.4, 0.7)$

图 A.1　双变量非对称冈贝尔–弗兰克 I 型 Copula 模型中抽样出 5000 个样本的散点图

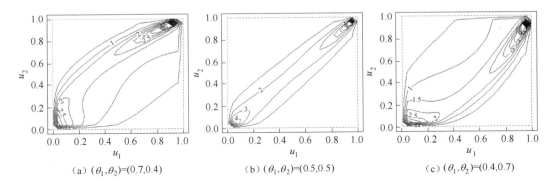

(a) $(\theta_1, \theta_2) = (0.7, 0.4)$ (b) $(\theta_1, \theta_2) = (0.5, 0.5)$ (c) $(\theta_1, \theta_2) = (0.4, 0.7)$

图 A.2　双变量非对称冈贝尔–弗兰克 I 型 Copula 模型中抽样出 5000 个样本的等高线图

使用 Khoudraji 方法拟合非对称 Copula 也可以通过 “Copula” 软件包来完成。以下代码可用于估计双变量非对称冈贝尔–弗兰克 I 型 Copula 参数：

```
fitCopula(khoudrajiCopula(copula1 = gumbelCopula(), copula2 = claytonCopula()), start = c
(4, 4, 0.5, 0.5), data = X1, optim.method = " Nelder-Mead")
```

在 R 中键入以下代码，可以简单确定相关似然值的计算：

```
loglikCopula(c(5, 5, 0.5, 0.5), u = X1, copula = C1)
```

需要注意的是参数估计的计算速度高度依赖于初始值，合适的初始值可大大减少运算时间。如 3.6 节所述，需要强调的是基础 Copula 的选择在构建非对称 Copula 时起着至关重要作用。在建模过程中，基础 Copula 使用错误可能会导致结果不理想。

参 考 文 献

[1] ANGELI M G，PASUTO A，SILVANO S．A critical review of landslide monitoring experiences ［J］．En-gineering Geology，2000，55（3）：133-147．

[2] HARRIS C，SMITH J S，DAVIES M，et al．An investigation of periglacial slope stability in relation to soil properties based on physical modelling in the geotechnical centrifuge ［J］．Geomorphology，2008，93（3-4）：437-459．

[3] VANAPALI S K，FREDLUND D G，PUFAHL D E，et al．Model for the prediction of shear strength with respect to soil suction ［J］．Canadian Geotechnical Journal，1996，33（3）：379-392．

[4] ROBERTSON P K．Interpretation of cone penetration tests-a unified approach ［J］．Revue Canadienne de Géotechnique，2009，46（11）：1337-1355．

[5] L' HEUREUX，JEAN-SEBASTIEN，LONG，et al．Relationship between Shear-Wave Velocity and Geotechnical Parameters for Norwegian Clays ［J］．Journal of Geotechnical and Geoenvironmental Enginee-ring，2017，143（6）：04017013．

[6] YAN W M，YUEN K V，YOON G L．Bayesian probabilistic approach for the correlations of compression index for marine clays ［J］．Journal of Geotechnical and Geoenvironmental Engineering，2009，135（12）：1932-1940．

[7] SIDERI D，MODIS K，ROZOS D．Multivariate geostatistical modelling of geotechnical characteristics of the alluvial deposits in West Thessaly，Greece ［J］．Bulletin of Engineering Geology and the Environment，2014，73（3）：709-722．

[8] ZHU H，ZHANG L M，XIAO T，et al．Generation of multivariate cross-correlated geotechnical random fields ［J］．Computers and Geotechnics，2017，86：95-107．

[9] BEER M，ZHANG Y，QUEK S T，et al．Reliability analysis with scarce information：Comparing alterna-tive approaches in a geotechnical engineering context ［J］．Structural Safety，2013，41：1-10．

[10] LI D，TANG X，ZHOU C，et al．Uncertainty analysis of correlated non-normal geotechnical parameters u-sing Gaussian copula ［J］．Science China Technological Sciences，2012，55（11）：3081-3089．

[11] SANTOSO A M，PHOON K K，TAN T S．Estimating strength of stabilized dredged fill using multivariate normal model ［J］．Journal of Geotechnical and Geoenvironmental Engineering，2013，139（11）：1944-1953．

[12] ZHANG L，LI D，TANG X，et al．Bayesian model comparison and characterization of bivariate distribution for shear strength parameters of soil ［J］．Computers and Geotechnics，2018，95：110-118．

[13] TANG，CHONG，PHOON，et al．Statistics of model factors and consideration in reliability-based design of axially loaded helical piles ［J］．Journal of Geotechnical & Geoenvironmental Engineering，2018，144（8），04018050．

[14] PHOON K K，KULHAWY F H．Characterization of geotechnical variability ［J］．Canadian Geotechnical Journal，1999，36（4）：612-624．

[15] DUNCAN，MICHAEL J．Factors of safety and reliability in geotechnical engineering ［J］．Journal of Geotechnical & Geoenvironmental Engineering，2000，126（4）：307-316．

[16] FORREST W S，ORR T L L．Reliability of shallow foundations designed to Eurocode 7 ［J］．Georisk，2010，4（4）：186-207．

[17] TANG X S，LI D Q，GUAN R，et al．Impact of copula selection on geotechnical reliability under incom-plete probability information ［J］．Computers & Geotechnics，2013，49（APR．）：264-278．

[18] ZHANG Y，KIM C，BEER M，et al．Modeling multivariate ocean data using asymmetric copulas ［J］．

Coastal Engineering, 2018, 135: 91-111.

[19] LI D, ZHANG L, TANG X, et al. Bivariate distribution of shear strength parameters using copulas and its impact on geotechnical system reliability [J]. Computers and Geotechnics, 2015, 68: 184-195.

[20] PHOON K K, RETIEF J V, CHING J, et al. Some observations on ISO 2394: 2015 Annex D (Reliability of Geotechnical Structures) [J]. Structural Safety, 2016, 62: 24-33.

[21] WU X Z. Trivariate analysis of soil ranking-correlated characteristics and its application to probabilistic stability assessments in geotechnical engineering problems [J]. Soils & Foundations, 2013, 53 (4): 540-556.

[22] TANG X S, LI D Q, ZHOU C B, et al. Copula-based approaches for evaluating slope reliability under incomplete probability information [J]. Structural Safety, 2015, 52: 90-99.

[23] KAZIANKA H, PILZ J. Copula-based geostatistical modeling of continuous and discrete data including covariates [J]. Stochastic Environmental Research & Risk Assessment, 2010, 24 (5): 661-673.

[24] BAECHER G B, CHRISTIAN J T. Reliability and statistics in geotechnical engineering [D]. Wiley, 2005.

[25] CHING J, PHOON K K. Transformations and correlations among some clay parameters - the global database [J]. Canadian Geotechnical Journal, 2014, 51 (6): 663-685.

[26] NELSEN R B. An Introduction to Copulas [M]. New York: Springer, 2006.

[27] ZHANG Y, LAM J S I. A Copula Approach in the Point Estimate Method for Reliability Engineering [J]. Quality and Reliability Engineering International, 2016, 32 (4): 1501-1508.

[28] Wang G, ZHANG H, LI Q. Reliability assessment of aging structures subjected to gradual and shock deteriorations [J]. Reliability Engineering and System Safety, 2017, 161: 78-86.

[29] WANG F, LI H. Stochastic response surface method for reliability problems involving correlated multivariates with non-Gaussian dependence structure: Analysis under incomplete probability information [J]. Computers and Geotechnics, 2017, 89: 22-32.

[30] YOOJEONG N, CHOI K K, DU L. Reliability-based design optimization of problems with correlated input variables using a Gaussian Copula [J]. Structural and Multidisciplinary Optimization, 2009, 38 (1): 1-16.

[31] ZHANG J, HUANG H W. JUANG C H, et al. Geotechnical reliability analysis with limited data: Consideration of model selection uncertainty [J]. Engineering Geology, 2014, 181: 27-37.

[32] JOE H. Dependence modeling with copulas [M]. CRC Press, 2014.

[33] GENEST C, FAVRE A C. Everything you Always wanted to know about copula modeling but were afraid to ask [J]. Journal of Hydrologic Engineering, 2003, 12 (4): 347-368.

[34] SALVADORI G, DE MICHELE C. On the use of copulas in hydrology: theory and practice [J]. Journal of Hydrologic Engineering, 2007, 12 (4): 369-380.

[35] HONG Y, WANG J P, LI D Q, et al. Statistical and probabilistic analyses of impact pressure and discharge of debris flow from 139 events during 1961 and 2000 at Jiangjia Ravine, China [J]. Engineering Geology, 2015, 187: 122-134.

[36] SKLAR M. Fonctions de Répartition À N Dimensions Et Leurs Marges [J]. publ. inst. statist. univ. paris, 1959; 8: 229-231.

[37] HUTCHINSON T P T P, LAI C D. Continuous bivariate distributions emphasising applications [M]. Adelaide: Rumsby Scientific Publishing. 1990.

[38] CHING J, PHOON K K. Modeling parameters of structured clays as a multivariate normal distribution [J]. Canadian Geotechnical Journal, 2012, 49 (5): 522-545.

[39] CHING J , PHOON K K , CHEN C H . Modeling piezocone cone penetration (CPTU) parameters of clays as a multivariate normal distribution [J]. Canadian Geotechnical Journal, 2014, 51 (1): 77-91.

[40] IGNAZIO M , PHOON K K , TAN S A , et al. Correlations for undrained shear strength of Finnish soft clays [J]. Canadian Geotechnical Journal, 2016, 53 (10): 1628-1645.

[41] ZHANG Y , GOMES A T , BEER M , et al. Reliability analysis with consideration of asymmetrically dependent variables: Discussion and application to geotechnical examples [J]. Reliability Engineering & System Safety, 2019, 185 (5): 261-277.

[42] GENEST C , JOHANNA G. Nelehová. Assessing and Modeling Asymmetry in Bivariate Continuous Data [J]. Springer Berlin Heidelberg, 2013: 91-114.

[43] KLEMENT E P , MESIAR R . How non-symmetric can a copula be? [J]. Commentationes Mathematicae Universitatis Carolinae, 2006, 47 (1): 141-148.

[44] GRIMALDI S , SERINALDI F . Asymmetric copula in multivariate flood frequency analysis [J]. Advances in Water Resources, 2006, 29 (8): 1155-1167.

[45] MESIAR R , NAJJARI V . New families of symmetric/asymmetric copulas [J]. Fuzzy Sets & Systems, 2014, 252 (oct.1): 99-110.

[46] MAZO G , GIRARD S , FORBES F . A class of multivariate copulas based on products of bivariate copulas [J]. Journal of Multivariate Analysis, 2015, 140: 363-376.

[47] PATTON A J. Modelling Asymmetric Exchange Rate Dependence [J]. International Economic Review, 2006, 47 (2): 527-556.

[48] CHARPENTIER A , FOUGÈRES AL, GENEST C , et al. Multivariate Archimax copulas [J]. Journal of Multivariate Analysis, 2014, 126 (4): 118-136.

[49] KHOUDRAJI A . Contributions a l'etude des copules et a la modelisation de valeurs extremes bivariees / [J]. Ph. D. Thesis, University Laval Quebec, Canada, 1995.

[50] WU S . Construction of asymmetric copulas and its application in two-dimensional reliability modelling [J]. European Journal of Operational Research, 2014, 238 (2): 476-485.

[51] NELSEN, R B. Properties and applications of copulas: A brief survey. In Proceedings of the First Brazilian Conference on Statistical Modeling in Insurance and Finance, (Dhaene, J., Kolev, N., Morettin, PA (Eds.)), University Press USP: Sao Paulo (pp. 10-28) .2003.

[52] KOLLO T , SELART A , VISK H . From multivariate skewed distributions to copulas. In Combinatorial Matrix Theory and Generalized Inverses of Matrices (pp. 63-72) . Springer India. 2013.

[53] AZZALINI A , VALLE A D . The multivariate skew-normal distribution. Biometrika, 1996,, 83 (4), 715-726.

[54] PINHEIRO BRANCO L . Reliablity concepts applied to Granite Residual Soils. (in portugueses) . MSc thesis, university of Porto. 2011.

[55] PINHEIRO BRANCO L, TOPA GOMES A, SILVA CARDOSO A, et al. Natural variability of shear strength in a granite residual soil from porto [J]. Geotechnical and Geological Engineering, 2014, 32 (4): 911-22.

[56] BEDFORD T , COOKE R M . Probability Density Decomposition for Conditionally Dependent Random Variables Modeled by Vines [J]. Annals of Mathematics and Artificial Intelligence, 2001, 32 (1): 245-268.

[57] AAS K , CZADO C , FRIGESSI A , et al. Pair - copula constructions of multiple dependence [J]. Insurance Mathematics and Economics, 2007, 44 (2): 182-198.

[58] SCHERER M , MAI J. Simulating Copulas: Stochastic Models, Sampling Algorithms, And Applications

(Second Edition) [M]. World Scientific Publishing Company, 2017.

[59] CHING J, PHOON K K, CHEN Y C. Reducing shear strength uncertainties in clays by multivariate correlations [J]. Canadian Geotechnical Journal, 2010, 47 (1): 16-33.

[60] CHING J, PHOON K K. Reducing the Transformation Uncertainty for the Mobilized Undrained Shear Strength of Clays [J]. Journal of Geotechnical and Geoenvironmental Engineering, 2015, 141 (2): 04014103.

[61] DEVROYE L. Sample-based non-uniform random variate generation [P]. Winter simulation, 1986.

[62] JUN Y. Enjoy the Joy of Copulas: With a Package copula [J]. Journal of Statistical Software, 2007, 21 (4): 251-256.

[63] HOFERT M, KOJADINOVIC I, MAECHLER M, et al. copula: Multivariate dependence with copulas. R package version 0. 999-9. 2014, URL http: //CRAN. R-project. org/package= copula.

[65] ZHANG Y, BEER M, QUEK S T. Long-term performance assessment and design of offshore structures [J]. Computers and Structures, 2015, 154: 101-115.

[66] GOMES T. A Elliptical Shafts by the Sequential Excavation Method. The case of Metro do Porto [D]. PhD Thesis, University of Porto. 2009.

[67] SALVADORI G, MICHELE C D, KOTTEGODA N T, et al. Extremes in Nature: An Approach Using Copulas [M]. Springer, 2007.

[68] TRIVEDI P K, ZIMMER D M. Copula Modeling: An introduction for practitioners [J]. Foundations & Trends in Econometrics, 2007, 1 (1): 1-111.

[69] LIEBSCHER E. Construction of asymmetric multivariate copulas [J]. Journal of Multivariate Analysis, 2008, 99 (10): 2234-2250.

[70] PHOON K K, CHING J. Risk and reliability in geotechnical engineering [M]. CRC Press, 2014.

中 篇

可靠度计算方法

4 | 基于降维概率密度演化方程的复杂高维非线性随机动力系统可靠度分析 *

陈建兵，同济大学土木工程防灾减灾全国重点实验室，同济大学土木工程学院
律梦泽，同济大学土木工程防灾减灾全国重点实验室，同济大学土木工程学院

4.1 引言

工程结构的抗灾可靠性分析和设计是保障工程安全的基石[1,2]。一百余年来，结构设计理论已经过两代发展，当前正在向第三代结构设计理论迈进[3]。如何科学地给出工程结构抗灾整体可靠性的定量描述，业已成为工程领域亟待解决的关键问题。

结构可靠度的研究始于 20 世纪 20 年代。至 40 年代末，结构可靠度理论在苏联和美国同时引起了学术界与工程界对结构可靠度的关注。1947 年，苏联学者 Ржаницын[4] 最早提出了一次二阶矩理论的基本概念，并给出结构安全性指标以计算结构失效概率。同年，美国学者 Freudenthal[5] 首次系统地阐述了评估结构安全性的重要意义。经过二十余年的发展，Cornell[6] 建立了结构可靠度评估的均值一次二阶矩法，即中心点法。随后诸多学者[7-9]在此基础上进行了深入研究和改进，分别提出了几类改进的一次二阶矩法，包括验算点法等。

早期的结构可靠度研究多以构件层次的静力可靠度分析为主[10]。随着人们对地震、强风等工程灾害研究的深入，随机动力激励下结构的动力可靠度分析逐渐成为工程抗灾领域的研究焦点[11-14]。结构在动力作用下是否进入失效状态的判别通常基于两类破坏准则：首次超越破坏准则与疲劳失效破坏准则。依据失效判别准则的不同，结构动力可靠度也分为首次超越破坏可靠度与疲劳失效可靠度两类[15]。疲劳破坏问题也可以通过引入某一累积变量，转化为首次超越破坏问题[16]。

本章重点讨论首次超越破坏问题，主要内容包括：4.2 节简要评述首次超越破坏可靠度问题的主要方法，包括跨越过程理论、扩散过程理论、极值分布理论和概率密度演化理论；4.3 节阐述物理驱动的降维概率密度演化方程的基本理论及其应用于可靠度分析的数值实现方法，包括有效漂移函数的数值构造和降维概率密度演化方程的数值求解；4.4 节通过数值算例和蒙特卡洛模拟结果的对比，验证降维概率密度演化方程求解可靠度问题（尤其是对于极罕遇事件下小失效概率计算）的精度和有效性；4.5 节进而针对一个具体

---
  * 本研究获国家杰出青年科学基金（51725804）和国家自然科学基金重点项目（51538010）资助。感谢李杰院士的指导。

的工程案例,对高层混凝土剪力墙结构在非平稳随机地震动作用下的可靠度进行分析;4.6 节给出简要的结论,并指出需要进一步研究的问题。

4.2 首次超越破坏可靠度问题

记结构在随机动力作用下某一感兴趣响应量(例如某一关键位移、应变等)为 $X(t)$,在首次超越破坏准则下,结构的动力可靠度可以定义为

$$R(t) = Pr\{X(\tau) \in \Omega_s, \, 0 \leq \tau \leq t\} \tag{4.1}$$

式中:$Pr\{\cdot\}$ 为事件的概率;Ω_s 为响应 $X(t)$ 的安全域。

式(4.1)$\{\cdot\}$ 内的随机事件为在时间段 $[0, t]$ 内响应 $X(t)$ 不会越出其安全域 Ω_s。换言之,一旦响应 $X(t)$ 首次超越安全域 Ω_s,则认为结构失效。

对随机动力系统的首次超越可靠度进行分析,最直接的思路就是蒙特卡洛模拟,即在大量随机抽样下对系统进行直接的随机模拟,包括直接蒙特卡洛模拟及其各类改进,如重要性抽样方法[17]、子集模拟方法[18,19]、线抽样方法[20,21]、渐近抽样方法[22]、掺入随机性的拟蒙特卡洛模拟[23,24]等。这类方法是随机收敛的。通常,对蒙特卡洛模拟的各类改进往往以牺牲其适用的广泛性为代价。此外,研究者们还对首次超越理论进行了大量的深入研究,逐渐形成了几类重要的首次超越可靠度分析理论。

4.2.1 跨越过程理论

跨越过程理论的基本思想是研究某段时间间隔内响应跨越安全域边界的次数分布性质,从而获得跨越次数为零的概率,由此给出动力可靠度。为此需要考虑响应在单位时间内跨越安全域边界的概率,即跨越率。Rice[25] 最早给出了响应在某一安全域下的跨越率计算公式,即 Rice 公式。进而,通过对跨越事件序列引入 Poisson 跨越假定[26] 或 Markov 跨越假定[11,27] 可以给出首次超越可靠度。然而,用以计算可靠度的响应及其速度联合概率密度仅对于少数问题可以解析获得[28,29],对于一般非线性系统很难得到。此外,引入的跨越假定本质上是基于直观的经验假定,对于不同特性激励下的系统往往会给出偏于保守或不安全的结果[30]。这些问题在一定程度上限制了跨越过程理论在高维非线性动力问题中的有效应用。

4.2.2 扩散过程理论

对于宽带噪声激励下的一般非线性系统,在一定条件下其响应可以近似为 Markov 扩散过程[31],进而通过求解后向 Kolmogorov 方程、施加吸收边界条件后的 Fokker-Planck-Kolmogorov(FPK)方程或积分形式的 Chapman-Kolmogorov 方程来求解首次超越可靠度[32]。根据扩散过程理论,经典随机振动问题的各类 Markov 过程方法原则上均可以用来进行首次超越问题的求解[33]:包括 Hamilton 系统方法[34-36]、路径积分法[37-39]、有限元法[40]等。最近有学者进一步开展了关于多次超越问题的研究[41]。然而,由于高维 FPK 方程求解的困难,这一类方法迄今很难扩展至工程实际中常遇到的高维或大自由度系统。而且,上述方法本质上仅适用于 Markov 过程问题。

4.2.3　极值分布理论

一般地，计算系统响应的首次超越概率等价于求解响应极值的概率分布函数在阈值处的值。因此，研究随机过程或随机动力系统响应的极值分布也是求解首次超越问题的一类重要方法。极值分布理论最早可以追溯至 Fisher 和 Tippett[42]对独立随机变量序列的极值的研究，此后不同情形下随机抽样极值或渐近极值的研究逐渐成熟[43-45]。然而，对于随机过程极值分布的解析或数值研究迄今仍极具挑战性[46]。目前，只有某些特殊过程的极值分布可以获得解析或渐近解析解，例如 Molini 等人[47]给出了漂移和扩散仅依赖于时间且漂移项与扩散项平方成比例的一维 Markov 过程的时变最大值分布解析解；Hartich 和 Godec[48]基于首次超越时间的更新定理和特征展开，给出了具有常数扩散的一维时齐 Markov 过程的时变最大值分布的长时间渐近解析解。Lyu（律梦泽）等人[49]建立了时变极值过程的概率演化积分方程，为一维连续 Markov 过程的时变极值分布提供了一般情形下的通用方法。几乎同时发展起来的增广 Markov 向量方法[50]，可以为 Gauss[51]或 Poisson[52]等不同噪声激励下的 Markov 系统响应的极值分布给出数值解答。在一定程度上，这两类方法为极值分布的系统性精确处理（除蒙特卡洛模拟外）奠定了新的基础；但其对于高维问题的拓展仍有待进一步深入研究。

近年来相继涌现出各类将矩方法和极限状态或极值理论相结合，通过估计极值或极限状态函数的前几阶矩，给出极值分布或功能函数分布的近似估计，进而计算可靠度的方法。这方面的代表性研究包括 Zhao 和 Lu（赵衍刚和卢朝辉）[53]发展的高阶矩方法、Xu（徐军）[54]推广的分数阶矩、Zhang（张龙文）等人[55]引入的线性矩方法等。将由响应极值样本给出的这些矩估计信息，与 Nataf 变换[56]、稀疏混沌多项式展开[57]、高阶无迹变换[58]、自适应 Bayes 求积[59]等技术相结合，可以方便地给出极值分布的估计结果，以应用于可靠度评估。矩方法采用响应的矩估计信息、结合既定的响应尾部或极值分布形式，往往对可靠度分析具有较高的计算效率。但由于从根本上对概率密度函数的反映是不完全的，因此其适用性在一定程度上取决于问题本身的性质，对此尚需更深入的研究。

4.2.4　概率密度演化理论

Li 和 Chen（李杰和陈建兵）[60]从物理本质和概率守恒原理入手，提出了概率密度演化理论，为解决高维随机动力系统的可靠度分析问题提供了新途径。概率守恒原理表述为：在数学变换或物理演化过程中，概率测度不变。根据概率守恒原理的状态空间描述，可统一地导出 Liouville 方程、Dostupov-Pugachev 方程和 FPK 方程等经典概率密度方程，由此建立了这些方程的统一逻辑基础[61]。

更重要的是，还存在概率守恒原理的随机事件描述，由此可导出一类全新的方程[61,62]。其基本思想是：将结构参数的随机性和激励的随机性统一地考虑为整个随机动力系统的基本随机变量（或称为随机源变量），则随机参数结构在随机激励下的响应必是随机源变量（向量）和时间的函数。进而，考察包含物理系统中某一感兴趣量 $Z(t)$ 与随机源向量的联合演化的随机事件，由于既无新的随机因素增加，亦无已有随机因素消失，因此设随机事件的概率不变。由此可导出联合概率密度满足的方程：

$$\frac{\partial p_{Z\Theta}(z, \boldsymbol{\theta}, t)}{\partial t} + \dot{h}(\boldsymbol{\theta}, t) \frac{\partial p_{Z\Theta}(z, \boldsymbol{\theta}, t)}{\partial z} \qquad (4.2)$$

式中：$\boldsymbol{\Theta}$ 为物理系统中需考虑的所有基本随机向量，即随机源向量，它完全刻画了结构的随机性和激励的随机性，其联合概率密度 $p_{\boldsymbol{\Theta}}(\boldsymbol{\theta})$ 是已知的；$p_{Z\Theta}(z, \boldsymbol{\theta}, t)$ 是 $Z(t)$ 和 $\boldsymbol{\Theta}$ 的联合概率密度；$h(\boldsymbol{\theta}, t)$ 是当 $\boldsymbol{\Theta} = \boldsymbol{\theta}$ 时过程 $Z(t)$ 在 t 时刻的取值，$\dot{h}(\boldsymbol{\theta}, t)$ 是它关于时间的导数。

式（4.2）即广义概率密度演化方程[13,62]，或称为 Li-Chen 方程[63]。

这一方程清晰地表明，概率密度的演化决定于物理量的速率、即物理状态的变化。换言之，概率密度的演化是由物理系统的变化导致的，因而是物理规律驱动的。

通过概率空间剖分后求解广义概率密度演化方程以获得联合概率密度 $p_{Z\Theta}(z, \boldsymbol{\theta}, t)$ 的解，进而合成即可获得感兴趣响应量 $Z(t)$ 的概率密度 $p_Z(z, t)$。以上便构成了概率密度演化方法的基本步骤。

根据概率守恒原理随机事件描述的思想，直接对感兴趣响应量的广义概率密度演化方程在给定阈值处施加吸收边界条件，然后通过概率密度演化方法计算安全域内的剩余概率密度，进而积分即可得到响应的时变可靠度[64]。Li（李杰）等人还发展了基于概率密度演化理论的极值分布方法[66]与系统可靠度的等价极值事件原理[66]。由于从概率守恒原理随机事件描述的角度出发，在概率密度演化理论中引入吸收边界条件，克服了状态空间描述下的概率密度演化方程（如后向 FPK 方程和 Chapman-Kolmogorov 方程等）对于高维情况难以求解的问题。

在此基础上，李杰[67]进一步提出了综合物理方程、失效物理准则和概率密度演化的物理综合法。通过引入统一筛分算子刻画不同失效模式在随机事件描述下的统一演化，给出状态观测窗口考察概率演化过程中系统失效和概率耗散情形，进而求解观测响应在概率耗散情形下的广义概率密度演化方程给出时变整体可靠度。该方法可以分析复杂结构的整体失稳（倒塌）[68]和疲劳破坏问题[16]，为解决长久以来困扰工程界的复杂结构多重失效模式相关性引起的组合爆炸问题提供了新途径。

针对广义概率密度演化方程的求解，已经发展了概率空间剖分与具有理性基础的点集偏差理论[69-71]。特别是，概率空间剖分与覆盖的思想，是对系统物理性质的完备反映，因而理论上是精确的[72]。为了进一步解决点演化求解思路中不能完备反映子域概率信息导致精度与稳健性降低的问题，近年来进一步提出了群演化路径的求解思想[73]。

事实上，在概率密度演化理论中，早期对于概率空间剖分后每一子域内的演化是选取其中一个代表性点来代替，即所谓的"点演化路径"。这在任意子域都足够小的情形下无疑是精确的，但在实际数值实现中，需要兼顾数值精度和复杂物理或工程系统的计算成本，因此只能选取数量很少的有限数量代表性点代替其所在概率子域的群体演化特征，这种"以点代群"的数值策略使得对局部信息反映的精度难以进一步提高。仔细考察广义概率密度演化方程［式（4.2）］不难发现，若将该方程在任意概率子域内进行积分，则有

$$\frac{\partial p_Z(z, t)}{\partial t} + \frac{\partial}{\partial Z} \int_{\Omega_{\Theta}} \dot{h}(\boldsymbol{\theta}, t) p_{Z\Theta}(z, \boldsymbol{\theta}, t) \mathrm{d}\boldsymbol{\theta} = 0 \qquad (4.3)$$

式中：Ω_Θ 为基本随机向量 $\boldsymbol{\Theta}$ 所在概率空间或其任意子域。

对式（4.3）第二项中积分（即等价概率通量）的数学处理，也就是如何更完备地反映子域物理信息，即萌生了群演化路径的发展[73,74]，代表性工作包括基于局部 Gauss 假定的群演化方法[75]、通量等价概率密度演化方程[76-79]以及在此基础上最新发展起来的降维概率密度演化方程[80-84]，以及诸多代表性点集加密策略，诸如有效子空间降维[85]、自适应全局代理模型[86]、再生核质点方法[87]等。

概率密度演化理论已被国内外学者广泛应用于桨叶失速颤振[88]、车桥耦合系统[89]、高速铁路轨道[90]、山体滑坡[91]、机翼结构可靠度评估和试验验证[92,93]、高面板堆石坝[94]、锈蚀钢筋混凝土梁[95]、海上风力发电机[96]等实际工程问题的可靠度评估。

鉴于前述进展已在一些专文中总结[73,97-99]，本章将重点阐述基于概率密度演化理论的物理驱动的降维概率密度演化方程及其在高维随机动力系统可靠度分析中的应用。

4.3　物理驱动的降维概率密度演化方程

4.3.1　结构随机动力响应的降维概率密度演化方程

不失一般性地，高维随机动力系统中任意感兴趣响应量（如结构的某一层位移或某一节点的关键应变等）均可以认为是一维连续随机过程，记为 $X(t)$。应指出，由于高维随机动力系统中各个响应量之间是耦合的，因此即使系统状态向量是 Markov 过程，$X(t)$ 自身一般也不满足 Markov 性，其一维概率密度 $p_X(x,\ t)$ 难以采用经典的 Markov 过程方法（如 FPK 方程）求解获得。但是，除某些极特殊问题（如特殊激励下结构某一关键位置的突变力）外，$X(t)$ 都可以看作样本连续（或路径连续）的随机过程。随机过程的样本连续性可由如下 Dynkin-Kinney 条件[100]给出：记过程 $X(t)$ 在时间段 $[t,\ t+\Delta t]$ 内的转移概率密度为 $p_X(x,\ t+\Delta t\,|\,x',\ t)$，若对任意的 $\varepsilon>0$，极限

$$\lim_{\Delta t\to 0}\frac{1}{\Delta t}\int_{|x-x'|>\varepsilon}p_X(x,\ t+\Delta t\,|\,x',\ t)\mathrm{d}x=0 \tag{4.4}$$

对所有的 x' 和 t 均一致成立，则称过程 $X(t)$ 的样本以概率 1 是时间 t 的连续函数。

根据 Kramers-Moyal 展开[33,101]，任意一维随机过程 $X(t)$ 的概率密度 $p_X(x,\ t)$ 关于时间 t 的偏导数可以表达为

$$\frac{\partial p_X(x,\ t)}{\partial t}=\sum_{n=1}^{\infty}\frac{(-1)^n}{n!}\frac{\partial^n[\alpha_n(x,\ t)p_X(x,\ t)]}{\partial x^n} \tag{4.5}$$

其中　　　　$\alpha_n(x,\ t)=\lim_{\Delta t\to 0}\frac{1}{\Delta t}E\big[\,[\Delta X(t)]^n\,|\,X(t)=x\big],\ n=1,\ 2,\ \cdots \tag{4.6}$

式中：$\alpha_n(x,\ t)$ 为过程 $X(t)$ 的 n 阶条件导出矩；$E(\cdot)$ 为期望算子。

式（4.5）的推导可详见 Risken[101]或朱位秋[33]的专著，此处从略。

在式（4.5）的基础上进一步引入过程 $X(t)$ 的连续性条件，即 Dynkin-Kinney 条件，则对任意给定的正整数 n 和 $\varepsilon>0$，必有

$$\lim_{\Delta t\to 0}\frac{1}{\Delta t}\int_{|\xi|>\varepsilon}\xi^n p_X(x+\xi,\ t+\Delta t\,|\,x,\ t)\mathrm{d}\xi=0 \tag{4.7}$$

于是，式（4.6）可以表达为

$$\alpha_n(x,\ t)\ \&\ =\lim_{\Delta t\to 0}\frac{1}{\Delta t}\int_{-\infty}^{\infty}\xi^n p_X(x+\xi,\ t+\Delta t\mid x,\ t)\mathrm{d}\xi$$

$$=\lim_{\Delta t\to 0}\frac{1}{\Delta t}\int_{-\varepsilon}^{\varepsilon}\xi^n p_X(x+\xi,\ t+\Delta t\mid x,\ t)\mathrm{d}\xi,\quad n=1,\ 2,\ \cdots \tag{4.8}$$

式中：ε 为任意给定的正实数。

对于 $n\geqslant 3$ 的情形，有

$$|\alpha_n(x,\ t)|\leqslant\lim_{\Delta t\to 0}\frac{1}{\Delta t}\int_{-\varepsilon}^{\varepsilon}|\xi|^{n-2}\xi^2 p_X(x+\xi,\ t+\Delta t\mid x,\ t)\mathrm{d}\xi$$

$$\leqslant\lim_{\Delta t\to 0}\frac{\varepsilon^{n-2}}{\Delta t}\int_{-\varepsilon}^{\varepsilon}\xi^2 p_X(x+\xi,\ t+\Delta t\mid x,\ t)\mathrm{d}\xi=\varepsilon^{n-2}\alpha_2(x,\ t) \tag{4.9}$$

由 ε 的任意性可知，当 $n\geqslant 3$ 时应有 $\alpha_n(x,\ t)=0$。

因此，对于连续过程 $X(t)$，式（4.5）等号右边仅需保留前两项。此时可以记

$$\begin{cases}a^{(\mathrm{eff})}(x,\ t)=\alpha_1(x,\ t)=\lim_{\Delta t\to 0}\frac{1}{\Delta t}E[\ \Delta X(t)\mid X(t)=x]\\[2mm]b^{(\mathrm{eff})}(x,\ t)=\alpha_2(x,\ t)=\lim_{\Delta t\to 0}\frac{1}{\Delta t}E\{[\ \Delta X(t)]^2\mid X(t)=x\}\end{cases} \tag{4.10}$$

于是，过程 $X(t)$ 的概率密度 $p_X(x,\ t)$ 满足如下偏微分方程：

$$\frac{\partial p_X(x,\ t)}{\partial t}=-\frac{\partial[a^{(\mathrm{eff})}(x,\ t)p_X(x,\ t)]}{\partial x}+\frac{1}{2}\frac{\partial^2[b^{(\mathrm{eff})}(x,\ t)p_X(x,\ t)]}{\partial x^2} \tag{4.11}$$

本章将式（4.11）称为降维概率密度演化方程（dimension-reduced probability density evolution equation，DR-PDEE）。由于方程中的一阶和二阶项系数［即式（4.10）中的 $a^{(\mathrm{eff})}(x,\ t)$ 和 $b^{(\mathrm{eff})}(x,\ t)$］本质上是任意随机过程内蕴的性质，因此，分别称为本征漂移函数和本征扩散函数，或分别称为有效漂移函数和有效扩散函数。

以上从随机过程的 Kramers-Moyal 展开入手给出了一般连续过程的降维概率密度演化方程。值得指出的是，长时间以来 Kramers-Moyal 展开通常作为进一步引入 Markov 性以推导 FPK 方程的中间步骤[33,100,101]，而其自身并未引起人们足够的重视，或者说长久以来被人们认为鲜有实用价值，主要在于以下两点：①一般的非 Markov 过程需要任意有限维联合概率密度描述，然而式（4.5）仅能给出一维瞬时概率密度似乎对随机过程的把握是不完备的；②式（4.5）需要获得过程的所有阶条件导出矩信息，对于一般问题，这几乎不可能给出。实际上，FPK 方程早于 Kramers-Moyal 展开出现，且其推导本身并不以 Kramers-Moyal 展开为前提。而且对于工程中的实际问题，例如随机响应和可靠度分析等，所需要的往往是某一响应量在初值条件下的概率密度演化信息，并不需要任意有限维联合概率密度来刻画这一响应。更重要的是，如同 4.3.2 节将要论述的，对于首次超越破坏问题，通过构造吸收边界过程的降维概率密度演化方程即已足够。而且，对于一般连续过程，本节已证明其三阶及以上条件导出矩均为零，这样即可给出至多只有前二阶偏微分项的降维概率密度演化方程，这对于高维随机动力系统中某一感兴趣响应量的分布确定具有重要意义。

对于任意多维过程，其联合概率密度满足的降维概率密度演化方程将是一个多维偏微

分方程，也可以类似地给出。然而，降维概率密度演化方程的建立并不受系统各个响应量之间的相关性以及 Markov 性的限制，仅需对系统中任何感兴趣响应量建立降维概率密度演化方程并采用适当的方法求解之即可。研究表明[83]，对于各类高维系统的某一感兴趣响应量，仅需建立其概率密度满足的一维概率密度演化方程或者（对于退化情形）联合某一具有非零扩散项的辅助过程建立二维联合概率密度演化方程。在此，类似于一维情形的推导，仅给出二维连续向量过程的降维概率密度演化方程：考虑 $X(t)$ 和 $V(t)$ 是两个连续随机过程，则其联合概率密度 $p_{XV}(x,\ v,\ t)$ 应满足如下降维概率密度演化方程：

$$
\begin{aligned}
\frac{\partial p_{XV}(x,\ v,\ t)}{\partial t} = & -\frac{\partial\big[a_1^{(\mathrm{eff})}(x,\ v,\ t)p_{XV}(x,\ v,\ t)\big]}{\partial x} - \\
& \frac{\partial\big[a_2^{(\mathrm{eff})}(x,\ v,\ t)p_{XV}(x,\ v,\ t)\big]}{\partial v} + \\
& \frac{1}{2}\frac{\partial^2\big[b_{11}^{(\mathrm{eff})}(x,\ v,\ t)p_{XV}(x,\ v,\ t)\big]}{\partial x^2} + \\
& \frac{\partial^2\big[b_{12}^{(\mathrm{eff})}(x,\ v,\ t)p_{XV}(x,\ v,\ t)\big]}{\partial x\,\partial v} + \\
& \frac{1}{2}\frac{\partial^2\big[b_{22}^{(\mathrm{eff})}(x,\ v,\ t)p_{XV}(x,\ v,\ t)\big]}{\partial v^2}
\end{aligned}
\tag{4.12}
$$

其中本征漂移和扩散函数分别为

$$
\begin{cases}
a_1^{(\mathrm{eff})}(x,\ v,\ t) = \lim\limits_{\Delta t\to 0}\frac{1}{\Delta t}E\big[\Delta X(t)\,\big|\,X(t)=x;\ V(t)=v\big] \\[2mm]
a_2^{(\mathrm{eff})}(x,\ v,\ t) = \lim\limits_{\Delta t\to 0}\frac{1}{\Delta t}E\big[\Delta V(t)\,\big|\,X(t)=x;\ V(t)=v\big] \\[2mm]
b_{11}^{(\mathrm{eff})}(x,\ v,\ t) = \lim\limits_{\Delta t\to 0}\frac{1}{\Delta t}E\big\{[\Delta X(t)]^2\,\big|\,X(t)=x;\ V(t)=v\big\} \\[2mm]
b_{12}^{(\mathrm{eff})}(x,\ v,\ t) = \lim\limits_{\Delta t\to 0}\frac{1}{\Delta t}E\big[\Delta X(t)\Delta V(t)\,\big|\,X(t)=x;\ V(t)=v\big] \\[2mm]
b_{22}^{(\mathrm{eff})}(x,\ v,\ t) = \lim\limits_{\Delta t\to 0}\frac{1}{\Delta t}E\big\{[\Delta V(t)]^2\,\big|\,X(t)=x;\ V(t)=v\big\}
\end{cases}
\tag{4.13}
$$

其中
$$
\Delta V(t) = V(t+\Delta t) - V(t)
$$

值得特别指出，式（4.13）中的本征漂移与扩散函数本质上依赖于系统物理状态的演化［即 $X(t)$ 与 $V(t)$ 的演化］，因而降维概率密度演化方程从根本上乃是物理驱动的。这与前述广义概率密度演化方程是完全逻辑一致的。

4.3.2　基于吸收边界过程降维概率密度演化方程的首次超越破坏可靠度

下面，将在降维概率密度演化方程的统一理论框架下讨论高维非线性随机动力系统的首次超越破坏问题。

不失一般性，先考虑 Gauss 白噪声激励下的 m 自由度非线性系统，其运动方程为

$$
\boldsymbol{M}\ddot{\boldsymbol{X}}(t) + \boldsymbol{G}\big[\boldsymbol{X}(t),\ \dot{\boldsymbol{X}}(t)\big] = \boldsymbol{L}\boldsymbol{\xi}(t)
\tag{4.14}
$$

式中：$\boldsymbol{X}(t)$、$\dot{\boldsymbol{X}}(t)$ 和 $\ddot{\boldsymbol{X}}(t)$ 分别为 m 维位移、速度和加速度向量过程；$\boldsymbol{M}$ 为 $m \times m$ 维可逆质量矩阵；$\boldsymbol{G}(\cdot)$ 为 m 维黏滞和恢复力向量函数；$\boldsymbol{L}$ 为 $m \times r$ 维作用位置矩阵；$\boldsymbol{\xi}(t)$ 为 r 维 Gauss 白噪声过程，其 $r \times r$ 维强度矩阵为 $\boldsymbol{D}$。

系统的初值条件为 $\boldsymbol{X}(t_0) = \boldsymbol{x}_0$，$\dot{\boldsymbol{X}}(t_0) = \boldsymbol{v}_0$。

若我们关心系统第 l 自由度的位移响应 $X_l(t)$（$l = 1, \cdots, m$）在给定安全域 Ω_s 下的首次超越可靠：

$$R(t) = Pr\{X_l(\tau) \in \Omega_s,\ t_0 \leqslant \tau \leqslant t\} \tag{4.15}$$

式中：Ω_s 为实数域上边界记为 $\partial \Omega_s$ 的任意开集，则可以首先构造 $X_l(t)$ 关于安全域 Ω_s 的吸收边界过程 $\breve{X}_l(t)$，定义为

$$\breve{X}_l(t) = \begin{cases} X_l(t), & t < T \\ X_l(T), & t \geqslant T \end{cases} \tag{4.16}$$

其中
$$T = \inf\{t \mid X(t) \in \partial \Omega_s,\ t \geqslant 0\}$$

式中：T 为 $X_l(t)$ 关于安全域 Ω_s 的首次超越时间；$\inf\{\cdot\}$ 为括号内变量的下确界。

同时还需构造 $X_l(t)$ 相应速度响应 $V_l(t) = \dot{X}_l(t)$ 在安全域条件 $X_l(\tau) \in \Omega_s$ 下的吸收边界过程 $\breve{V}_l(t)$ 作为辅助过程，定义为

$$\breve{V}_l(t) = \begin{cases} V_l(t), & t < T \\ V_l(T), & t \geqslant T \end{cases} \tag{4.17}$$

过程 $X_l(t)$、$V_l(t)$ 及其吸收边界过程 $\breve{X}_l(t)$、$\breve{V}_l(t)$ 的样本路径之间的关系如图 4.1 所示。

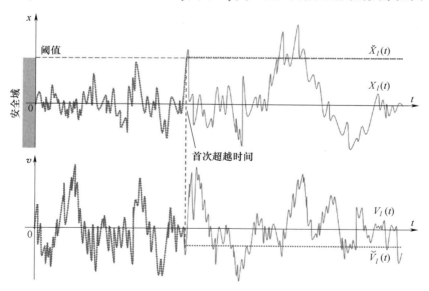

图 4.1　感兴趣响应量的吸收边界过程和辅助过程的样本路径示意

显然，只要响应过程 $X_l(t)$ 和 $V_l(t)$ 是连续过程，其吸收边界过程 $\breve{X}_l(t)$ 和 $\breve{V}_l(t)$ 必

然也是连续的（即其样本路径以概率 1 是时间的连续函数），且它们一般是非 Markov 的。

因此，根据 4.3.1 节阐述的一般连续过程的降维概率密度演化方程可得，$\breve{X}_l(t)$ 和 $\breve{V}_l(t)$ 的联合概率密度 $p_{\breve{X}_l\breve{V}_l}(x, v, t)$ 满足如下二阶偏微分方程：

$$\frac{\partial p_{\breve{X}_l\breve{V}_l}(x, v, t)}{\partial t} = -v \frac{\partial p_{\breve{X}_l\breve{V}_l}(x, v, t)}{\partial x} I\{x \in \Omega_s\} - \frac{\partial\left[\breve{a}_2^{(\mathrm{eff})}(x, v, t) p_{\breve{X}_l\breve{V}_l}(x, v, t)\right]}{\partial v} +$$

$$\frac{\sigma_{V, u}}{2} \frac{\partial^2 p_{\breve{X}_l\breve{V}_l}(x, v, t)}{\partial v^2} I\{x \in \Omega_s\} \tag{4.18}$$

其中 $\breve{a}_2^{(\mathrm{eff})}(x, v, t) = = \begin{cases} E\{f_{V, l}[\boldsymbol{X}(t), \boldsymbol{V}(t)] \mid \breve{X}_l(t) = x; \ \breve{V}_l(t) = v\}, & x \in \Omega_s \\ 0, & x \in \partial\Omega_s \end{cases}$

$$\tag{4.19}$$

式中：$\sigma_{V, u}$ 为 $m \times m$ 维矩阵 $\boldsymbol{\sigma}_V = \boldsymbol{M}^{-1}\boldsymbol{L}\boldsymbol{D}\boldsymbol{L}^{\mathrm{T}}\boldsymbol{M}^{\mathrm{T}}$ 的第 (l, l) 个元素；$I\{\cdot\}$ 为示性泛函；$\breve{a}_2^{(\mathrm{eff})}(x, v, t)$ 为本征漂移函数；$f_{V, l}(\cdot)$ 是 m 维向量函数 $\boldsymbol{f}_V(\boldsymbol{X}, \boldsymbol{V}) = -\boldsymbol{M}^{-1}\boldsymbol{G}(\boldsymbol{X}, \boldsymbol{V})$ 的第 l 个分量；$E(\cdot)$ 为期望算子。

式（4.18）即为吸收边界过程的降维概率密度演化方程。降维概率密度演化方程式（4.18）的初始条件可由动力方程式（4.14）的初始条件确定，有

$$p_{\breve{X}_l\breve{V}_l}(x, v, t_0) = \delta(x - x_{0, l})\delta(v - v_{0, l}) \tag{4.20}$$

方程中的本征漂移函数 $\breve{a}_2^{(\mathrm{eff})}(x, v, t)$ 表达为条件期望的形式，而其物理本质是概率密度演化的本征物理驱动力，或者说物理驱动机制在全局上的综合效应。通过适当的数值方法构造本征漂移函数 $\breve{a}_2^{(\mathrm{eff})}(x, v, t)$，并采用合适的数值格式求解降维概率密度演化方程（4.18），即可获得联合概率密度 $p_{\breve{X}_l\breve{V}_l}(x, v, t)$ 的数值解。根据吸收边界过程的定义式（4.16）易知，对 $p_{\breve{X}_l\breve{V}_l}(x, v, t)$ 在安全域内积分即可获得式（4.15）定义的可靠度，即

$$R(t) = \int_{\Omega_s}\int_{-\infty}^{\infty} p_{\breve{X}_l\breve{V}_l}(x, v, t)\mathrm{d}v\mathrm{d}x \tag{4.21}$$

相应地，$p_{\breve{X}_l\breve{V}_l}(x, v, t)$ 在安全域边界处的积分即为失效概率，即

$$P_f(t) = 1 - R(t) = \int_{\partial\Omega_s}\int_{-\infty}^{\infty} p_{\breve{X}_l\breve{V}_l}(x, v, t)\mathrm{d}v\mathrm{d}x \tag{4.22}$$

需要指出，这里需要构造辅助过程 $\breve{V}(t)$ 并建立联合概率密度 $p_{\breve{X}_l\breve{V}_l}(x, v, t)$ 的二维联合概率密度演化方程的原因，是感兴趣响应量 $X_l(t)$ 对应的扩散项为零（即退化情形），若仅建立关于 $\breve{X}_l(t)$ 自身的一维概率密度演化方程，尽管形式更为简洁，但方程缺少非零的本征扩散函数，是双曲型偏微分方程，其数值求解性态较差。若感兴趣响应量 $X_l(t)$ 对应的扩散项不为零（即非退化情形），则建立仅关于 $\breve{X}_l(t)$ 的概率密度 $p_{\breve{X}_l}(x, t)$ 的一维概率密度演化方程是更为便捷的，关于该问题的具体论述可参见文献 [80] 和 [83]。此

外，若系统遭受非白噪声激励，则系统的速度响应也是退化的，这时可将非白噪声激励视为白噪声激励下某一线性滤波系统的输出，而将其中的某一非退化的滤波响应 $U_{\mathrm{f},k}(t)$ 在安全域条件 $X_l(\tau) \in \Omega_{\mathrm{s}}$ 下的吸收边界过程 $\breve{U}_{\mathrm{f},k}(t)$ 作为辅助过程，进而建立关于 $\breve{X}_l(t)$ 和 $\breve{U}_{\mathrm{f},k}(t)$ 的二维联合概率密度演化方程，其基本思想与上述推导类似，具体方法可参见文献 [83]。当参数具有随机性时，同样存在降维概率密度演化方程，具体参见文献 [81]。

值得指出的是，采用上述吸收边界过程方法，本质上给出了非降维系统施加吸收边界条件求解首次超越可靠度的正确性的严格证明[102]；同时，研究表明降维与施加吸收边界过程是不可交换顺序的[102]。

4.3.3　基于降维概率密度演化方程的动力可靠度分析数值实现策略

对于任意路径连续的随机过程，其概率密度所满足的降维概率密度演化方程是精确成立的，但其中的本征漂移函数可能不是显式已知的函数。对于线性[103]、分数阶线性[104]及某些非线性系统[84]，根据系统物理驱动机制可给出显式表达式。对于更一般的高维非线性随机动力系统特别是对吸收边界过程，本征漂移函数通常难以解析地获得，因此需要基于物理驱动机制、采用数值方法加以构造，进而代入降维概率密度演化方程中求解获得吸收边界过程的概率密度，然后在安全域内积分获得时变可靠度[83,106,107]。因此，基于降维概率密度演化方程可靠度分析的数值实现可分为两个步骤：①本征漂移函数的数值构造；②降维概率密度演化方程的数值求解。下面仍以 Gauss 白噪声激励下高维系统式(4.14)为一般研究对象，详细阐述上述两个步骤的数值实现策略。

1. 基于物理驱动的本征漂移函数数值构造

本征漂移函数是物理机制驱动的，在数学形式上是一类条件期望函数，其数值构造方法有多种，常用的包括最小二乘、局部加权回归和基于蔓式连接函数（Vine Copulas）的参数化方法。本节主要介绍数值构造本征漂移函数的局部加权回归（Locally Weighted Smoothing Scatterplots，LOWESS）方法[108]，关于最小二乘方法和基于蔓式连接函数的参数化方法可参见文献[81]。

首先对运动方程(4.14)进行有限次确定性动力分析。通过 N_{sel} 次确定性动力分析，可以获得系统响应 $\boldsymbol{X}(t)$ 和 $\boldsymbol{V}(t) = \dot{\boldsymbol{X}}(t)$ 的 N_{sel} 个代表性数据。记 t_h 时刻尚未失效［即满足可靠度条件式(4.15)］的数据有 $N_{\mathrm{saf}}^{(h)}$ 个［注意此处应有 $N_{\mathrm{saf}}^{(h+1)} \leqslant N_{\mathrm{saf}}^{(h)} \leqslant N_{\mathrm{sel}}$］，可以将它们表示为

$$\begin{cases} X_l(t_h) = \breve{x}_q^{(h)} \\ V_l(t_h) = \breve{v}_q^{(h)} \\ A_l(t_h) = f_{\boldsymbol{V},l}\big[\boldsymbol{X}(t_h),\ \boldsymbol{V}(t_h)\big] = \breve{a}_q^{(h)} \end{cases} \qquad h = 0,\ 1,\ \cdots,\ N_t,\ q = 1,\ \cdots,\ N_{\mathrm{saf}}^{(h)}$$

$$(4.23)$$

式中：$A_l(t_h) = f_{\boldsymbol{V},l}\big[\boldsymbol{X}(t),\ \boldsymbol{V}(t)\big]$ 也是随机过程，且与 $X_l(t)$ 和 $X_l(t)$ 是相关的；等号右边表示这些随机过程在 t_h 时刻的第 q 个样本值；N_t 为总时间步数。

其中每一个样本数据应满足 $\breve{x}_q^{(k)} \in \Omega_{\mathrm{s}}$，$\forall k = 0, 1, \cdots, h$，故而式（4.23）前两式中的 $X_l(t_h)$ 和 $V_l(t_h)$ 也可以分别记为 $\breve{X}_l(t_h)$ 和 $\breve{V}_l(t_h)$；此外，在每一时间步已失效的样本数据则无需被记录，因为在安全域边界处本征漂移函数是零，不需要加以估计。

根据式（4.23）给出的代表性确定性分析数据，局部加权回归方法的基本思想[108]是在每一状态点 (x, v) 处将本征漂移函数估计为

$$\breve{a}_2^{(\mathrm{eff})}(x, v, t_h) = \boldsymbol{\gamma}^{\mathrm{T}}(x, v)\boldsymbol{\beta}^{(h)}(x, v), \quad x \in \Omega_{\mathrm{s}}, \ h = 0, 1, \cdots, N_t \quad (4.24)$$

式中：$\boldsymbol{\gamma}(x, v)$ 为回归基函数向量，一般可取线性基函数，即 $\boldsymbol{\gamma}(x, v) = (1, x, v)^{\mathrm{T}}$；$\boldsymbol{\beta}^{(h)}(x, v)$ 为与之对应的回归系数向量，它在不同时刻 t_h 和不同状态点 (x, v) 处的值是不同的，需要数值确定。

下面给出采用局部加权回归方法估计 t_h 时刻本征漂移函数 $\breve{a}_2^{(\mathrm{eff})}(x, v, t_h)$ 的数值算法。

算法1　估计本征漂移函数的局部加权回归方法

输入：$N_{\mathrm{saf}}^{(h)}$ 次确定性分析下 t_h 时刻的代表性数据 $\breve{x}_q^{(h)}$、$\breve{v}_q^{(h)}$、$\breve{a}_q^{(h)}$，$q = 1, \cdots, N_{\mathrm{saf}}^{(h)}$。

（1）记状态量求解域 $(x, v) \in [b_{\mathrm{L}}, b_{\mathrm{U}}] \times [v_{\mathrm{L}}, v_{\mathrm{U}}]$，在求解域内划分网格：

$$\begin{cases} x_i = b_{\mathrm{L}} + i\Delta\overline{x}, & i = 0, 1, \cdots, \overline{N}_x \\ v_j = v_{\mathrm{L}} + j\Delta\overline{v}, & j = 0, 1, \cdots, \overline{N}_v \end{cases}$$

式中：$\overline{N}_x\Delta\overline{x} = b_{\mathrm{U}} - b_{\mathrm{L}}$，$\overline{N}_v\Delta\overline{v} = v_{\mathrm{U}} - v_{\mathrm{L}}$，$[b_{\mathrm{L}}, b_{\mathrm{U}}] = \Omega_{\mathrm{s}}$ 是安全域。

（2）对每一网格点 $(x, v) = (x_i, v_j)$，$i = 0, 1, \cdots, \overline{N}_x$，$j = 0, 1, \cdots, \overline{N}_v$ 执行步骤（3）~（6）。

（3）根据代表性数据 $\breve{x}_q^{(h)}$、$\breve{v}_q^{(h)}$ 及其标准差估计值 $\hat{\sigma}_{X_i}^{(h)}$、$\hat{\sigma}_{V_i}^{(h)}$，计算光滑长度：

$$d_{ij}^{(h)} = d^{(h)}(x, v_j) = \min_{q=1,\cdots,N_{\mathrm{saf}}^{(h)}}^{(r)} \left\{ \sqrt{\left(\frac{x_i - \breve{x}_q^{(h)}}{\hat{\sigma}_{X_i}^{(h)}}\right)^2 + \left(\frac{v_j - \breve{v}_q^{(h)}}{\hat{\sigma}_{V_i}^{(h)}}\right)^2} \right\}$$

式中：$\min^{(r)}\{\cdot\}$ 为括号内元素升序排列的第 r 个值；$r = \vartheta N_{\mathrm{saf}}^{(h)}$，其中 ϑ 一般可取 $0.2 \sim 0.5$。

（4）计算权重 $w_{ij,q}^{(h)} = w[(x_i - \breve{x}_q^{(h)})\big/\hat{\sigma}_{X_i}^{(h)}, (v_j - \breve{v}_q^{(h)})\big/\hat{\sigma}_{V_i}^{(h)}; d_{ij}^{(h)}]$，$q = 1, \cdots, N_{\mathrm{saf}}^{(h)}$，其中权函数 $w(\cdot)$ 取为

$$w(x, u; d) = \begin{cases} \left[1 - \left(\frac{\sqrt{x^2 + v^2}}{d}\right)^3\right]^3, & \sqrt{x^2 + v^2} < d \\ 0, & \sqrt{x^2 + v^2} \geqslant d \end{cases}$$

（5）选取合适的基函数形式 $\boldsymbol{\gamma}(x, v)$，求解线性方程组（即最小二乘问题）：

$$\left[\sum_{q=1}^{N_{\mathrm{saf}}^{(h)}} w_{ij,q}^{(h)}\boldsymbol{\gamma}(\breve{x}_q^{(h)}, \breve{v}_q^{(h)})\boldsymbol{\gamma}^{\mathrm{T}}(\breve{x}_q^{(h)}, \breve{v}_q^{(h)})\right]\boldsymbol{\beta}_{ij}^{(h)} = \left[\sum_{q=1}^{N_{\mathrm{saf}}^{(h)}} w_{ij,q}^{(h)}\breve{a}_q^{(h)}\boldsymbol{\gamma}(\breve{x}_q^{(h)}, \breve{v}_q^{(h)})\right]$$

以获得回归系数 $\boldsymbol{\beta}_{ij}^{(h)} = \boldsymbol{\beta}^{(h)}(x_i, v_j)$。

（6）由式（4.24）计算网格点 (x_i, v_j) 处的本征漂移函数估计值 $\breve{a}_{ij}^{(\mathrm{eff}, h)} = \breve{a}_2^{(\mathrm{eff})}(x_i, v_j, t_h)$。

输出：t_h 时刻的本征漂移函数数值估计矩阵 $\breve{\boldsymbol{a}}^{(\mathrm{eff}, h)} = [\breve{a}_{ij}^{(\mathrm{eff}, h)}]_{(\overline{N}_x + 1) \times (\overline{N}_u + 1)}$。

2. 降维概率密度演化方程的数值求解

将获得的本征漂移函数数值解代入降维概率密度演化方程（4.18），即可进一步采用适当的偏微分方程数值解法对降维概率密度演化方程（4.18）进行求解，如有限差分法[77]或路径积分求解[79,80]。本节主要阐述降维概率密度演化方程的路径积分求解。

根据随机微分方程理论[33,100]易知，若联合概率密度满足降维概率密度演化方程（4.18），则样本路径可由如下随机微分方程给出：

$$
\begin{cases}
\begin{cases}
\mathrm{d}\tilde{X}(t) = \tilde{V}(t)\,\mathrm{d}t, \\
\mathrm{d}\tilde{V}(t) = \breve{a}_2^{(\mathrm{eff})}\big[\tilde{X}(t),\ \tilde{V}(t),\ t\big]\mathrm{d}t + \sqrt{\sigma_{V,\,ll}}\,\mathrm{d}\overline{W}(t),
\end{cases} & \text{if } \tilde{X}(t) \in \Omega_s \\[2ex]
\begin{cases}
\mathrm{d}\tilde{X}(t) = 0, \\
\mathrm{d}\tilde{V}(t) = 0,
\end{cases} & \text{if } \tilde{X}(t) \in \partial\Omega_s
\end{cases}
\tag{4.25}
$$

式中：$\overline{W}(t)$ 为标准 Wiener 过程；$(\tilde{X}(t),\ \tilde{V}(t))^{\mathrm{T}}$ 是和吸收边界过程 $(\breve{X}_l(t),\ \breve{V}_l(t))^{\mathrm{T}}$ 的初值及瞬时概率密度均相同的二维 Markov 向量过程。

于是，根据 Chapman−Kolmogorov 方程[33,102]，吸收边界过程 $(\breve{X}_l(t),\ \breve{V}_l(t))^{\mathrm{T}}$ 在 t_h 时刻的联合概率密度可以通过 t_{h-1} 的联合概率密度乘两个时刻间的转移概率密度，然后积分获得，即降维概率密度演化方程（4.18）的路径积分形式。对于 $x \in \Omega_s$，有

$$
p_{\breve{X}_l\breve{V}_l}(x,\ v,\ t_h) = \int_{-\infty}^{\infty}\int_{\Omega_s} p_{\tilde{X}\tilde{V}}(x,\ v,\ t_h\,|\,x',\ v',\ t_{h-1})\,p_{\breve{X}_l\breve{V}_l}(x',\ v',\ t_{h-1})\,\mathrm{d}x'\mathrm{d}v'
\tag{4.26}
$$

对于 $x \in \partial\Omega_s$，有

$$
\begin{aligned}
p_{\breve{X}_l\breve{V}_l}(x,\ v,\ t_h) =\ & p_{\breve{X}_l\breve{V}_l}(x,\ v,\ t_{h-1}) + \int_{-\infty}^{\infty}\int_{\Omega_s} p_{\tilde{X}\tilde{V}}(x,\ v,\ t_h\,|\,x',\ v',\ t_{h-1}) \\
& p_{\breve{X}_l\breve{V}_l}(x',\ v',\ t_{h-1})\,\mathrm{d}x'\mathrm{d}v'
\end{aligned}
\tag{4.27}
$$

式（4.26）和式（4.27）中的 $p_{\tilde{X}\tilde{V}}(x,\ v,\ t_h\,|\,x',\ v',\ t_{h-1})$ 是二维 Markov 向量过程 $(\tilde{X}(t),\ \tilde{V}(t))^{\mathrm{T}}$ 在时间段 $[t_{h-1},\ t_h]$ 内的转移概率密度。

根据短时 Gauss 假定[101]，在小时间增量 Δt 下，它具有解析表达

$$
p_{\tilde{X}\tilde{V}}(x,\ v,\ t+\Delta t\,|\,x',\ v',\ t) = \frac{\delta(x-x'-v'\Delta t)}{\sqrt{2\pi\sigma_{V,\,ll}\Delta t}}\mathrm{e}^{-\frac{[v-v'-\breve{a}_2^{(\mathrm{eff})}(x',\ v',\ t)\Delta t]^2}{2\sigma_{V,\,ll}\Delta t}},\ x' \in \Omega_s
\tag{4.29}
$$

可以根据式（4.26）~式（4.28）在适当的状态量求解域网格划分下，逐时间步数值计算吸收边界过程 $(\breve{X}_l(t),\ \breve{V}_l(t))^{\mathrm{T}}$ 的联合概率密度数值解，进而由式（4.21）和式（4.22）的积分计算可靠度和失效概率。下面给出采用路径积分，根据吸收边界过程

$(\breve{X}_l(t)$，$\breve{V}_l(t))^{\mathrm{T}}$ 在 t_{h-1} 时刻的概率密度值 $p_{\breve{X}_l\breve{V}_l}(x,v,t_{h-1})$ 和失效概率 F_{h-1}，计算 t_h 时刻概率密度值 $p_{\breve{X}_l\breve{V}_l}(x,v,t_h)$ 和失效概率 F_h 的数值算法。

算法 2　吸收边界过程降维概率密度演化方程的路径积分求解

输入：t_{h-1} 时刻的本征漂移函数 $\breve{a}_2^{(\mathrm{eff})}(x,v,t_{h-1})$ 数值估计矩阵 $\breve{\bm{a}}_2^{(\mathrm{eff},h-1)}$（由算法 1 给出）；$t_{h-1}$ 时刻吸收边界过程 $(\breve{X}_l(t)$，$\breve{V}_l(t))^{\mathrm{T}}$ 概率密度在网格划分 (x_i,v_j) 下的数值解矩阵 $\bm{P}^{(h-1)} = [P_{ji}^{(h-1)}]_{(N_v+1)\times(N_x-1)}$，其中元素 $P_{ji}^{(h)} = p_{\breve{X}_l\breve{V}_l}(x_i,v_j,t_h)$，网格划分 $x_i = b_{\mathrm{L}}+i\Delta x$，$i=1,\cdots,N_x-1$，$v_j = v_{\mathrm{L}}+j\Delta v$，$j=0,1,\cdots,N_v$，$N_x\Delta x = b_{\mathrm{U}}-b_{\mathrm{L}}$，$N_v\Delta v = v_{\mathrm{U}}-v_{\mathrm{L}}$；$t_{h-1}$ 时刻的失效概率 F_{h-1}。

（1）根据矩阵 $\bm{P}^{(h-1)}$，插值给出增广矩阵 $\widetilde{\bm{P}}^{(\mathrm{ex},h-1)} = (\widetilde{\bm{P}}^{(L,h-1)}\ \widetilde{\bm{P}}^{(h-1)}\ \widetilde{\bm{P}}^{(R,h-1)})$，其中每个元素

$$
\begin{cases}
\widetilde{P}_{ji}^{(L,h-1)} = p_{\breve{X}_l\breve{V}_l}[b_{\mathrm{L}}+(\underline{i}-N_x^{(L,h-1)})\Delta x - v_j\Delta t, v_j, t_{h-1}], & \underline{i}=0,1,\cdots,N_x^{(L,h-1)}\\[6pt]
\widetilde{P}_{ji}^{(L,h-1)} = p_{\breve{X}_l\breve{V}_l}(x_i-v_j\Delta t, v_j, t_{h-1}), & i=1,\cdots,N_x-1,\ j=0,1,\cdots,N_v\\[6pt]
\widetilde{P}_{ji}^{(R,h-1)} = p_{\breve{X}_l\breve{V}_l}(b_{\mathrm{U}}+\overline{i}\Delta x - v_j\Delta t, v_j, t_{h-1}), & \overline{i}=0,1,\cdots,N_x^{(R,h-1)}
\end{cases}
$$

并令对应状态量网格点处于安全域外的元素值为零。

（2）归一化检验：插值获得的增广概率密度矩阵 $\widetilde{\bm{P}}^{(\mathrm{ex},h)} = (\widetilde{\bm{P}}^{(L,h)}\ \widetilde{\bm{P}}^{(h)}\ \widetilde{\bm{P}}^{(R,h)})$ 需满足

$$
\Big|\sum_{i=1}^{N_x-1}(P_{ji}^{(h-1)}-\widetilde{P}_{ji}^{(h-1)}) - \sum_{\underline{i}=0}^{N_x^{(L,h-1)}}\widetilde{P}_{ji}^{(L,h-1)} - \sum_{\overline{i}=0}^{N_x^{(R,h-1)}}\widetilde{P}_{ji}^{(R,h-1)}\Big|\Delta x \leq \epsilon_1, \quad j=0,1,\cdots,N_v
$$

式中：ϵ_1 为最大容许误差。

（3）对每一网格线 x_i，$i=1,\cdots,N_x-1$，执行步骤（4）~（7）。

（4）根据矩阵 $\breve{\bm{a}}_2^{(\mathrm{eff},h-1)}$，插值给出 $\breve{a}_2^{(\mathrm{eff})}(x_i-v_j\Delta t, v_j, t_{h-1})$，$j=0,1,\cdots,N_v$。

（5）计算转移概率密度（4.28）的离散化矩阵 $\bm{T}^{(h,i)}$，其中每个元素

$$
\begin{aligned}
T_{jk}^{(h,i)} &= p_{\breve{X}\breve{V}}(x_i,v_j,t_h\mid x_i-v_k\Delta t, v_k, t_{h-1})\Delta x\\[4pt]
&= \frac{1}{\sqrt{2\pi\sigma t_{V,\mathrm{II}}}\Delta t}e^{-\frac{[v_j-v_k-\breve{a}_2^{(\mathrm{eff})}(x_i-v_k\Delta t,v_k,t_{h-1})\Delta t]^2}{2\sigma_{V,\mathrm{u}}\Delta t}}, \quad j,k=0,1,\cdots,N_v
\end{aligned}
$$

（6）归一化检验：离散形式的转移概率密度矩阵 $\bm{T}^{(h,i)}$ 需满足：

$$
\Big|\sum_{j=0}^{N_v}T_{jk}^{(h,i)}\Delta v - 1\Big|\leq\epsilon_2, \quad k=0,1,\cdots,N_v
$$

式中：ϵ_2 为最大容许误差。

（7）根据矩阵 $\widetilde{\bm{P}}^{(h-1)}$ 的第 i 列向量 $\widetilde{\bm{P}}_{(\cdot,i)}^{(h-1)}$ 和矩阵 $\bm{T}^{(h,i)}$，计算矩阵 $\bm{P}^{(h)}$ 的第 i 列 $\bm{P}_{(\cdot,i)}^{(h)}$ [即式（4.26）的离散化]：

$$
\bm{P}_{(\cdot,i)}^{(h)} = \bm{T}^{(h,i)}\widetilde{\bm{P}}_{(\cdot,i)}^{(h-1)}\Delta v
$$

（8）将所有算得的 $\bm{P}_{(\cdot,i)}^{(h)}$，$i=1,\cdots,N_x-1$ 组装成矩阵 $\bm{P}^{(h)}$。

（9）根据矩阵 $\widetilde{\bm{P}}^{(L,h)}$ 和 $\widetilde{\bm{P}}^{(R,h)}$，计算失效概率 F_h [即式（4.27）的离散化]：

$$
F_h = F_{h-1}+\sum_{j=0}^{N_v}\Big(\sum_{\underline{i}=0}^{N_x^{(L,h-1)}}\widetilde{P}_{ji}^{(L,h-1)} + \sum_{\overline{i}=0}^{N_x^{(R,h-1)}}\widetilde{P}_{ji}^{(R,h-1)}\Big)\Delta x\Delta v
$$

（10）归一化检验：解得的概率密度矩阵 $\boldsymbol{P}^{(h)}$ 和失效概率 F_h 需满足：

$$\left| F_h + \sum_{i=1}^{N_x-1} \sum_{j=0}^{N_v} P_{ji}^{(h)} \Delta x \Delta v - 1 \right| \leqslant \epsilon_3$$

式中：ϵ_3 为最大容许误差。

输出：t_h 时刻吸收边界过程 $(\breve{X}_l(t), \breve{U}_{f,k}(t))^{\mathrm{T}}$ 概率密度在网格划分下的数值解矩阵 $\boldsymbol{P}^{(h)} = [P_{ji}^{(h)}]_{(N_v+1)\times(N_x-1)}$；$t_h$ 时刻的失效概率 F_h。

算法 2 给出的由 t_{h-1} 时刻至 t_h 时刻的计算流程如图 4.2 所示。采用算法 2，即可在初始条件（4.20）和 $F_0=0$ 下，逐时间步计算吸收边界过程 $(\breve{X}_l(t), \breve{V}_l(t))^{\mathrm{T}}$ 的瞬时概率密度以及时变失效概率。

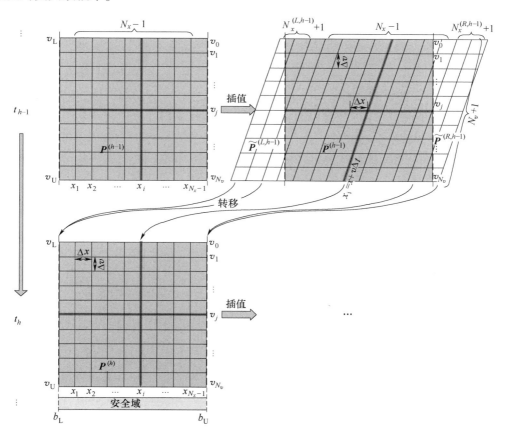

图 4.2 算法 2 的求解示意

此外还应指出，对于非白噪声激励下的高维随机动力系统，其吸收边界过程的降维概率密度演化方程的数值求解格式与算法 2 的思路类似，但处理步骤略复杂，具体可参见文献 [83]。

4.4　数值算例验证

考虑 Gauss 白噪声激励下的十层二跨滞回非线性框架结构，其运动方程为

$$M\ddot{X}(t) + C\dot{X}(t) + G[X(t), Z(t)] = -M1_m\xi(t) \tag{4.29}$$

其中自由度数 $m=10$；M 和 C 分别为系统的 $m \times m$ 维质量和阻尼矩阵；$G(\cdot)$ 为系统的 m 维恢复力函数向量；$\xi(t)$ 为强度是 D 的 Gauss 白噪声过程，取 $D = 7.2 \times 10^{-3} \mathrm{m^2/s^3}$。

结构每层的集中质量和初始弹性模量以及结构几何尺寸取值如表 4.1 所示；结构阻尼采用 Rayleigh 阻尼，前二阶阻尼比均取为 0.05；响应初值取为 $X(0) = 0_m$，$\dot{X}(0) = 0_m$。

表 4.1　十层非线性结构的参数取值

层　　数	1	2	3	4	5	6	7	8	9	10
集中质量/($\times10^5$ kg)	3.4	3.4	3.2	3.2	3.0	3.0	2.8	2.8	2.6	2.6
初始弹性模量/($\times10^{10}$ Pa)	3.2	3.2	3.2	3.2	3.2	2.8	2.8	2.8	2.8	2.8
层高/m	4	3	3	3	3	3	3	3	3	3
柱截面高宽/m	0.5	0.4	0.4	0.4	0.4	0.4	0.4	0.4	0.4	0.4

本例中非线性恢复力函数 $G(\cdot)$ 由 Bouc-Wen 模型[109,110]刻画，即层间恢复力取为

$$G_j^*[X(t), Z(t)] = \alpha k_j X_j^*(t) + (1-\alpha)k_j Z_j(t), \quad j = 1, \cdots, m \tag{4.30}$$

式中：α 为屈服刚度和初始刚度之比，取 $\alpha = 0.04$；k_j 为第 j 层层间初始刚度；$X_j^*(t)$ 为第 j 层层间位移。

层间滞回位移向量 $Z(t)$ 和层间滞回耗能向量 $\varepsilon(t)$ 分别满足微分方程：

$$\dot{Z}_j(t) = \frac{A\dot{X}_j^* - (1 + d_\nu\varepsilon_j)(\beta|\dot{X}_j^*||Z_j|^{n-1}Z_j + \gamma\dot{X}_j^*|Z_j|^n)}{1 + d_\eta\varepsilon_j} \times$$

$$\left[1 - \zeta_s(1 - e^{-p\varepsilon_j})e^{-\left(\frac{1}{(\psi + d_\psi\varepsilon_j)[\lambda + \zeta_s(1 - e^{-p\varepsilon_j})]}|Z_j\mathrm{sgn}(\dot{X}_j^*) - q[\frac{A}{(1 + d_\nu\varepsilon_j)(\beta + \gamma)}]^{\frac{1}{n}}|\right)^2}\right], \quad j = 1, \cdots, m$$

$$\tag{4.31}$$

$$\dot{\varepsilon}_j(t) = \dot{X}_j^*(t)Z_j(t), \quad j = 1, \cdots, m \tag{4.32}$$

式中：sgn（·）为符号函数；其他各模型参数取值如表 4.2 所示。

表 4.2　Bouc-Wen 模型的参数取值

参数	A	n	β/m^{-1}	γ/m^{-1}	d_ν/m^{-2}	d_η/m^{-2}
取值	1	1	15	150	1000	1000
参数	p/m^{-2}	q	d_ψ/m^{-2}	λ	ζ_s	ψ/m
取值	1000	0.25	5	0.5	0.99	0.05

结构在 Gauss 白噪声激励下底层层间恢复力-位移曲线的典型样本如图 4.3 所示。由该图中可以看出恢复力具有很强的滞回非线性特性。

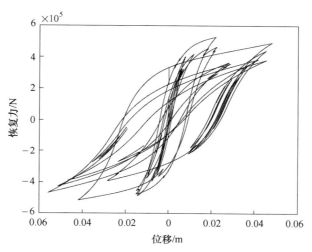

图 4.3　十层非线性结构的底层层间恢复力–位移曲线

取结构的顶层位移作为关心的物理量，即 $l=10$，考察 $X_l(t)$ 在安全域 $\Omega_{\mathrm{s}} = \{x \mid |x| < b\}$（其中阈值 $\Omega_{\mathrm{s}} = \{x \mid |x| < b\}$ 为常数）下的首次超越可靠度。构造顶层位移 $X_l(t)$ 和速度 $V_l(t) = \dot{X}_l(t)$ 在安全域内的吸收边界过程 $\breve{X}_l(t)$ 和 $\breve{V}_l(t)$，$(\breve{X}_l(t),\ \breve{V}_l(t))^{\mathrm{T}}$ 的联合概率密度 $p_{\breve{X}_l\breve{V}_l}(x,\ v,\ t)$ 满足的降维概率密度演化方程可写为

$$
\frac{\partial p_{\breve{X}_l\breve{V}_l}(x,\ v,\ t)}{\partial t} = -u(b-|x|)v\frac{\partial p_{\breve{X}_l\breve{V}_l}(x,\ v,\ t)}{\partial x} - \frac{\partial\left[\breve{a}_2^{(\mathrm{eff})}(x,\ v,\ t)p_{\breve{X}_l\breve{V}_l}(x,\ v,\ t)\right]}{\partial v} +
$$
$$
\frac{Du(b-|x|)}{2}\frac{\partial^2 p_{\breve{X}_l\breve{V}_l}(x,\ v,\ t)}{\partial v^2} \tag{4.33}
$$

其中

$$
\breve{a}_2^{(\mathrm{eff})}(x,\ v,\ t) = \begin{cases} E\{f_{V,\ l}[\boldsymbol{X}(t),\ \boldsymbol{V}(t),\ \boldsymbol{Z}(t)] \mid \breve{X}_l(t) = x;\ \breve{V}_l(t) = v\}, & |x| < b \\ 0, & |x| = b \end{cases} \tag{4.34}
$$

式中：$f_{V,\ l}(\cdot)$ 为函数 $\boldsymbol{f}_V(\boldsymbol{X},\ \boldsymbol{V},\ \boldsymbol{Z}) = -\boldsymbol{M}^{-1}[\boldsymbol{G}(\boldsymbol{X},\ \boldsymbol{Z}) + \boldsymbol{CV}]$ 的第 l 个分量。

对运动方程（4.29）进行 800 次确定性分析，并采用局部加权回归方法（即算法 1）对本征漂移函数 $\breve{a}_2^{(\mathrm{eff})}(x,\ v,\ t)$ 进行数值估计。在 $t = 10\mathrm{s}$ 时刻不同阈值下的本征漂移函数估计结果如图 4.4 所示。该图中实心圆点表示 800 次确定性分析结果，空心圆点表示其中未失效的样本，曲面表示本征漂移函数 $\breve{a}_2^{(\mathrm{eff})}(x,\ v,\ t)$ 的数值估计结果。

进而，将本征漂移函数的数值解代入降维概率密度演化方程（4.33）进行数值求解，可以获得吸收边界过程 $(\breve{X}_l(t),\ \breve{V}_l(t))^{\mathrm{T}}$ 的联合概率密度 $p_{\breve{X}_l\breve{V}_l}(x,\ v,\ t)$，并计算时变失效概率。顶层位移 $X_l(t)$ 在不同阈值 b 取值下的时变失效概率和 10^6 次蒙特卡洛模拟（MCS）结果的对比如图 4.5 所示。由该图中可以看出，降维概率密度演化分析和蒙特卡洛模拟的结果完全一致。随着阈值越高，失效概率越小，而概率密度全局演化分析对于 $10^{-4} \sim 10^{-3}$ 量级的小失效概率问题（仅需要 800 次代表性确定性动力分析数据）依然可以保证良好的精度，这是同等水平数量确定性分析下其他数值方法难以做到的。

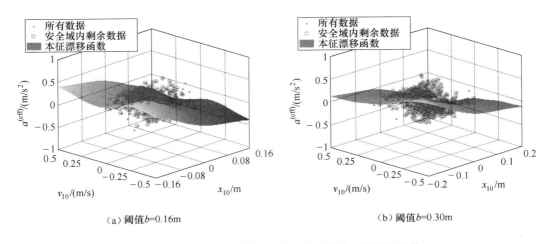

（a）阈值 b=0.16m　　　　　　　（b）阈值 b=0.30m

图 4.4　十层非线性结构吸收边界过程的本征漂移函数

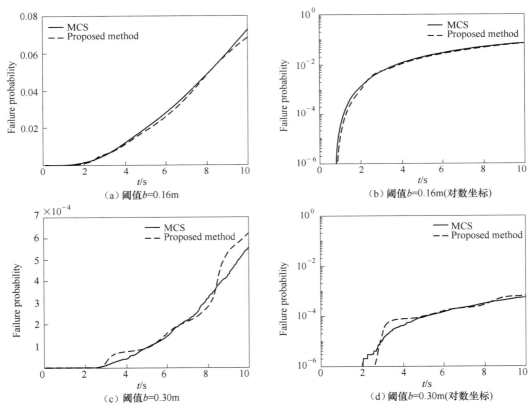

（a）阈值 b=0.16m　　　　　　　（b）阈值 b=0.16m（对数坐标）

（c）阈值 b=0.30m　　　　　　　（d）阈值 b=0.30m（对数坐标）

图 4.5　十层非线性结构的时变失效概率

4.5　随机地震动作用下复杂高层钢筋混凝土剪力墙结构动力可靠度分析

本节将以某高校 6 号公寓楼作为研究对象，将提出的降维概率密度演化方程应用于随机地震动作用下实际工程结构的可靠度分析。

该公寓楼位于上海市，是一栋 24 层钢筋混凝土剪力墙结构，其有限元分析模型（采用通用有限元分析软件 ABAQUS 给出）如图 4.6（a）所示。该建筑总高度 69.6m，结构的混凝土材料主要采用 C30 和 C50 两种型号，受力钢筋主要采用 Q345 型号。在结构有限元建模中，梁柱构件采用纤维梁单元模拟，剪力墙和楼板采用分层壳单元模拟，结构分析模型共包含 7636 个梁柱单元、43962 个墙板单元、46234 个节点，合计 277404 个自由度。有限元模型中的钢筋本构关系采用双折线模型，混凝土材料本构关系采用弹塑性损伤本构模型[111]。

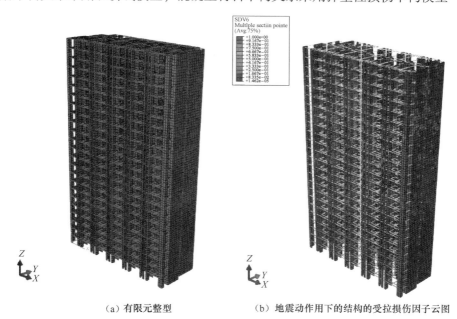

（a）有限元整型   （b）地震动作用下的结构的受拉损伤因子云图

图 4.6   高层剪力墙结构有限元分析模型

在实际工程结构中，混凝土材料的参数（如强度、弹性模量等）具有很强的随机性。为此，在本例中，将涉及的 C30 和 C50 两类混凝土材料在本构模型中考虑的参数包括初始弹性模量 E_c、抗拉/压强度 f_t 与 f_c、峰值拉/压应变 ε_t 与 ε_c 和受拉/压形状参数 α_t 与 α_c，共 14 个参数视为随机变量。

两类混凝土的初始弹性模量 E_c、抗压强度 f_c、峰值压应变 ε_c 和受压形状参数 α_c 等 8 个随机参数的边缘分布类型和相应分布参数取值如表 4.4 所示[112]。其中两类混凝土之间的参数是独立的；而对于同一类混凝土，抗压强度 f_c、峰值压应变 ε_c 和受压形状参数 α_c 三者之间的相关性采用蔓式连接函数刻画，连接函数类型和相应的连接参数取值如表 4.5 所示[112]，各类二元连接函数族与其连接参数的对应关系参见 Nelsen[113]、李典庆等人[114]或张熠[115]的研究。根据表 4.3 和 4.4 给出的边缘分布和连接函数类型，即可采用蔓式连接函数模型对两类混凝土的材料参数 f_c、ε_c 和 α_c 进行抽样，具体实现方法参见陶金聚等[112]的工作。此外，初始弹性模量 E_c 和上述三个参数之间是独立的，可以依据表 4.3 的边缘分布直接独立抽样；受拉参数 f_t、ε_t 和 α_t 可认为是与受压参数完全相关的，其间的经验关系式为[116]

$$\begin{cases} f_{\mathrm{t}} = 25.1 \times f_{\mathrm{c}}^{0.67} \\ \varepsilon_{\mathrm{t}} = 3.74 \times 10^{-8} \times f_{\mathrm{t}}^{0.54} \\ \alpha_{\mathrm{t}} = 3.12 \times 10^{-13} \times f_{\mathrm{t}}^{2} \end{cases} \quad (4.35)$$

表 4.3　混凝土材料参数的边缘分布类型

材料参数	分布	型号	分布参数 I	分布参数 II	分布参数 III
E_{c}	对数正态	C30	$r = 2.884 \times 10^{10} \mathrm{Pa}$	$\sigma = 0.1321$	—
		C50	$r = 3.280 \times 10^{10} \mathrm{Pa}$	$\sigma = 01638$	—
f_{c}	对数正态	C30	$r = 2.767 \times 10^{7} \mathrm{Pa}$	$\sigma = 0.1609$	—
		C50	$r = 4.261 \times 10^{7} \mathrm{Pa}$	$\sigma = 0.1201$	—
ε_{c}	Γ	C30	$k = 53.20$	$\theta = 3.028 \times 10^{-5}$	—
		C50	$k = 46.15$	$\theta = 3.959 \times 10^{-5}$	—
α_{c}	平移 Γ	C30	$k = 2.670$	$\theta = 0.3299$	$r = 0.3630$
		C50	$k = 2.306$	$\theta = 0.6541$	$r = 0.5894$

表 4.4　混凝土材料参数蔓式连接函数模型的各层二元连接函数类型

层	材料参数	型号	连接函数	连接参数	非对称连接参数	
I	f_{c} 和 α_{c}	C30	非对称 Gauss	$\rho = 0.9007$	$p = 0.5102$	$q = 0.9064$
		C50	Frank	$\theta = 10.34$	—	—
	ε_{c} 和 α_{c}	C30	Gauss	$\rho = 0.5956$	—	—
		C50	Frank	$\theta = 3.726$	—	—
II	f_{c} 和 ε_{c}	C30	90° Clayton	$\theta = 0.9411$	—	—
		C50	非对称 Clayton	$\theta = 10.92$	$p = 0.1672$	$q = 1$

在进行结构随机动力分析之前，首先给出结构在均值材料参数下的确定性非线性动力分析结果。结构在弹性阶段的前六阶振型及相应的自振周期如表 4.5 所示。取埃尔森特罗（El Centro）地震波南北分量作为激励输入，经计算可得峰值加速度 $0.8g$ 下结构的损伤状态如图 4.6（b）所示；典型钢筋、混凝土单元的应力-应变关系曲线以及不同峰值加速度下结构的各层最大层间位移角和动力放大系数如图 4.7 所示。由该图中可以看出结构已出现了明显的非线性和损伤特征。

表 4.5　高层剪力墙结构前六阶振型和自振周期

第 1 阶	第 2 阶	第 3 阶	第 4 阶	第 5 阶	第 6 阶
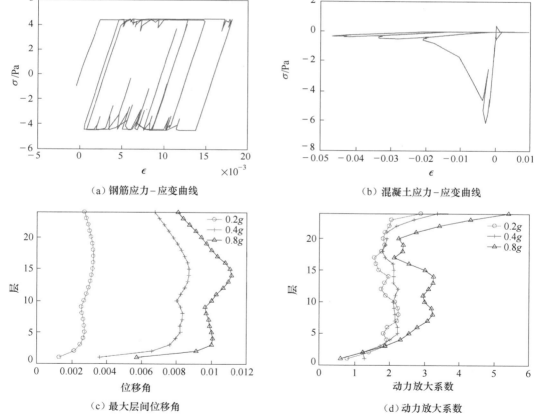					
1.606s	1.032s	0.673s	0.341s	0.290s	0.249s

（a）钢筋应力-应变曲线

（b）混凝土应力-应变曲线

（c）最大层间位移角

（d）动力放大系数

图 4.7　地震动作用下高层剪力墙结构的非线性响应分析

　　进一步地，对结构进行非平稳随机地震动作用下的动力可靠度分析。输入的非平稳地震动加速度过程采用 Clough-Penzien 功率谱密度模型刻画，并乘时间非平稳调制函数。Clough-Penzien 谱表达为[118]

$$S_{CP}(\omega) = \frac{D\left(\dfrac{\omega}{\omega_0}\right)^4\left[1 + 4\zeta_g^2\left(\dfrac{\omega}{\omega_g}\right)^2\right]}{\left\{\left[1 - \left(\dfrac{\omega}{\omega_0}\right)^2\right]^2 + 4\zeta_0^2\left(\dfrac{\omega}{\omega_0}\right)^2\right\}\left\{\left[1 - \left(\dfrac{\omega}{\omega_g}\right)^2\right]^2 + 4\zeta_g^2\left(\dfrac{\omega}{\omega_g}\right)^2\right\}} \quad (4.36)$$

根据上述有理谱形式，可以构建如下 Gauss 白噪声激励下的二自由度线性滤波系统：

$$\begin{cases} dX_{f,1}(t) = V_{f,1}(t)\,dt \\ dX_{f,2}(t) = V_{f,2}(t)\,dt \\ dV_{f,1}(t) = -\left[\omega_g^2 X_{f,1}(t) + 2\zeta_g\omega_g V_{f,1}(t)\right]dt + dW(t) \\ dV_{f,2}(t) = \left[\omega_g^2 X_{f,1}(t) - \omega_0^2 X_{f,2}(t) + 2\zeta_g\omega_g V_{f,1}(t) - 2\zeta_0\omega_0 V_{f,2}(t)\right]dt \end{cases} \quad (4.37)$$

并将随机地震动加速度过程 $\xi_{CP}(t)$ 表征为该滤波系统响应输出的函数，即

$$\xi_{CP}(t) = \eta(t)\left[\omega_g^2 X_{f,1}(t) - \omega_0^2 X_{f,2}(t) + 2\zeta_g\omega_g V_{f,1}(t) - 2\zeta_0\omega_0 V_{f,2}(t)\right] \quad (4.38)$$

上述式中：ω_g 和 ζ_g 分别为场地特征圆频率和阻尼比；ω_0 和 ζ_0 分别为修正低通滤波圆频率和阻尼比；$W(t)$ 为强度为 D 的 Wiener 过程；$\eta(t)$ 是时间非平稳调制函数，取为[118]

$$\eta(t) = \begin{cases} \left(\dfrac{t}{t_a}\right)^2, & 0 \leqslant t \leqslant t_a \\ 1, & t_a < t \leqslant t_b \\ e^{-\alpha_\eta(t - t_b)}, & t > t_b \end{cases} \quad (4.39)$$

其中参数取值为 $\alpha_\eta = 0.8$，$t_a = 2s$，$t_b = 14s$。

本例中的公寓楼位于上海市，按照上海市抗震设防标准[119]，取 7 度罕遇地震动、Ⅳ 类场地下的模型参数，即谱强度 $D = 0.0772 m^2/s^3$，场地特征圆频率 $\omega_g = 9.06 s^{-1}$、阻尼比 $\zeta_g = 0.93$（对应地震动峰值加速度约为 $3.1 m/s^2$），修正低通滤波圆频率 $\omega_0 = 1.57 s^{-1}$、阻尼比 $\zeta_0 = 0.62$。在本例选取的谱参数下，Clough-Penzien 功率谱密度（PSD）以及相应的典型地震动加速度时程样本如图 4.8 所示。图 4.8（a）同时给出了相同谱参数下的白噪声谱和 Kanai-Tajimi 谱。

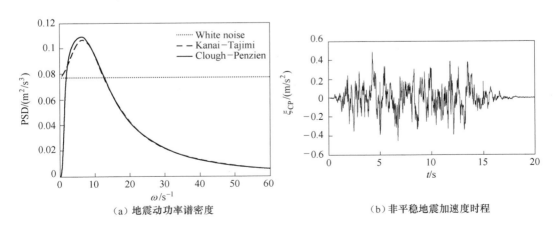

（a）地震动功率谱密度　　　　　　（b）非平稳地震加速度时程

图 4.8　Clough-Penzien 模型下的非平稳地震动加速度时程

若采用结构的某一层间位移响应过程 $X_{int}(t)$ 超越某一给定安全域 $\{x \mid |x| < b\}$ 作为结

构失效的判别准则，其中阈值 $b>0$ 是常数，由于 Clough-Penzien 地震动加速度是非平稳非白噪声激励，则可以构造对应于层间位移响应 $X_{\text{int}}(t)$ 和 Clough-Penzien 模型中某一滤波速度过程 $V_{\text{f},1}(t)$ 的二维吸收边界向量过程 $(\breve{X}_{\text{int}}(t)，\breve{V}_{\text{f},1}(t))^{\mathrm{T}}$，其联合概率密度 $p_{\breve{X}_{\text{int}}\breve{V}_{\text{f},1}}(x，u，t)$ 所满足的降维概率密度演化方程为

$$
\frac{\partial p_{\breve{X}_{\text{int}}\breve{V}_{\text{f},1}}(x，u，t)}{\partial t} = -\frac{\partial\left[\breve{a}_1^{(\text{eff})}(x，u，t)p_{\breve{X}_{\text{int}}\breve{V}_{\text{f},1}}(x，u，t)\right]}{\partial x} -
$$

$$
\frac{\partial\left[\breve{a}_2^{(\text{eff})}(x，u，t)p_{\breve{X}_{\text{int}}\breve{V}_{\text{f},1}}(x，u，t)\right]}{\partial u} +
$$

$$
\frac{Du(b-|x|)}{2}\frac{\partial^2 p_{\breve{X}_{\text{int}}\breve{V}_{f,1}}(x，u，t)}{\partial u^2} \tag{4.40}
$$

其中本征漂移函数 $\breve{a}_1^{(\text{eff})}(x，u，t)$ 和 $\breve{a}_2^{(\text{eff})}(x，u，t)$ 分别为

$$
\begin{cases}
\breve{a}_1^{(\text{eff})}(x，u，t) = \begin{cases} E\left[V_{\text{int}}(t)\mid \breve{X}_{\text{int}}(t)=x;\ \breve{V}_{\text{f},1}(t)=u\right]， & |x|<b \\ 0， & |x|=b \end{cases} \\[4mm]
\breve{a}_2^{(\text{eff})}(x，u，t) = \begin{cases} -2\zeta_{\text{g}}\omega_{\text{g}}u-\omega_{\text{g}}^2 E\left[X_{\text{f},1}(t)\mid \breve{X}_{\text{int}}(t)=x;\ \breve{V}_{\text{f},1}(t)=u\right]， & |x|<b \\ 0， & |x|=b \end{cases}
\end{cases} \tag{4.41}
$$

式中：$V_{\text{int}}(t)$ 为 $X_{\text{int}}(t)$ 对应的速度响应；$X_{\text{f},1}(t)$ 为 $V_{\text{f},1}(t)$ 对应的位移响应。

非白噪声激励下吸收边界过程的降维概率密度演化方程的推导与 4.3.1 节白噪声激励下的思想类似，其详细过程可参见文献［83］的工作。

采用非平稳 Clough-Penzien 地震动模型生成 400 条地震动加速度时程样本，作为结构非线性动力分析的输入激励，同时采用蔓式连接函数模型生成 400 组结构随机参数样本，对结构进行 400 次代表性确定性动力分析。取感兴趣响应 $X_{\text{int}}(t)$ 为结构在非平稳地震动作用下的顶层位移响应，通过 400 次代表性确定性动力分析数据，对式（4.41）的本征漂移函数进行数值构造，然后数值求解降维概率密度演化方程（4.40），可以获得第 5 层的层间位移在不同阈值下的时变失效概率如图 4.9 所示。由该图可知，随着阈值的升高，失效概率降低；在 14s 之后失效概率上升趋于缓慢直至平稳，这是由于地震动激励［如图 4.8（b）］进入衰减段所致。由于实际工程结构的每一次确定性动力分析的计算成本都很高，因此无法进行大样本的蒙特卡洛模拟作为本章方法的验证，但是可以将降维概率密度演化方程给出的失效概率数值解同 400 次代表性分析下的失效频率估计进行对比，如表 4.6 所示。由该表可知，在 20s 时刻低阈值情况下的首次超越失效概率和 400 次代表性分析下的失效频率值基本一致，但是对于阈值较高的情形（如 1.0m 或 1.2m），400 次确定性分析下的失效频率为零（这显然是由于与蒙特卡洛方法对小失效概率估计的误差很大造成的），但降维概率密度演化方程依然可以给出高阈值下的小失效概率（$10^{-5}\sim 10^{-3}$ 量级）结果。

另外，在相关文献[107]中还进一步对比了层间位移的失效概率解答、以及仅考虑激励随机性与同时考虑结构参数和激励随机性造成的失效概率差异。

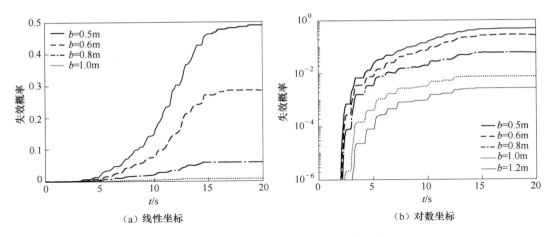

（a）线性坐标　　　　　　　　　　　　　（b）对数坐标

图 4.9　高层剪力墙结构的时变失效概率

表 4.6　降维概率密度演化方程给出的失效概率同 400 次代表性分析下的失效频率对比

阈值/m	0.5	0.6	0.8	1.0	1.2
400 次代表分析	0.50	0.27	0.04	0.00	0.00
降维概率密度演化方程	0.49065	0.28488	0.05923	0.00774	0.00268

4.6　结论

　　本章在概率密度演化理论的统一理论框架下，重点论述了物理驱动的降维概率密度演化方程，通过吸收边界过程的构造，将其拓展至高维随机动力系统的首次超越可靠度分析，并以复杂高层混凝土剪力墙的抗震可靠度分析为例进行了详细说明。本章的主要结论如下：

　　（1）基于概率密度演化理论中物理状态的变化驱动概率密度演化的基本思想，针对一般路径连续的随机过程，导出了降维概率密度演化方程，刻划了其瞬时概率密度函数随时间的演化。该方程中的本征漂移和扩散函数是高维物理系统对降维后感兴趣响应随机性演化的物理驱动力，可根据原始高维系统的内在物理性质直接获取、或基于物理驱动通过有限次代表性确定性动力分析数据，通过合适的数值方法构造。降维概率密度演化方程对一般高维非 Markov 系统具有普适性。

　　（2）通过构建感兴趣响应量的吸收边界过程及其降维概率密度演化方程，可以实现高维随机动力系统的首次超越可靠度分析。降维概率密度演化方程对于高维随机动力系统的可靠度分析具有较高的精度和计算效率，仅需要数百次确定性分析结果构造本征漂移函数，即可使解得的时变失效概率数值精度达到 10^{-4} 量级，这对于罕遇事件下的小失效概率计算具有重要意义。

　　（3）结合结构非线性精细化分析方法与现代超级计算技术，通过求解降维概率密度演化方程，可以实现大型复杂工程结构在灾害性随机动力作用下的抗灾可靠度分析，在可接受的计算成本下能够给出具有较高精度保证的可靠度分析结果。这对于进一步指导工程实践，特别是对工程可靠性设计决策、以及基于可靠度的结构优化设计具有重要意义。

上述研究为未来需要进一步研究的内容，包括基于物理的本征漂移函数构造、风荷载与海浪等作用下的乘性激励高维非线性系统分析及基于整体可靠性的结构优化设计等问题，开辟了广阔的道路。

参 考 文 献

[1] MELCHERS R E, BECK A T. Structural Reliability Analysis and Prediction [M]. 3rd Edn. John Wiley & Sons, Chichester, UK, 2018.

[2] 李杰. 工程结构可靠性分析原理 [M]. 北京：科学出版社，2021.

[3] 李杰. 论第三代结构设计理论 [J]. 同济大学学报（自然科学版），2017，45（5）：617-624.

[4] РЖАНИЦЫН А Р. Строительная Промышленность [M]. Vol 8, 1947.

[5] FREUDENTHAL A M. The safety of structures [J]. Transaction of the ASCE, 1947, 112：269-324.

[6] CORNELL C A. A probability-based structural code [J]. Journal of the ACI, 1969, 66（12）：974-985.

[7] HASOFER A M, LIND N C. An exact and invariant first-order reliability format [J]. Journal of Engineering Mechanics, 1974, 100（1）：111-121.

[8] RACKWITZ R, FIESSLER B. Structural reliability under combined random load sequences [J]. Computers & Structures, 1978, 9（5）：489-494.

[9] 赵国藩. 结构可靠度的实用分析方法 [J]. 建筑结构学报，1984，3：1-10.

[10] DITLEVSEN O, MADSEN H O. Structural Reliability Methods [M]. 2nd Edn. John Wiley & Sons Ltd, Chichester, UK, 2007.

[11] VANMARCKE E. On the distribution of the first-passage time for normal stationary random processes [J]. Journal of Applied Mechanics, 1975, 42（1）：215-220.

[12] 李桂青，曹宏，李秋胜，等. 结构动力可靠性理论及其应用 [M]. 北京：地震出版社，1993.

[13] LI J, CHEN J B. Stochastic Dynamics of Structure [M]. John Wiley & Sons（Asia）Pte Ltd, Singapore, 2009.

[14] 张振浩，杨伟军. 结构动力可靠度理论及其在工程抗震中的应用 [M]. 北京：北京理工大学出版社，2019.

[15] LIN Y K. Probabilistic Theory of Structural Dynamics [M]. McGraw, New York, USA, 1967.

[16] LI J, GAO R F. Fatigue reliability analysis of concrete structures based on physical synthesis method [J]. Probabilistic Engineering Mechanics, 2019, 56：14-26.

[17] HARBITZ A. An accurate probability-of-failure calculation method [J]. IEEE Transactions on Reliability, 1983, 32（5）：458-460.

[18] AU S K, BECK J L. Estimation of small failure probabilities in high dimensions by subset simulation [J]. Probabilistic Engineering Mechanics, 2001, 16（4）：263-277.

[19] PAPAIOANNOU I, BETZ W, ZWIRGLMAIER K, et al. MCMC algorithms for Subset Simulation [J]. Probabilistic Engineering Mechanics, 2015, 41：89-103.

[20] KOUTSOURELAKIS P S, PRADLWARTER H J, SCHUËLLER G I. Reliability of structures in high dimensions, Part I：Algorithms and applications [J]. Probabilistic Engineering Mechanics, 2004, 19（4）：409-417.

[21] DE ANGELIS M, PATELLI E, BEER M. Advanced line sampling for efficient robust reliability analysis [J]. Structural Safety, 2015, 52：170-182.

[22] BUCHER C. Asymptotic sampling for high-dimensional reliability analysis [J]. Probabilistic Engineering

Mechanics, 2009, 24: 504−510.

[23] ZHANG H, DAI H Z, BEER M, et al. Structural reliability analysis on the basis of small samples: An interval quasi−Monte Carlo method [J]. Mechanical Systems & Signal Processing, 2013, 37, (1−2): 137−151.

[24] XU J, KONG F. A new unequal−weighted sampling method for efficient reliability analysis [J]. Reliability Engineering & System Safety, 2018, 172: 94−102.

[25] RICE S O. Mathematical analysis of random noise [J]. Bell System Technical Journal, 1944, 23 (3): 282−332.

[26] COLEMAN J J. Reliability of aircraft structures in resisting chance failure [J]. Operations Research, 1959, 7 (5): 639−645.

[27] YANG J N, SHINOZUKA M. On the first excursion probability in stationary narrow−band random vibration [J]. Journal of Applied Mechanics, 1971, 38 (4): 1017−1022.

[28] DITLEVSEN O. Gaussian outcrossings from safe convex polyhedrons [J]. Journal of Engineering Mechanics, 1983, 109 (1): 127−148.

[29] LI C Q, FIROUZI A, YANG W. Closed−form solution to first passage probability for nonstationary lognormal processes [J]. Journal of Engineering Mechanics, 2016, 142 (12): 04016103.

[30] VANMARCKE E. Random Fields: Analysis and Synthesis [M]. 2nd Edn. MIT Press, Cambridge, USA, 2010.

[31] ROBERTS J B. First−passage probabilities for randomly excited systems: Diffusion methods [J]. Probabilistic Engineering Mechanics, 1986, 1: 66−81.

[32] SIEGERT A J F. On the first passage time probability problem [J]. Physical Review, 1951, 81 (4): 617−623.

[33] 朱位秋. 随机振动 [M]. 北京: 科学出版社, 1992.

[34] SOIZE C. The Fokker−Planck Equation for Stochastic Dynamical Systems and Its Explicit Steady State Solutions [M]. World Scientific, Singapore, 1994.

[35] 朱位秋. 非线性随机动力学与控制—Hamilton 理论体系框架 [M]. 北京: 科学出版社, 2003.

[36] CHEN L C, ZHUANG Q Q, ZHU W Q. First passage failure of MDOF quasi−integrable Hamiltonian systems with fractional derivative damping [J]. Acta Mechanica, 2011, 222 (3−4): 245−260.

[37] KOUGIOUMTZOGLOU I A, SPANOS P D. Response and first−passage statistics of nonlinear oscillators via a numerical path integral approach [J]. Journal of Engineering Mechanics, 2013, 139 (9): 1207−1217.

[38] BUCHER C, DI MATTEO A, DI PAOLA M, et al. First−passage problem for nonlinear systems under Lévy white noise through path integral method [J]. Nonlinear Dynamics, 2016, 85, 3: 1445−1456.

[39] ZAN W R, XU Y, METZLER R, et al. First−passage problem for stochastic differential equations with combined parametric Gaussian and Levy white noises via path integral method [J]. Journal of Computational Physics, 2021, 435: 110264.

[40] SPANOS P D, KOUGIOUMTZOGLOU I A. Galerkin scheme based determination of first−passage probability of nonlinear system response [J]. Structure & Infrastructure Engineering, 2014, 10 (10): 1285−1294.

[41] ZHANG Z H, LIU X, ZHANG Y, et al. Time interval of multiple crossings of the Wiener process and a fixed threshold in engineering [J]. Mechanical Systems & Signal Processing, 2020, 135: 106389.

[42] FISHER R A, TIPPETT L H C. Limiting forms of the frequency distribution of the largest and smallest member of a sample [J]. Mathematical Proceedings of the Cambridge Philosophical Society, 1928, 24 (2): 180−190.

［43］ WEIBULL W. A statistical distribution function of wide applicability［J］. Journal of Applied Mechanics, 1951, Sep: 293-297.

［44］ GUMBEL E J. Statistics of Extremes［M］. Columbia University Press, New York, USA, 1958.

［45］ ANG A H S, TANG W H C. Probability Concepts in Engineering Planning and Design［M］. 2nd Edn. John Wiley & Sons, New York, USA, 2006.

［46］ NAESS A, MOAN T. Stochastic Dynamics of Marine Structures［M］. Cambridge University Press, Cambrige, UK, 2013.

［47］ MOLINI A, TALKNER P, KATUL G G, et al. First passage time statistics of Brownian motion with purely time dependent drift and diffusion［J］. Physica A, 2011, 390: 1841-1852.

［48］ HARTICH D, GODEC A. Extreme value statistics of ergodic Markov processes from first passage times in the large deviation limit［J］. Journal of Physics A, 2019, 52: 244001.

［49］ LYU M Z, WANG J M, CHEN J B. Closed-form solutions for the probability distribution of time-variant maximal value processes for some classes of Markov processes［J］. Communications in Nonlinear Science & Numerical Simulation, 2021, 99: 105803.

［50］ CHEN J B, LYU M Z. A new approach for time-variant probability density function of the maximal value of stochastic dynamical systems［J］. Journal of Computational Physics, 2020, 415: 109525.

［51］ 陈建兵, 律梦泽. 一类 Markov 过程的最大绝对值过程概率密度求解的新方法［J］. 力学学报, 2019, 51（5）: 1437-1447.

［52］ LYU M Z, CHEN J B, PIRROTTA A. A novel method based on augmented Markov vector process for the time-variant extreme value distribution of stochastic dynamical systems enforced by Poisson white noise ［J］. Communications in Nonlinear Science & Numerical Simulation, 2020, 80: 104974.

［53］ ZHAO Y G, LU Z H. Fourth moment standardization for structural reliability assessment［J］. Journal of Structural Engineering, 2007, 133: 916-924.

［54］ XU J. A new method for reliability assessment of structural dynamic systems with random parameters［J］. Structural Safety, 2016, 60: 130-143.

［55］ ZHANG L W, LU Z H, ZHAO Y G. Dynamic reliability assessment of nonlinear structures using extreme value distribution based on L - moments［J］. Mechanical Systems & Signal Processing, 2021, 159: 107832.

［56］ HE J, GONG J H. Estimate of small first passage probabilities of nonlinear random vibration systems by using tail approximation of extreme distributions［J］. Structural Safety, 2016, 60: 28-36.

［57］ XU J, KONG F. A cubature collocation based sparse polynomial chaos expansion for efficient structural reliability analysis［J］. Structural Safety, 2018, 74: 24-31.

［58］ XU J, DANG C. A new bivariate dimension reduction method for efficient structural reliability analysis［J］. Mechanical Systems & Signal Processing, 2019, 72: 865-896.

［59］ ZHOU T, PENG Y B. Adaptive Bayesian quadrature based statistical moments estimation for structural reliability analysis［J］. Reliability Engineering & System Safety, 2020, 198: 106902.

［60］ LI J, CHEN J B. Probability density evolution method for dynamic response analysis of structures with uncertain parameters［J］. Computational Mechanics, 2004, 34（5）: 400-409.

［61］ CHEN J B, LI J. A note on the principle of preservation of probability and probability density evolution equation［J］. Probabilistic Engineering Mechanics, 2009, 24（1）: 51-59.

［62］ LI J, CHEN J B. The principle of preservation of probability and the generalized density evolution equation ［J］. Structural Safety, 2008, 30（1）: 65-77.

［63］ NIELSEN S R K, PENG Y B, SICHANI M T. Response and reliability analysis of nonlinear uncertain dynamical structures by the probability density evolution method [J]. International Journal of Dynamics & Control, 2016, 4 (2): 221-232.

[64] CHEN J B, LI J. Dynamic response and reliability analysis of non-linear stochastic structures [J]. Probabilistic Engineering Mechanics, 2005, 20 (1): 33-44.

[65] CHEN J B, LI J. Extreme value distribution and reliability of nonlinear stochastic structures [J]. Earthquake Engineering & Engineering Vibration, 2005, 4 (2): 275-286.

[66] LI J, CHEN J B, FAN W L. The equivalent extreme-value event and evaluation of the structural system reliability [J]. Structural Safety, 2007, 29 (2): 112-31.

[67] 李杰. 工程结构整体可靠性分析研究进展 [J]. 土木工程学报, 2018, 51 (8): 1-10.

[68] LI J, ZHOU H, DING Y Q. Stochastic seismic collapse and reliability assessment of high-rise reinforced concrete structures [J]. The Structural Design of Tall & Special Buildings, 2018, 27 (2): e1417.

[69] CHEN J B, ZHANG S H. Improving point selection in cubature by a new discrepancy [J]. SIAM Journal on Scientific Computing, 2013, 35 (5): A2121-A2149.

[70] CHEN J B, YANG J Y, Li J. A GF-discrepancy for point selection in stochastic seismic response analysis of structures with uncertain parameters [J]. Structural Safety, 2016, 59: 20-31.

[71] CHEN J B, CHAN J P. Error estimate of point selection in uncertainty quantification of nonlinear structures involving multiple nonuniformly distributed parameters [J]. International Journal for Numerical Methods in Engineering, 2019, 118: 536-560.

[72] LI J, WANG D. Comparison of PDEM and MCS: Accuracy and efficiency [J]. Probabilistic Engineering Mechanics, 2023, 71: 103382.

[73] LI J, CHEN J B, SUN W L, et al. Advances of the probability density evolution method for nonlinear stochastic systems [J]. Probabilistic Engineering Mechanics, 2012, 28 (4): 132-142.

[74] LI J, CHEN J B, YANG J Y. PDEM-based perspective to probabilistic seismic response analysis and design of earthquake-resistant engineering structures [J]. Natural Hazards Review, 2017, 18 (1): B4016002.

[75] TAO W F, LI J. An ensemble evolution numerical method for solving generalized density evolution equation [J]. Probabilistic Engineering Mechanics, 2017, 48: 1-11.

[76] CHEN J B, LIN P H. Dimension-reduction of FPK equation via equivalent drift coefficient [J]. Theoretical & Applied Mechanics Letters, 2014, 4: 013002.

[77] CHEN J B, YUAN S R. Dimension reduction of the FPK equation via an equivalence of probability flux for additively excited systems [J]. Journal of Engineering Mechanics, 2014, 140 (11): 04014088.

[78] CHEN J B, YUAN S R. PDEM-based dimension-reduction of FPK equation for additively excited hysteretic nonlinear systems [J]. Probabilistic Engineering Mechanics, 2014, 38: 111-118.

[79] CHEN J B, RUI Z M. Dimension-reduced FPK equation for additive white-noise excited nonlinear structures [J]. Probabilistic Engineering Mechanics, 2018, 53: 1-13.

[80] LYU M Z, CHEN J B. First-passage reliability of high-dimensional nonlinear systems under additive excitation by the ensemble-evolving-based generalized density evolution equation [J]. Probabilistic Engineering Mechanics, 2021, 63: 103119.

[81] CHEN J B, LYU M Z. Globally-evolving-based generalized density evolution equation for nonlinear systems involving randomness from both system parameters and excitations [J]. Proceedings of the Royal Society A-Mathematical Physical & Engineering Sciences, 2022, 478 (2264): 20220356.

[82] LUO Y, CHEN J B, SPANOS P D. Determination of monopile offshore structure response to stochastic wave loads via analog filter approximation and GE-GDEE procedure [J]. Probabilistic Engineering Mechanics,

2022, 67：103197.

［83］ LYU M Z, CHEN J B. A unified formalism of the GE－GDEE for generic continuous responses and first－passage reliability analysis of multi－dimensional nonlinear systems subjected to non－white－noise excitations ［J］. Structural Safety, 2022, 98：102233.

［84］ SUN T T, CHEN J B. Physically driven exact dimension－reduction of a class of nonlinear multi－dimensional systems subjected to additive white noise ［J］. Journal of Risk & Uncertainty in Engineering Systems, Part A, 2022, 8 (2)：04022012.

［85］ JIANG Z M, LI J. High dimensional structural reliability with dimension reduction ［J］. Structural Safety, 2017, 69：35-46.

［86］ ZHOU T, PENG Y B, LI J. An efficient reliability method combining adaptive global metamodel and probability density evolution method ［J］. Mechanical Systems & Signal Processing, 2019, 131：592-616.

［87］ WANG D, LI J. A reproducing kernel particle method for solving generalized probability density evolution equation in stochastic dynamic analysis ［J］. Computational Mechanics, 2020, 65 (3)：597-607.

［88］ DEVATHI H, SARKAR S. Study of a stall induced dynamical system under gust using the probability density evolution technique ［J］. Computers & Structures, 2016, 162：38-47.

［89］ MAO J F, YU Z W, XIAO Y J, et al. Random dynamic analysis of a train－bridge coupled system involving random system parameters based on probability density evolution method ［J］. Probabilistic Engineering Mechanics, 2016, 46：48-61.

［90］ XU L, ZHAI W M. A novel model for determining the amplitude－wavelength limits of track irregularities accompanied by a reliability assessment in railway vehicle－track dynamics ［J］. Mechanical Systems & Signal Processing, 2017, 86：260-277.

［91］ HUANG Y, XIONG M. Dynamic reliability analysis of slopes based on the probability density evolution method ［J］. Soil Dynamics & Earthquake Engineering, 2017, 94：1-6.

［92］ AFSHARI S S, POURTAKDOUST S H. Probability density evolution for time－varying reliability assessment of wing structures ［J］. Aviation, 2018, 22 (2)：45-54.

［93］ AFSHARI S S, POURTAKDOUST S H. Utility of probability density evolution method for experimental reliability－based active vibration control ［J］. Structural Control & Health Monitoring, 2018, 25 (8)：e2199.

［94］ 孔宪京, 庞锐, 徐斌, 等. 考虑堆石料软化的坝坡随机地震动力稳定分析 ［J］. 岩土工程学报, 2018, 41 (3)：414-421.

［95］ GUO H Y, DONG Y, GU X L. Two－step translation method for time－dependent reliability of structures subject to both continuous deterioration and sudden events ［J］. Engineering Structures, 2020, 225：111291.

［96］ SONG Y P, BASU B, ZHANG Z L, et al. Dynamic reliability analysis of a floating offshore wind turbine under wind－wave joint excitations via probability density evolution method ［J］. Renewable Energy, 2021, 168：991-1014.

［97］ 李杰, 陈建兵. 随机动力系统中的概率密度演化方程及其研究进展 ［J］. 力学进展, 2010, 40 (2)：170-188.

［98］ 李杰, 陈建兵. 概率密度演化理论的若干研究进展 ［J］. 应用力学和数学, 2017, 38 (1)：32-43.

［99］ 李杰, 陈建兵, 彭勇波. 工程随机系统的概率密度演化理论及其进展 ［C］//徐鉴, 郭兴明. 力学与工程：新时代工程技术发展与力学前沿研究. 上海：上海科学技术出版社, 2019：303-327.

［100］ GARDINER C W. Handbook of Stochastic Methods for Physics, Chemistry, and the Natural Sciences ［M］. 3rd Edn. Springer－Verlag, Berlin, Germany, 2004.

［101］ RISKEN H. The Fokker－Planck Equation－Methods of Solution and Applications ［M］. 2nd Edn. Springer－Verlag, Berlin, Germany, 1989.

［102］ SUN T, LYU M, CHEN J. Property of intrinsic drift coefficients in globally－evolving－based generalized density evolution equation for the first-passage reliability assessment [J]. Acta Mechanica Sinica, 2023, 39: 722471.

[103] 芮珍梅. 随机地震动激励下工程结构力响应的概率密度群演化分析方法 [D]. 上海：同济大学, 2020.

[104] LUO Y, LYU M, CHEN J, et al. Equation governing the probability density evolution of multi-dimensional linear fractional differential systems subject to Gaussian white noise [J]. Theoretical & Applied Mechanics Letters, 2023, 13: 100436.

[105] LUO Y, SPANOS P, CHEN J. Stochastic response determination of multi-dimensional nonlinear systems endowed with fractional derivative elements by the GE-GDEE [J]. International Journal of Non-Linear Mechanics, 2022, 147: 104247.

[106] 律梦泽. 高维随机动力系统响应和可靠度分析的广义概率密度全局演化方程 [D]. 上海：同济大学, 2022.

[107] LYU M, CHEN J, SHEN J. Refined probabilistic response and seismic reliability evaluation of high-rise reinforced concrete structures via physically driven dimension-reduced probability density evolution equation [J]. Acta Mechanica, 2024, 235: 1535-1561.

[108] CLEVELAND W S. Robust locally weighted regression and smoothing scatterplots [J]. Journal of the American Statistical Association, 1979, 74 (368): 829-836.

[109] Wen YK. Method for random vibration of hysteretic systems [J]. Journal of Engineering Mechanics, 1976, 102: 249-263.

[110] MA F, ZHANG H, BOCKSTEDTE A, et al. Parameter analysis of the differential model of hysteresis [J]. Journal of Engineering Mechanics, 2004, 71: 342-349.

[111] 李杰, 吴建营, 陈建兵. 混凝土随机损伤力学 [M]. 北京：科学出版社, 2014.

[112] TAO J J, CHEN J B, REN X D. Copula-based quantification of probabilistic dependence configurations of material parameters in damage constitutive modeling of concrete [J]. Journal of Structural Engineering, 2020, 146 (9): 04020194.

[113] NELSEN RB. An Introduction to Copulas [M]. 2nd Edn. Springer Science+Business Media, Inc, New York, USA, 2006.

[114] 李典庆, 唐小松, 周创兵. 基于 Copula 理论的岩土体参数不确定性表征与可靠度分析 [M]. 北京：科学出版社, 2014.

[115] ZHANG Y. Investigating dependencies among oil price and tanker market variables by copula-based multi-variate models [J]. Energy, 2018, 161: 435-446.

[116] 混凝土结构设计规范：GB 50010—2010 [S]. 北京：中国建筑工业出版社, 2011.

[117] CLOUGH R, PENZIEN J. Dynamics of Structures [M]. 3rd Edn. Computers and Structures, Inc., Berkeley, USA, 2003.

[118] AMIN M, ANG A H S. Nonstationary stochastic models of earthquake motions [J]. Journal of the Engineering Mechanics Division, 1968, 94 (2): 559-584.

[119] 建筑抗震设计规范：GB 50011—2010 [S]. 北京：中国建筑工业出版社, 2010.

5 基于概率密度函数的退化结构时变可靠度分析

郭弘原，同济大学土木工程学院，香港理工大学建设及环境学院
顾祥林，同济大学土木工程学院
董优，香港理工大学建设及环境学院

5.1 引言

受环境作用（如氯离子侵蚀和混凝土碳化）和极端事件（地震、台风等）的影响，工程结构的性能在其使用寿命期间可能会退化，进而严重影响结构安全，造成社会经济损失。2021 年美国土木工程师学会（ASCE）基础设施报告上显示：美国有 46154 座桥梁存在结构缺陷，且总修复费用约 1250 亿美元[1]。此外，2019 年，非营利组织 Volcker Alliance 的一份报告指出，美国基础设施的总维护成本超过 1 万亿美元，约占美国国内生产总值的 5%[2]。工程结构的性能退化给工程结构的全寿命设计和维护构成巨大挑战。由于结构材料性能的不确定性以及环境作用的随机性，工程结构的性能退化过程通常为一随机过程。然而现有的工程结构设计理论大多基于确定性或半概率的方法及模型且未考虑结构性能退化的影响，可能难以用于结构的全寿命设计与维护。为此，考虑结构性能演化的随机过程，对结构进行基于时变可靠性的设计和评估至关重要。

在大多数情况下，时变可靠度可由时变失效概率 $p_f(t)$ 及可靠度指标 $\beta(t)$ 量化。若忽略结构性能演化过程的时间相关性的影响，结构的时变失效概率 $p_f(t)$ 可表示为性能函数低于零的概率，即

$$p_f(t) = P(G(\Theta, t) < 0) \tag{5.1}$$

式中：t 为时间参数；$G(\Theta, t)$ 为时变的性能函数；Θ 为随机输入向量 $[\Theta_1, \Theta_2, \cdots, \Theta_d]^T$（长度为 d）。

Frangopol 等人[3]根据式（5.1）的时变失效概率，通过一次二阶矩法计算氯盐侵蚀下钢筋混凝土梁的时变可靠度指标 $\beta(t)$：

$$\beta(t) = \Phi^{-1}(1 - p_f(t)) \tag{5.2}$$

式中：Φ^{-1} 为标准正态分布的概率累积分布函数（Cumulative Distribution Function，CDF）的逆函数。

然而，通过式（5.1）和式（5.2）计算的可靠度通常被称作瞬时可靠度，难以考虑结构在某一时间段内的可靠性[4]。考虑首次穿越的情况，$p_f(t)$ 取决于一个时间段内的性能函数值而非瞬时性能函数值，因此 $p_f(t)$ 可改写为

$$p_f(t) = 1 - P\{G(\Theta, \tau) > 0, \exists \tau \in [0, t]\} \tag{5.3}$$

根据式（5.3）的定义，Li 和 Melchers[5]提出采用首次穿越率法计算结构在某一时间内 $\tau \in [0, t]$ 的失效概率 $p_f(t)$，即

$$p_f(t) = 1 - [1 - p_f(0)]\exp\left(-\int_0^t v\mathrm{d}\tau\right) \tag{5.4}$$

式中：$p_f(0)$ 为起始时间的失效概率；v 为向下穿越阈值的平均速率（穿越率），可由 Rice 公式获得[5]。

类似的方法还有 PHI2 法，结合传统时不变可靠性分析方法（如一次二阶矩）以及异交率法（Outcrossing Rate Method）进行时变可靠性分析[6]。然而类似的方法通常基于特定的性能函数表达形式，对于高复杂性、非线性的时变退化系统，该类方法的适用性面临挑战。目前，在时变可靠性分析领域中，蒙特卡洛法（Monte Carlo Simulation Method，MCS）由于其通用性和便利性受到广泛应用[7,8]。然而在大多数情况下，蒙特卡洛法耗时且效率低下。为提高计算精度、减少结果的变异性，通常需要付出巨大的计算成本。为了克服传统蒙特卡洛法的缺陷，学者们提出了一些减少计算成本、提高抽样效率的策略，如重要性抽样方法（Importance Sampling，IS）[9]、子集模拟（Subset Simulation，SS）[10]，以及一系列基于代理模型的自适应方法[11]。尽管现代蒙特卡洛方法已广泛应用于各种场合，但这些方法仍然依赖于随机抽样方法，计算结果有一定的变异性。因此，仍有必要提出一种高效和通用的时变可靠性分析方法。

近年来，Li（李杰）等人[12-15]提出了概率密度演化法（Probability Density Evolution Method，PDEM），通过求解广义概率密度演化方程（Generalized Density Evolution Equation，GDEE）获取目标变量的概率密度函数（Probability Density Function，PDF），进而实现了结构的动力可靠度分析。已有研究表明，通过 PDEM 可以采用较少的样本获得较为精确的可靠度分析结果。除了 PDEM，已有学者基于核密度估计[16]或基于最大熵的矩法[17]对目标函数的 PDF 进行计算，获得较为精准的效果。这证明了采用基于概率密度函数的方法（Probability Density Function-informed Method，PDFM）进行时变可靠度分析是可行、高效的。

综上所述，本章提出一个通用的、基于概率密度函数方法的时变可靠性分析框架。通过该框架，可以对不同失效模式、不同退化机理以及维护行为下退化结构进行时变可靠性分析。本章 5.2 节介绍了不同情况下的性能函数。5.3 节根据连续退化、突发事件以及维护行为的不同情况提出 PDFM 的分析方法。5.4 节通过四种不同退化情况下的算例，展示并验证所提的时变可靠度分析框架。本章采用蒙特卡洛法对计算结果进行验证。

5.2　退化过程的性能函数

为了提高所提方法的普适性，本章并不指定时变可靠性分析时性能函数的特定形式，并将时变性能函数 g 表示为

$$g = G(\Theta, t, \boldsymbol{b}) \tag{5.5}$$

式中：$\boldsymbol{b}$ 为临界时刻的标记向量 $= \{b_k, k = 1, 2, \cdots, n_d\}$（长度为 n_d）。

性能函数或其导函数 $G(\Theta, t, \boldsymbol{b})$ 在临界时刻 $\boldsymbol{b}$ 处可能不连续，如地震引发的结构突然受损，及由于维修养护引起的结构性能提升。引入标记向量 $\boldsymbol{b}$ 可以将各种退化过程纳入结构时变性能评估过程中。

　　本章考虑了三种退化模式：I 型连续退化、II 型连续退化和突发事件，如图 5.1 所示[18]。其中图 5.1（a）展示了三种退化模式下不考虑维修的性能函数（每种退化模式下有两个样本）；而图 5.1（b）展示了有修复行为的 $G(\boldsymbol{\Theta},\ t,\ \boldsymbol{b})$ 的样本。I 型连续退化指该模式下 $G(\boldsymbol{\Theta},\ t,\ \boldsymbol{b})$ 对时间 t 连续且可微；II 型连续退化指的是 $G(\boldsymbol{\Theta},\ t,\ \boldsymbol{b})$ 在临界时刻 $\boldsymbol{b}$ 处可能连续但不可微；突发事件指的是在灾害（如地震和飓风）和修复作用下 $G(\boldsymbol{\Theta},\ t,\ \boldsymbol{b})$ 发生突变，其变化率 $\dot{G}(\boldsymbol{\Theta},\ t,\ \boldsymbol{b})$ 可能在临界时刻 $\boldsymbol{b}$ 处可能变为无穷大。考虑到实际工程中，结构服役期内临界时刻的数量及时间点都随机，因此图 5.1 中用 $\boldsymbol{b}$ 的 PDF 表示。此外，在实际退化结构中三种退化模式可能同时存在。引入 $\boldsymbol{b}$ 有助于在性能评估过程中考虑多种退化过程，并制定相应的维护方案。

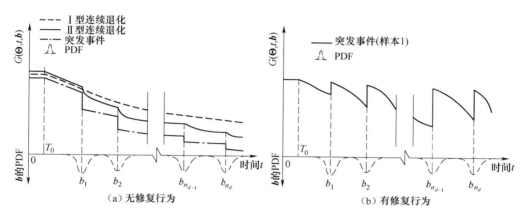

图 5.1　性能函数不同退化情况下的性能函数

　　另外，对于维护行为而言，目前已有的维护方法可分为两类，即预防性维护和重大维护。前者主要降低结构的退化速率，后者提高退化结构的抗力或性能。本章建议通过指定可靠度阈值指标（如 β_{c1} 和 β_{c2}），从而确定不同维修行为的执行时间[16]。分别将预防性维护和重大维护的维修时间记作 $t_{p,\ i}(i=1,\ 2,\ \cdots,\ n_p)$ 和 $t_{e,\ i}(i=1,\ 2,\ \cdots,\ n_e)$，其中 n_p 和 n_e 为预防性维护和重大维护的次数。图 5.2 示意了不同维修工况下的时变可靠度指标，其中对于整体更换和性能增强，$t_{e,1}$ 和 $t_{e,2}$ 分别为第一次和第二次 β 达到临界值 β_{c2} 且需要重大维护的时刻。对于预防性维护与更换，图 5.2 中标记了三个关键时刻 t_{p1}、t_{p2} 和 $t_{e,1}$，分别为第一次和第二次 β 达到阈值 β_{c1}，以及第一次 β 达到 β_{c2} 的时刻。

　　为表示维修对结构性能函数的影响，将维修后的性能函数记为 $R^*(\boldsymbol{\Theta}_R,\ t)$。对于预防性维护而言，$R^*(\boldsymbol{\Theta}_R,\ t)$ 的变化率可表示为[16]

$$\frac{\mathrm{d}}{\mathrm{d}t}R^*(\boldsymbol{\Theta}_R,\ t)=\varphi\frac{\mathrm{d}}{\mathrm{d}t}R(\boldsymbol{\Theta}_R,\ t),\ t\in(t_{p,\ i},\ +\infty)\ \mathrm{or}\ t\in(t_{p,\ i},\ t_{e,\ j}]$$

$$i=1,\ 2,\ \cdots,\ n_p,\ j=1,\ 2,\ \cdots,\ n_e,\ t_{p,\ i}<t_{e,\ j} \tag{5.6}$$

式中：φ（<1）为退化速率折减系数；$t_{p,i}$ 为 β 降为 β_{c1} 的第 i 个时间瞬间；$(t_{p,i},\ +\infty)$，$i=1,\ 2,\ \cdots,\ n_p$ 为第 i 次预防性维修与使用寿命结束的时间间隔；$(t_{p,\ i},\ t_{e,\ j})$，$j=1,\ 2,\ \cdots,\ n_e$ 为第 i 次预防性维修与第 j 次重大维修之间的时间间隔。

　　当 $t_{e,i}$ 时 β 降为 β_{c2}，需要进行重大维护，$R^*(\boldsymbol{\Theta}_R,\ t)$ 可表示为

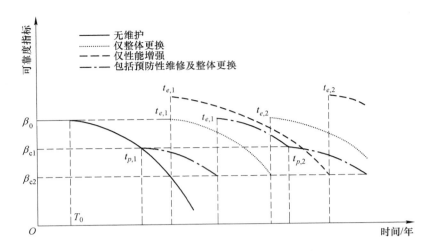

图 5.2　考虑不同维护方案下时变可靠度指标

$$R^*(\boldsymbol{\Theta}_R,\ t) = R(\boldsymbol{\Theta}_R,\ t - t_{e,\,j}) + R_{en},\ t \in (t_{e,\,j},\ +\infty),\ t \in (t_{e,\,j},\ t_{e,\,j+1}] \quad (5.7)$$

式中：$(t_{e,\,j},\ +\infty)$，$j = 1,\ 2,\ \cdots,\ n_e$ 为第 j 次重大维修与使用寿命结束之间的时间间隔；$(t_{e,\,j}, t_{e,\,j+1})$，$j = 1,\ 2,\ \cdots,\ n_e - 1$ 为第 j 次重大维修与第 $j+1$ 次重大维修间的时间间隔；R_{en} 为性能提升值，与结构自身状态以及维护方式、维护效果相关。

若考虑重大维护，结构抗力将提升，但由式（5.3）和式（5.2）分别计算的 $p_f(t)$ 和 $\beta(t)$ 将保持不变。为了确保重大维护后结构可靠度可以恢复或超过初始状态，$p_f(t)$ 需定义为

$$p_f(t) = P(G(\boldsymbol{\Theta},\ \tau,\ b) < 0,\ \exists \tau \in (t_{e,\,j},\ t]),\ t \in (t_{e,\,j},\ t_{e,\,j+1}],\ j = 1,\ 2,\ \cdots,\ n_e - 1$$
$$(5.8)$$

5.3　针对不同情况下的 PDFM

5.3.1　考虑结构 I 型连续退化的 PDFM

如 5.2 节所述，结构 I 型连续退化情况的性能函数可微，因此无须 b 并简写 $G(\boldsymbol{\Theta},\ t,\ b)$ 为 $G(\boldsymbol{\Theta},\ t)$。将 $G(\boldsymbol{\Theta},\ t)$ 和 $\boldsymbol{\Theta}$ 的联合概率密度表示为 $p_{G\Theta}(g,\ \boldsymbol{\theta},\ t)$，根据概率守恒原理[13]，$G$ 与 $\boldsymbol{\Theta}$ 所建立的增广系统 $(G,\ \boldsymbol{\Theta})$ 其联合概率密度函数 $p_{G\Theta}(g,\ \boldsymbol{\theta},\ t)$ 在任意增广域 $\Omega_t \times \Omega_\Theta$ 内的积分随时间变化保持不变，可表示为

$$\frac{\mathrm{d}}{\mathrm{d}t}\left\{\int_{\Omega_t \times \Omega_\Theta} p_{G\Theta}(g,\ \boldsymbol{\theta},\ t)\,\mathrm{d}g\mathrm{d}\boldsymbol{\theta}\right\}$$

$$= \frac{\mathrm{d}}{\mathrm{d}t}\left\{\int_{\Omega_0 \times \Omega_\Theta} p_{G\Theta}(g,\ \boldsymbol{\theta},\ t)\,|J|\mathrm{d}g\mathrm{d}\boldsymbol{\theta}\right\}$$

$$= \int_{\Omega_t \times \Omega_\Theta}\left\{\frac{\partial p_{G\Theta}(g,\ \boldsymbol{\theta},\ t)}{\partial t} + \dot{G}(\boldsymbol{\Theta},\ t)\frac{\partial p_{G\Theta}(g,\ \boldsymbol{\theta},\ t)}{\partial g}\right\}\mathrm{d}g\mathrm{d}\boldsymbol{\theta}$$

$$= 0$$
$$(5.9)$$

式中：$\dot{G}(\Theta, t)$ 为 $G(\Theta, t)$ 的导函数；Ω_0 为 $t = 0$ 的时域；J 和 $\mathrm{d}\{\cdot\}/\mathrm{d}t$ 分别为 Jacobian 矩阵和全导数标记。

由于 Ω_t 和 Ω_Θ 的任意性，式（5.9）中的积分号可被移除，即可得到广义概率密度演化方程（GDEE），如式（5.10）所示[12]。

$$\frac{\partial p_{G\Theta}(g, \boldsymbol{\theta}, t)}{\partial t} + \dot{G}(\Theta, t) \frac{\partial p_{G\Theta}(g, \boldsymbol{\theta}, t)}{\partial g} = 0 \qquad (5.10)$$

式（5.10）的解析解表示为

$$p_{G\Theta}(g, \boldsymbol{\theta}, t) = \delta[g - G(\Theta, t)]p_\Theta(\boldsymbol{\theta}) \qquad (5.11)$$

式中：$\delta(\cdot)$ 为 Dirac delta 函数；$p_\Theta(\boldsymbol{\theta})$ 为 Θ 的联合 PDF。

由于 GDEE 的封闭解难以获得，本章采用基于代表点集的有限差分法（Finite difference method，FDM）求解式（5.10）[13]。首先选取 n_{sel} 个代表点，每个代表点用向量 $\boldsymbol{\theta}_a = [\theta_{a,1}, \theta_{a,2}, \cdots, \theta_{a,d}]^{\mathrm{T}}$ 表示（$a = 1, 2, \cdots, n_{\mathrm{sel}}$，$d$ 为随机变量个数），则每个代表点的赋得概率 p_a 表示为[19]

$$p_a = P\{\Theta \in V_a\} = \int_{V_a} p_\Theta(\theta) \, \mathrm{d}\boldsymbol{\theta}, \quad a = 1, 2, \cdots, n_{\mathrm{sel}} \qquad (5.12)$$

式中：V_a 为第 a 代表点的 Voronoi 体积。

基于低偏差伪随机序列，例如数论选点（Number-theoretical method，NTM）或 Sobol 序列，根据随机变量数 d 和代表点数 n_{sel} 获取 $[0, 1]$ 分布的均匀点集 x。基于所研究算例下随机变量的分布类型，可获得点集 Θ，其中每个点 $\theta_{q,a}$（第 a 个代表点下，第 q 个随机变量的抽样值）可通过式（5.13）获得。

$$\theta_{q, a} = F_q^{-1}(x_{q, a}), \quad q = 1, 2, \cdots, d, \ a = 1, 2, \cdots, n_{\mathrm{sel}} \qquad (5.13)$$

式中：$F_q^{-1}(\cdot)$ 为第 q 个随机变量的逆累积分布函数（Inverse Cumulative Distribution Function，ICDF）。

若考虑首次穿越问题，即获得式（5.3）定义的失效概率，则需要在式（5.10）中施加吸收边界条件（Absorbing boundary condition），即

$$p_G(g, t)\big|_{g<0} = 0 \qquad (5.14)$$

通过有限差分计算式（5.10），即可获得剩余 PDF $p_G^{a*}(g, t)$（$a = 1, 2, \cdots, n_{\mathrm{sel}}$）。与此同时，考虑吸收边界条件，性能函数的 PDF $p_G^*(g, t)$ 可由式（5.15）计算：

$$p_G^*(g, t) = \sum_{a=1}^{n_{\mathrm{sel}}} p_G^{a*}(g, t) \qquad (5.15)$$

通过式（5.16）计算考虑首次穿越问题的 $p_f(t)$。

$$p_f(t) = 1 - \int_0^{+\infty} p_G^*(g, t)\mathrm{d}g \qquad (5.16)$$

5.3.2 考虑结构 II 型连续退化和突变的 PDFM

在结构突变或 II 型连续退化的情况下，结构的性能函数可能在临界时刻不可微，其导函数 $\dot{G}(\Theta, t, \boldsymbol{b})$ 在临界时刻无限大。对于不可微的性能函数进行 PDFM 分析，可能会有两个困难：①识别和建立临界时间的储存向量 $\boldsymbol{b}$；②对不可微的性能函数建立和求解

GDEE［式（5.10）］。由于临界时间可以视作退化结构的响应之一，因此向量 $\boldsymbol{b}$ 可直接对性能函数值识别而建立，其主要步骤为：①给定输入随机向量 $\boldsymbol{\theta}$，获得性能函数的样本曲线；②捕捉样本曲线中微分函数极大的时间点，以及导函数不连续的时间点来构建 $\boldsymbol{b}$。

如图 5.1 所示，通过计算每条样本曲线中突变或退化速率突变的时间点和次数 n_d，建立一个确定性向量 $\boldsymbol{b}$。随后，通过分段函数建立性能函数 $G(\boldsymbol{\theta}, t, \boldsymbol{b})$，如式（5.17）所示。

$$g = G(\boldsymbol{\theta}, \boldsymbol{b})$$

$$= g_1[1 - H(t - b_1)] + \sum_{s=2}^{n_d} g_s[1 - H(t - b_s)]H(t - b_{s-1}) + g_{n_d+1}H(t - b_{n_d}) \quad (5.17)$$

式中：$H(x)$ 为 Heaviside 函数；g_s 为不同阶段的性能函数曲线，例如，g_1、g_{n_d+1} 和 $g_s(1 < s < n_d + 1)$ 分别表示 $0 \leqslant t < b_1$，$t \geqslant b_{n_d}$ 和 $b_{s-1} \leqslant t < b_s$ 区间内的 $G(\boldsymbol{\theta}, t, \boldsymbol{b})$。$G(\boldsymbol{\theta}, t, \boldsymbol{b})$ 的导函数 $\dot{G}(\boldsymbol{\theta}, t, \boldsymbol{b})$ 可表示为

$$\dot{g} = \dot{G}(\boldsymbol{\theta}, t, \boldsymbol{b})$$

$$= \dot{g}_1[1 - H(t - b_1)] - g_1\delta(t - b_1) +$$

$$\dot{g}_2[1 - H(t - b_2)]H(t - b_1) - g_2\delta(t - b_2)H(t - b_1) +$$

$$g_2[1 - H(t - b_2)]\delta(t - b_1) + \dot{g}_{n_d+1}H(t - b_{n_d}) + g_{n_d+1}\delta(t - b_{n_d}) +$$

$$\sum_{s=3}^{n_d} \left\{ \begin{array}{l} \dot{g}_s[1 - H(t - b_s)]H(t - b_{s-1}) \\ - g_s\delta(t - b_s)H(t - b_{s-1}) + g_s[1 - H(t - b_s)]\delta(t - b_{s-1}) \end{array} \right\} \quad (5.18)$$

式中：$\dot{g}_s(s = 1, 2, \cdots, n_d + 1)$ 为 g_s 的导函数。

由于式（5.18）中存在抽象函数 $\delta(\cdot)$，无法直接建立 GDEE。如果临界时间是确定性的，即 $\boldsymbol{b}$ 为确定性向量，那么通过分段函数来建立 GDEE，并求解性能函数的 PDF。然而这种做法在多临界时间的情况下，会带来高昂的计算代价。此外，在一般情况下临界时间通常是随机变量，GDEE 的分段函数难以确立。为了解决这样的问题，本章提出了两种方法，即近似速率法和两步平移法。

1. 近似速率法

为了解决性能函数导函数的不连续问题，即在某些临界时刻，其性能函数左导数与右导数不一致，提出"近似速率法"建立离散替代函数[18]。例如，在给定输入随机向量 $\boldsymbol{\theta}$ 和时间步长 Δt 的情况下，创建一个离散替代函数 $Y(t)$ 及其导函数 $\dot{Y}(t)$，如式（5.19）和式（5.20）所示。

$$Y(t) = G(\boldsymbol{\theta}, k\Delta t, \boldsymbol{b}), \quad k = 0, 1, 2, \cdots, n_t \quad (5.19)$$

$$\dot{Y}(t) = \begin{cases} \dfrac{G(\boldsymbol{\theta},\ (k+1)\Delta t,\ \boldsymbol{b}) - G(\boldsymbol{\theta},\ k\Delta t,\ \boldsymbol{b})}{\Delta t},\ k = 0 \\[3mm] \dfrac{G(\boldsymbol{\theta},\ (k+1)\Delta t,\ \boldsymbol{b}) - G(\boldsymbol{\theta},\ (k-1)\Delta t,\ \boldsymbol{b})}{2\Delta t},\ k = 1,\ 2,\ \cdots,\ n_t - 1 \\[3mm] \dfrac{G(\boldsymbol{\theta},\ k\Delta t,\ \boldsymbol{b}) - G(\boldsymbol{\theta},\ (k-1)\Delta t,\ \boldsymbol{b})}{\Delta t},\ k = n_t \end{cases}$$

$$(5.20)$$

将 $(Y(t),\ \boldsymbol{\theta},\ \boldsymbol{b})$ 的联合概率密度函数记作 $p_{Y\Theta B}(y,\ \boldsymbol{\theta},\ t,\ \boldsymbol{b})$，可得 $Y(t)$ 的 GDEE，如式（5.21）所示。

$$\frac{\partial p_{Y\Theta B}(y,\ \boldsymbol{\theta},\ t,\ \boldsymbol{b})}{\partial t} = -\dot{Y}(t)\frac{\partial p_{Y\Theta B}(y,\ \boldsymbol{\theta},\ t,\ \boldsymbol{b})}{\partial y} \qquad (5.21)$$

与式（5.10）相似，$Y(t)$ 的 PDF 也可以运用 5.3.1 中介绍的方法，通过有限差分方法求解式（5.21），无须确定临界时间点并确定向量 $\boldsymbol{b}$。通过有限差分方法求解式（5.21），需要确定有限差分网格的参数，即时间步长 Δt 和空间步长 Δx。然而，已有研究表明，式（5.21）的有限差分参数 Δt 和 Δx 的选取受到 CFL 条件（Courant-Friedrichs-Lewy condition）的限制[20]，如式（5.22）所示。

$$|v\Delta t/\Delta f| \leqslant 1 \qquad (5.22)$$

式中：v 为性能函数样本变化率［见式（5.20）］。根据 CFL 条件，空间步长 Δx 必须不小于 $v\Delta t$。若 $G(\boldsymbol{\theta},\ t,\ \boldsymbol{b})$ 的变化率较大，近似速率法可能限制 Δx 的选择范围并影响 PDFM 的分析精度。

2. 两步平移法

由于近似速率法难以用于变化率较大或突变的情况，这里引入"两步平移法"[18]。该方法的主要思想是以 $G(\boldsymbol{\theta},\ t,\ \boldsymbol{b})$ 为基础，通过变换建立一个可微分的虚拟性能函数 $\widetilde{G}(\boldsymbol{\theta},\ t,\ \boldsymbol{b})$ 及其 GDEE。通过求解 $\widetilde{G}(\boldsymbol{\theta},\ t,\ \boldsymbol{b})$ 的 GDEE 获得其 PDF，随后对其 PDF 进行变换得到 $G(\boldsymbol{\theta},\ t,\ \boldsymbol{b})$ 的 PDF[18]。两步平移法的实际数值实现中需要采用原始性能函数在离散时间点下的函数值。但与近似速率法不同的是，两步平移法是基于虚拟函数的 PDF 以及虚拟函数和实际性能函数的差异来确定的。在实际应用中，该方法可以减少突变对性能函数变化率的影响，并使得有限差分网格的选择变得更加灵活。理论上，通过两步平移法可以得到比近似速率法更精确的计算结果。

图 5.3 以一个样本为例展示了两步平移法中主要的两次"平移"，其主要过程如下。

（1）对于给定的代表点 $\boldsymbol{\theta}_a(a = 1,\ 2,\ \cdots,\ n_{\text{sel}})$，可通过式（5.17）和式（5.18）建立原始性能函数在离散时间点下的函数值 $G(\boldsymbol{\theta}_a,\ k\Delta t)$（$k = 0,\ 1,\ 2,\ \cdots,\ n_t$）及其导函数 $\dot{G}(\boldsymbol{\theta}_a,\ k\Delta t)$，如图 5.3（a）所示。将 $\dot{G}(\boldsymbol{\theta}_a,\ k\Delta t)(k = 1,\ 2,\ \cdots,\ n_t)$ 与 $\dot{G}(\boldsymbol{\theta}_a,\ (k-1)\Delta t)$ 比较。一旦 $\dot{G}(\boldsymbol{\theta}_a,\ k\Delta t)$ 超过了 $\alpha \cdot \dot{G}(\boldsymbol{\theta}_a,\ (k-1)\Delta t)$（$\alpha$ 为自定义指数且不小于 1.0），则将 $k\Delta t$ 记录为临界时刻 $\boldsymbol{b}_{a,s} = k\Delta t$。

（2）通过第一步"平移"建立一个虚拟且可微分的 $\widetilde{G}(\boldsymbol{\theta}_a,\ t,\ \boldsymbol{b}_a)$，如图 5.3（a）所示。对于每一个 $\boldsymbol{b}_{a,s}$，可采用式（5.23）将 $\{G(\boldsymbol{\theta}_a,\ t,\ \boldsymbol{b}_a),\ t > \boldsymbol{b}_{a,s}\}$ 向上"平移"

Δg_s 单位距离形成 $\widetilde{G}(\boldsymbol{\theta}_a,\ t,\ \boldsymbol{b}_a)$。$\Delta g_s$ 通过式（5.24）进行计算。

$$\widetilde{G}(\boldsymbol{\theta}_a,\ t,\ \boldsymbol{b}_a) = G(\boldsymbol{\theta}_a,\ t,\ \boldsymbol{b}_a) + \Delta g_s \qquad (5.23)$$

$$\begin{aligned}\Delta g_s &= -(g_{s+1}(b_{a,s}^+) - g_s(b_{a,s}^-))\\ &\approx \left| \begin{aligned} 2G(\boldsymbol{\theta}_a,\ k_{a,s}\Delta t,\ \boldsymbol{b}_a) &- G(\boldsymbol{\theta}_a,\ (k_{a,s}-1)\Delta t,\ \boldsymbol{b}_a)\\ &- G(\boldsymbol{\theta}_a,\ (k_{a,s}+1)\Delta t,\ \boldsymbol{b}_a) \end{aligned} \right| \end{aligned} \qquad (5.24)$$

式中：$b_{a,s}^-$ 和 $b_{a,s}^+$ 分别为 $b_{a,s}$ 前后瞬时；$g_s(b_{a,s}^-)$ 和 $g_{s+1}(b_{a,s}^+)$ 分别为 $G(\boldsymbol{\theta},\ b_s^-,\ \boldsymbol{b}_a)$ 和 $G(\boldsymbol{\theta},\ b_s^+,\ \boldsymbol{b}_a)$。

（3）应用 5.3.1 节的方法求解 $\widetilde{G}(\boldsymbol{\theta}_a,\ t,\ \boldsymbol{b}_a)$ 的 GDEE 并获得 $p_{\widetilde{G}\Theta B}(\widetilde{g},\ \boldsymbol{\theta},\ t,\ \boldsymbol{b})$。然后，再进行第二步"平移"，可得到 $p_{G\Theta B}(g,\ \boldsymbol{\theta},\ t,\ \boldsymbol{b})$。如图 5.3（b）所示，由式（5.25）将 $p_{\widetilde{G}\Theta B}(\widetilde{g},\ \boldsymbol{\theta},\ t,\ \boldsymbol{b})$"平移"回 $p_{G\Theta B}(g,\ \boldsymbol{\theta},\ t,\ \boldsymbol{b})$。通过式（5.26）将给定的 $\boldsymbol{\theta}$ 下的所有 $p_{G\Theta B}(g,\ \boldsymbol{\theta},\ t,\ \boldsymbol{b})$ 累加从而计算 $p_G(g,\ t)$。

$$p_{G\Theta B}(g,\ \boldsymbol{\theta},\ t,\ \boldsymbol{b}) = p_{\widetilde{G}\Theta B}\left(g + \sum_{s=1}^{n_d}\Delta g_s H(t - b_s),\ \boldsymbol{\theta},\ t,\ \boldsymbol{b}\right) \qquad (5.25)$$

$$\begin{aligned} p_G(g,\ t) &= \int_{D_\Theta} p_{G\Theta B}(g,\ \boldsymbol{\theta},\ t,\ \boldsymbol{b})\,\mathrm{d}\theta\\ &= \int_{D_\Theta} p_{\widetilde{G}\Theta B}\left(g + \sum_{s=1}^{n_d}\Delta g_s H(t - b_s),\ \boldsymbol{\theta},\ t,\ \boldsymbol{b}\right)\mathrm{d}\boldsymbol{\theta} \end{aligned} \qquad (5.26)$$

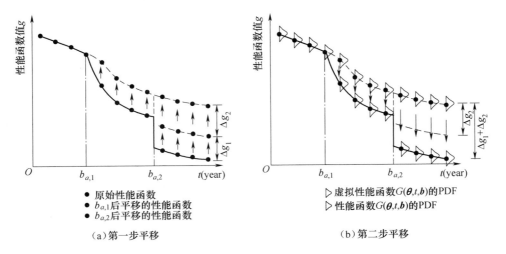

（a）第一步平移　　　　　　　　　　　（b）第二步平移

图 5.3　两步平移法示意

若考虑维修，性能函数值可能在发生维修的临界时刻下增长，则图 5.3（a）及图 5.3（b）中的箭头方向是相反的，相应的式（5.23）~式（5.26）的符号也要变化。采用两步平移法能够对有突变的不可微退化情况进行 PDFM 分析。此外，在选择式（5.24）中时间步长 Δt 时，减小 Δt 可以提高计算结果的精度，但会增加计算负担。而过大的 Δt 虽然提高效率，但会降低计算精度。

5.3.3 考虑结构维护行为的 PDFM

1. 等效极值性能函数

尽管 5.3.1 和 5.3.2 节所提的方法能够解决大多数退化结构的时变可靠性分析问题，但是由于吸收边界条件的引入，所计算获得的时变可靠度只能是单调函数。

若同时考虑首次穿越问题和重大维护，吸收边界条件不适用，因此本章提出一个更通用、简洁的方法，即建立一个等效极值性能函数 g^* 以进行可靠度计算，如式（5.27）所示[16]：

$$g^* = G^*(\Theta, t) = \min\{G(\Theta, \tau), \tau \in (t_{e, i}, t]\}, t \in (t_{e, i}, t_{e, i+1}], i = 1, 2, \cdots, n_e \tag{5.27}$$

由于 g^* 的单调性，因此首次穿越问题自然解决，时变可靠度可采用瞬时可靠度代替，即式（5.1）。因此，$p_f(t)$ 可通过式（5.28）对 g^* 的 PDF 进行积分计算：

$$p_f(t) = \int_{g^* < 0} p_{G^*}(g^*, t) \mathrm{d}g^* \tag{5.28}$$

如果假定 $t_{n,i}$ 为 0，式（5.27）也可适用于无维护和预防性维护的情况。式（5.27）中的 $\min\{\cdot\}$ 是一个抽象的函数，因此 $p_G^*(g^*, t)$ 将成为一个每个时间点不可微的函数，g^* 的 GDEE 是不可用的。根据 CFL 条件式（5.22），性能函数的高变化率将限制 Δg 和 Δt 的选择，进而降低有限差分计算甚至可靠度计算的精度。尽管 5.3.2 节提出了近似概率法和两步平移法，但是由于各个时间点处性能函数都不可微分，导致实现困难。因此，需要考虑新的方法对 $p_G^*(g^*, t)$ 进行计算和估计。

2. 点演化核密度估计法

本节吸取已有 PDFM 通过选择代表性点以避免大规模抽样的特点，结合核密度估计的方法，提出点演化核密度估计法（Point-evolution Kernel Density Estimation，PKDE）。将目标 PDF 记作 $\hat{f}(x)$，根据式（5.11）和式（5.12），$\hat{f}(x)$ 可表示为[16]

$$\hat{f}(x) = \sum_{a=1}^{n_{\mathrm{sel}}} p_a \delta(x - x_a) \approx \sum_{a=1}^{n_{\mathrm{sel}}} p_a K(x, x_a, h) \tag{5.29}$$

式中：x_a 为第 a 个代表点的性能函数值；p_a 为第 a 个代表点的赋得概率，由式（5.12）表示；$K(\cdot)$ 为核密度函数，可根据性能函数的分布区域和分布特征来选择；h 为核函数的带宽。

假设目标分布区域无限大，式（5.29）中的 K 可以是高斯分布的 PDF，如式（5.30）所示：

$$K(x, x_a, h) = \frac{1}{h\sqrt{2\pi}} \exp\left[-\frac{1}{2}\left(\frac{x - x_a}{h}\right)^2\right] \tag{5.30}$$

对于大多数情况，由于计算负荷的限制，大规模抽样的成本很高。因此，在有限的样本数量下，选择一个合适的带宽 h 变得很重要。为此，参考基于扩散偏微分方程的带宽选择方法[21]，求解式（5.31）获得最佳带宽 h。

$$\frac{\partial}{\partial h}\hat{f}(x, h) = \frac{1}{2}\frac{\partial^2}{\partial x^2}\hat{f}(x, h), x \in \mathcal{X} \equiv R, h > 0 \tag{5.31}$$

为方便起见，最佳带宽 h 可表示为

$$h = x_{\mathrm{rg}}\sqrt{t} \tag{5.32}$$

其中

$$x_{\mathrm{rg}} = \max_{a=1,\cdots,n_{\mathrm{sel}}} x_a - \min_{i=1,\cdots,n_{\mathrm{sel}}} x_a \tag{5.33}$$

式中：t 为标准化样本后获得的最佳带宽的平方；x_{rg} 为代表点分布范围。

假设 $f(x)$ 的二阶导数函数 f'' 是一个连续的平方可积分函数，最佳 t 是 MISE（Mean Integrated Squared Error）的一阶渐近值的最小值，可表示为

$$_{*}t = \left(2n_{\mathrm{sel}}\sqrt{\pi}\ \|f''\|^2\right)^{-0.4} \tag{5.34}$$

为估计式（5.34）需要估计 f''。因此，引入 $\|f^j\|^2$（j 为大于 1 的整数）相关的估计器 $(-1)^j\mathbb{E}_f[f^{2j}(x)]$ 和 $\|f^j\|^2$，分别用式（5.35）和式（5.36）表示。

$$(-1)^j\mathbb{E}_f[f^{2j}(x)] = \frac{(-1)^j}{n_{\mathrm{sel}}^2}\sum_{k=1}^{n_{\mathrm{sel}}}\sum_{n=1}^{n_{\mathrm{sel}}}K^{2j}(x_k,\ x_m,\ \sqrt{t_j}) \tag{5.35}$$

$$\|f^j\|^2 = \frac{(-1)^j}{n_{\mathrm{sel}}^2}\sum_{k=1}^{n_{\mathrm{sel}}}\sum_{n=1}^{n_{\mathrm{sel}}}K^{2j}(x_k,\ x_m,\ \sqrt{2t_j}) \tag{5.36}$$

由于估计器 $(-1)^j\mathbb{E}_f[f^{2j}(x)]$ 和 $\|f^j\|^2$ 具有相同的渐进均方误差，因此 $_{*}t$ 可以通过 $_{*}t_j$ 估计，即式（5.37）。

$$_{*}t_j = \left(\frac{1+1/2^{j+1/2}}{3}\frac{1\times3\times5\cdots\times(2j-1)}{n_{\mathrm{sel}}\sqrt{\pi/2}\ \|f^{j+1}\|^2}\right)^{2/(3+2j)} \tag{5.37}$$

由于式（5.37）中 $\|f^{j+1}\|^2$ 未知，因此根据式（5.36），估计 $\|f^{j+1}\|^2$ 需要先估计 $_{*}\hat{t}_{j+1}$。然而，由式（5.37）可知，估计 $_{*}\hat{t}_{j+1}$ 也需要 $\|f^{j+2}\|^2$。因此，这是一个循环迭代的过程，估计 $_{*}t$ 需估计一个序列 $\{_{*}\hat{t}_{j+k},\ k \geqslant 1\}$。将 $_{*}\hat{t}_j$ 和 $_{*}\hat{t}_{j+1}$ 之间的关系记作 $_{*}\hat{t}_j = \gamma_j(_{*}\hat{t}_{j+1})$，$_{*}\hat{t}$ 可通过式（5.38）计算。

$$_{*}\hat{t} = \xi\gamma^{[l]}(_{*}\hat{t}_{l+1}),\ \xi = \left(\frac{6\sqrt{2}-3}{7}\right)^{2/5} \approx 0.90,\ l > 0 \tag{5.38}$$

其中

$$\gamma^{[l]}(x) = \gamma_1(\gamma_2(\cdots\gamma_{l-1}(\gamma_l(x)))),\ l \geqslant 1 \tag{5.39}$$

式中：$\gamma^{[l]}(\cdot)$ 为迭代算子。

通过采用定点迭代或牛顿法求解非线性方程（5.38），即可获得最佳 t，进而通过式（5.32）获得最佳带宽 h[16]。根据最佳带宽 h、式（5.30），即可获得性能函数的 PDF。对于时变可靠度分析而言，需要针对每个时间点进行 PKDE 分析。

5.4　算例分析

本节介绍四个例子本章框架的可行性和适用性。第一个例子是传统的、可微的锈蚀钢

筋混凝土梁的性能函数的时变可靠度计算；第二个例子是简单的、具有突发事件的退化结构的 PDFM 分析；第三个例子是不同的退化机理下 II 型退化和突发事件的锈蚀钢筋混凝土梁的时变可靠度计算，如钢筋锈蚀引起的脆性破坏和黏结滑移退化的锈蚀；第四个例子则是讨论不同维护方案下退化工程结构的时变可靠性分析。

5.4.1　I 型连续退化的锈蚀钢筋混凝土梁

假设锈蚀钢筋混凝土梁的极限状态发生在梁跨中部位，考虑纵筋恒定锈蚀速率下的锈蚀不均匀性，但不考虑其空间效应[22]。现假定有三根锈蚀钢筋混凝土梁，记为 1 号梁、2 号梁及 3 号梁。所有梁的几何尺寸均设置为 6200mm×200mm ×500mm，此外保护层厚度设为 15mm。假设荷载为均布恒荷载 G 和楼面活荷载 Q。1 号梁和 2 号梁的配筋为 $4\phi10$，3 号梁的配筋为 $2\phi14$。假定 1 号梁的锈蚀电流密度为 $13\mu A/cm^2$，2 号梁及 3 号梁的锈蚀电流密度为 $19\mu A/cm^2$。荷载参数和材料强度的分布参数如表 5.1 所示。假设梁仅在跨中发生破坏，本算例中梁的时变性能函数 $G(\Theta,\ t)$ 可表示为

$$G(\Theta,\ t) = M_{\mathrm{mid}}(\Theta,\ t) - S_{\mathrm{mid}}(\Theta,\ t) \tag{5.40}$$

其中

$$M_{\mathrm{mid}}(\Theta,\ t) = F_{y,\ \mathrm{mid}}(t)\left[h_0 - \frac{F_{y,\ \mathrm{mid}}(t)}{2f_{\mathrm{c}}b}\right] \tag{5.41}$$

式中：$\Theta = [\theta_1,\ \theta_2,\ \cdots,\ \theta_d]^{\mathrm{T}}$ 为一条长度为 d 的随机向量，其中储存该极限状态函数相关的随机变量；t 为时间（年）；$M_{\mathrm{mid}}(\Theta,\ t)$ 为跨中的抗弯承载力；$S_{\mathrm{mid}}(\Theta,\ t)$ 为外荷载作用下梁的跨中弯矩；$F_{y,\ \mathrm{mid}}(t)$ 为梁跨中锈蚀钢筋在 t 时刻的抗拉能力（N）；f_{c} 为混凝土抗压强度（MPa）；b 和 h_0 分别为梁截面的宽度（mm）和有效高度（mm）。

$$S_{\mathrm{mid}}(\Theta,\ t) = \frac{1}{8}ql_0^2 \tag{5.42}$$

式中：l_0 为简支梁的计算跨度，如图 5.4 所示。

首先，根据 5.3.1 节方法选取了 128 个代表点。然后，结合表 5.1 中的参数及弯曲梁的传统解析模型，$G(\Theta,\ t)$ 将为可微函数，因此直接采用 5.3.1 节的方法求解概率密度演化方程，即可获得性能函数的概率密度函数[23]。

表 5.1　材性和荷载相关变量的分布参数

变量名	分布类型	均　值	变异系数	变量名	分布类型	均　值	变异系数
$G/(\mathrm{kN \cdot m^{-1}})$	正态	$1.06G_{\mathrm{k}}$	0.07	$f_{\mathrm{c}}/\mathrm{MPa}$	正态	40	0.2
$Q/(\mathrm{kN \cdot m^{-1}})$	极值 I 型	$0.35Q_{\mathrm{k}}$	0.23	h_0/mm	正态	480	0.02
$\phi10 f_y/\mathrm{MPa}$	正态	420	0.1	b/mm	正态	200	0.02
$\phi14 f_y/\mathrm{MPa}$	正态	410	0.1				

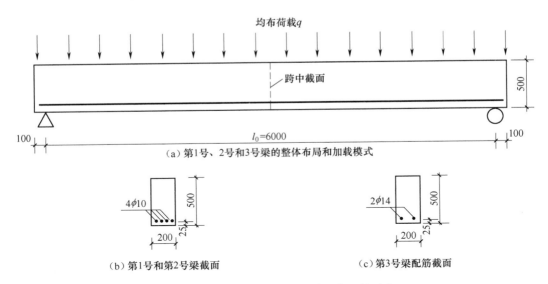

（a）第1号、2号和3号梁的整体布局和加载模式

（b）第1号和第2号梁截面　　　　　　（c）第3号梁配筋截面

图 5.4　锈蚀钢筋混凝土梁整体及截面的示意

　　图 5.5 展示了 1 号梁的概率密度演化结果，可见通过 5.3.1 节的方法可成功捕捉锈蚀梁极限状态随时间的演化规律。需要注意的是，由于吸收边界条件的引入，原始极限状态函数失效域的概率测度为零，如图 5.5 所示。

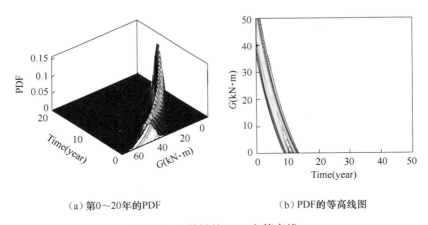

（a）第0～20年的PDF　　　　　　（b）PDF的等高线图

图 5.5　1 号梁的 PDF 和等高线

　　为了考察 PDFM 的精度，图 5.6 对比了 100 万次 MCS 与 128 次 PDFM 的均值 μ_G 和标准差 σ_G。由图 5.6 可见，PDFM 的均值和标准差都与 MCS 的结果吻合。为定量地评估误差，采用式（5.43）和式（5.44）估计相对误差指标 $e_{\|\mu\|}$ 和 $e_{\|\sigma\|}$：

$$e_{\|\mu\|} = \frac{\|\mu_{PDFM}(t) - \mu_{MCS}(t)\|_2}{\|\mu_{MCS}(t)\|_2} \tag{5.43}$$

$$e_{\|\sigma\|} = \frac{\|\sigma_{PDFM}(t) - \sigma_{MCS}(t)\|_2}{\|\sigma_{MCS}(t)\|_2} \tag{5.44}$$

式中：$\mu_{\text{PDFM}}(t)$ 和 $\sigma_{\text{PDFM}}(t)$ 为 PDFM 的均值和标准差；$\mu_{\text{MCS}}(t)$ 和 $\sigma_{\text{MCS}}(t)$ 为 MCS 的均值和标准差。

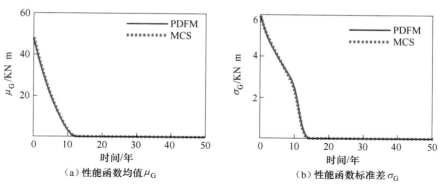

(a) 性能函数均值 μ_G　　　　　　　　　　(b) 性能函数标准差 σ_G

图 5.6　1 号梁下 PDFM 和 MCS 对比图

表 5.2 汇总了由式（5.43）计算的 1~3 号梁的相对误差。由表 5.2 可见，所有工况的相对误差均在 1.1%~1.7%。这说明，使用 PDFM 的计算结果其二阶矩信息与 100 万次 MCS 是高度吻合，并具有较高精度。

表 5.2　1~3 号梁的 μ_G 和 σ_G 相对误差

工　况	1 号梁	2 号梁	3 号梁
$e_{\|\mu\|}$	0.0152	0.0162	0.0164
$e_{\|\sigma\|}$	0.0143	0.0159	0.0112

对上述计算中获得的 PDF 进行积分，即可获得可靠概率，进而可获得失效概率 $p_f(t)$ 和可靠指标 $\beta(t)$。图 5.7 为 1~3 号梁的时变可靠度指标及失效概率的计算结果。从图 5.7 可见，三个工况下的一百万次抽样的 MCS 与 128 次 PDFM 结果均非常吻合。参考上述均值和标准差的误差分析方法，分析了 PDFM 法可靠度计算结果的误差（见表 5.3）。由表 5.3 可知，所有算例的失效概率偏差在 1%~3%，可靠指标偏差则在 3%~5%，说明在 I 型连续退化工况下，PDFM 的时变可靠度在计算上具有较高精度。

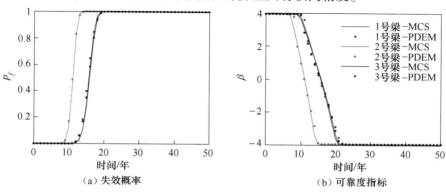

(a) 失效概率　　　　　　　　　　(b) 可靠度指标

图 5.7　1~3 号梁的可靠度计算结果

表 5.3   1~3 号梁的 $p_f(t)$ 和 $\beta(t)$ 相对误差

工　况	1 号梁	2 号梁	3 号梁
$e_{\|p_f\|}$	0.0152	0.0162	0.0164
$e_{\|\beta\|}$	0.0143	0.0159	0.0112

此外，图 5.7 中 1 号和 2 号梁第 11 年起失效概率开始加速上升，且在 13 年后均接近于 1，但 2 号梁从第 10 年起失效概率开始加速上升，9 年后接近于 1。对比图 5.7 中 1 号和 2 号梁的可靠度计算结果，锈蚀电流密度提高约 46% 的情况下，可靠度降低时间提前了约 10%，失效概率上升速率提升约 44%。对比图 5.7 中 2 号和 3 号梁的可靠度计算结果，钢筋直径提高约 40% 的情况下，可靠度降低时间推迟了约 38%，失效概率上升速率放慢了约 31%。由此可知，在给定配筋情况下，锈蚀电流密度越高则锈蚀钢筋混凝土梁的失效概率增长越快。在给定锈蚀电流密度下，钢筋直径越小，失效概率增长越快。

5.4.2　考虑突发事件的简单退化系统

本节以一个简单的随机退化系统为例［性能函数 $f(t)$ 为式（5.45）］，检验 PDFM 在 Ⅱ 型连续退化和突发事件下的有效性。

$$f(t) = (1 - 6 \times 10^{-6} t^3) f_0 - 5H(t - t_{\text{drop}}) \tag{5.45}$$

式中：f_0 和 t_{drop} 均为高斯随机变量，均值分别为 20 和 25，标准差为 1 和 2。

通过两步平移法，选取 144 个代表点实现 PDFM 计算。图 5.8 展示了采用两步平移法计算得到的 PDF。由图 5.8 可见，该系统在 20~30 年内发生一次性能陡降。

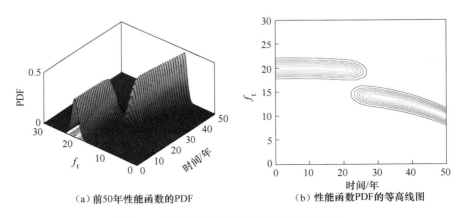

(a) 前 50 年性能函数的 PDF　　　　　　(b) 性能函数 PDF 的等高线图

图 5.8　两步平移法获得的性能函数的 PDF

图 5.9 中比较了两步平移法与近似速率法在 3 个时段（第 23 年、第 25 年和第 27 年）下 PDF 的差异。对比近似速率法，两步平移法无须极为精细的差分网格，选用更小的空间步长 Δf 和更大的时间步长 Δt 即可获取较好的计算结果。可见两步平移法可以更低的计算成本获得比近似速率法更好的计算结果。因此，两步平移法更适合于突发事件下的 PDFM 分析。为了展示本章方法的精度，图 5.10 对比了 100 万次 MCS 的 CDF 与 PDFM 的 CDF。由图 5.10 可见，两种方法所获得 CDF 非常接近，证明了两步平移法的可行性及精度。

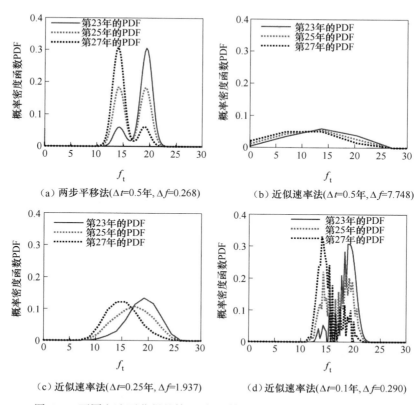

（a）两步平移法(Δt=0.5年，Δf=0.268)　　（b）近似速率法(Δt=0.5年，Δf=7.748)

（c）近似速率法(Δt=0.25年，Δf=1.937)　　（d）近似速率法(Δt=0.1年，Δf=0.290)

图 5.9　不同方法下获得的第 23 年、第 25 年和第 27 年的 PDF 对比

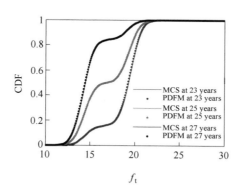

图 5.10　使用 PDFM 和 MCS 在第 23 年、第 25 年和第 27 年的 CDF

为考虑多次随机突发事件，将式（5.45）改写为

$$f(t) = (1 - 6 \times 10^{-6} t^3)f_0 - 2\sum_{k=1}^{N(t)} H(t - t_{\text{drop},k}), \quad t_{\text{drop},k} = \sum_{i=1}^{k} T_i \quad (5.46)$$

式中：$t_{\text{drop},k}$ 为第 k 次下降的时间瞬间；T_i 为第 i 次随机变量，遵循 λ 为 0.04 的指数分布；$N(t)$ 为泊松计数过程。

$N(t)$ 的离散型概率分布函数为

$$P(N(t) = k) = \frac{1}{k!} \left(\int_0^t \lambda \, dt \right)^k \exp\left(- \int_0^t \lambda \, dt \right), \quad k = 0, \ 1, \ 2, \ \cdots \qquad (5.47)$$

此外，假设突发事件后采用替换的重大维护，则其性能将恢复到初始状态，且其性能函数 $f(t)$ 可写为

$$f(t) = (1 - 6 \times 10^{-6} t^3) f_0 + H(t - t_{\mathrm{drop},\,k})(6 \times 10^{-6} t^3 f_0), \quad t_{\mathrm{drop},\,k} = \sum_{i=1}^{k} T_i \qquad (5.48)$$

选取 499 个代表点，运用两步平移法分别计算出有重大维护和无重大维护情况下失效概率函数 $f(t)$ 的 PDF，如图 5.11 所示。对比图 5.11（c）、图 5.11（d）与图 5.11（a）、图 5.11（b），可以看出在有重大维护的情况下，结构性能的退化明显减弱。此外，图 5.12（a）、图 5.12（c）和图 5.12（b）、图 5.12（d）分别展示了三个典型时刻下的 PDF 和 CDF。由于引入了泊松计数过程，退化系统在服役期间发生多次急剧退化，因此图 5.12（a）和图 5.12（c）中 PDF 的峰的数量随着时间推移而增加。对比图 5.12（c）与图 5.12（a），可以观察到在考虑重大维护后，性能函数的均值增大，标准差降低。如图 5.12（b）和图 5.12（d）所示，使用概率密度函数方法计算得出的 CDF 曲线与蒙特卡洛模拟的曲线一致。这证明本章所提出的两步平移法可以应用于多次随机突发事件以及有重大维护后的退化系统。

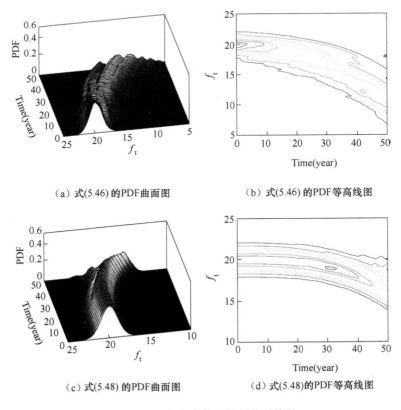

（a）式(5.46)的PDF曲面图　　　　　　　（b）式(5.46)的PDF等高线图

（c）式(5.48)的PDF曲面图　　　　　　　（d）式(5.48)的PDF等高线图

图 5.11　多随机突发事件下的退化系统的 PDF

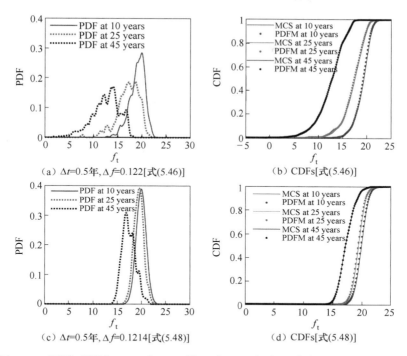

（a）Δt=0.5年，Δf=0.122[式(5.46)]　　（b）CDFs[式(5.46)]

（c）Δt=0.5年，Δf=0.1214[式(5.48)]　　（d）CDFs[式(5.48)]

图 5.12　不同工况下 PDFM 和 MCS 的 10 年、25 年和 45 年的 PDF 和 CDF 对比

5.4.3　Ⅱ型连续退化和突发事件的锈蚀钢筋混凝土梁

在 5.4.1 节算例的基础上，研究Ⅱ型连续退化及突发事件情况下锈蚀钢筋混凝土梁的时变可靠性。为此选择 5.4.1 节算例的 1 号梁作为研究对象，本节算例中梁的几何尺寸、配筋、荷载参数和加载方式、锈蚀电流密度以及材料强度都与 5.4.1 节算例的 1 号梁一致，区别在于本算例中改变跨中抗弯承载力的计算模型，以考察不同失效模式对锈蚀梁时变可靠性的影响[18,23]。为了展示不同失效模式下锈蚀梁时变可靠性，考察以下四种工况：①无黏结强度损失的钢筋延性破坏；②无黏结强度损失的钢筋脆性破坏；③有黏结强度损失的钢筋延性破坏；④无黏结强度损失的钢筋脆性破坏。为方便描述，分别简记这四种失效模式为"黏结完好–延性""黏结完好–脆性""黏结损失–延性""黏结损失–脆性"。

由于本节算例考虑了锈蚀钢筋混凝土梁失效模式的转换，因此其性能函数在临界时刻可能会发生陡降。为此，本节采用两步平移法，选取 599 个代表点计算性能函数的剩余 PDF，即 $p_G^*(g, t)$。图 5.13 展示了给定时间段内的 $p_G^*(g, t)$。由于吸收边界条件的影响，$p_G^*(g, t)$ 不包含负值部分。由于"黏结完好–延性"的失效模式假定下性能函数可微，图 5.13（a）中的 PDF 比其他子图 [见图 5.13（b）、（c）、（d）] 平滑得多。对比图 5.13（a）和图 5.13（b），考虑钢筋的脆性破坏，$p_G^*(g, t)$ 从第 22 年到第 32 年变得粗糙。考虑黏结强度的损失，$p_G^*(g, t)$ 在第 14 年到第 24 年间变得更加粗糙。对比图 5.13（c）和图 5.13（d）可见，考虑锈蚀钢筋的脆性破坏和黏结强度损失，$p_G^*(g, t)$ 变化并不大。

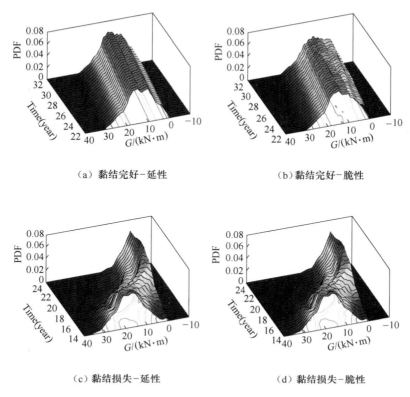

（a）黏结完好-延性　　　　　　　（b）黏结完好-脆性

（c）黏结损失-延性　　　　　　　（d）黏结损失-脆性

图 5.13　四种工况下典型时间段上的 PDF

图 5.14 对比了 PDFM 与 100 万次 MCS 所得 $G(\boldsymbol{\Theta}, t, \boldsymbol{b})$ 的均值和标准差，可见 μ_{PDFM} 和 μ_{PDFM} 与 μ_{MCS} 和 σ_{MCS} 基本一致。μ_{PDFM} 和 σ_{PDFM} 的相对误差，即 $e_{\|\sigma\|}$ 和 $e_{\|\sigma\|}$，分别用式（5.43）和式（5.44）计算。表 5.4 列出 $e_{\|\mu\|}$ 和 $e_{\|\sigma\|}$ 的结果，其中 $e_{\|\mu\|}$ 从 1.232% ~

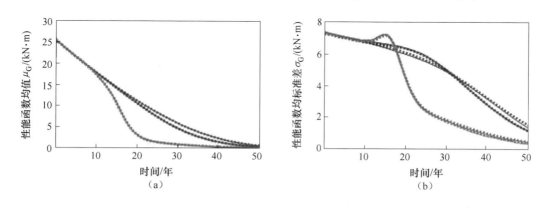

图 5.14　PDFM 和 MCS 的 $G(\boldsymbol{\Theta}, t, \boldsymbol{b})$ 的均值和标准差

2.903% 不等，$e_{\|\sigma\|}$ 从 1.101% ~ 1.883% 不等。图 5.14（a）显示，考虑黏结强度损失情况下的 μ_{PDFM} 在第 14 年迅速下降，而不考虑黏结强度损失的 μ_{PDFM} 则显得缓慢得多。在图 5.14（b）中，考虑黏结强度损失的 σ_{PDFM} 从第 13 年到第 17 年上升了 19% 随后迅速下降。因此，考虑黏结强度损失可能会增加锈蚀混凝土梁服役寿命的不确定性。

表 5.4　μ_{PDFM} 和 σ_{PDFM} 的相对误差

工况	黏结完好–延性	黏结完好–脆性	黏结损失–延性	黏结损失–脆性
μ_{PDFM}	2.372%	2.903%	1.314%	1.232%
σ_{PDFM}	1.883%	1.867%	1.101%	1.103%

图 5.15 展示了四种工况下的 $p_f(t)$。可见四种工况下 PDFM 的分析结果与 MCS 基本一致。根据锈蚀钢筋混凝土梁的解析模型考虑黏结强度损失，其失效概率在初期与其他工况一致。约 14 年以后，考虑黏结强度损失的失效概率陡增，且增幅远高于仅考虑钢筋脆性破坏相对于延性破坏的增幅。

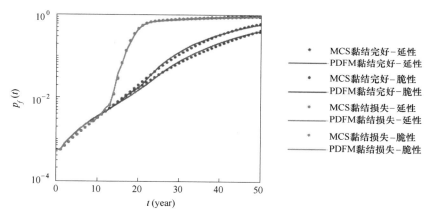

图 5.15　四种工况下时变失效概率 $p_f(t)$ 对比

5.4.4　考虑维护行为的时变可靠度

假设一个受恒荷载 S_d、活荷载 S_l、I 型连续退化和性能陡降影响的退化结构。S_d 服从对数正态分布（均值和变异系数分别为 μ_d 和 δ_d），S_l 的发生次数通过泊松过程建模 [见式（5.47）]，其强度遵循极值 I 型分布（均值和变异系数分别表示为 μ_l 和 δ_l）。为了简化分析，连续性退化通过随机初始性能和时间函数建模，而突发事件由一系列独立随机变量之和表示，因此结构抗力函数 $R(t)$ 可写为[16]

$$R(t) = R_0 d(t) - \sum_{i=m_i+1}^{m(t)} \Delta D_{sk,i} \tag{5.49}$$

式中：R_0 为结构的初始承载力，服从对数正态分布（均值和变异系数为 μ_{R0} 和 δ_{R0}）；$\Delta D_{sk,i}$ 是第 i 次活荷载引起的性能陡降，服从对数正态分布（均值和变异系数为 μ_{sk} 和 δ_{sk}）；m_i 为突发事件的发生次数；$d(t)$ 是连续退化的性能函数，其表达式为[24]

$$d(t) = 1 - a_d t^{b_d} \tag{5.50}$$

式中：a_d 和 b_d 均为连续退化的性能函数的形状参数。

将本算例中使用的参数汇总于表 5.5 中。此外，还考虑了各种维护方案：无维护、预防性维护和重大维护（仅整体更换、仅整体增强，同时采取预防性维护和整体更换），且维护方案对结构性能的影响用式（5.6）和式（5.7）表达。

表 5.5　本节算例涉及参数

参　数	数　值	参　数	数　值	参　数	数　值	参　数	数　值
μ_{R0}	1.0	δ_{R0}	0.05	a	2×10^{-6}	b	3
μ_d	0.1	δ_d	0.3	β_{c1}	2.5	β_{c2}	2.0
μ_l	0.1	δ_l	0.3	λ	0.1/a	R_{en}	0.2
μ_{sk}	0.02	δ_{sk}	0.3	ρ	0.5		

1. 无维护行为下的时变可靠度分析

考虑无维护情况下的四种可靠度分析方式：

（1）直接使用两步平移法获得原始性能函数的概率密度函数 $p_G(g, t)$。

（2）使用两步平移法并施加吸收边界条件获得剩余概率密度函数 $p_G^*(g, t)$［见式（5.15）］。

（3）利用等效极值性能函数和 PKDE 计算 $p_{G*}(g^*, t)$［（见式（5.28）］。

（4）100 万次 MCS。

在上述四种分析方法中，前两种分析方法基于 GDEE 求解，记作 GDEE；第三和第四种方法分别简称为 PKDE 和 MCS。

图 5.16（a）、（b）、（c）、（d）显示了 $p_G^*(g, t)$ 与 $p_G(g, t)$ 的相似性，但前者不包括负域。将图 5.16（c）和图 5.16（d）与图 5.16（e）和图 5.16（f）相比较，可以观察到 $p_{G*}(g^*, t)$ 的 *PDF* 比 $p_G^*(g, t)$ 的更为光滑。这主要是因为等效极值性能函数是单调函数，而原始性能函数受突发事件及性能陡降的影响波动较大。

图 5.17 展示了四种可靠度分析方法计算获得的 $p_f(t)$ 和 $\beta(t)$。除了 $p_G(g, t)$，基于 $p_G^*(g, t)$ 和 $p_{G*}(g^*, t)$ 计算的 $p_f(t)$ 和 $\beta(t)$ 与 MCS 的一致。尽管 $p_G(g, t)$ 的 $p_f(t)$ 和 $\beta(t)$ 最初与其他结果一致，但逐渐与其他结果明显不同。例如，$p_G(g, t)$ 的 $P_f(40)$ 只有 0.060，远远低于其他方法的结果 0.131；而 $p_G(g, t)$ 的 $\beta(40)$ 为 1.554，高于其他方法的结果 1.122。如果不考虑首次穿越，退化结构的失效概率可能被低估。此外，$p_G^*(g, t)$ 和 $p_{G*}(g^*, t)$ 的 $p_f(t)$ 和 $\beta(t)$ 与 MCS 相同。这说明，在采用两步平移法并施加吸收边界条件的 GDEE 以及基于等效极限性能函数的 PKDE 方法下，可以有效处理无维护行为下的首次穿越问题。

2. 预防性维护下时变可靠性分析

图 5.18 展示了考虑预防性维护的情况下，$p_G^*(g, t)$ 与 $p_{G*}(g^*, t)$ 不同。考虑预防性维护，$p_G^*(g, t)$ 的 PDF 在第 5 年突然发生变化，如图 5.18（a）和图 5.18（b）所示；而图 5.16（e）和图 5.16（f）以及图 5.18（c）和图 5.18（d）中的 $p_{G*}(g^*, t)$ 不存在明显分别。尽管进行了预防性维护，$p_{G*}(g^*, t)$ 的 PDF 相比未维修的 $p_{G*}(g^*, t)$ 差别不大，说明预防性维护对性能函数的概率分布影响较小。

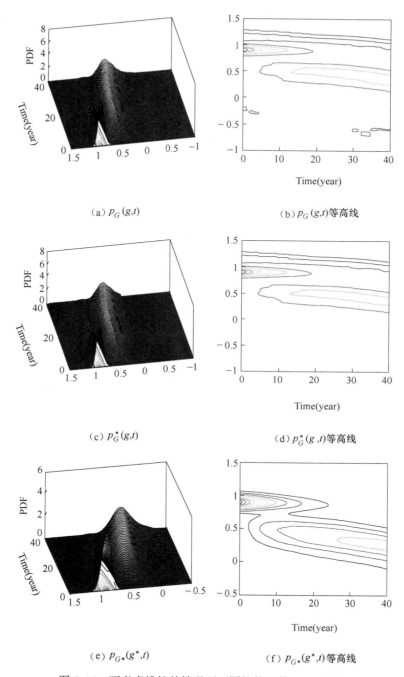

（a）$p_G(g,t)$　　　　　　　　　　　（b）$p_G(g,t)$等高线

（c）$p_G^*(g,t)$　　　　　　　　　　（d）$p_G^*(g,t)$等高线

（e）$p_{G*}(g^*,t)$　　　　　　　　　（f）$p_{G*}(g^*,t)$等高线

图 5.16　不考虑维护的情况下不同性能函数 PDF 对比

然后，用 $p_G^*(g,t)$ 和 $p_{G*}(g^*,t)$ 计算的 $p_f(t)$ 和 $\beta(t)$ 与 MCS 进行了比较。如图 5.19 所示，用 $p_G^*(g,t)$ 和 $p_{G*}(g^*,t)$ 计算的 $p_f(t)$ 和 $\beta(t)$ 都与 MCS 的结果很吻合。这表明，基于两步平移法和吸收边界条件的 GDEE 和基于等效极限性能函数的 PKDE 都可以解决预防性维护下的首次穿越问题。然而在图 5.19 中，使用 $p_{G*}(g^*,t)$ 计算的 $p_f(t)$ 比 $p_G^*(g,t)$

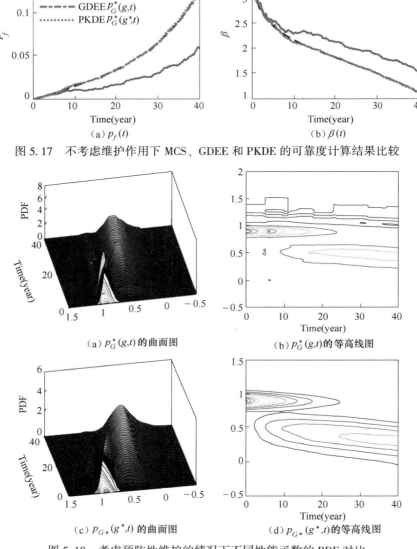

图 5.17　不考虑维护作用下 MCS、GDEE 和 PKDE 的可靠度计算结果比较

图 5.18　考虑预防性维护的情况下不同性能函数的 PDF 对比

更接近于 MCS 的结果。这表明本算例 PKDE 的精度高于 GDEE。图 5.17（a）相比，图 5.19 中 40 年后的 p_f 从 0.131 下降到 0.092，减少了 0.039；40 年后的 β 从 1.122 增加到 1.329，增加了 0.207。

3. 重大维护下时变可靠性分析

图 5.20 比较了考虑整体替换下 $p_G^*(g, t)$ 和 $p_{G^*}(g^*, t)$ 的 PDF 和等高线图。如图 5.20（a）和图 5.20（b）所示，只在第 15 年时有一次整体替换引起的变化。而图 5.20（c）和图 5.20（d）中，第 15 年和第 29 年有两次整体替换引起的变化。以外，$p_{G^*}(g^*, t)$ 的 PDF 有明显的周期性现象。

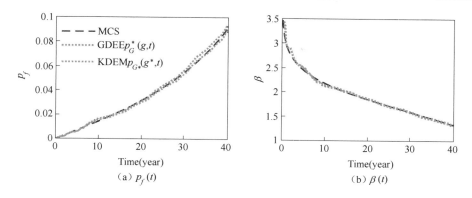

（a）$p_f(t)$ （b）$\beta(t)$

图 5.19   考虑预防性维护的情况下 MCS、GDEE 和 PKDE 的可靠度计算结果比较

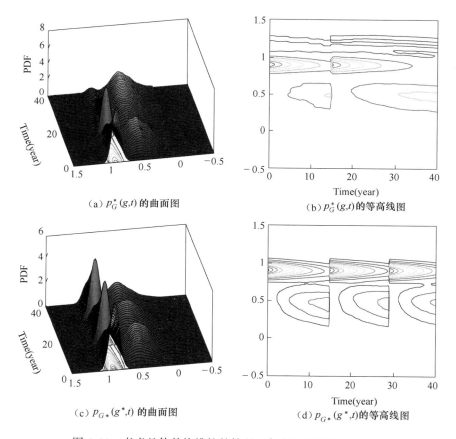

（a）$p_G^*(g,t)$ 的曲面图   （b）$p_G^*(g,t)$ 的等高线图

（c）$p_{G*}(g^*,t)$ 的曲面图   （d）$p_{G*}(g^*,t)$ 的等高线图

图 5.20   考虑整体替换维护的情况下各个性能函数的 PDF

图 5.21 比较了考虑整体替换下，由 $p_G^*(g,t)$、$p_{G*}(g^*,t)$ 与 MCS 计算的 $p_f(t)$ 和 $\beta(t)$。$p_{G*}(g^*,t)$ 和 MCS 计算的 $p_f(t)$ 和 $\beta(t)$ 在 0～14 年、14～29 年和 29～40 年呈现周期性现象，但 $p_G^*(g,t)$ 计算的 $p_f(t)$ 和 $\beta(t)$ 是一个单调的函数。因此，在有整体替换的情况下，在求解 GDEE 时引入吸收性边界条件是不合适的。但如果在求解 GDEE 中不引

入吸收边界条件，$p_f(t)$ 可能被低估，如图 5.17 所示。然而，与基于 GDEE 的方法不同，PKDE 只需要代表点的等效极值性能函数，无须额外的条件。这证明了 PKDE 在可靠性分析中更加实用和灵活，特别是对于整体替换的情况。

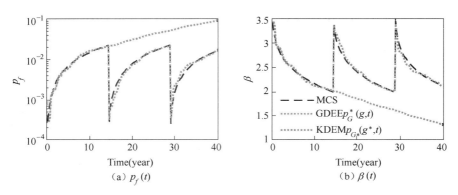

图 5.21　考虑整体替换下 MCS、GDEE 和 PKDE 的比较

另外，考虑两种综合维护行为：整体增强和同时采取预防性维护及整体更换。比较整体增强的 PDF［见图 5.22（a）、（b）］和替换型的 PDF［图 5.20（c）、（d）］，15 年

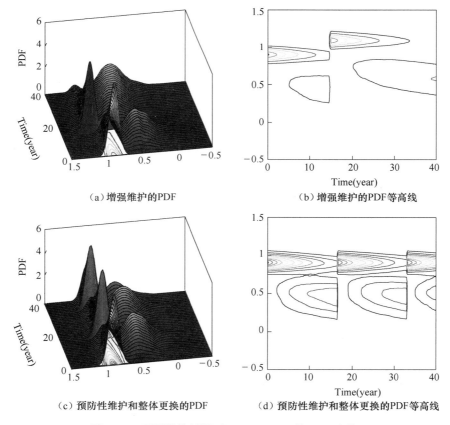

（a）增强维护的PDF　　　　　　　　　（b）增强维护的PDF等高线

（c）预防性维护和整体更换的PDF　　　　（d）预防性维护和整体更换的PDF等高线

图 5.22　不同维护情况下 $p_{G^*}(g^*, t)$ 的 PDF 比较

后的 PDF 向上偏移了 0.2 个单位距离。此外，将预防性维护及整体更换 [见图 5.22 (c)、(d)] 与整体更换的 PDF 相比较，第一次维修推迟了两年，第二次则推迟了四年。这说明，基于等效极值性能函数的 PKDE 的 PDFM 分析能体现重大维护对结构性能函数的影响。

图 5.23 显示不同重大维修方案下，由 $p_{G*}(g^*, t)$ 和 MCS 计算的 $p_f(t)$ 和 $\beta(t)$。在第 15 年之前，所有的曲线都是相似的，但在第 15 年之后，两种基本维修方案的结果是不同的，其中 $p_f(t)$ 和 $\beta(t)$ 对于整体更换来说是单调的函数，但对于预防性维护和整体更换来说，在 16~33 年和 33~40 年之间是周期性的。此外，计算结果表明，PKDE 不仅可以计算出维护行为下退化结构的失效概率和可靠度指标，还可以捕捉出维修行为具体时间，以便于指定维修方案。

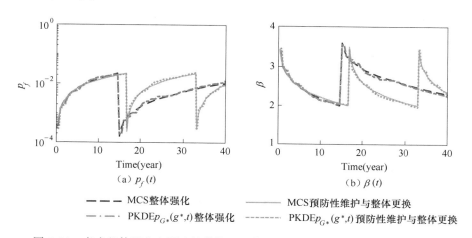

（a）$p_f(t)$ 　　　　　　　　（b）$\beta(t)$

——— MCS 整体强化　　　　　　　　——— MCS 预防性维护与整体更换

—·— PKDE$p_{G*}(g^*,t)$ 整体强化　　　——— PKDE$p_{G*}(g^*,t)$ 预防性维护与整体更换

图 5.23　考虑整体强化和预防性维护及整体更换情况的 MCS 和 PKDE 的比较

5.5　结论

本章基于性能函数及其概率密度函数，提出一个通用的退化工程系统的时变可靠度分析框架。在考虑不同的退化情况（Ⅰ型连续退化、Ⅱ型连续退化和突发事件）以及维护状况（无维护、预防性维护和重大维护）下，编制了一系列数值案例，得出以下结论：

（1）Ⅰ型连续退化的锈蚀钢筋混凝土梁的研究成果表明，采用 PDFM 能够以较小的计算量捕捉可微分性能函数的概率分布，并揭示其随时间演化的概率密度函数。通过对比均值和均方差的 2 范数误差结果，发现使用 128 个代表点的均值和标准差与 100 万次抽样的蒙特卡洛模拟相差不到 2%，具有较高精度。此外，基于求解概率微分方程的 PDFM 计算的失效概率误差在 1%~3%，可靠度指标偏差仅为 3%~5%，具有较高精度。

（2）在存在突发事件的退化结构中，简单算例显示"近似速率法"难以获得满意结果，而"两步平移法"可以很好地解决突发事件下的退化结构的概率密度函数分析。对于考虑Ⅱ型和突发事件的锈蚀钢筋混凝土梁的可靠性分析，性能函数的均值和标准差与实际结果的偏差为 1.1%~2.9%，与 100 万次抽样的蒙特卡洛模拟相比，相对误差非常小。计算结果表明，黏结强度损失对钢筋混凝土构件可靠性的影响远高于钢筋脆性破坏。

（3）考虑维护行为的案例研究显示，概率密度函数方法能够捕捉连续型退化和突发事件对性能函数和可靠性的影响。基于概率微分方程的 PDFM 和概率核密度估计均可应用于无维护情况和预防性维护的可靠性分析。然而，在无维护情况下，如果不施加吸收性边界条件，可能会高估结构的可靠性。同时，施加吸收边界条件后，难以考虑重大维护的情况。对于考虑重大维护的情况，概率核密度估计方法更适用于概率密度函数分析以及识别维修发生的时间点。通过建立等效极值性能函数，概率核密度估计方法获得的概率密度函数比基于概率微分方程的平滑度更多。此外，计算结果显示，与整体替换相比，整体增强能够有效减少服役期间的维护次数。同时采用预防性维护和整体增强能够有效推迟维护时间。

参 考 文 献

［1］ ASCE. Report Card for America′s Infrastructure ［R］. ASCE News，2021.

［2］ ZHAO J Z，FONSECA-SARMIENTO C，TAN J. America′s Trillion-Dollar Repair Bill ［R］. New York：Volcker Alliance，2019.

［3］ FRANGOPOL D M，LIN K Y，ESTES A C. Reliability of reinforced concrete girders under corrosion attack ［J］. Journal of Structural Engineering，1997，123（3）：286-297.

［4］ 秦权，贺瑞，杨小刚. 在时变结构可靠度领域中有必要澄清一个错误概念 ［J］. 工程力学，2009，26（8）：201-204.

［5］ LI C Q，MELCHERS R E. Time-dependent risk assessment of structural deterioration caused by reinforcement corrosion ［J］. ACI Structural Journal，2005，102（5）：754-762.

［6］ ANDRIEU-RENAUD C，SUDRET B，LEMAIRE M. The PHI2 method：a way to compute time-variant reliability ［J］. Reliability Engineering & System Safety，2004，84（1）：75-86.

［7］ STEWART M G. Spatial and time-dependent reliability modelling of corrosion damage，safety and maintenance for reinforced concrete structures ［J］. Structure and Infrastructure Engineering，2012，8（6SI）：607-619.

［8］ VU K，STEWART M G. Structural reliability of concrete bridges including improved chloride-induced corrosion models ［J］. Structural Safety，2000，22（4）：313-333.

［9］ MELCHERS R E. Radial importance sampling for structural reliability ［J］. Journal of Engineering Mechanics，1990，116（1）：189-203.

［10］ AU S，BECK J L. Estimation of small failure probabilities in high dimensions by subset simulation ［J］. Probabilistic Engineering Mechanics，2001，16（4）：263-277.

［11］ EN X，ZHANG Y，HUANG X. Time-variant reliability analysis of a continuous system with strength deterioration based on subset simulation ［J］. Advances in Manufacturing，2019，7（2）：188-198.

［12］ LI J，CHEN J B. Probability density evolution method for dynamic response analysis of structures with uncertain parameters ［J］. Computational Mechanics，2004，34（5）：400-409.

［13］ LI J，CHEN J B. Stochastic dynamics of structures ［M］. Singapore，Hoboken，John Wiley & Sons，2009.

［14］ LI J，CHEN J，FAN W. The equivalent extreme-value event and evaluation of the structural system reliability ［J］. Structural Safety，2007，29（2）：112-131.

［15］ LI J，CHEN J B. The Number Theoretical Method in Response Analysis of Nonlinear Stochastic Structures ［J］. Computational Mechanics，2007，39（6）：693-708.

［16］ GUO H Y，DONG Y，GARDONI P，et al. Time-dependent reliability analysis based on point-evolution kernel density estimation：comprehensive approach with continuous and shock deterioration and maintenance [J]. ASCE-ASME Journal of Risk and Uncertainty in Engineering Systems，Part A：Civil Engineering，2021，7（3）：4021032.

[17] ZHANG X，LOW Y M，KOH C G. Maximum entropy distribution with fractional moments for reliability analysis [J]. Structural Safety，2020，83：101904.

[18] GUO H Y，DONG Y，GU X L. Two-step translation method for time-dependent reliability of structures subject to both continuous deterioration and sudden events [J]. Engineering Structures，2020，225：111291.

[19] CHEN J B，YANG J Y，LI J. A GF-discrepancy for point selection in stochastic seismic response analysis of structures with uncertain parameters [J]. Structural Safety，2016，59：20-31.

[20] COURANT R，FRIEDRICHS K，LEWY H. Über die partiellen Differenzengleichungen der mathematischen Physik [J]. Mathematische Annalen，1928，100（1）：32-74.

[21] BOTEV Z I，GROTOWSKI J F，KROESE D P. Kernel density estimation via diffusion [J]. The annals of Statistics，2010，38（5）：2916-2957.

[22] 郭弘原，顾祥林，周彬彬，等. 基于概率密度演化的锈蚀混凝土梁时变可靠性分析 [J]. 建筑结构学报，2019，40（1）：67-73.

[23] GU X L，GUO H Y，ZHOU B B，et al. Corrosion non-uniformity of steel bars and reliability of corroded RC beams [J]. Engineering Structures，2018，167：188-202.

[24] MORI Y，ELLINGWOOD B R. Reliability Based Service Life Assessment of Aging Concrete Structures [J]. Journal of Structural Engineering，1993，119（5）：1600-1621.

6 考虑约束作用和空间变异性的岩土工程可靠度分析方法

黄磊，温州大学建筑工程学院

6.1 引言

岩土工程的不确定因素（如土体的空间变异性、地层分布的不确定性和模型简化的不确定性等）对岩土工程的设计和评估有着重要影响。其中，土体空间变异性的影响尤为显著[1,2]。由于沉积、风化、侵蚀、搬运和载荷历史等复杂地质作用，自然界的土体往往呈现出显著的空间变异特征。大量的勘察和试验数据表明[1,3,4]，一般情况下土体的材料性质沿水平方向的变化较为平缓，而沿竖直方向的变化较为明显。为了研究土体空间变异性对岩土工程可靠度评估的影响，以往的部分研究通过采用无条件随机场结合蒙特卡洛模拟法求解岩土工程构筑物的破坏概率和可靠度指标[5-10]。在蒙特卡洛模拟的背景下，岩土工程构筑物的破坏概率和可靠度指标可以通过式（6.1）求解：

$$P_f \approx \frac{1}{N_T} \sum_{i=1}^{N_T} I(FS_i < fs) \tag{6.1}$$

式中：P_f 为破坏概率；N_T 为蒙特卡洛模拟样本总数；FS 为安全系数；fs 为安全阈值；I（·）为指示函数，当 $FS<fs$ 时，I（·）等于1，否则其等于0。

可靠度指标和破坏概率存在以下函数关系：

$$P_f = \Phi(\beta) \tag{6.2}$$

式中：β 为可靠度指标；Φ 为标准正态分布累积密度函数。

当系统响应变量服从正态分布时，可靠度指标可通过式（6.3）求解：

$$\beta = \frac{\mu - 1}{\sigma} \tag{6.3}$$

式中：μ 为系统响应的均值；σ 为系统响应的标准差。

当采用无条件随机场建模时，需要明确土体性质参数的统计学特征（如概率分布形式、均值、方差、自相关函数和自相关距离等）。其中，土体的自相关距离表征空间上任意两点土体性质的相关程度，自相关距离越大意味着土体性质的空间相关程度越强，随机场越平滑。相关距离的求解，可以通过场地勘探的土体试验数据［如标准灌入试验（SPT）、静力触探试验（CPT）、十字板剪切试验（VST）和三轴试验等］采用矩法[1]、极大似然估计法[11]和约束极大似然估计法[12]等进行求解。而由于求解自相关函数形式需要大量的场地勘探数据，工程实践中可以采用理论自相关函数。常用的理论自相关函数有指数函数、高斯函数、二阶马尔可夫函数、余弦函数和二元噪声函数等[8]。Li 等人[8]指出，高斯函数和二阶马尔可夫函数在表征土体自相关函数方面的适用性较好。在无条件随机场建模的方式上，可供选择的方法主要有以下几种：矩阵分解法[9,13,14]、局部平均细分法（LAS）[5]、级数展开法（如 Karhunen-Loeve 展开法）[6,15,16]、快速傅里叶变换法（FFT）[17]和最优线性估计展开法（ELOE）[18]。Jiang 等人[19]对采用随机场做边坡可靠度分析的研究进行了综述，并指出在文献中矩阵分解法和局部平均细分法的使用频率最高。这是由于局部平均细分法能够有效地考虑随机场在离散时产生的局部平均效应，而矩阵分解法的操作和运行简单且随机场离散误差较小[19]。以往的研究中一般通过结合随机场建模和传统的边坡稳定性分析方法（如有限元法、有限差分法、极限平衡法和极限分析法等），在蒙特卡洛模拟的背景下开发出随机有限元法（RFEM）[5,7]和随机极限平衡法（RLEM）[4,6]等概率分析方法，在式（6.1）~式（6.3）的基础上，进行岩土工程构筑的破坏概率和可靠度指标的求解。

在无条件随机场模拟土体空间变异性进行可靠度分析的方法中，有关土体的勘探数据仅用来求解土体性质参数的统计学特征。而采样数据作为已知的数据点，能够降低土体空间变异的不确定性，从而影响破坏概率和可靠度指标的求解。以往的研究指出，由于忽视了采样点数据的约束作用，采用无条件随机场法进行可靠度分析往往低估了岩土工程构筑物的可靠度[21-23]。为了考虑采样点数据的约束作用，条件随机场的概念被引入岩土工程可靠度的分析方法中[21-31]。条件随机场建模的方式一般是建立在无条件随机场的基础上，通过地质统计学法和贝叶斯法等引入采样点数据的约束效应。目前，常用的条件随机场法主要有以下四类[19]：①克里金插值条件随机场法[20,21,23,26,27,29-31]；②Hoffman 法[22,24]；③贝叶斯条件随机场法[25]；④Sobol 指数法[28]。此外，为了描述采样点的约束作用程度，通常引入采样效率指数，该指数由无条件随机场法得到的系统响应标准差除以考虑条件随机场后系统响应的标准差，即

$$I_{se} = \frac{\sigma}{\sigma_{cond}} \tag{6.4}$$

式中：I_{se} 为采样效率指数；σ 为无条件随机场法得到的响应标准差；σ_{cond} 为条件随机场法得到的响应标准差。

由于考虑了采样点的约束作用，一般情况下由无条件随机场法得到的响应标准差要大于条件随机场法得到的响应标准差。为此采样效率指数通常大于 1，同时采样效率指数越高，采样点的约束作用越强，得到的系统响应的不确定性越低，可靠度指标的准确性越高。当采样方案对应的采样效率指数最高时，该采样方案称为最优采样方案。

克里金法作为一种常用的地质统计学方法，通过对空间中已知的样本数据进行加权平均以估计空间中的未知点数据，从而使得估计值与真实值的数学期望相同且方差最小[32]。采用克里金插值法不仅能对未知点进行无偏内插估计，同时能够得出每一未知点所对应的估计误差[21]。在条件随机场建模中，首先基于已知点的采样数据采用克里金插值法估计未知点的数据，得到克里金插值场，随后同样基于克里金插值法，于每一次蒙特卡洛过程中模拟未知点的克里金插值估计误差，作为随机场的波动结构。普通克里金插值假设场地数据的趋势结构为一未知的常数，是起源最早的一种克里金插值法，由法国统计学家乔治斯·马瑟伦（Georges Matheron）于 1963 年在其著作 "*Principles of geostatistics*"

中提出[32]。该方法作为克里金插值方法中最为基本的一种，被广泛地运用于条件随机场的建模当中[20,21,23,26,29-31]。近年来协同克里金插值法也开始被运用于条件随机场的建模[28,33-34]。与普通克里金法不同的是，协同克里金法不仅能考虑空间变量的自相关性，同时能考虑不同变量（如黏聚力、内摩擦角和自重应力等）之间的互相关性，通过交叉半变异函数（cross semi-variogram）的建立实现不同变量之间的插值估计。此外，Huang等人[35]通过实际的勘探数据，得到场地土体抗剪强度在空间变化上的趋势结构和自相关函数，使用回归克里金法建立条件随机场对香港鲗鱼涌西湾台的一处工程边坡进行可靠度分析。Hoffman法同样基于克里金插值得到随机场的趋势结构，而其波动结构采用的是对约束后的自相关矩阵使用矩阵分解法得到。Lo 和 Leung[22]等人通过采用 Hoffman 法模拟土体的杨氏模量和抗剪强度参数的条件随机场，进行筏板基础的可靠度分析。Gong 等人[36]通过 Hoffman 法建立有关土体有效黏聚力、有效内摩擦角以及刚度系数的条件随机场分析了隧道纵向响应的可靠度。

近年来，贝叶斯理论也开始逐渐运用于条件随机场的建模之中，Li 等人[37]通过马尔可夫蒙特卡洛模拟（MCMC）建立条件随机场的方法对岩层深度分布的空间变异性进行模拟。Jiang 等人[25]应用贝叶斯分析方法，集成了不同来源的场地勘探数据，建立土体的不排水抗剪强度随机场，同时结合子集模拟的方法进行边坡的可靠度分析。Jiang 等人[25]开发的基于贝叶斯的条件随机场法，不仅能够选择数据的建议分布，还能同时考虑随机场的不平稳性。

传统的通过条件随机场建模求解构筑物可靠度的方法，需要产生成百上千的条件随机场样本用于蒙特卡洛模拟，而针对每一个随机场样本都需要进行一次数值计算。当需要确定最优采样方案时，意味着每一种方案都必须对应成百上千次的蒙特卡洛计算。在这种情况下，计算量将大大增加。尤其当考虑多个采样点和三维问题时，计算效率将进一步降低，从而导致可靠度分析工作无法完成。为了解决这一问题，Lo 和 Leung[28]基于 Sobol 敏感度指数，开发了一种高效的考虑采样点约束作用和土体空间变异性的可靠度分析方法。Sobol[38]于 2001 年提出的 Sobol 敏感度指数可以用来量化和衡量每一个输入变量对系统响应方差（即系统响应的不确定性）的影响。传统的 Sobol 指数方程需要输入变量之间相互独立，然而随机场中每一个空间点上的变量之间存在自相关关系。为了使 Sobol 方程与随机场相结合，Lo 和 Leung[28]在原有 Sobol 方程的基础上进行开发，通过使用响应面法，使开发后的 Sobol 方程能够考虑空间中的自相关输入变量，从而实现 Sobol 方程和随机场的结合。为此，采用开发后的 Sobol 方程可以得到每一采样方案对应的 Sobol 指数，而 Sobol 指数越高意味着采样效率越高，系统响应的不确定性越低。同时，最优的采样方案对应最高的 Sobol 指数。与传统的条件随机场法不同的是，只要明确结构的响应面，Sobol 法可以快速地解析出多种采样方案对应的采样效率，得到 Sobol 指数分布图，从而快速明确最优的采样方案。

Jiang 等人[19]对以往考虑约束作用和空间变异性的边坡可靠度分析研究所采用的方法进行了统计分析。其中采用克里金条件随机场法的比例最高，约占总数的 55%，采用 Hoffman 法的相关研究约占总数的 19%，而采用贝叶斯法和 Sobol 指数法的研究均约占总数的 13%。虽然，克里金条件随机场法被广泛地运用到岩土工程可靠度的分析中，但在以往的一些研究中[23,29]发现，在边坡可靠度分析时，采用克里金条件随机场法有可能出现考虑约束效应后的系统响应标准差大于采用无条件随机场法得到的系统响应标准差（即 $\sigma_{cond} > \sigma$）。Liu 等人[23]的研究中指出，该现象可能出现在采样点特别稀疏的情况下。而 Huang 等人[29]则发现，即便采样点不稀疏的情况下，考虑土体的空间旋转各向异性的时候（即倾斜层理），该现象仍旧可能出现。以上的研究虽然发现了这一现象，但由于仅仅基于单一的条件随机场模拟方法，并未对这一现象进行明确和深一步的研究讨论。为此，Huang 等人[39]随后采用了三种考虑约束作用和空间变异性的方法，即克里金条件随机场法、Hoffman 法和 Sobol 指数法，通过边坡可靠度分析案例，进一步地明确和讨论了这一现象。本章将基于 Huang 等人[39]的研究成果讨论以上三种方法在求解岩土工程可靠度方面的适用性问题。

6.2　无条件随机场模拟法

土体的空间变异性可以通过随机场进行模拟。当土体性质参数考虑为空间变量时，空间变化的土体性质参数可以通过式（6.5）描述：

$$z = \mu + e \tag{6.5}$$

式中：z 为一个包含了空间变化的土体性质参数的向量；μ 为随机场的趋势结构，由于显著的趋势结构往往很难明确，μ 通常假设为一个常数向量；e 为均值等于 0 的残差向量。

由于通常对 e 做二阶平稳性假设，e 的协方差矩阵可以分解为 $V = \sigma_z^2 R$，其中 σ_z 为土体性质参数的标准差，R 为土体性质参数的自相关矩阵。对于某一空间点上的土体性质参数，式（6.5）可以表示为

$$z_j^{(i)} = \mu_j + \sqrt{\sigma_z^2} \, \varepsilon_j^{(i)} \tag{6.6}$$

式中：$z_j^{(i)}$ 为第 i 个随机场样本中，空间 j 点上的土体性质参数；μ_j 为空间 j 点对应的趋势结构值；$\varepsilon_j^{(i)}$ 为第 i 个随机场样本中，空间 j 点对应的标准高斯随机场变量。

ε 可以通过无条件随机场建模方法，即矩阵分解法[9,13,14]、局部平均细分法（LAS）[5]、级数展开法[6,15,16]、快速傅里叶变换法（FFT）[17]和最优线性估计展开法（ELOE）[18]等方法求解。由于矩阵分解法的执行步骤较为简单，本节仅展示矩阵分解法的求解方式。当采用乔列斯基（Cholesky）矩阵分解法时，求解 ε 的过程如下：

$$R = LL^T \tag{6.7}$$

$$\varepsilon = Ls_i \tag{6.8}$$

式中：L 为自相关矩阵 R 的乔列斯基分解因子；s_i 为一向量，其表征对应于第 i 个随机场本的，相互独立的标准高斯随机变量。

6.3　条件随机场模拟法

6.3.1　克里金条件随机场法

克里金条件随机场法是岩土工程可靠度分析中最常用的条件随机场模拟法，其建模方式可以理解为将克里金插值估计值与其估计误差相加[40,41]：

$$z_{cr} = z_{km} + (z_{ur} - z_{ks}) \tag{6.9}$$

式中：z_{cr}为一个向量，包含一个条件随机场样本；z_{km}为通过已知样本点数据得到的克里金插值场；z_{ur}为一个向量，包含一个无条件随机场样本，可以通过式（6.5）~式（6.8）求解；z_{ks}为通过对z_{ur}中在采样点位置的数据进行克里金插值得到的克里金插值场。

为此，在式（6.9）中z_{km}表征克里金插值得到的基于采样数据的无偏内插估计值，$z_{ur}-z_{ks}$为对应每一个随机场样本的克里金估计误差。

普通克里金法作为最基本的克里金插值方法，是克里金条件随机场法最常用的一种形式[20,21,23,26,29-31]。普通克里金法假设数据的趋势结构为一未知的常数，其公式如下[42]：

$$\begin{bmatrix} \boldsymbol{V}_s & \boldsymbol{l} \\ \boldsymbol{l}^{\mathrm{T}} & 0 \end{bmatrix} \begin{bmatrix} \boldsymbol{\beta}^{(j)} \\ \boldsymbol{\eta} \end{bmatrix} = \begin{bmatrix} \boldsymbol{V}_{su}^{(j)} \\ 1 \end{bmatrix} \tag{6.10}$$

$$z_{km,j} = \boldsymbol{z}_m \boldsymbol{\beta}^{(j)} \tag{6.11}$$

式中：$\boldsymbol{V}_s$为有关采样点之间的协方差矩阵；$\boldsymbol{V}_{su}$为有关采样点和非采样点之间的协方差矩阵；$\boldsymbol{\beta}^{(j)}$为已知点对未知点j的插值权重向量，其中$\sum_{k=1}^{n} \boldsymbol{\beta}_k^{(j)} = 1$；$\boldsymbol{l}$为元素均为1的向量；$\boldsymbol{\eta}$为拉格朗日乘子；$z_{km,j}$为空间$j$点的克里金估计值；$\boldsymbol{z}_m$为一包含了已知采样点数据的向量。

平稳性假设是使用克里金法的前提条件，这就意味着土体性质参数必须服从正态分布。然而，当使用正态分布进行随机场建模时，可能出现小于0的随机变量。对于土体性质而言，小于0的变量没有物理意义。为了防止出现小于0的变量，在随机场建模的时候，土体性质参数往往假定为服从对数正态分布。Griffiths等人[43]对采用对数正态分布表征土体性质参数的概率分布的合理性进行了详细的论述，在此不再赘述。为了在对数正态分布的情况下使用式（6.9）~式（6.11），可以对已知样本数据做对数变换，同时z_{ur}转换为在对数变换后的空间里生成的无条件随机场（即z_{ur}为原无条件随机场对应的对数变换形式）。当在对数变换后的空间里使用克里金插值时，其均值和方差需变换到相应的对数形式：

$$\sigma_{\ln} = \sqrt{\ln(1 + \mathrm{COV}_z)} \tag{6.12}$$

$$\mu_{\ln} = \ln\mu_z - \frac{1}{2}\sigma_{\ln}^2 \tag{6.13}$$

式中：$\sigma_{\ln}$为变换后的土体性质参数标准差；$\mu_{\ln}$为变换后的土体性质参数均值；COV_z为土体性质参数的变异系数，$\mathrm{COV}_z\ \sigma_z/\mu_z$。

最后，在对数变换的情况下生成的条件随机场需要通过指数变换，转换到原始空间得到最终的条件随机场。

6.3.2　Hoffman 法

Hoffman法是基于矩阵分解的方式得到随机场的波动结构，而其趋势结构则采用克里金插值得到。当随机场z通过约束作用转换为条件随机场z_{cr}时，考虑约束效应的协方差矩阵V_{cond}和自相关矩阵R_{cond}可以通过式（6.14）、式（6.15）求得[22]：

$$V_{\mathrm{cond}} = \mathrm{cov}[z \mid z_{cr}] = \boldsymbol{V}_u - \boldsymbol{V}_{su}^{\mathrm{T}} \boldsymbol{V}_s^{-1} \boldsymbol{V}_{su} \tag{6.14}$$

$$R_{\mathrm{cond}} = \boldsymbol{D}^{-1/2} V_{\mathrm{cond}} \boldsymbol{D}^{-1/2} \tag{6.15}$$

式中：$\boldsymbol{V}_u$为未采样点之间的协方差矩阵。

当考虑普通克里金法时，σ_e^2 表示每一未采样点的克里金预测误差。D 是一个 $n_u \times n_u$ 的对角矩阵，由 n_u 个 σ_e^2 组成，其中 n_u 为未采样点的数量。当使用 Hoffman 法时，式（6.7）中的 R 替换为 R_{cond}，式（6.6）中的 μ_j 替换为克里金估计值 $z_{km,j}\tau$ 见式（6.10）和式（6.11）]，式（6.6）中的 $\sqrt{\sigma_z^2}$ 替换为 $\sqrt{\sigma_{e,j}^2}$。与克里金条件随机场法相同，当考虑采用对数正态分布假设时，Hoffman 法建立的随机场应当先在对数变换后的空间里生成，之后通过指数变换到原始空间。

6.3.3 Sobol 指数法

Sobol 指数可以用来量化已知变量对降低系统响应不确定性的贡献。原本的 Sobol 指数方程[38]需要已知变量之间相互独立，所以其无法用于求解空间自相关变量对于系统响应的影响。为了能使用 Sobol 指数量化采样方案对岩土工程系统可靠度的降低效应，Lo 和 Leung[28]在传统 Sobol 方程的基础上进行了开发。以边坡可靠度分析为例，当考虑一系列采样点时，Sobol 指数可以通过式（6.16）求解：

$$S(\boldsymbol{X}) = \frac{\mathrm{Var}_{e_m}\big[E_{-e_m}(FS \mid e_m)\big]}{\mathrm{Var}(FS)} = 1 - \frac{E_{e_m}\big[\mathrm{Var}_{-e_m}(FS \mid e_m)\big]}{\mathrm{Var}(FS)} \tag{6.16}$$

式中：$\boldsymbol{X}$ 为一矩阵，包含了采样点的坐标信息；$\mathrm{Var}_{e_m}\big[E_{-e_m}(FS \mid e_m)\big]$ 为当考虑了所有可能的残差 e_m 时，安全系数 FS（当考虑其他岩土工程构筑物时，此项可替换为其他的系统响应指标）期望值的方差，$e_m = (e_{m1}, e_{m2}, \cdots, e_{mn})$，对应各采样点位，$n$ 为采样点总数；$\mathrm{Var}(FS)$ 为无条件随机场法得到的安全系数的方差；$E_{e_m}\big[\mathrm{Var}_{-e_m}(FS \mid e_m)\big]$ 为当考虑了 n 个采样点的情况下，系统响应方差的期望值。

因此，Sobol 指数同样可以理解为，当考虑了 n 个空间点上的已知信息后，系统响应方差的降低程度。当得到某一采样方案对应的 Sobol 指数，其约束后的系统响应标准差 $\sigma_{cond}[FS]$ 可以由 $\sqrt{1 - S(\boldsymbol{X})}\,\sigma[FS]$ 近似求得。其中 $\sigma[FS]$ 为无条件随机场法得到的系统响应标准差。在 Lo 和 Leung 的 Sobol 指数方程中，系统响应 FS 由响应面表征。其中二阶稀疏混沌多项式展开式（SPCE）可以明确随机场中重要的 M 个空间变量，从而减少输入的变量数，适用于建立考虑随机场的响应面方程[22]：

$$FS = a_0 + \sum_{i=1}^{M} a_i \xi_i + \sum_{i_1=1}^{M} \sum_{i_2=i_1}^{M} a_{i_1 i_2}(\xi_{i_1}\xi_{i_2} - \delta_{i_1 i_2}) \tag{6.17}$$

式中：a_0、a_i、$a_{i_1 i_2}$ 为多项展开式的系数，通过回归分析得到；$\delta_{i_1 i_2}$ 为克罗内克函数；ξ 为对应于随机场的独立随机变量。

需要注意的是，系统响应面的建立是基于无条件随机场法求解的 FS。ξ 可以通过考虑 M 个重要的空间变量，对残差 e 做特征分解得到：

$$\boldsymbol{R} = \boldsymbol{H}\boldsymbol{\Lambda}\boldsymbol{\Lambda}^{\mathrm{T}} \tag{6.18}$$

$$e = \boldsymbol{H}_M \boldsymbol{\Lambda}_M \frac{1}{2}\xi = \boldsymbol{E}\xi \tag{6.19}$$

式中：$\boldsymbol{H}$ 和 $\boldsymbol{H}_M$ 分别为 n_e 和 M 个对应的特征向量组成的矩阵，其中 n_e 为随机场的单元总数；$\boldsymbol{\Lambda}$ 为包含 n 个特征值的对角矩阵；$\boldsymbol{E}$ 为一个（$n_e \times M$）的矩阵，$\boldsymbol{E}$ 中的每一列都对应一个完整的随机场网格。

M 可以通过式（6.20）求解[22]：

$$\min_{M} \sum_{i=1}^{M} \lambda_i > \nu_p n_e \tag{6.20}$$

式中：λ_i 为第 i 个特征向量对应的特征值；ν_P 为总方差的保留百分比，通常情况下 ν_p 越大，对应的重要空间变量数 M 越大，本章的有关计算中考虑 $\nu_p>95\%$。

当系统的多项式响应面建立完成后，系统响应在约束后的均值可以由以下公式求得：

$$E_{-e}(FS \mid \boldsymbol{e}_m) = r_0 + \sum_{j=1}^{n} r_j \boldsymbol{e}_j + \sum_{j_1=1}^{n} \sum_{j_2=j_1}^{n} r_{j_1 j_2} \boldsymbol{e}_{j_1} \boldsymbol{e}_{j_2}$$

其中

$$r_0 = a_0 - \sum_{i_1=1}^{M} \sum_{i_2=i_1}^{M} a_{i_1 i_2} G_{i_1 i_2}$$

$$r_j = \sum_{i=1}^{M} a_i F_{ij}$$

$$r_{j_1 j_2} = \begin{cases} \boldsymbol{P}_{jj} & j_1 = j_2 = j \\ \boldsymbol{P}_{j_1 j_2} + \boldsymbol{P}_{j_2 j_1} & j_1 \neq j_2 \end{cases}$$

$$\boldsymbol{F} = \boldsymbol{E}_s^{\mathrm{T}} \boldsymbol{R}_s^{-1}$$

$$\boldsymbol{G} = \boldsymbol{F} \boldsymbol{E}_s$$

$$\boldsymbol{P} = \sum_{i_1=1}^{M} \sum_{i_2=i_1}^{M} a_{i_1 i_2} \boldsymbol{F}_{i_1}^{\mathrm{T}} \boldsymbol{F}_{i_2} \tag{6.21}$$

式中：a_0、a_i、$a_{i_1 i_2}$ 为混沌多项展开式的系数；$\boldsymbol{E}_s$ 为一个 （$n \times M$） 的矩阵，其中 n 为采样点数，即 $\boldsymbol{E}_s$ 是由 $\boldsymbol{E}$ 中对应于采样点的列所组成的；$\boldsymbol{R}_s$ 为一个对应于采样点之间 （$n \times n$） 的空间自相关矩阵。

约束后系统响应期望的方差可由式（6.22）求得：

$$\mathrm{Var}_e \left[E_{-e}(FS \mid \boldsymbol{e}) \right]$$
$$= \sum_{i=1}^{n} \sum_{j=1}^{n} r_i r_j R_{ij} + \sum_{i_1=1}^{n} \sum_{i_2=i_1}^{n} \sum_{j_1=1}^{n} \sum_{j_2=j_1}^{n} r_{i_1 i_2} r_{j_1 j_2} (R_{i_1 j_1} R_{i_2 j_2} + R_{i_1 j_2} R_{i_2 j_1}) \tag{6.22}$$

式中：R_{ij} 为 $\boldsymbol{R}_s$ 中第 i 行、第 j 列的元素。

当求得 $\mathrm{Var}_e \left[E_{-e}(FS \mid \boldsymbol{e}) \right]$ 后，Sobol 指数 $S(\boldsymbol{X})$ 可由式（6.16）得到。

6.4　边坡可靠度分析案例

6.4.1　案例描述

本案例采用一个处于不排水条件下，高为 5m 的黏土边坡（见图 6.1），坡顶下 10m 为稳定基岩，坡度为 1∶2。当执行随机场模拟时，该边坡模型离散成 910 个 0.5m×0.5m 的正方形单元。不排水抗剪强度 c_u，假设为随机场变量，并服从对数正态分布，其均值和变异系数（COV）分别为 23kPa 和 0.3，假设土体的饱和自重应力 γ_{sat} 为 20kN/m³ 的常量。

本案例考虑采用高斯方程表征土体空间自相关函数，如式（6.23）所示。通过考虑土层倾角 α，式（6.23）可以用来模拟旋转各向异性随机场[44,45]。

$$\rho(\tau_x, \tau_y) = \exp \left[-\left(\frac{(\tau_x \cos\alpha + \tau_y \sin\alpha)^2}{\theta_1^2} + \frac{(-\tau_x \cos\alpha + \tau_y \sin\alpha)^2}{\theta_2^2} \right) \right] \tag{6.23}$$

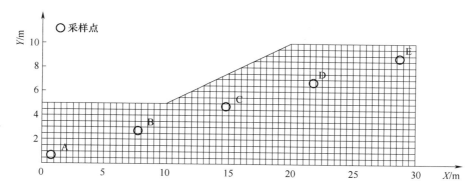

图 6.1 边坡模型和随机场网格[39]

式中：θ_1 为主自相关距离，其方向沿着土层的层理方向，当 $\alpha = 0°$ 时，θ_1 为水平自相关距离；θ_2 为次自相关距离，其方向垂直于土层的层理方向，当 $\alpha = 0°$ 时，θ_2 为竖直自相关距离；τ_x 和 τ_y 分别为 x 和 y 方向上空间中任意两点的距离。

图 6.2 展示了几个典型的旋转随机场样本。在本案例中，$\theta_1 = 20\mathrm{m}$，θ_2 在 $\{1.5\mathrm{m}$，$2\mathrm{m}$，$2.5\mathrm{m}$，$3\mathrm{m}$，$3.5\mathrm{m}\}$ 之间取值。由于条件随机场建模需要采样点的样本数据。本案例中，假定采样点处的样本数据为不排水抗剪强度 c_u 的均值。当考虑对数正态分布的时候，c_u 的均值应通过式（6.13）进行转换。考虑不排水抗剪强度等于均值（23kPa），通过 Bishop 法对该边坡做稳定性分析，得到该边坡的安全系数 FS 为 1.358，与 Cho 等人[6] 得到的 1.356 接近。该研究通过基于 Jiang 等人[7] 提出的非侵入式计算框架和 Bishop 法的随

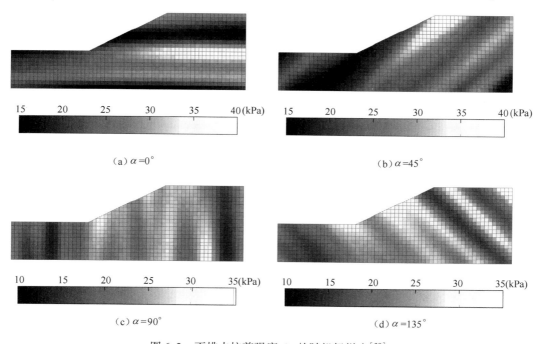

图 6.2 不排水抗剪强度 C_u 的随机场样本[39]

机极限平衡法（RLEM）进行可靠度分析计算。在非侵入式计算框架中，采用 SLOPE/W[46]作为计算程序。该案例采用 2000 次蒙特卡洛模拟求解采样效率指数。

6.4.2　考虑稀疏采样点的采样效率指数

在本算例中，考虑土层倾角为水平的空间各向异性（即 $\alpha = 0°$），同时考虑离散的稀疏采样点，如图 6.1 所示。采样效率指数通过式（6.4）求解，即采样效率指数等于考虑约束作用前安全系数 FS 的标准差 $\sigma[FS]$ 除以考虑约束作用后安全系数 FS 的标准差 $\sigma_{cond}[FS]$。其中，有关克里金条件随机场法和 Hoffman 法的 $\sigma_{cond}[FS]$ 的求解基于 2000 次约束后的蒙特卡洛模拟计算结果。而有关 Sobol 指数法的 $\sigma_{cond}[FS]$ 求解基于式 $\sqrt{1 - S(\boldsymbol{X})}\,\sigma[FS]$ 求得，而 2000 次约束前的蒙特卡洛模拟计算结果用于构建安全系数 FS 的响应面 [（见式 6.17）]。

图 6.3（a）、（b）、（c）分别展示了考虑 2 个、3 个和 5 个离散采样点的采样效率指数 $\sigma[FS]/\sigma_{cond}[FS]$ 随次自相关距离的变化。其中当采样点数为 2、3 和 5 时分布对应点 $\{A, E\}$、$\{A, C, E\}$ 和 $\{A, B, C, D, E\}$（见图 6.1）。从图 6.3 中可以发现，Hoffman 法和 Sobol 指数法所得到的采样效率指数的计算结果非常接近，然后克里金条件随机场法得到的采样效率指数偏小。当考虑 2 个采样点、$\theta_2 = 1.5 \sim 2.5\text{m}$ 时，克里金条件随机场法得到了小于 1 的采样效率指数，且在这种情况下，克里金条件随机场法得到的结果与 Hoffman 法和 Sobol 指数法得到的结果差距较大。而当采样点数为 3~5 时，所有方法得到的采样效率指数皆大于 1。为此，过于稀疏的采样点是导致克里金条件随机场法得到采样效率指数小于 1 的原因。同时，表 6.1 展示了当考虑较大的次自相关距离时（即 $\theta_2 = 10\text{m}$）的采样效率指数计算结果。从表 6.1 中可以发现，当次自相关距离足够大时，即便考虑非常稀疏的采样点情况（采样点数等于 2），不同方法得到的采样效率指数均大于 1，且计算结果非常接近。

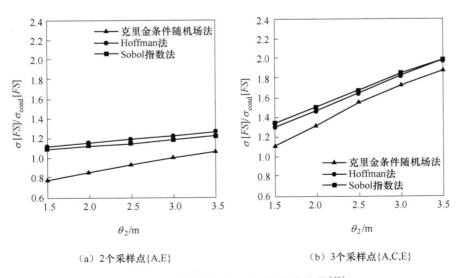

（a）2个采样点{A,E}　　　　　　（b）3个采样点{A,C,E}

图 6.3　考虑稀疏采样点的采样效率指数[39]

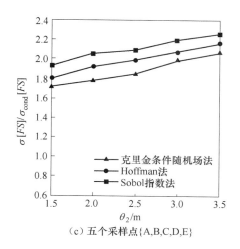

（c）五个采样点{A,B,C,D,E}

图 6.3　考虑稀疏采样点的采样效率指数[39]（续）

表 6.1　当 $\theta_2 = 10m$ 时不同方法得到的采样效率指数[39]

采样点数	方 法	$\sigma[FS]/\sigma_{cond}[FS]$	相对偏差
2	克里金条件随机场法	1.71	2.29% 4%
	Hoffman 法	1.75	
	Sobol 指数法	1.68	
3	克里金条件随机场法	3.27	1.21% −3.02%
	Hoffman 法	3.31	
	Sobol 指数法	3.41	
5	克里金条件随机场法	3.22	3.88% −3.28%
	Hoffman 法	3.35	
	Sobol 指数法	3.46	

为此，从本算例的计算结果可以知道，即便在考虑稀疏采样点的时候，Hoffman 法和 Sobol 指数法仍旧可以得到较为相近的采样效率指数。而克里金条件随机场法则可能得到明显较低的采样效率指数。这意味着，克里金条件随机场法得到的 $\sigma_{cond}[FS]$ 较大，对应的系统响应不确定性更大，一般情况下意味着更小的结构可靠度指标 β［见式（6.3）］。同时，在处于稀疏采样点的情况，克里金条件随机场法得到了小于 1 的采样效率指数。然而这种情况随着次自相关距离的增大而消失，克里金条件随机场法得到的计算结果将接近于 Sobol 指数法和 Hoffman 法得到的采样效率指数。

6.4.3　考虑空间各向异性的采样效率指数

Zhu 和 Zhang[44]指出空间各向异性是自然界土体常见的一种空间分布形式，其中旋转的空间各向异性常见于倾斜的岩土层。本算例将采用旋转随机场考虑不同的土层倾角 α。此外，本算例将考虑两种不同的钻孔采样方式，即常见的竖直钻探取样和倾斜钻探取样

（见图 6.4）。其中倾斜钻探取样可见于一些特殊的工程勘察工作中[47]。

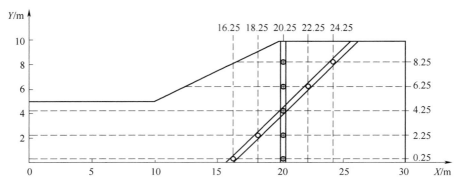

图 6.4　钻探取样方式[39]

　　图 6.5（a）、（b）分别展示了在竖直钻探取样和倾斜钻探取样时，采样效率指数随土层倾角变化的曲线图。需要注意的是，本算例考虑了平稳随机场，为此土层倾角 $\alpha=0°$ 等效于土层倾角 $\alpha=180°$。由图 6.5 可以发现，不同方法得到的采样效率指数，随着土层倾角接近钻探方向而逐渐减小，当土层倾角与钻探方向相同时，采样效率指数最小。这是因为，旋转随机场是由水平各向异性随机场通过坐标系的旋转得到[44,45]。当坐标系旋转时，空间中任意两点在 θ_2 方向上的等效投影距离减小（见图 6.6）。事实上，这等效于在 θ_2 方向上采样点逐渐聚集在一起，从而降低了采样点对全空间点的约束范围。由于 θ_2 对边坡可靠度评估的影响较 θ_1 显著[23,48,49]，采样点在 θ_2 方向上的汇聚过程中，采样点系统响应的约束效应减小，从而导致采样效率指数的减小。由图 6.5 中同样可以发现，在大多数情况下，Hoffman 法和 Sobol 指数法得到的结果较为接近，而当土层倾斜方向接近采样钻孔方向时，克里金条件随机场法将得到明显较小的采样效率指数。此外，在这种情况下，克里金条件随机场法将得到小于 1 的采样效率指数。

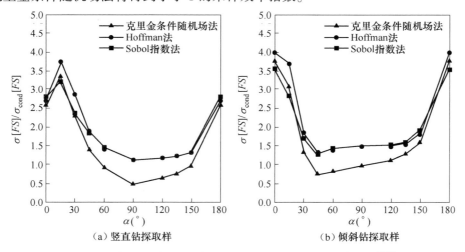

（a）竖直钻探取样　　　　　　　　　　（b）倾斜钻探取样

图 6.5　考虑不同土层倾角和钻探取样方式的采样效率指数[39]

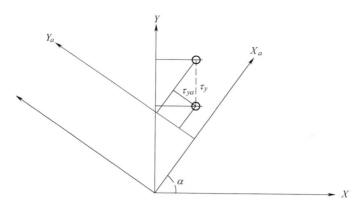

图 6.6　水平直角坐标系 θ_2 方向上的等效投影间距 τ_y 和
旋转直角坐标系（旋转角 α）θ_2 方向上的等效投影间距 $\tau_{y\alpha}$[39]

6.5　讨论与结论

本章对比了三种考虑约束作用和空间变异性的岩土工程可靠度分析方法。同时针对 Liu 等人[23] 和 Huang 等人[29] 发现的有关克里金条件随机场法求得小于 1 的采样效率指数的问题，通过三种方法的计算对比，进行了进一步分析。采样效率指数小于 1，意味着约束后的系统响应不确定性（即 $\sigma_{\text{cond}}[FS]$）大于约束前的系统响应不确定性（即 $\sigma[FS]$）。该现象存在一定的不合理性，因为已知信息（即采样数据）的获取理论上应降低系统的不确定因素。Liu 等人[23] 和 Huang 等人[29] 的研究中虽然发现了这一现象，但由于仅采用一种计算方法，无法明确该现象的发生机制。本算例中发现，该现象不会发生于其他两种考虑约束作用和空间变异性的可靠度分析方法中。而且在稀疏采样点和考虑旋转空间各向异性的情况下，Hoffman 法和 Sobol 指数法的计算结果仍能保持较小的相对偏差。为此，该现象的发生机制应从克里金条件随机场法的建模方式入手进行研究和明确。

式（6.9）为克里金条件随机场法的模型方程，该式中随机场的波动结构由 $z_{ur}-z_{ks}$ 产生。事实上 z_{ur} 和 z_{ks} 可以理解为，在生产每一个随机场样本时，z_{ks} 为 z_{ur} 的预测场，而 z_{ur} 则为被预测场。同时，克里金插值估计误差仅与空间位置和自相关结构（即自相关函数和自相关距离）有关，与空间点所对应的数据无关，如式（6.24）[21]：

$$\sigma_e^2 = (V_s^{-1}V_{su})V_{su} \tag{6.24}$$

所以 z_{ur} 和 z_{ks} 的差值即用于模拟克里金插值场 z_{km} 的估计误差。因此，采样点对应的克里金插值估计误差越小，得到的条件随机场的波动结构越小，空间变异不确定性越小，从而得到的系统响应不确定性（即 $\sigma_{\text{cond}}[FS]$）越小。对于克里金插值法而言，其准确运用的前提是采样点的约束作用要得到有效的发挥。为此，采样点对非采样点的约束作用范围应在自相关距离之内。在一些情况下，空间内的某些区域无法得到有效的约束作用。图 6.7 展示了三种情况，即仅一个采样点［见图 6.7（a）］、两个距离非常近的采样点［见图 6.7（b）］和两个距离非常远的采样点［见图 6.7（c）］。其中，当钻探取样方向沿着土层层理时，采样点在 θ_2 方向的等效分布与图 6.7（a）的情形相似，而当钻探取样方向接近土层层理时，则等效于图 6.7（b）情形。在图 6.7 中，虚线所标示的区域即没有有效约束作用的区域，在这些区域范围内，采样点与非采样点距离的影响可以忽视，采样点对每一非采样点的预测值均相同，可以认为在这些区域内已知点对未知点不具备预测效力。为此，在这些区域范围内，由 z_{ur}-z_{ks} 得到的预测误差非常大，所以 z_{ur}-z_{ks} 得到的随机场波动很大（即空间变异不确定性很大）。当这些区域的面积足够大时，条件随机场的波动甚至可能大于无条件随机场的波动，从而导致条件随机场得到的系统响应大于无条件随机场得到的系统响应。同样，由于这些区域的存在，采用克里金条件随机场法得到的系统响应不确定性（即 $\sigma_{cond}[FS]$）往往偏大，从而导致克里金条件随机场法得到的采样效率指数在大多数情况下小于 Hoffman 法和 Sobol 指数法的计算结果。当采样点的分布合理时，克里金条件随机场法的计算结果与 Hoffman 法和 Sobol 指数法的计算结果的相对偏差较小。

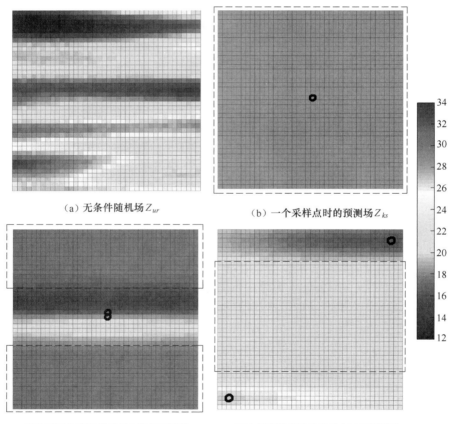

（a）无条件随机场 Z_{ur}　　　（b）一个采样点时的预测场 Z_{ks}

（c）两个距离非常近的采样点时的预测场 Z_{ks}　（d）两个距离非常远的采样点时的预测场 Z_{ks}

图 6.7　无条件随机场 z_{ur} 和预测场 z_{ks}[39]

　　因此，克里金条件随机场法在考虑稀疏采样点或者钻探取样方向靠近层理走向时，有可能得到不准确的可靠度评估结果。相较之下，Hoffman 法和 Sobol 指数法得到的可靠度评估结果较为稳定和准确。Sobol 指数法的运算效率较高，但该方法无法直接得到考虑约束作用后的破坏概率。由于 Sobol 指数法是基于系统响应面而建立的，而系统响应面是由无条件随机场法的计算结果得到,所以考虑约束作用后的系统概率失稳模式无法明确,从而无法量化系统失效带来的后果(如边坡的潜在滑移量)。因此,Sobol 指数无法用于量化风险评估。在可靠度评估方面,Sobol 指数法能通过式(6.21)得到考虑约束作用后系统响应(如 FS)的均值,通过 $\sqrt{1-S(\boldsymbol{X})}\sigma[FS]$ 求得系统响应的标准差,从而近似得到系统的可靠度指标[如采用式(6.3)]。相较之下,Hoffman 法的计算结果准确,且能够用以明确考虑约束作用后的概率失稳模式和求解系统破坏概率。为此,在本研究对比的三种方法中,Hoffman 法在工程可靠度评估方面的适用性最好,而 Sobol 指数法则可以用于所需计算量较大的岩土工程可靠度分析问题,如三维问题和最佳采样方案的确定。

参 考 文 献

[1] PHOON K K, KULHAWY F H. Characterization of geotechnical variability [J]. Canadian Geotechnical Journal, 1999, 36 (4): 612-624.

[2] PHOON K K, KULHAWY F H. Evaluation of geotechnical property variability [J]. Canadian Geotechnical Journal, 1999, 36 (4): 625-639.

[3] HICKS M A, SAMY K. Influence of heterogeneity on undrained clay slope stability [J]. Quarterly Journal of Engineering Geology and Hydrogeology, 2002, 35 (1):, 41-49.

[4] LI D Q, JIANG S H, CAO Z J, et al. A multiple response-surface method for slope reliability analysis considering spatial variability of soil properties [J]. Engineering Geology, 2014, 187: 60-72.

[5] GRIFFITHS D V, FENTON G A. Probabilistic Slope Stability Analysis by Finite Elements [J]. Journal of Geotechnical and Geoenvironmental Engineering, 2004, 130 (5): 507-518.

[6] CHO S E. Probabilistic Assessment of Slope Stability That Considers the Spatial Variability of Soil Properties [J]. Journal of Geotechnical & Geoenvironmental Engineering, 2010, 136 (7): 975-984.

[7] JIANG S H, LI D Q, ZHANG L M, et al. Slope reliability analysis considering spatially variable shear strength parameters using a non-intrusive stochastic finite element method [J]. Engineering Geology, 2014, 168: 120-128.

[8] LI D Q, JIANG S H, CAO Z J, et al. A multiple response-surface method for slope reliability analysis considering spatial variability of soil properties [J]. Engineering Geology, 2014, 187: 60-72.

[9] LIU L L, CHENG Y M, PAN Q J, et al. Incorporating stratigraphic boundary uncertainty into reliability analysis of slopes in spatially variable soils using one-dimensional conditional Markov chain model [J]. Computers and Geotechnics, 2020, 118 (C): 103321.

[10] TANG X S, WANG M X, LI D Q. Modeling multivariate cross-correlated geotechnical random fields using vine copulas for slope reliability analysis [J]. Computers and Geotechnics, 2020, 127 (2): 103784.

[11] DEGROOT D J, BAECHER G B. Estimating autocovariance of insitu soil properties [J]. Journal of Geotechnical Engineering, 1993, 119 (1): 147-166.

[12] LIU W F, LEUNG Y F, LOM K. Integrated framework for characterization of spatial variability of geological profiles. [J]. Canadian Geotechnical Journal, 2017, 54 (1): 47-58.

[13] KIUREGHIAN A D, KE J B. The stochastic finite element method in structural reliability [J]. Probabilistic Engineering Mechanics, 1988, 3 (2): 83-91.

[14] LI D Q, XIAO T, ZHANG L M, et al. Stepwise covariance matrix decomposition for efficient simulation of multivariate large-scale three-dimensional random fields [J]. Applied Mathematical Modelling, 2019, 68 (APR.): 169-181.

［15］PHOON K K, HUANG S P, QUEK S T. Implementation of Karhunen-Loeve expansion for simulation using a wavelet-Galerkin scheme ［J］. Probabilistic Engineering Mechanics, 2002, 17 (3): 293-303.

［16］BRUNO SUDRET, ARMEN DER KIUREGHIAN. Comparison of finite element reliability methods ［J］. Probabilistic Engineering Mechanics, 2002, 17 (4): 337-348.

［17］JHAS K, CHING J. Simulating Spatial Averages of Stationary Random Field Using the Fourier Series Method ［J］. Journal of Engineering Mechanics, 2013, 139 (5): 594-605.

［18］LI C, KIUREGHIAN A D. Optimal Discretization of Random Fields ［J］. Journal of Engineering Mechanics Asce, 1993, 119 (6): 1136-1154.

［19］JIANG S H, HUANG J, GRIFFITHS D V, et al. Advances in reliability and risk analyses of slopes in spatially variable soils: A state-of-the-art review ［J］. Computers and Geotechnics, 2022, 141: 104498.

［20］LLORET-CABOT M, HICKS M A, VAN DEN EIJNDEN A P. Investigation of the reduction in uncertainty due to soil variability when conditioning a random field using Kriging ［J］. Géotechnique Letters, 2012, 2 (3): 123-127.

［21］LI Y J, HICKS M A, VARDON P J. Uncertainty reduction and sampling efficiency in slope designs using 3D conditional random fields. ［J］. Computers & Geotechnics, 2016, 79: 159-172.

［22］LO M K, LEUNG Y F. Probabilistic analyses of slopes and footings with spatially variable soils considering cross-correlation and conditioned random field ［J］. Journal of Geotechnical & Geoenvironmental Engineering, 2017, 143 (9): 04017044.

［23］LIU L L, CHENG Y M, ZHANG S H. Conditional random field reliability analysis of a cohesion-frictional slope ［J］. Computers and Geotechnics, 2017, 82: 173-186.

［24］JIANG S H, HUANG J, HUANG F, et al. Modelling of spatial variability of soil undrained shear strength by conditional random fields for slope reliability analysis ［J］. Applied Mathematical Modelling, 2018, 63 (NOV.): 374-389.

［25］JIANG S H, PAPAIOANNOU I, STRAUB D. Bayesian updating of slope reliability in spatially variable soils with in-situ measurements ［J］. Engineering Geology, 2018, 239: 310-320.

［26］MOUYEAUX A, CARVAJAL C, BRESSOLETTE P, et al. Probabilistic stability analysis of an earth dam by Stochastic Finite Element Method based on field data ［J］. Computers and Geotechnics, 2018, 101: 34-47.

［27］JOHARI A, GHOLAMPOUR A. A practical approach for reliability analysis of unsaturated slope by conditional random finite element method ［J］. Computers and Geotechnics, 2018, 102 (10): 79-91.

［28］LO M K, LEUNG Y F. Reliability Assessment of Slopes Considering Sampling Influence and Spatial Variability by Sobol' Sensitivity Index ［J］. Journal of Geotechnical and Geoenvironmental Engineering, 2018, 144 (4):, 04018010.

［29］HUANG L, CHENG Y M, LEUNG Y F, et al. Influence of rotated anisotropy on slope reliability evaluation using conditional random field ［J］. Computers and Geotechnics, 2019, 115: 103133.

［30］YANG R, HUANG J, GRIFFITHS D V, et al. Optimal geotechnical site investigations for slope design ［J］. Computers and Geotechnics, 2019, 114 (Oct.): 103111. 1-103111. 10.

［31］JOHARI A, FOOLADI H. Comparative study of stochastic slope stability analysis based on conditional and unconditional random field ［J］. Computers and Geotechnics, 2020, 125: 103707.

［32］MATHERON, G. Principles of geostatistics ［J］. Economic Geology, 1963, 58 (8): 1246-1266.

［33］EIVAZY H, ESMAIELI K, JEAN R. Modelling Geomechanical Heterogeneity of Rock Masses Using Direct and Indirect Geostatistical Conditional Simulation Methods ［J］. Rock Mechanics & Rock Engineering, 2017, 50 (12): 1-21.

[34] GHOLAMPOUR A , JOHARI A . Reliability-based analysis of braced excavation in unsaturated soils considering conditional spatial variability [J]. Computers and Geotechnics, 2019, 115 (Nov.): 103163. 1-103163. 12.

[35] HUANG L , LEUNG A Y F, LIU W , et al. Reliability of an engineered slope considering the Regression Kriging (RK) -based conditional random field [J]. Transactions Hong Kong Institution of Engineers, 2021, 27 (4): 183-194.

[36] GONG W P, JUANG C H , MARTIN J R I , et al. Probabilistic analysis of tunnel longitudinal performance based upon conditional random field simulation of soil properties [J]. Tunnelling and Underground Space Technology, 2018, 73 (MAR.): 1-14.

[37] LI X Y, ZHANG L M, LI J H. Using Conditioned Random Field to Characterize the Variability of Geologic Profiles [J]. Journal of Geotechnical and Geoenvironmental Engineering, 2016, 142 (4): 04015096.

[38] SOBOL I M. Global sensitivity indices for nonlinear mathematical models and their Monte Carlo estimates [J]. Mathematics and Computers in Simulation, 2001, 55 (1): 271-280.

[39] HUANG L, ZHANG Y, LO M K, et al. Comparative study of conditional methods in slope reliability evaluation [J]. Computers and Geotechnics, 2020, 127: 103762.

[40] FENTON G A, GRIFFITHS D V . Risk Assessment in Geotechnical Engineering [M]. John Wiley & Sons, 2008.

[41] FRIMPONG S, AC HIREKO P K . Conditional LAS stochastic simulation of regionalized variables in random fields [J]. Computational Geosciences, 1998, 2 (1): 37-45.

[42] CRESSIE, N A C. Statistics for spatial data (revised edition) [M], Wiley, New York, 1993.

[43] GRIFFITHS D V , FENTON G A . Bearing capacity of spatially random soil: the undrained clay Prandtl problem revisited [J]. Géotechnique, 2001, 51 (8): 351-359.

[44] ZHU H, ZHANG L M. Characterizing geotechnical anisotropic spatial variations using random field theory [J]. Canadian Geotechnical Journal, 2013, 50 (7): 723-734.

[45] LIU W F, LEUUG Y F. Characterising three-dimensional anisotropic spatial correlation of soil properties through in situ test results [J]. Géotechnique, 2018, 68 (9): 805-819.

[46] GEO-SLOPE International Ltd. , Stability modelling with SLOPE/W 2012 version: an engineering methodology [computer program] [M]. GEO-SLOPE International Ltd. , Calgary, Alberta, Canada, 2012.

[47] HE X , HU H , GUAN W . Fast and slow flexural waves in a deviated borehole in homogeneous and layered anisotropic formations [J]. Geophysical Journal International, 2010 (1): 417-426.

[48] JIANG S, HUANG J. Modeling of non-stationary random field of undrained shear strength of soil for slope reliability analysis [J]. Soils and Foundations, 2018, 58 (1): 185-198.

[49] HUANG L, CHENG Y M, LI L, et al. Reliability and failure mechanism of a slope with non-stationarity and rotated transverse anisotropy in undrained soil strength [J]. Computers and Geotechnics, 2021, 132: 103970.

7 主动学习支持向量机-蒙特卡洛模拟可靠度计算方法

潘秋景，中南大学土木工程学院

张瑞丰，中南大学土木工程学院

赵炼恒，中南大学土木工程学院

7.1 引言

近年来，将元模型技术和蒙特卡洛模拟（Monte Carlo Simulation，MCS）结合用于可靠度指标计算在学术界引起了相当大的关注。实现该方法的基本步骤是：首先基于实验设计获得训练样本，调用物理模型计算这些训练样本的模型响应，然后利用这些样本和相应的模型响应训练一个机器学习元模型，最后利用得到的元模型进行蒙特卡洛模拟，计算可靠度指标或失效概率。为了保证计算的准确性，元模型应该能够捕捉物理模型响应的全局行为。构建元模型的常用数学工具有多项式混沌展开[1,2]、克里金[3,4]、神经网络[5,6]和支持向量机（Support SVM）等。支持向量机是 Vapnik[7,8]提出的经典机器学习算法，它具有以下优点[9-13]：①支持向量机的决策函数具有显式表达式，其模型预测只用到一部分的训练样本，与隐式模型（如克里金模型）相比，支持向量机的预测效率更高；②支持向量机利用结构风险最小化原理，使得泛化误差的上限达到最小，其在避免过拟合和提高泛化能力方面具有良好的性能；③支持向量机是一种分类算法，可以对结构稳定分析中的安全状态和危险状态进行分类识别，使它非常适合与蒙特卡洛模拟结合应用，因为蒙特卡洛模拟计算失效概率只与模型响应的"符号"有关；④支持向量机能够避免维数灾难，在处理高维非线性问题时表现良好，较传统的多项式响应面有更强大的拟合能力。

许多科研工作者致力于将支持向量机应用于可靠度分析计算中。Rocco 和 Moreno[9]最先将蒙特卡洛模拟和支持向量机结合起来进行可靠度指标计算。Hurtado[14]提出了一种基于重要性抽样和支持向量机结合的可靠度指标计算算法，与传统的重要性抽样方法相比，该算法表现出相当高的计算效率。Li 等人[13]、Zhao[15]和 Zhao 等人[16]提出了一种结合支持向量机和一次二阶矩法的可靠度指标计算方法，并在边坡和隧道工程中进行了应用和验证。Tan 等人[17]提出了基于径向基神经网络和支持向量机的响应面法，研究发现径向基神经网络与支持向量机的拟合能力没有明显区别。Bourinet 等人[18]结合了子集模拟和支持向量机提出了一种称为 2SMART 的方法，这种方法能够很好地处理小失效概率计算问题。Ji 等人[19]应用最小二乘支持向量机结合蒙特卡洛模拟来估计边坡系统的可靠度指标，结果表明提出的方法可以有效地评估涉及多个失效模式的斜坡的系统失效概率。在上述研究中，支持向量机应用于可靠度分析和计算的精度和效率，在很大程度上取决于如何以最少的样本训练获得高精度支持向量机元模型。主动学习支持向量机通过定义一个学习函数，有针对性地选择训练样本，可以利用较少的样本训练得到高精度支持向量机元模型，是一种有效的构建支持向量机元模型的技术[12,20,21]。

本章将主动学习支持向量机和蒙特卡洛模拟相结合，提出一种有效的可靠度指标计算方法。本章各节的主要内容如下：7.2 节主要介绍失效概率和可靠度指标的基本概念，7.3 节介绍了支持向量机的基本原理，7.4 节介绍提出的主动学习支持向量机–蒙特卡洛模拟（ASVM–MCS）算法，7.5 节将提出的方法应用于 4 个典型案例进行分析，7.6 节对本章内容进行总结。

7.2 可靠度理论基本介绍

在工程实践中，设计师需要对结构在外荷载作用下的稳定性或者变形进行分析，以评估其是否满足正常使用极限状态或者承载能力极限状态的要求。确定性分析方法（如安全系数法）将材料物理力学参数、外部荷载和结构几何尺寸等输入参数 x 视为确定的取值，通过物理模型 $M(x)$ 计算出结构的响应值，即

$$y = M(x) \tag{7.1}$$

式中：$x \in \mathbb{R}^d$ 为输入变量向量；d 为问题的维度；y 为物理模型计算出的结构响应。

当计算出的结构响应小于某一规定的临界值时，认为结构是安全的，如图 7.1 所示。然而，在实际问题中，由于材料的空间变异性、测量的误差等多种原因，材料物理力学性质和结构承受的外部荷载等参数存在不确定性。相比于确定性分析，工程可靠度理论从概率分析的角度出发，对材料和外荷载的不确定性因素进行量化分析，进而可以得到更为经济、安全和可靠的设计结果。在概率分析的框架内，可靠度理论假设材料的物理力学参数、结构承受的外部荷载服从某一概率密度函数 $f(x)$，以定量描述其不确定性和变异性，如图 7.1 所示。在这样的设定下，通过物理模型计算出结构的响应也应该服从相应的概率分布 $f(y)$。

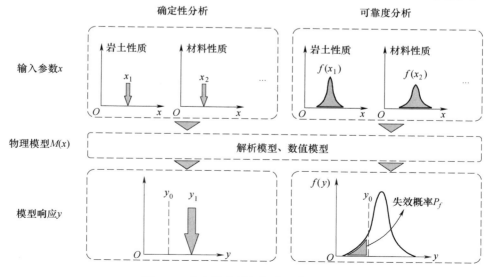

图 7.1 确定性分析与概率可靠度计算

在可靠度理论中，结构的失效不再用一个确定的指标（如安全系数）来表征，而是使用失效概率来描述。结构失效概率 P_f 通过式（7.2）计算：

$$P_f = \int \cdots \int I[\boldsymbol{G}(x)]f(x)\,\mathrm{d}x \tag{7.2}$$

式中：$\boldsymbol{G}(x)=0$ 表示结构的极限状态面，$\boldsymbol{G}(x)<0$ 意味着结构失效，$\boldsymbol{G}(x)>0$ 意味着结构安全；$I[\boldsymbol{G}(x)]$ 为指示函数，当 $\boldsymbol{G}(x)<0$ 时，$I[\boldsymbol{G}(x)]=1$，否则 $I[\boldsymbol{G}(x)]=0$。

极限状态面通常由物理模型 $M(x)$ 以及给定的临界值确定。例如，如果物理模型 $M(x)$ 预测结构某一位置的变形，并且该位置处其最大容许变形为 y_0，则极限状态面 $G(x)$ 可以表示为

$$G(x) = M(x) - y_0 \tag{7.3}$$

通过式（7.2）中的积分表达式解析计算失效概率通常非常困难，尤其对于高维问题几乎不具备可行性。因此，人们提出一些近似法来计算失效概率，例如，一次二阶矩法、蒙特卡洛模拟及响应面法等[22]。在这些方法中，最可靠且简单的是蒙特卡洛模拟，其实施过程包括三个基本步骤：①根据给定的输入参数的概率密度分布函数取样 n_{MC} 个样本，②计算每个样本的物理模型响应，③利用式（7.4）计算失效概率。

$$\hat{P}_f = \frac{1}{n_{MC}} \sum_{i=1}^{n_{MC}} I[G(x_i)] \tag{7.4}$$

式中：x_i 为第 i 个蒙特卡洛样本；$\hat{P}_f$ 为失效概率的无偏估计。

p_f 的变异系数为

$$\mathrm{COV}(\hat{P}_f) = \sqrt{\frac{1-\hat{P}_f}{n_{MC}\,\hat{P}_f}} \tag{7.5}$$

经典的蒙特卡洛模拟计算失效概率不受问题维度的影响，由于其通用性和稳健性，通常被视为其他方法的参考标准。然而，蒙特卡洛模拟的计算效率非常低，这使得它很难用于分析物理模型 $M(x)$ 计算耗时的问题（如用数值模拟软件计算物理响应），尤其是当失效概率被设计得很小的时候。

7.3　支持向量机基本介绍

支持向量机是机器学习中的一种高效分类器。支持向量机算法的目标是建立一个超平面，将所有训练数据分成两个类别。近年来，支持向量机已经成功地应用于众多领域[20,23]，从模式识别、手写字符识别、文本分类到生物科学。本节主要对支持向量机算法进行简要介绍。更多的细节，读者可参考文献［7］和文献［8］。

7.3.1　线性分类

首先考虑训练数据样本点为线性可分的情况，如图 7.2 所示，有空心圆圈和实心三角形两类样本点，其中向量 $x_i \in \mathbb{R}^d$ 表示样本点的空间坐标，$c_i \in \{-1, +1\}$ 表示样本点的类别（-1 和 $+1$ 分别表示两个不同的类别）。支持向量机算法的目标是寻找一个最优超平面，使得所有类别为 -1 的样本点位于超平面的一侧，类别为 $+1$ 的样本点位于其另一侧，

最优超平面是与最近的训练样本的距离最大的超平面。一个可能的超平面可以写为

$$w^\mathrm{T}x + b = 0 \tag{7.6}$$

式中：向量 w 垂直于超平面；b 为一个标量参数。

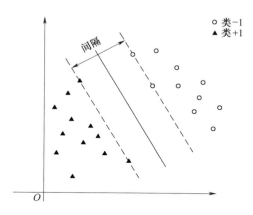

图 7.2 线性支持向量机分类器示意

当超平面已经确定，$|w^\mathrm{T}x + b|$ 表示样本点 x 与超平面的距离，则可以通过观察标记 c 的符号与关系式 $w^\mathrm{T}x + b$ 的符号是否一致判断分类是否正确。因此，定义间隔函数为

$$\widehat{d} = c(w^\mathrm{T}x + b) = cf(x) \tag{7.7}$$

将点到超平面的距离定义为几何间隔，可以通过式（7.8）计算：

$$d = \frac{|w^\mathrm{T}x + b|}{\|w\|} \tag{7.8}$$

其中

$$\|w\| = \sqrt{w_1^2 + \cdots + w_N^2}$$

式中：N 为训练数据样本点的个数。

如果能够找到一个超平面，使得该超平面两侧的样本距离该平面的几何间隔最大，那么将样本分离的确信度也就越大，分类效果越好。因此，搜寻最优超平面的目标函数定义为

$$\max_{w,b}\{d\} \tag{7.9}$$

且所有的数据点需满足以下约束条件：

$$c_i(w^\mathrm{T}x_i + b) - 1 \geqslant 0 \quad i = 1, \cdots, N \tag{7.10}$$

该约束可以确保在几何间隔内没有样本存在。因此，确定最大几何间隔的最优超平面转化为以下优化问题：

$$\max_{w,b}\{1/\|w\|\}$$
$$\mathrm{s.t.}\ c_i(w^\mathrm{T}x_i + b) - 1 \geqslant 0,\ i = 1, \cdots, N \tag{7.11}$$

引入拉格朗日乘子 α，将上述优化问题转化为一个凸二次优化问题。将该优化问题用拉格朗日函数进行表示为

$$L(w, b, \alpha) = \frac{1}{2}\|w\|^2 - \sum_{i=1}^{n}\alpha_i(y_i(w^T x_i + b) - 1) \tag{7.12}$$

进一步令

$$\theta(w) = \max_{\alpha_i \geqslant 0} L(w, b, \alpha) \tag{7.13}$$

目标函数则变为

$$\min_{w, b} \theta(w) = \min_{w, b} \max_{\alpha_i \geqslant 0} L(w, b, \alpha) = d^* \tag{7.14}$$

为方便求解，最终将目标函数改写为

$$\min_{w, b} \theta(w) = \max_{\alpha_i \geqslant 0} \min_{w, b} L(w, b, \alpha) = p^* \tag{7.15}$$

上述两个目标函数都是等同于求最优解，互为对偶问题，转换成对偶问题后，问题求解更加简便。简单来说，可以先求函数 $L(w, b, \alpha)$ 对 w 和 b 的极小，再求函数 $L(w, b, \alpha)$ 对 α_i 的极大。该对偶问题可以分以下三步进行求解。

（1）固定 α，求函数 $L(w, b, \alpha)$ 对 w 和 b 的极小。其方法是分别对 w 和 b 求解偏导数，并令其分别都为 0，将其结果回代式（7.12），得到：

$$
\begin{aligned}
& L(w, b, \alpha) \\
&= \frac{1}{2} \sum_{i, j=1}^{n} \alpha_i \alpha_j c_i c_j - \sum_{i, j=1}^{n} \alpha_i \alpha_j c_i c_j\, x_i^{\mathrm{T}} x_j - b \sum_{i=1}^{n} \alpha_i c_i + \sum_{i=1}^{n} \alpha_i \\
&= \sum_{i=1}^{n} \alpha_i - \frac{1}{2} \sum_{i, j=1}^{n} \alpha_i \alpha_j c_i c_j\, x_i^{\mathrm{T}} x_j
\end{aligned} \tag{7.16}
$$

（2）通过式（7.16）求对 α 的极大值，通过式（7.16）可以将目标函数转换为

$$
\max_{\alpha} \sum_{i=1}^{n} \alpha_i - \frac{1}{2} \sum_{i, j=1}^{n} \alpha_i \alpha_j c_i c_j\, x_i^{\mathrm{T}} x_j
$$
$$
\text{s.t.}\ \alpha_i \geqslant 0,\ i = 1, \cdots, n \tag{7.17}
$$
$$
\sum_{i=1}^{n} \alpha_i y_i = 0
$$

通过式（7.17）可以求出 α_i。

（3）将求出的 α_i 回代到式（7.16）中，即可求出最优的 w 和 b，最终获得最优超平面。对构建支持向量超平面有实际贡献的点为间隔边界上的样本点，这些样本点，被称为支持向量。值得注意的是，支持向量的函数间隔为 1，非支持向量的函数间隔都大于 1，那么代入目标函数中可知，非支持向量的拉格朗日乘数一定为 0。

通过上述步骤获得最优超平面后，可以通过计算任意待测点 x 与最优超平面的距离来预测该点的类别，由以下函数决定：

$$c(x) = \mathrm{sign}\left[\sum_{i=1}^{N_{SV}} \alpha_i\, c_i\, x_i^{\mathrm{T}} x_j + b \right] \tag{7.18}$$

式中：N_{SV} 为支持向量的个数。

7.3.2　非线性分类

7.3.1 节主要介绍了支持向量机求解线性分类问题的方法，但是在大多数情况下训练样本是线性不可分的，即在低维度空间不存在将所有样本点线性可分的超平面。解决非线性分类问题的方法是选择一个非线性特征集，在更高维度的空间表达原始数据，即等价于构造一个非线性映射。支持向量机引入核函数，解决了非线性分类问题的建模求解。核函

数运算的本质是将样本点从低维空间映射到高维特征空间，在高维特征空间里实现样本分离，如图 7.3 所示。

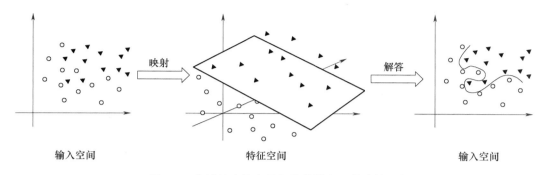

图 7.3　非线性支持向量机分类器和函数映射示意

虽然将低维数据映射到高维特征空间处理非线性分类问题在理论上可行，但映射会导致空间维数呈指数级增长，因此会给非线性分类问题带来计算困难。核函数运算可以隐式表达映射计算结果，直接在特征空间进行内积，巧妙地解决映射带来的爆炸式维度增加的难题。下面通过一个例子对核函数运算进行简要介绍。

假设 x 为一个二维的特征向量：$x = [x_1, x_2]^T$，假设 x 的高维映射为 $\varphi(x) = [x_1x_1, x_1x_2, x_2x_1, x_2x_2]^T$，对应核函数计算如下：

$$\psi(x, t) = \varphi(x)^T \varphi(t)$$

$$= \sum_{i=1}^{2} \sum_{j=1}^{2} (x_i x_j)(t_i t_j)$$

$$= \sum_{i=1}^{2} \sum_{j=1}^{2} x_i x_j t_i t_j$$

$$= \left(\sum_{i=1}^{2} x_i t_i \right) \left(\sum_{j=1}^{2} x_j t_j \right)$$

$$= \left(\sum_{i=1}^{2} x_i t_i \right)^2$$

$$= (x^T t)^2 \tag{7.19}$$

同理可将情况推至高维：

$$\psi(x, t) = (x^T t)^d \tag{7.20}$$

式中：d 为映射阶数。

通过式（7.20）可知，无论是直接进行特征内积计算再进行高阶运算，还是先将低维数据特征映射到高维再进行内积计算，两者计算结果是一样的，但是两者的计算复杂度并不一样，前者的计算复杂度比后者更低。

综上所述，运用核函数进行计算，既能够满足低维数据映射到高维特征空间中解决线性不可分的问题，又能够降低计算复杂度。对应不同的分类情况，可以选择不同的核函数类型，常见的核函数如表7.1所示。

表 7.1　常见核函数类型

名　称	表达式
线性核函数	$\psi(x_k, x_i) = x_i^{\mathrm{T}} x_k$
多项式核函数	$\psi(x_k, x_i) = (\alpha x_i^{\mathrm{T}} x_k + c)^p$
高斯核函数	$\psi(x_k, x_i) = \exp(-\|x_k - x_i\|^2 / 2\sigma^2)$
径向核函数	$\psi(x_k, x_i) = \exp(-\gamma \|x_k - x_i\|^2)$
指数核函数	$\psi(x_k, x_i) = \exp(-\|x_k - x_i\| / 2\sigma^2)$
拉普拉斯核函数	$\psi(x_k, x_i) = \exp(-\|x_k - x_i\| / \sigma)$
Sigmoid 核函数	$\psi(x_k, x_i) = \tanh(\alpha x_i^{\mathrm{T}} x_k + c)$
有理二次核函数	$\psi(x_k, x_i) = 1 - \|x_k - x_i\|^2 / (\|x_k - x_i\|^2 + c)$
多二元核函数	$\psi(x_k, x_i) = \sqrt{\|x_k - x_i\|^2 + c^2}$

通过上述分析发现，非线性分类与线性分类情况类似，只需要用 $\psi(x_k, x_i)$ 替换 $x_i^{\mathrm{T}} x_k$。对 x 点的分类预测表示为

$$c(x) = \mathrm{sign}\Big[\sum_{i=1}^{N_{SV}} \alpha_i c_i \psi(x, x_i) + b\Big] \tag{7.21}$$

总的来说，无论处理线性问题还是非线性问题，支持向量机处理分类问题主要包括两个步骤：第一步是支持向量机分类器构建的过程，即通过训练样本寻找支持向量机最优超平面的过程；第二步是利用支持向量机分类器进行样本分类的过程，即计算未知点到最优超平面的距离进行类别预测。

7.4　主动学习支持向量机-蒙特卡洛模拟

本节主要介绍提出的主动学习支持向量机-蒙特卡洛模拟算法。

7.4.1　主动学习支持向量机

被动学习和主动学习的主要区别在于如何选择训练样本。被动学习随机选择样本进行机器学习元模型训练，主动学习借助学习函数有目的地选择训练样本，达到事半功倍的效果。主动学习在效率方面优于被动学习。主动学习能够以尽可能少的训练样本来构建准确的元模型，这一特点对于物理模型计算耗时的可靠度分析具有重要意义。

主动学习支持向量机的主要思想是选择信息量最大的训练样本。通常被支持向量机误分类的概率最高的样本为信息量最大的样本，当训练样本集中加入了信息量最大的样本时，对支持向量机分类器的改进效果是最好的。在前人的研究中，已有学者提出了几种主动学习支持向量机方法。Tong 和 Koller[20] 提出了一种基于池化的主动学习支持向量机用于文本分类。其学习函数主要利用两个原则搜寻最优训练样本：①选择特征空间中最接近超平面的样本；②计算最大最小边界或边界比例，以检查当一个候选训练样本标记为

"–1"或标记为" +1 "时边界大小的变化。

Basudhar 和 Missoum[21]提出了一种主动学习支持向量机方法，其学习函数在执行过程反复寻找三种候选训练样本：①与最近的已有训练样本保持一定距离的样本，②与先前添加的训练样本之间距离最大的样本，③与现有训练样本的最小距离最大的样本。在 Basudhar 和 Missoum[21]提出的主动学习算法中，利用遗传算法求解优化问题来搜索下一个最优的训练样本，该算法的有效性和效率与训练集的大小和问题的维数有关。

7.4.2 主动学习支持向量机–蒙特卡洛模拟

支持向量机和蒙特卡洛模拟的结合计算可靠度指标，是由 Rocco 和 Moreno[9]首次实现的。在他们的工作中，构造支持向量机分类器的训练样本是被动选择的。本节将主动学习支持向量机与蒙特卡洛模拟相结合，提出的算法流程如图 7.4 所示，其具体步骤如下：

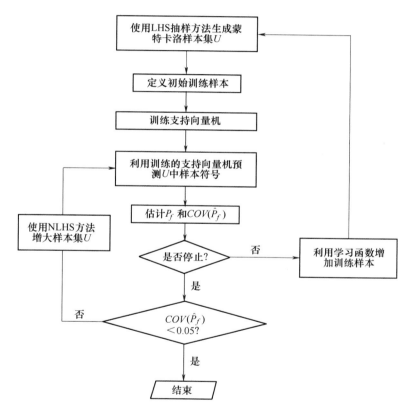

图 7.4 算法流程

（1）生成 n_{MC} 个蒙特卡洛样本集，记为 **U**。一个优秀的元模型应该在整个输入空间上都提供良好的预测，均匀抽样有助于实现这一目标。常用的均匀抽样方法有拉丁超立方抽样（Latin hypercube sampling，LHS）、均匀设计等。本算法利用拉丁超立方抽样在标准正态空间中生成 n_{MC} 个蒙特卡洛样本。当计算的失效概率变异系数不能满足目标精度时，则增大 **U** 的样本大小，此时利用嵌套拉丁超立方采样技术（Nested Latin hypercube sampling，NLHS)[1]生成新的样本，以保持 **U** 中样本的均匀性。请注意：**U** 是由未标记的样本组成的样本集。

（2）定义初始训练样本。为了捕获物理模型响应的全局行为，初始训练样本应该具有最大的均匀性。建议采用 3σ 规则来确定初始训练样本的采样范围。初始训练样本的均匀性可通过拉丁超立方抽样技术来实现。在本章给出的算例中，初始训练样本的数量被设置为 10~20。随着迭代的进行，根据主动学习策略，逐步选择新样本补充训练样本。初始和新加的训练样本集合记为 **T**。

（3）训练支持向量机分类器。利用物理模型 $M(x)$ 评估 **T** 中的训练样本的模型响应，获得样本的类别，并利用训练样本及其类别训练支持向量机分类器。必须指出，核函数的选择对于支持向量机训练是非常重要的。由于高斯核函数适用性好、灵活性高，本章算例中，选择具有单一超参数（带宽）的高斯核函数。高斯核函数最佳带宽的取值与问题的维数和非线性程度有关。在本章，通过使用 5 倍交叉验证确定高斯核函数的带宽[18,25]。应该注意，对于复杂的极限状态面，不合理的带宽取值很可能导致过拟合。

（4）失效概率及其变异系数的估计。利用上一步训练得到的支持向量机分类器来预测 **U** 中每个样本的类别，然后利用式（7.4）计算失效概率 $\hat{P}_f$，并利用式（7.5）计算其变异系数。

（5）停止准则。尽管支持向量机间隔内不应该包含 **T** 中的任何训练样本，但仍然存在属于 **U** 的样本点。本主动学习策略在每个迭代步骤中选取位于支持向量机间隔内的属于 **U** 的一个样本点，将其添加到训练集 **T** 中。位于支持向量机间隔内的样本数量随着算法的进行而减少，所以可用位于间隔内的样本数与 **U** 中样本总数的比值来衡量主动学习过程的收敛性，计算表达式为

$$\delta_k = \frac{\sum_{i=1}^{n_{MC}} J(x_i)}{n_{MC}} \tag{7.22}$$

式中：k 为迭代步数。

如果 x_i 位于间隔内，则指标函数 $J(x_i)=1$，否则 $J(x_i)=0$。为了获得更稳定的停止标准，用指数函数对 δ_k 的数据进行拟合：

$$\hat{\delta_k} = Ae^{Bk} \tag{7.23}$$

式中：$\hat{\delta_k}$ 为 δ_k 的拟合值；A 和 B 为待拟合的参数。

$\hat{\delta_k}$ 和 δ_k 应该都小于目标值 ε_1，以保证算法收敛的鲁棒性。此外，还需对拟合曲线的斜率进行检验，应该小于给定的目标值 ε_2。因此，停止准则为

$$\begin{cases} \max(\hat{\delta_k}, \delta_k) < \varepsilon_1 \\ 0 < -BAe^{Bk} < \varepsilon_2 \end{cases} \tag{7.24}$$

（6）主动选择最优的训练样本。如果步骤（5）不满足停止准则，则需要进一步更新训练样本，改进获得的支持向量机分类器，以获得对原始极限状态函数的良好近似，这个阶段称为主动学习过程。主动学习函数的目的为在备选样本集 **U** 中选择一个最优的样本。候选样本应同时满足两个条件：①位于或者接近支持向量机的分类边界；②为了避免冗余

信息，必须和现有的训练样本保持一定的距离。

最接近支持向量机分类器边界的样本点被误分类的概率最大，因此支持向量机分类器的更新需要考虑这些样本点。样本点 x 到支持向量机分类器边界的距离用 $s(x)$ 表示，即

$$s(x) = \frac{\left| \sum_{i=1}^{N_{SV}} \alpha_i c_i \psi(x, x_i) + b \right|}{\| w \|} \tag{7.25}$$

此外，备选的样本与现有训练样本之间的距离应该尽可能大，以便使新增加的样本点带来充足的额外信息。点 x 到其最近的现有训练样本的距离计算为

$$d(x) = \| x - x_{\text{nearest}} \| \qquad x_{\text{nearest}} \in \mathbf{T} \tag{7.26}$$

考虑以上两个因素，定义学习函数 $L(x)$ 为

$$L(x) = \min_X \frac{\overline{s}(x)}{\overline{d}(x)} \tag{7.27}$$

$$\text{s. t.} \begin{cases} x \in \mathbf{U}, \ x_{\text{nearest}} \in \mathbf{T} \\ \left| \sum_{i=1}^{N_{SV}} \alpha_i y_i \psi(x, x_i) + b \right| < 1 \end{cases}$$

$\overline{s}(x)$ 和 $\overline{d}(x)$ 分别由 $s(x)$ 和 $d(x)$ 的最大值归一化而得，$\overline{s}(x) = \dfrac{s(x)}{\max[s(x)]}$，$\overline{d}(x) = \dfrac{d(x)}{\max[d(x)]}$。式（7.27）用于搜寻最优的下一个训练样本点，然后算法回到步骤（3），更新支持向量机分类器。

（7）补充蒙特卡洛样本集 $\mathbf{U}$。如果满足步骤（5）的停止准则，则认为经过训练的支持向量机分类器足够准确预测样本集 $\mathbf{U}$ 中样本的类别，然后利用式（7.4）和式（7.5）计算 $\hat{P}_f$ 及其变异系数。若计算出的 COV（$\hat{P}_f$）大于 5%，则增加 $\mathbf{U}$ 的样本个数，算法返回步骤（4）。

（8）算法结束。如果 COV（$\hat{P}_f$）小于 5%，则表明当前 $\mathbf{U}$ 样本数量足够大，足以给出一个可接受的估计失效概率。算法终止，记最后一次迭代计算的失效概率 $\hat{P}_f$ 为最终结果。

7.5 案例分析

本节利用 4 个基准算例对所提出的算法性能进行测试。在每个算例中，将所提出的方法与文献中的方法进行比较，将直接蒙特卡洛模拟得出的失效概率作为参考值。主要从对极限状态函（物理模型）的调用次数 N_C 以及估计失效概率 $\hat{P}_f$ 与参考值之间的误差 ε_{P_f} 两方面来比较不同方法之间的计算效率和准确度。

7.5.1 算例 1：四分支二维串联系统

第 1 个算例是一个有四分支的二维串联系统。Echard 等人[4]、Bourinet[18] 以及 Schueremans 和 Van Gemert[26] 等也利用过这个算例。其极限状态函数为

$$G(x_1, x_2) = \min \begin{Bmatrix} 3.0 + 0.1 (x_1 - x_2)^2 - (x_1 + x_2)/\sqrt{2} \\ 3.0 + 0.1 (x_1 - x_2)^2 + (x_1 + x_2)/\sqrt{2} \\ (x_1 - x_2) + k/\sqrt{2} \\ -(x_1 - x_2) + k/\sqrt{2} \end{Bmatrix} \qquad (7.28)$$

式中：x_1 和 x_2 为两个服从正态分布的独立随机变量；k 可分别取 6 或 7。

　　将所提出的方法计算得到的失效概率与 AK-MCS[4]、SS-SVM[18]、DS-NN 以及 IS-NN[26] 计算的失效概率进行比较，结果如表 7.2 所示。ASVM-MCS 的停止准则参数设置为 $\varepsilon_1 = 4.0 \times 10^{-4}$ 和 $\varepsilon_2 = 1.0 \times 10^{-5}$，$U$ 中样本个数为 1.0×10^6。

表 7.2　算例 1 的结果

k	方法	N_c	$\hat{P}_f$	COV ($\hat{P}_f$) (%)	ε_{P_f} (%)
6	MCS	10^6	4.40×10^{-3}	1.7	—
	ASVM-MCS	99	4.46×10^{-3}	1.5	1.4
	AK-MCS	126	4.42×10^{-3}	—	0.5
	DS-NN	165	4.1×10^{-3}	—	6.8
7	MCS	10^6	2.15×10^{-3}	2.2	—
	ASVM-MCS	89	2.13×10^{-3}	2.2	0.9
	AK-MCS	96	2.23×10^{-3}	—	3.7
	SS-SVM	1035	2.21×10^{-3}	1.7	2.8
	DS-NN	67	1.0×10^{-3}	—	53.5

　　对比结果表明，当 $k = 7$ 时，ASVM-MCS、AK-MCS 和 SS-SVM 估计的失效概率都非常接近参考值，其中 AK-MCS 的误差最大，为 3.7%。与 DS-NN 和 IS-NN 相比，这三种方法能更好地估计失效概率；当 $k = 7$ 时，DS-NN 的最大误差达到了 53.5%。在极限状态函数的调用次数方面，ASVM-MCS 比 AK-MCS 的调用次数更少。当 $k = 6$ 时，ASVM-MCS 和 AK-MCS 分别需要调用 99 次和 126 次；当 $k = 7$ 时，分别需要调用 89 次和 96 次。在同等精度下，SS-SVM 所需的极限状态函数调用次数是 ASVM-MCS 的 10 倍以上。由此可知，提出的 ASVM-MCS 在计算效率方面远远优于 SS-SVM，并且与 AK-MCS相当。

　　图 7.5 为 ASVM-MCS 得到的分类边界和相应的训练样本，图 7.6 绘制了支持向量机分类器与 U 中相应的蒙特卡洛样本。可以看出，ASVM-MCS 主动学习算法挑选出的训练样本多数都位于真实边界附近。由于位于极限状态面 $G = 0$ 四个尖角附近区域的蒙特卡洛样本很少，支持向量机分类器在这些区域对极限状态面拟合得不太好，但在蒙特卡洛样本点密集的区域较好地逼近了极限状态面，并对这些区域的样本分类做出了正确预测（见图 7.6）。这一特征与 ASVM-MCS 算法的训练样本点是选取自蒙特卡洛样本集 U 的设定相关，保证了 ASVM-MCS 的良好性能。

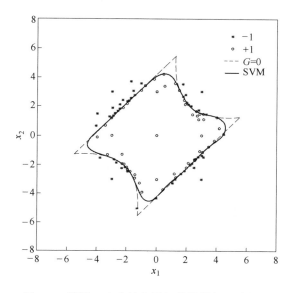

图 7.5 算例 1 中支持向量机分类器与训练样本

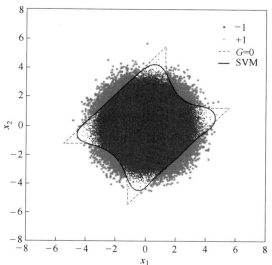

图 7.6 算例 1 中支持向量机分类器与
蒙特卡洛样本点

图 7.7 绘出了位于支持向量机间隔内的蒙特卡洛样本的百分比 δ_k 与调用极限状态函数次数的关系，该曲线可以反映 ASVM-MCS 算法的收敛情况。实线代表 δ_k 的实际值，而虚线是拟合的指数曲线。从图 7.7 中可以看到，随着算法的迭代进行，δ_k 的值持续下降，最终趋于稳定。

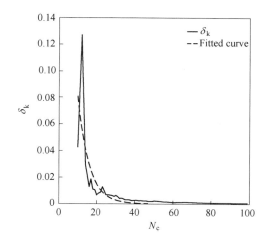

图 7.7 算例 1 中 ASVM-MCS 法的收敛情况

图 7.8 展示了归一化的失效概率与极限状态函数调用次数之间的关系。估计的失效概率由蒙特卡洛模拟计算的参考值归一化。该曲线也反映了 ASVM-MCS 算法的收敛性。可

以看出，归一化的 $\hat{P}_f$ 在调用大约 60 次时开始收敛，60 次之后的极限状态函数调用主要是为了满足停止准则。这表明 ASVM-MCS 算法的停止准则是有效且可靠的。

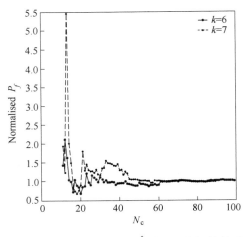

图 7.8　算例 1 中归一化 $\hat{P}_f$ 与 Nc 之间的关系

7.5.2　算例 2：单自由度的无阻尼动态系统

如图 7.9 所示，本算例考虑一个具有单自由度的非线性无阻尼系统的动态响应问题。Schueremans 和 Van Gemert[26] 使用 DS-NN、IS-NN 研究过该问题，Echard 等[4] 使用 AK-MCS 研究过该问题。该问题的极限状态函数如下：

$$G(c_1,\ c_2,\ m,\ r,\ t_1,\ F_1) = 3r - |s_{max}| \tag{7.29}$$

其中

$$\omega_0 = \sqrt{\frac{c_1 + c_2}{m}}$$

$$s_{max} = \begin{cases} \dfrac{2F_1}{m\omega_0^2} & t_1 \geqslant \dfrac{\pi}{\omega_0} \\[3mm] \dfrac{2F_1}{m\omega_0^2}\sin\left(\dfrac{t_1\omega_0^2}{2}\right) & t_1 < \dfrac{\pi}{\omega_0} \end{cases}$$

式中：s_{max} 为振子的最大位移值。

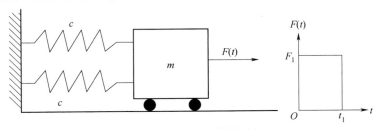

图 7.9　非线性振荡器示意

该系统包含六个独立且服从正态分布的随机变量，它们的均值和标准差在表 7.3 中给出。

表 7.3　算例 2 中随机变量的统计特征

变　量	均　值	标准差	分布类型
m	1.0	0.05	正态分布
c_1	1.0	0.1	正态分布
c_2	0.1	0.01	正态分布
r	0.5	0.05	正态分布
F_1	1.0	0.2	正态分布
t_1	1.0	0.2	正态分布

得到的计算结果如表 7.4 所示。直接蒙特卡洛模拟使用 1.0×10^6 个样本估计的破坏概率参考值为 2.87×10^{-2}。停止准则参数 ε_1 和 ε_2 值分别取 1.0×10^{-4} 和 1.0×10^{-5}，$\mathbf{U}$ 中样本个数为 1.0×10^6。

表 7.4　算例 2 的结果

方　法	N_c	$\hat{P}_f$	$COV(\hat{P}_f)$（%）	ε_{P_f}（%）
Direct MCS	1.0×10^6	2.87×10^{-2}	0.6	—
ASVM-MCS	56	2.79×10^{-2}	0.6	2.8
AK-MCS	58	2.83×10^{-2}	—	1.4
DS-NN	86	2.8×10^{-2}	—	2.4
IS-NN	68	3.1×10^{-2}	—	8.0

结果表明，ASVM-MCS、AK-MCS 和 DS-NN 求得的失效概率与参考值非常接近。ASVM-MCS 只需要调用 56 次极限状态函数，表明其为最高效的方法，而 DS-NN 的调用次数最多（86 次）。尽管 IS-NN 调用极限状态函数的次数仅为 68 次，但它的计算结果不佳，最大误差达到 8.0%。

图 7.10 展示了该算例归一化失效概率与极限状态函数调用次数之间的关系。同样，可以看到失效概率在算法停止之前收敛，只需要调用 41 次极限状态函数，计算的失效概率已经接近真实值了。

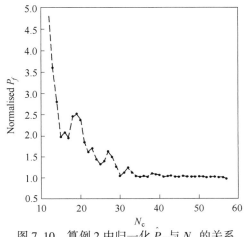

图 7.10　算例 2 中归一化 $\hat{P}_f$ 与 N_c 的关系

7.5.3　算例3：高维问题

由于存在"维数灾难"，高维问题仍然是可靠度分析中的一个难点。第3个算例旨在将提出的 ASVM-MCS 应用于一个高维问题。该问题的极限状态函数为

$$G(x_1, \cdots, x_n) = n + 3\sigma \sqrt{n} - \sum_{i=1}^{n} x_i \qquad (7.30)$$

式中：$x_i(i = 1, \cdots, n)$ 为具有均值是 1.0 和标准差是 0.2 的独立对数正态随机变量；n 为变量的数量。

该函数的特点是其极限状态面曲率相等，凹面指向原点，这表明改变变量的数量几乎不会改变极限状态表面的形状及失效概率。根据中心极限定理，当 $n \to \infty$，$P_f \to 1.35 \times 10^{-3}$。此算例设定三种变量个数：$n = 40$、$n = 100$ 和 $n = 250$。

得到的结果如表 7.5 所示。直接蒙特卡洛模拟利用 1.0×10^6 个样本进行估计，当 $n = 40$ 时，破坏概率参考值为 1.82×10^{-3}；当 $n = 100$ 时破坏概率参考值为 1.73×10^{-3}；当 $n = 250$ 时破坏概率参考值为 1.58×10^{-3}。停止准则设定为：$\varepsilon_1 = 1.0 \times 10^{-5}$、$\varepsilon_2 = 1.0 \times 10^{-5}$。当 $\mathbf{U}$ 中样本个数为 1.0×10^6 时，SS-SVM 和 ASVR-MCMC 给出的结果分别取自文献 Bourinet 等[18] 和 Bourinet[28]。可以看出，三种方法计算的失效概率与直接蒙特卡洛模拟计算的结果相近；当 $n = 40$ 时，SS-SVM 的估计误差最大，为 7.1%。在所有方法中，所需的调用次数随着随机变量的数量增加而增加。有意思的是，ASVM-MCS 在计算效率方面明显优于 SS-SVM。例如，在 100 个随机变量的情况下，达到同样的精度，SS-SVM 需要 6036 次调用，而 ASVM-MCS 只需要 810 次调用。然而，当 $n = 100$ 和 $n = 250$ 时，ASVM-MCS 比 ASVR-MCMC 的计算效率低。

表 7.5　算例 3 的结果

n	方　法	N_c	$\hat{P}_f$	$\mathrm{COV}(\hat{P}_f)$（%）	ε_{P_f}（%）
40	Direct MCS	1.0×10^6	1.82×10^{-3}	4.3	—
	ASVM-MCS	341	1.78×10^{-3}	2.4	2.2
	SS-SVM	3729	1.95×10^{-3}	2.8	7.1
100	Direct MCS	1.0×10^6	1.73×10^{-3}	2.4	—
	ASVM-MCS	810	1.72×10^{-3}	2.4	0.6
	ASVR-MCMC	616	1.70×10^{-3}	—	1.7
	SS-SVM	6036	1.74×10^{-3}	2.2	0.6
250	Direct MCS	1.0×10^6	1.58×10^{-3}	2.5	—
	ASVM-MCS	2363	1.57×10^{-3}	2.5	0.6
	ASVR-MCMC	1264	1.56×10^{-3}	—	1.3
	SS-SVM	10707	1.61×10^{-3}	2.5	1.9

对于本算例中 100 个随机变量的情况，图 7.11 绘制出归一化失效概率与极限状态函数调用次数之间的关系。可以看到，在极限状态函数调用大约 600 次时，提出方法计算的失效概率开始收敛。

7.5.4 算例 4：隧道开挖面稳定性

第 4 个算例考虑圆形隧道掌子面稳定性评估的问题。为避免开挖过程中掌子面坍塌，需要对隧道掌子面提供支护，假设作用在掌子面上的支护压力为 σ_T。围岩破坏服从广义 Hoek - Brown 破坏准则[29]，广义 Hoek-Brown 破坏准则的强度参数包括：地质强度指数（GSI）、完整岩石单轴抗压强度（σ_c）、岩石材料常数（m_i）和扰动系数（D_i）。掌子面支护压力和 Hoek-Brown 强度参数被视为随机变量，如表 7.6 所示。隧道直径 D、埋深 C、围岩重度 γ 和扰动系数 D_i

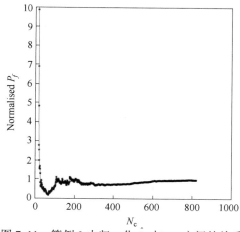

图 7.11 算例 3 中归一化 P_f 与 N_c 之间的关系

被视为确定性的取值：$D=10\mathrm{m}$，$C/D=1.5$，$\gamma=25\mathrm{kN/m^3}$，$D_i=0.0$。本算例的极限状态函数定义为

$$G(\sigma_c, \ \mathrm{GSI}, \ m_i, \ \gamma, \ \sigma_T) = \sigma_T - M(\sigma_c, \ \mathrm{GSI}, \ m_i, \ \gamma) \qquad (7.31)$$

式中：M 为一个隐式函数，对维持隧道掌子面稳定性的临界支护压力进行估计。

表 7.6 算例 4 中随机变量的统计特征

变 量	均 值	变异系数 COV（%）	分布类型
σ_c/MPa	1.0	22	正态分布
GSI	15	18	正态分布
m_i	5.0	11	正态分布
$\gamma/\mathrm{kN/m^3}$	25	4.7	正态分布
σ_T/kPa	70~90	15	正态分布

为了确保开挖时的安全，施加在掌子面上的支护压力 σ_T 应大于这个临界支护压力。采用极限分析上限法和三维旋转破坏机构计算掌子面的临界支护压力，关于该物理模型 M 的更多信息，读者可参考 Senent 等[30] 的研究。

ASVM-MCS 算法停止准则的 ε_1 和 ε_2 分别设置为 5.0×10^{-4} 和 1.0×10^{-5}，$\mathbf{U}$ 中样本个数为 1.0×10^6。将本章方法计算的结果和随机响应面法（CSRSM）的结果进行比较。随机响应面法采用五阶多项式混沌展开来代替物理模型的响应。施加在掌子面上的支护压力 σ_T 的平均值从 70kPa 变化到 90kPa，结果如表 7.7 所示。

表 7.7　算例 4 的结果

σ_T/kPa	方　法	N_c	$\hat{P}_f$	COV($\hat{P}_f$)（%）	ε_{Pf}（%）
70	Direct MCS	2.0×10^5	2.89×10^{-2}	1.4	—
	ASVM-MCS	151	2.89×10^{-2}	2.2	0.0
	CSRSM	378	2.53×10^{-2}	0.6	12.5
80	Direct MCS	2.0×10^5	1.13×10^{-2}	2.2	—
	ASVM-MCS	120	1.12×10^{-2}	2.2	0.9
	CSRSM	378	0.99×10^{-2}	1.0	12.4
90	Direct MCS	2.0×10^5	4.60×10^{-3}	3.4	—
	ASVM-MCS	115	4.57×10^{-3}	3.4	0.7
	CSRSM	378	3.90×10^{-3}	1.6	15.2

　　从表 7.7 中可以看出，与 CSRSM 法相比，ASVM-MCS 对失效概率的估计更加准确，且对极限状态函数的调用大幅减少。在 $\sigma_T = 70\mathrm{kPa}$ 时，ASVM-MCS 计算得到的失效概率估计与直接蒙特卡洛模拟计算的参考值完全相同，需要调用极限状态函数 151 次；当 $\sigma_T = 80\mathrm{kPa}$ 时，ASVM-MCS 的最大误差仅为 0.9%，需要调用极限状态函数 120 次。然而，CSRSM 对极限状态函数进行了 378 次调用，误差范围在 12.4% ~ 15.2%。

7.6　结论

　　本章的四个基准算例涉及非线性、高维和隐式极限状态函数，结果充分说明了提出的 ASVM-MCS 的适用性和有效性。与文献中已有方法的比较表明，提出的 ASVM-MCS 在计算效率和准确性方面表现突出，是一种有效的可靠度指标计算方法。基于以上结果，结论如下：

　　（1）ASVM-MCS 在计算效率方面表现优于 SS-SVM。在算例 1 和算例 3 中，在相同精度水平下，ASVM-MCS 调用极限状态函数的次数一般是 SS-SVM 的 1/10 ~ 1/5。ASVM-MCS 基于主动学习策略构建一个 SVM 分类器，而 SS-SVM 根据子集阈值构建多个支持向量机分类器。这可能是导致两种算法之间存在巨大效率差距的主要原因。此外，ASVM-MCS 算法比 SS-SVM 更容易实现，但是 SS-SVM 在小失效概率计算上会表现出更好的性能。

　　（2）与文献中的自适应支持向量机[12,21]不同，本章提出的 ASVM-MCS 的主动学习策略不需要全局优化算法。ASVM-MCS 主动从已有的蒙特卡洛的样本集 U 中选择下一个样本点，这使得它易于实现且高效，尤其对于高维问题。提出的主动学习支持向量机的计算效率和准确性不仅取决于学习函数，还取决于 U 中样本的数量和分布位置。因此，理论上 U 中的样本应该足够多，以提供最利于支持向量机更新所需信息的样本点。但是，如果 U 的样本过多，主动学习过程的计算时间会变长，并且需要更多的迭代步数来满足停止条件。因此，需要在准确性和计算成本之间进行折中。

　　（3）由于失效概率的计算是基于蒙特卡洛样本，提出的 ASVM-MCS 不需要在整个样本空间上进行正确的分类，只需在蒙特卡洛样本密集区域上进行正确分类即可。这说明，在蒙特卡洛样本稀少的区域，ASVM-MCS 允许对极限状态函数进行粗略近似。

（4）提出的 ASVM-MCS 法仅适用于失效概率的计算，不能提供其他结果分析，如敏感性分析，这是其局限性之一。但这也不难理解，更多的信息意味着更高的计算需求。支持向量机只预测模型响应的分类结果，而不关注其绝对值，这也是提出的方法高效的原因之一。

参 考 文 献

[1] BLATMAN G , SUDRET B . An adaptive algorithm to build up sparse polynomial chaos expansions for stochastic finite element analysis [J]. Probabilistic Engineering Mechanics, 2010, 25 (2): 183-197.

[2] BLATMAN G, SUDRET B. Adaptive sparse polynomial chaos expansion based on least angle regression [J]. Journal of Computational Physics. 2011, 230 (6): 2345-2367.

[3] KAYMAZ I . Application of kriging method to structural reliability problems [J]. Structural Safety, 2005, 27 (2): 133-151.

[4] ECHARD B , GAYTON N , LEMAIRE M . AK-MCS: An active learning reliability method combining Kriging and Monte Carlo Simulation [J]. Structural Safety, 2011, 33 (2): 145-154.

[5] HURTADO J E , ALVEREZ D A . Neural-network-based reliability analysis: a comparative study [J]. Computer Methods in Applied Mechanics & Engineering, 2001, 191 (1/2): 113-132.

[6] CHENG J , LI Q S , XIAO R C . A new artificial neural network-based response surface method for structural reliability analysis [J]. Probabilistic Engineering Mechanics, 2008, 23 (1): 51-63.

[7] VAPNIK V N, VAPNIK V. Statistical learning theory (Vol. 1) [M]. New York: Wiley, 1998.

[8] VAPNIK V. The nature of statistical learning theory [M]. Springer Science & Business Media, 2013.

[9] ROCCO C M , MORENO J A . Fast Monte Carlo reliability evaluation using support vector machine [J]. Reliability Engineering & System Safety, 2002, 76 (3): 237-243.

[10] HURTADO J E. An examination of methods for approximating implicit limit state functions from the viewpoint of statistical learning theory [J]. Structural Safety, 2004, 26 (3): 271-293.

[11] MOURA M C , ZIO E , LINS I D , et al. Failure and reliability prediction by support vector machine [J]. Reliability Engineering & System Safety, 2011, 96 (11): 1527-1534.

[12] SONG Hyeongjin, CHOI K K, LEE Ikjin, et al. Adaptive virtual support vector machine for reliability analysis of high-dimensional problems [J]. Structural and Multidisciplinary Optimization, 2013, 47 (4): 479-491.

[13] LI Xiang, LI Xibing, SU Yonghua. A hybrid approach combining uniform design and support vector machine to probabilistic tunnel stability assessment [J]. Structural Safety, 2016, 61: 22-42.

[14] HURTADO J E . Filtered importance sampling with support vector margin: A powerful method for structural reliability analysis [J]. Structural Safety, 2007, 29 (1): 2-15.

[15] ZHAO H B. Slope reliability analysis using a support vector machine. Computers and Geotechnics, 2008, 35 (3), 459-467.

[16] ZHAO H , RU Z , XU C , et al. Reliability analysis of tunnel using least square support vector machine [J]. Tunnelling & Underground Space Technology Incorporating Trenchless Technology Research, 2014, 41 (mar.): 14-23.

[17] TAN X H , BI W H , HOU X H , et al. Reliability analysis using radial basis function networks and support vector machines [J]. Computers & Geotechnics, 2011, 38 (2): 178-186.

[18] BOURINET J M , DEHEEGER F , LEMAIRE M . Assessing small failure probabilities by combined subset simulation and Support Vector Machines ［J］. Structural Safety, 2011, 33（6）: 343-353.

[19] JI Jian, ZHANG Chunshun, GUI Yilin, et al. New observations on the application of LS-SVM in slope system reliability analysis ［J］. Journal of Computing in Civil Engineering, 2016, 31（2）: 06016002.

[20] TONG Simon, KOLLER Daphne. Support vector machine active learning with applications to text classification. ［J］. Journal of Machine Learning Research, 2001, 2（Nov）: 45-66.

[21] BASUDHAR A, MISSOUM S. Adaptive explicit decision functions for probabilistic design and optimization using support vector machines ［J］. Computers & Structures, 2008, 86（19-20）: 1904-1917.

[22] 张璐璐，张洁，徐耀，等. 岩土工程可靠度理论 ［M］. 上海：同济大学出版社，2011.

[23] KHAN F , ENZMANN F , KERSTEN M . Multi-phase classification by a least-squares support vector machine approach in tomography images of geological samples ［J］. Solid Earth, 2016, 7（2）: 481-492.

[24] ROMERO V J, BURKARD T J, GUNZBURGER M, et al. Comparison of pure and " Latinized" centroidal Voronoi tessellation against various other statistical sampling methods. ［J］. Rel. Eng. & Sys. Safety, 2006, 91（10-11）: 1266-1280.

[25] CHEN Kuan-Yu. Forecasting systems reliability based on support vector regression with genetic algorithms ［J］. Reliability Engineering and System Safety, 2005, 92（4）: 423-432.

[26] SCHUEREMANS Luc, VAN GEMERT Dionys. Benefit of splines and neural networks in simulation based structural reliability analysis ［J］. Structural Safety, 2004, 27（3）: 246-261.

[27] RACKWITZ R . Reliability analysis: a review and some perspectives ［J］. Structural Safety, 2001, 23（4）: 365-395..

[28] BOURINET J M. Rare-event probability estimation with adaptive support vector regression surrogates ［J］. Reliability Engineering and System Safety, 2016, 150: 210-221.

[29] HOEK E, CARRANZA-TORRES C, CORKUM B. Hoek-Brown failure criterion-2002 edition. Proceedings of NARMS-Tac. 2002, 1: 267-273.

[30] SENENT S, MOLLON G, JIMENEZ R. Tunnel face stability in heavily fractured rock masses that follow the Hoek-Brown failure criterion. International journal of rock mechanics and mining sciences, 2013, 60: 440-451.

8 结构抗震可靠度分析的线性矩法

张龙文，*湖南农业大学水利与土木工程学院*

8.1 引言

地震作用具有随机性与破坏性，工程结构在服役期内可能会遭受地震作用。同时，结构系统自身（如结构的参数）也具有不确定性。因此，开展结构在地震作用下的可靠度分析工作对于评估结构的性能、保障结构的安全性至关重要。寻求高效准确的结构抗震可靠度分析方法，对工程结构的安全可靠评估以及基于抗震可靠度的结构设计优化具有重要的理论意义与工程应用价值。

首次超越作为结构动力可靠度分析的一种重要失效机制得到众多学者的关注。对于首次超越问题，结构失效以其动力反应（如控制点的应力，或者控制点、控制层的位移、速度、加速度等）首次超越临界值水平为标志[1,2]。首次超越问题的关键是计算首次超越概率的超越率。它涉及结构位移响应与速度响应的联合概率密度函数的计算，求解非常困难。因此，首次超越概率的计算往往假定为经典的 Poisson 模型[3]或 Markov 模型[4]等。然而，这些模型存在超越事件彼此独立的假设（如 Poisson 模型）或成群独立假设（Markov 模型）等，在一定程度上限制了首次超越概率计算的精度。另外，这些模型一般适用于求解当结构的响应为满足高斯分布或高斯随机过程的问题。然而，当结构行为是非线性时，结构的响应将不再是高斯分布或高斯过程，此时利用经典的 Poisson 模型或 Markov 模型计算将带来一定的误差。

事实上，蒙特卡洛模拟（MCS，如重要抽样、子集模拟等）[5,6]可以运用于一切可靠度问题，当计算的次数足够多时，计算结果将收敛并趋近于准确值，因此该方法也常常作为其他近似方法的精度验证。然而，由于该方法计算量大，特别是当结构复杂时，昂贵的计算费用阻碍了其在实际工作中的应用。基于此，寻求近似方法并兼顾计算的精度一直是可靠度领域研究的重要课题。

为解决基于首次超越的动力可靠度问题，研究者[7-11]利用与首次超越概念等效的极值分布理论进行分析。极值分布理论计算首次超越概率避免了相关的模型假定，是一种有效解决动力可靠度分析的方法，且精度高于首次超越方法。在实际工程中，解析地得到其极值往往非常困难，而使用诸如 MCS 模拟等数值模拟方法计算成本很高，所以采用近似的方法得到结构响应的极值是最有效的途径。目前极值分布计算结构动力可靠度的关键为：①如何高效地进行结构随机地震响应分析；②如何准确拟合分布。

为了高效地进行结构随机地震响应分析，寻求高效的地震动输入模型至关重要。通常情况下，地震动输入模型的模拟是基于随机过程理论进行研究的。然而，在随机过程模拟中，往往涉及成千上万的随机变量，因此该随机变量的个数或数学模型的维数直接影响地震动合成效率，进而影响随机地震响应分析的效率。基于随机过程理论，Shinozuka 与 Jan[12] 提出的谱表示模型因其简单直观、数学基础严密、精确度高等优点，在结构随机地震响应分析中被广泛使用。然而，该模型需要上百个随机变量进行模拟，极大地增加了实际工程问题分析的难度。为了减少随机变量模拟个数以及提高模拟效率等，陈建兵与李杰[13] 提出了随机过程谐和函数表达式，采用少量的项数可以获得精确的功率谱函数；Liu 等[14] 采用随机函数思想构造 1~2 个基本随机变量的随机函数形式，对随机地震动进行模拟。以上研究为结构随机地震响应的高效分析提供了便利。

对于拟合分布问题，基于高阶矩的立方正态变换使用随机变量前四阶中心矩（均值、标准差、偏度和峰度）来近似分布，得到了广泛的应用，例如 Fisher–Cornish 模型[15]、Hermite 矩模型[16]、四矩标准化函数[17,18]、统一的 Hermite 多项式模型[19] 等。值得关注的是，在较小的样本规模下线性矩比中心矩更稳定[20,21]，基于线性矩的正态变换也得到了一定的关注[22]。因此，本章试图利用基于线性矩的正态变换模型，高效解决极值分布的拟合问题，进而实现结构的抗震可靠度分析。

8.2　线性矩的计算

8.2.1　概率分布的线性矩

线性矩由 Hosking[23] 于 1990 年提出，定义为概率权重矩的线性组合。对于已知概率分布的连续随机变量 X，其累积分布函数及其逆函数表示为 $F(X)$ 和 $X(F)$。因此，随机变量 X 的概率权重矩表达为

$$\beta_r(X) = \int_0^1 X(F) \{F(X)\}^r \mathrm{d}F(X) \quad r = 0,\ 1,\ 2,\ \cdots \tag{8.1}$$

那么，随机变量 X 的第 r 阶线性矩表达为

$$\lambda_{r+1}(X) = \sum_{i=0}^r p_{(r,\ i)}\beta_i(X) \tag{8.2}$$

其中

$$p_{(r,\ i)} = \frac{(-1)^{r-i}(r+i)!}{(i!)^2(r-i)!} \tag{8.3}$$

类似于中心矩，使用线性偏态系数 τ_3 与线性峰度系数 τ_4 描述随机变量 X 的偏度和峰度：

$$\tau_r = (\lambda_r(X))/(\lambda_2(X)),\ r = 3,\ 4 \tag{8.4}$$

在实际的工程运用中，前四阶线性矩可以表达为

$$\lambda_{1X} = \int_0^1 X \mathrm{d}F(X) \tag{8.5}$$

$$\lambda_{2X} = \int_0^1 X[2F(X) - 1]\mathrm{d}F(X) \tag{8.6}$$

$$\lambda_{3X} = \int_0^1 X[6F^2(X) - 6F(X) + 1]\mathrm{d}F(X) \tag{8.7}$$

$$\lambda_{4X} = \int_0^1 X[20F^3(X) - 30F^2(X) + 12F(X) - 1]\mathrm{d}F(X) \tag{8.8}$$

8.2.2　样本的线性矩

在实际工程当中，获取变量的概率分布比较困难，因此，变量的分布往往是未知的且只能获得变量的随机样本。在这种情况下，可以通过随机样本估计线性矩即获取分布的矩的统计信息。假设 $X_{1:N} \leq X_{2:N} \leq \cdots \leq X_{N:N}$ 为 N 个从小到大排列的随机样本，则前四阶线性矩 λ_{1X}、λ_{2X}、λ_{3X}、λ_{4X} 分别为

$$\lambda_{1X} = \frac{1}{N} \sum_{p=1}^{N} X_{p:N} \tag{8.9}$$

$$\lambda_{2X} = \frac{2}{N} \sum_{p=2}^{N} \frac{(p-1)}{(N-1)} X_{p:N} - \frac{1}{N} \sum_{p=1}^{N} X_{p:N} \tag{8.10}$$

$$\lambda_{3X} = \frac{6}{N} \sum_{p=3}^{N} \frac{(p-1)(p-2)}{(N-1)(N-2)} X_{p:N} - \frac{6}{N} \sum_{p=2}^{N} \frac{(p-1)}{(N-1)} X_{p:N} + \frac{1}{N} \sum_{p=1}^{N} X_{p:N} \tag{8.11}$$

$$\lambda_{4X} = \frac{20}{N} \sum_{p=4}^{N} \frac{(p-1)(p-2)(p-3)}{(N-1)(N-2)(N-3)} X_{p:N} - \frac{30}{N} \sum_{p=3}^{N} \frac{(p-1)(p-2)}{(N-1)(N-2)} X_{p:N} +$$

$$\frac{12}{N} \sum_{p=2}^{N} \frac{(p-1)}{(N-1)} X_{p:N} - \frac{1}{N} \sum_{p=1}^{N} X_{p:N} \tag{8.12}$$

8.2.3　基于线性矩的三次多项式转换

当随机变量 X 的前四阶线性矩已知时，三次多项式可以表达为[24]

$$X = S(U) = a + bU + cU^2 + dU^3 \tag{8.13}$$

其中，a、b、c、d 为多项式系数，由式（8.14）~式（8.17）确定[25]：

$$a = \lambda_{1X} - 1.81379937\lambda_{3X} \tag{8.14}$$

$$b = 2.25518617\lambda_{2X} - 3.93740250\lambda_{4X} \tag{8.15}$$

$$c = 1.81379937\lambda_{3X} \tag{8.16}$$

$$d = -0.19309293\lambda_{2X} + 1.574961\lambda_{4X} \tag{8.17}$$

对于式（8.13）的根即 U 存在 6 种不同形式的表达，如表 8.1 所示[22]。表 8.1 中的相关参数表达为

$$h = \frac{2c^3}{27d^3} - \frac{bc}{3d^2} + \frac{a}{d} - \frac{X}{d}, \quad A = \left(-\frac{c^2 - 3bd}{9d^2}\right)^3 + \frac{h^2}{4} \tag{8.18}$$

$$\alpha = \arccos\left(-\frac{h}{2\sqrt{(c^2 - 3bd)^3 / (9d^2)^3}}\right) \tag{8.19}$$

$$Q_1^* = d\left(-2\left|\frac{\Delta_0}{9d^2}\right|^{3/2} + \frac{2c^3}{27d^3} - \frac{bc}{3d^2} + \frac{a}{d}\right), \quad Q_2^* = d\left(2\left|\frac{\Delta_0}{9d^2}\right|^{3/2} + \frac{2c^3}{27d^3} - \frac{bc}{3d^2} + \frac{a}{d}\right) \tag{8.20}$$

$$Q_0^* = -\frac{c^2 + 4d^2}{4d}, \quad \Delta_0 = c^2 - 3bd \tag{8.21}$$

表 8.1　不同条件下 U 的表达

判别条件			U	X 的范围	类型
$\tau_4 \neq$ 0.1226	$\tau_3^2 \leqslant -5.65487\,\tau_4^2 +$ $3.93218\,\tau_4 - 0.397092$		$\sqrt[3]{-h/2-\sqrt{A}} + \sqrt[3]{-h/2+\sqrt{A}} - c/3d$	$(-\infty,\ +\infty)$	1
$\tau_4 >$ 0.1226	$\tau_3^2 > -5.65487\,\tau_4^2 +$ $3.93218\,\tau_4 - 0.397092$	$\tau_3 \geqslant 0$	$2\sqrt{\Delta_0/(9d^2)}\cos(\alpha/3) - c/3d$	$Q_1^* < X < Q_2^*$	2
			$\sqrt[3]{-h/2-\sqrt{A}} + \sqrt[3]{-h/2+\sqrt{A}} - c/3d$	$X \geqslant Q_2^*$	
		$\tau_3 < 0$	$\sqrt[3]{-h/2-\sqrt{A}} + \sqrt[3]{-h/2+\sqrt{A}} - c/3d$	$X \leqslant Q_1^*$	3
			$-2\sqrt{\Delta_0/(9d^2)}\cos[(\alpha-\pi)/3] - c/3d$	$Q_1^* < X < Q_2^*$	
$\tau_4 < 0.1226$	$\tau_3^2 > -5.65487\,\tau_4^2 +$ $3.93218\,\tau_4 - 0.397092$		$-2\sqrt{\Delta_0/(9d^2)}\cos[(\alpha+\pi)/3] - c/3d$	$Q_2^* \leqslant X \leqslant Q_1^*$	4
$\tau_4 = 0.1226$		$\tau_3 > 0$	$(\sqrt{b^2-4b(a-X)}-b)/2c$	$X \geqslant Q_0^*$	5
		$\tau_3 < 0$	$(\sqrt{b^2-4b(a-X)}-b)/2c$	$X \leqslant Q_0^*$	
		$\tau_3 = 0$	$(X-a)/b$	$(-\infty,\ +\infty)$	6

8.3　结构动力响应极值的计算

8.3.1　基于主点的随机函数–谱表示模型

平稳地震动 $\ddot{u}_g(t)$ 的谱表示为[26]

$$\ddot{u}_g(t) = \sum_{k=1}^{d} \sqrt{2S_{\ddot{u}_g}(\omega_k)\Delta\omega}\,[a_k\cos(\omega_k t) + b_k\sin(\omega_k t)] \tag{8.22}$$

式中：$\omega_k = (k-1)\Delta\omega$，且 $\Delta\omega = \omega_u/(d-1)$ 应当足够小；ω_u 为截止频率；$S_{\ddot{u}_g}(\omega_k)$ 为平稳地震动的功率谱密度函数；a_k 与 b_k 为独立的标准正态随机变量。从式（8.7）可以看出，在模拟地震动时需要 $\overline{D} = 2d$ 个独立的标准正态随机变量，即变量向量 $Y = [a_1, a_2, \cdots, a_d, b_1, b_2, \cdots, b_d]^{\mathrm{T}} = [y_1, y_2, \cdots, y_{2d}]^{\mathrm{T}}$。平稳地震动的均方相对误差为

$$\varepsilon_s(d) = 1 - \frac{\int_0^{\omega_u} S_{\ddot{u}_g}(\omega)\mathrm{d}\omega}{\int_0^{\infty} S_{\ddot{u}_g}(\omega)\mathrm{d}\omega} \tag{8.23}$$

一般而言，对于地震动加速度时程 $\varepsilon_s(d) \leqslant 0.05$。

当模拟非平稳地震动 $\ddot{u}_g(t)$ 时，根据 Priestley 非平稳随机过程渐进谱理论[27]，引入演变功率谱密度函数 $S_{\ddot{u}_g}(t, \omega_k)$，则非平稳地震动 $\ddot{u}_g(t)$ 的谱表示为

$$\ddot{u}_g(t) = \sum_{k=1}^{d} \sqrt{2S_{\ddot{u}_g}(t, \omega_k)\Delta\omega}\,[a_k\cos(\omega_k t) + b_k\sin(\omega_k t)] \tag{8.24}$$

其中

$$S_{\ddot{u}_g}(t, \omega_k) = |A(\omega, t)|^2 S_{\ddot{u}_g}(\omega_k) \tag{8.25}$$

$$A(\omega,\ t) = \frac{\exp(-a_{mf}t) - \exp[-(c_{mf}\omega + b_{mf})t]}{\exp(-a_{mf}t^*) - \exp[-(c_{mf}\omega + b_{mf})t^*]}、\ \omega > 0、\ t > 0 \quad (8.26)$$

$$t^* = \frac{\ln(c_{mf}\omega + b_{mf}) - \ln(a_{mf})}{c_{mf}\omega + (b_{mf} - a_{mf})}、\ \omega > 0 \quad (8.27)$$

式中：$A(\omega,\ t)$ 为时频调制函数；参数 $a_{mf} = 0.25\text{s}^{-1}$，$b_{mf} = 0.251\text{s}^{-1}$，$c_{mf} = 0.005$。

非平稳地震动的均方相对误差表达为

$$\varepsilon_u(d) = 1 - \frac{\displaystyle\int_0^{\omega_u}\int_0^T S_{\ddot{u}_g}(\omega,\ t)\,\mathrm{d}\omega\,\mathrm{d}t}{\displaystyle\int_0^{\infty}\int_0^T S_{\ddot{u}_g}(\omega,\ t)\,\mathrm{d}\omega\,\mathrm{d}t} \quad (8.28)$$

式中：T 为地震动持时。

类似地，对于非平稳地震动加速度时程 $\varepsilon_s(d) \leqslant 0.05$。

结合随机函数思想[29]，即假设任意一组标准正交随机变量 $\{a_k,\ b_k\}$（$k=1,\ 2,\ \cdots,\ d$）是基本随机变量 Θ 的函数，则 a_k 与 b_k（$k=1,\ 2,\ \cdots,\ d$）表达为

$$a_k = \sqrt{2}\cos(\bar{k}\Theta + \alpha),\quad b_k = \sqrt{2}\sin(\bar{k}\Theta + \alpha),\qquad k,\ \bar{k} = 1,\ 2,\ \cdots,\ d \quad (8.29)$$

式中，Θ 在区间 $[-\pi,\ \pi]$ 服从均匀分布。$\alpha \in [0,\ 2\pi)$，通常取值为 $\alpha = \pi/4$。$\bar{k}(\bar{k}=1,\ 2,\ \cdots,\ d)$ 与 $k(k=1,\ 2,\ \cdots,\ d)$ 为一一映射关系。该映射关系可以通过 MATLAB 函数 rand（state，0）与 randperm（d）实现。

为了说明 a_k 与 b_k 相互独立性，取 $k=200$ 与 100 个随机样本计算它们的相关系数，如图 8.1 所示。从图 8.1 中可以看出，在调查范围的所有相关系数均接近于 0，说明 a_k 与 b_k 不相关。

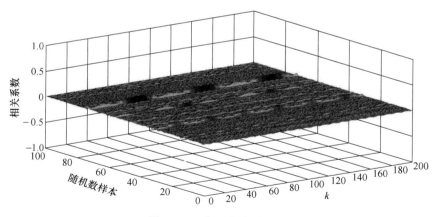

图 8.1　a_k 与 b_k 的相关系数

实际上，根据式（8.22）或式（8.24）与式（8.29），利用 MCS 模拟对基本随机变量 Θ 产生随机数可以得到地震动加速度时程样本。然而，为了高效地获取地震动加速度时程样本，有必要利用选点方法提高计算效率。

代表点是用离散点集来代表一个连续型随机向量，其具有重要的实际意义。利用主点，可以确定随机变量的最佳表示点，从而提高计算效率。本研究引入 Zoppè[30] 提出的

均匀分布单变量代表点计算公式，将在区间 $[-\pi, \pi]$ 的基本随机变量 Θ 离散为 $\theta_i(i = 1, 2, \cdots, n_{\text{sel}})$，并表达为

$$\theta_i = -\pi(n_{\text{sel}} - 2i + 1)/n_{\text{sel}}、i = 1, 2, \cdots, n_{\text{sel}} \tag{8.30}$$

其中：n_{sel} 为代表点的数量。

它的损失函数的最小值 L_X^* 表达为

$$L_X^* = \frac{\pi^2}{3n_{\text{sel}}^2} \tag{8.31}$$

使用损失函数的最小值 L_X^* 可以量化在使用不同数量的代表点时的误差。此外，根据数论方法[31,32]并考虑鲁棒估计，代表点的数量 n_{sel} 可以确定为 144、378、610 和 986。因此，将式（8.29）与（8.30）代入式（8.22）或式（8.24），可以获得地震加速度时程的代表性样本 $\ddot{u}_g^{(i)}(t)(i = 1, 2, \cdots, n_{\text{sel}})$。

8.3.2　结构参数不确定的随机变量表达

当考虑结构参数不确定时（如质量、刚度、弹性模量等），可以根据 Liu 等[29]构造的标准正态随机变量将随机变量表达为一个基本随机变量 $\widetilde{\Theta}$ 的形式。设 α_s 与 β_s 为一组不相关的标准正态随机变量，它们可以表达为[33]

$$\alpha_s = \Phi^{-1}\left\{\frac{1}{2} + \frac{1}{\pi}\arcsin\left[\cos\left(\widetilde{\Theta} + \frac{\pi}{5}\right)\right]\right\}, \beta_s = \Phi^{-1}\left\{\frac{1}{2} + \frac{1}{\pi}\arcsin\left[\sin\left(\widetilde{\Theta} + \frac{\pi}{5}\right)\right]\right\} \tag{8.32}$$

式中：$\Phi^{-1}\{\cdot\}$ 为标准正态分布函数的逆函数；$\widetilde{\Theta}$ 为基本随机变量，在 $[0, 2\pi]$ 服从均匀分布。

当一组不相关的随机变量 $\{\alpha_1, \beta_1\}$ 服从正态分布，且它们的均值分别为 μ_1、μ_2，变异系数分别为 δ_1、δ_2，利用式（8.32）可以将 $\{\alpha_1, \beta_1\}$ 表达为

$$\alpha_1 = \mu_1(1 + \delta_1\alpha_s), \beta_1 = \mu_2(1 + \delta_2\beta_s) \tag{8.33}$$

类似地，当有 N_r 组不相关的随机变量 $\{\alpha_j, \beta_j\}j = 1, 2, \cdots, N_r$ 时，N_r 组不相关的标准正态随机变量 $\{\alpha_{sj}, \beta_{sj}\}$ 表达为

$$\alpha_{sj} = \Phi^{-1}\left\{\frac{1}{2} + \frac{1}{\pi}\arcsin\left[\cos\left(\tilde{j}\widetilde{\Theta} + \frac{\pi}{5}\right)\right]\right\}, \beta_{sj} = \Phi^{-1}\left\{\frac{1}{2} + \frac{1}{\pi}\arcsin\left[\sin\left(\tilde{j}\widetilde{\Theta} + \frac{\pi}{5}\right)\right]\right\} \tag{8.34}$$

$\tilde{j}(\tilde{j} = 1, 2, \cdots, N_r)$ 与 $j(j = 1, 2, \cdots, N_r)$ 为一一映射关系，其计算方法同 k 与 $\bar{k}$ 的一一映射关系。

当结构的参数为非正态随机变量时，本章利用线性矩的三阶多项式即式（8.13）建立非正态随机变量与正态随机变量的关系。设一组非正态随机变量 $\{v, \chi\}$ 相互独立，v 的前四阶线性矩分别为 λ_{v_1}、λ_{v_2}、λ_{v_3}、λ_{v_4}，χ 的前四阶线性矩分别为 λ_{χ_1}、λ_{χ_2}、λ_{χ_3}、$\lambda_{\chi4}$，则

$$v = a_v + b_v\alpha_s + c_v\alpha_s^2 + d_v\alpha_s^3、\chi = a_\chi + b_\chi\beta_s + c_\chi\beta_s^2 + d_\chi\beta_s^3 \tag{8.35}$$

式中：a_v、b_v、c_v、d_v 为计算随机变量 v 离散点时的多项式系数；a_χ、b_χ、c_χ、d_χ 为计算随

机变量 χ 离散点时的多项式系数。

随机变量 υ、χ 的多项式系数求解可以利用它们的前四阶线性矩代入式（8.14）~式（8.17）求得。对于非正态分布的前四阶线性矩可以根据定义，即式（8.5）~式（8.8）求得。为了更加方便获取常见非正态分布的前四阶线性矩，表 8.2 给出了一些常见分布的参数与前四阶线性矩的关系。需要指出的是，当有 N_r 组不相关的非正态随机变量时，根据式（8.34）获取 N_r 组标准正态随机变量后再根据式（8.35）计算 N_r 组非正态随机变量。

表 8.2　常见分布的前四阶线性矩

分布类型	$X\ (F)$	前四阶线性矩
正态分布	$X = \mu + \sigma\sqrt{2}\,\mathrm{erf}^{-1}(2F - 1)$	$\lambda_1 = \mu,\ \lambda_2 = \sigma/\sqrt{\pi},\ \tau_3 = 0,\ \tau_4 = 0.1226$
均匀分布	$X = \alpha + (\beta - \alpha)F$	$\lambda_1 = \frac{1}{2}(\alpha + \beta),\ \lambda_2 = \frac{1}{6}(\beta - \alpha),\ \tau_3 = 0,\ \tau_4 = 0$
指数分布	$X = -\alpha\log(1 - F)$	$\lambda_1 = \alpha,\ \lambda_2 = \frac{1}{2}\alpha,\ \tau_3 = \frac{1}{3},\ \tau_4 = \frac{1}{6}$
耿贝尔分布	$X = \xi - \alpha\log(-\log F)$	$\lambda_1 = \xi + \gamma\alpha,\ \lambda_2 = \alpha\log2,\ \tau_3 = 0.1699,\ \tau_4 = 0.1504$
逻辑斯蒂分布	$X = \xi + \alpha\log\{F/(1 - F)\}$	$\lambda_1 = \xi,\ \lambda_2 = \alpha,\ \tau_3 = 0,\ \tau_4 = \frac{1}{6}$

综上，当不考虑结构参数不确定时，式（8.30）仅用一个基本随机变量 Θ 即可计算离散点集进而实现结构分析。当考虑结构参数不确定时，利用随机函数的表达，可以用两个基本随机变量（即 Θ 与 $\widetilde{\Theta}$）表达，此时可以采用如好格子点即 glp 集合生成均匀散布点集。设 $(n; h_1, h_2, \cdots, h_s)$ 为一个整矢量，满足 $1 \leqslant h_i < n$, $h_i \neq h_j(i \neq j)$, $s < n$ 及最大公约数 $(n, h_i) = 1$, $i = 1, \cdots, s$。令

$$\begin{cases} q_{ki} \equiv kh_i(\mathrm{mod}\,n) \\ c_{ki} = (2q_{ki} - 1)/2n \end{cases} \quad k = 1, \cdots, n,\ i = 1, \cdots, s \qquad (8.36)$$

其中，$1 \leqslant q_{ki} \leqslant n$，则集合 $P_n = \{x_k = (x_{k1}, \cdots, x_{ks}), k = 1, \cdots, n\}$ 称为生成矢量 $(n; h_1, \cdots, h_s)$ 的格子点集。如果 P_n 在所有可能的生成矢量具有最小偏差，则 P_n 称为 glp 集合。由式（8.36）定义的 x_{ki} 可以由式（8.37）计算：

$$x_{ki} = \left\{ \frac{2kh_i - 1}{2n} \right\} \qquad (8.37)$$

最后，根据式（8.22）或式（8.24）得到 n_{sel} 加速度时程后，利用时程分析方法可以计算得到结构的响应时程（如位移响应时程），并逐条统计 n_{sel} 组响应时程的极值 $S(i = 1, 2, \cdots, n_{\mathrm{sel}})$。

8.4　基于线性矩的结构动力可靠指标完整表达式

设结构动力响应的界限为 R（一般设为常数）、功能函数为 G，则功能函数 G 的表达式为

$$G = X = R - S \qquad (8.38)$$

利用式（8.38）即可计算得到功能函数 G 的样本数据。接着，根据式（8.9）~式（8.12）可以计算得到 n_{sel} 个样本下功能函数 G 的前四阶线性矩。

根据可靠度的定义，功能函数 G 对应的失效概率 P_f 可以表示为

$$P_f = \text{Prob}[\,G \leqslant 0\,] = \text{Prob}(X \leqslant 0) = \text{Prob}(a + bU + cU^2 + dU^3 \leqslant 0) \quad (8.39)$$

根据等概率变换，有

$$F(G = X) = \Phi(U) = \Phi[\,S^{-1}(G,\ M)\,] \quad (8.40)$$

式中：$\Phi(U)$ 为标准正态随机变量的累积分布函数；$S^{-1}(G,\ M)$ 为式（8.13）的逆函数。

式（8.39）可以表达为

$$P_f = F(0) = \Phi[\,S^{-1}(0,\ M)\,] \quad (8.41)$$

根据失效概率与可靠指标的定义，可靠指标可以表达为

$$\beta_{FM} = -\,\Phi^{-1}(P_f) = -\,S^{-1}(0,\ M) \quad (8.42)$$

根据表 8.1 对一元三次多项式求根的完整表达，结合式（8.42），可以求解得到结构可靠指标，它的完整表达式如表 8.3 所示。在表 8.3 中，参数 $\widetilde{A}$、$\widetilde{h}$、$\widetilde{\alpha}$ 表达为

$$\widetilde{A} = \left(-\frac{c^2 - 3bd}{9d^2}\right)^3 + \frac{\widetilde{h}^2}{4}、\ \widetilde{h} = \frac{2c^3}{27d^3} - \frac{bc}{3d^2} + \frac{a}{d}、\ \widetilde{\alpha} = \arccos\left(\frac{\widetilde{h}}{-2\sqrt{\left(\frac{\Delta_0}{9d^2}\right)^3}}\right)$$

$$(8.43)$$

表 8.3　基于线性矩的可靠指标完整表达

判别条件			β_{FM}
$\tau_4 \neq 0.1226$	$\tau_3^2 \leqslant -5.65487\,\tau_4^2 + 3.93218\,\tau_4 - 0.397092$		$-\sqrt[3]{-\widetilde{h}/2 - \sqrt{\widetilde{A}}} - \sqrt[3]{-\widetilde{h}/2 + \sqrt{\widetilde{A}}} + c/3d$
$\tau_4 > 0.1226$	$\tau_3^2 > -5.65487\,\tau_4^2 + 3.93218\,\tau_4 - 0.397092$	$\tau_3 \geqslant 0$	$-2\sqrt{\Delta_0/(9d^2)}\cos(\widetilde{\alpha}/3) + c/3d$
			$-\sqrt[3]{-\widetilde{h}/2 - \sqrt{\widetilde{A}}} - \sqrt[3]{-\widetilde{h}/2 + \sqrt{\widetilde{A}}} + c/3d$
		$\tau_3 < 0$	$-\sqrt[3]{-\widetilde{h}/2 - \sqrt{\widetilde{A}}} - \sqrt[3]{-\widetilde{h}/2 + \sqrt{\widetilde{A}}} + c/3d$
			$2\sqrt{\Delta_0/(9d^2)}\cos[(\widetilde{\alpha} - \pi)/3] + c/3d$
$\tau_4 < 0.1226$	$\tau_3^2 > -5.65487\,\tau_4^2 + 3.93218\,\tau_4 - 0.397092$		$2\sqrt{\Delta_0/(9d^2)}\cos[(\widetilde{\alpha} + \pi)/3] + c/3d$
$\tau_4 = 0.1226$		$\tau_3 > 0$	$-(\sqrt{b^2 - 4ba} - b)/2c$
		$\tau_3 < 0$	$-(\sqrt{b^2 - 4ba} - b)/2c$
		$\tau_3 = 0$	a/b

8.5　算例分析

8.5.1　常见概率分布样本的线性矩

通过计算常见分布的样本线性矩与样本中心矩，比较说明通过样本计算线性矩的精度、高效性与稳定性。

1. Frechet 极值分布

Frechet 极值分布的概率密度函数可以表达为

$$f(X) = \exp\left[-\left(\frac{X}{\theta}\right)^{-k}\right] k \left(\frac{X}{\theta}\right)^{-1-k}, \ X > 0 \tag{8.44}$$

式中：k 为形状参数；θ 为尺度参数。

它的分布函数表达为

$$F(X) = \exp\left[-\left(\frac{X}{\theta}\right)^{-k}\right], \ X > 0 \tag{8.45}$$

考察以下两组不同参数情况：①$k=7.263$，$\theta=0.908$；②$k=5.184$，$\theta=0.865$。

根据线性矩与中心矩的定义，利用式（8.44）、式（8.45）以及上述给定的参数 k 与 θ，可以计算得到线性矩与中心矩的准确值。计算的线性矩与中心矩的准确值分别如表 8.4 与表 8.5 所示。

表 8.4　不同参数下 Frechet 分布的中心矩准确值

参　数	均　值	标准差	偏　度	峰　度
$k=7.263$，$\theta=0.908$	1	0.2	2.35304	16.4307
$k=5.184$，$\theta=0.865$	1	0.3	3.35345	40.5780

表 8.5　不同参数下 Frechet 分布的线性矩准确值

参　数	一阶线性矩	二阶线性矩	三阶线性矩	四阶线性矩
$k=7.263$，$\theta=0.908$	1	0.100137	0.026188	0.019333
$k=5.184$，$\theta=0.865$	1	0.143052	0.042923	0.030755

基于 Frechet 分布，随机生成服从 Frechet 分布的随机样本，并根据离散变量的中心矩与线性矩的定义计算不同随机样本下的线性矩与中心矩。最后将不同随机样本数下的线性矩与中心矩分别与其准确值对比。为了更好地对比说明，将样本的偏度与峰度表示为 α_{3X} 与 α_{4X}，偏度与峰度的准确值分别表示为 $\bar{\alpha}_{3X}$ 与 $\bar{\alpha}_{4X}$，则它们的相对误差 ε_{c1}、ε_{c2} 表达为

$$\varepsilon_{c1} = \left|\frac{\alpha_{3X} - \bar{\alpha}_{3X}}{\bar{\alpha}_{3X}}\right|, \ \varepsilon_{c2} = \left|\frac{\alpha_{4X} - \bar{\alpha}_{4X}}{\bar{\alpha}_{4X}}\right| \tag{8.46}$$

类似地，将样本的三阶线性矩与四阶线性矩表示为 λ_{3X} 与 λ_{4X}，它们的准确值分别表示为 $\bar{\lambda}_{3X}$ 与 $\bar{\lambda}_{4X}$，则它们的相对误差 ε_{l1}、ε_{l2} 表达为

$$\varepsilon_{l1} = \left| \frac{\lambda_{3X} - \overline{\lambda}_{3X}}{\overline{\lambda}_{3X}} \right|, \quad \varepsilon_{l2} = \left| \frac{\lambda_{4X} - \overline{\lambda}_{4X}}{\overline{\lambda}_{4X}} \right| \tag{8.47}$$

图 8.2 与图 8.3 给出了两组不同参数下，线性矩与中心矩的相对误差曲线。从图 8.2 与图 8.3 可以看出，随着随机数的增加，线性矩相对误差总体上小于中心矩的相对误差且在四阶矩的相对误差上，随着随机数的增加，四阶线性矩的相对误差远小于峰度的相对误差，说明了在随机数增加的情况下，相同随机数对应的样本线性矩的精度要高于样本中心矩。

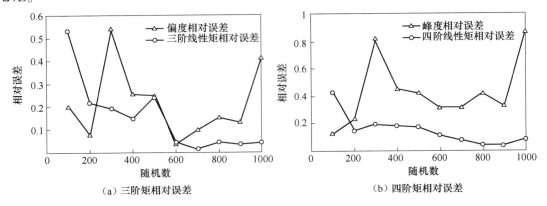

（a）三阶矩相对误差　　　　　　　　　（b）四阶矩相对误差

图 8.2　Frechet 极值分布的样本矩相对误差（$k = 7.263$，$\theta = 0.908$）

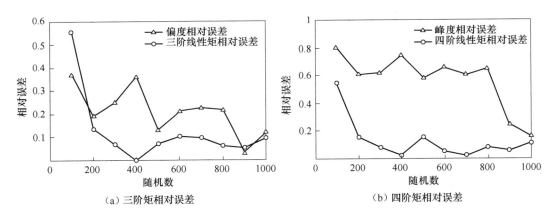

（a）三阶矩相对误差　　　　　　　　　（b）四阶矩相对误差

图 8.3　Frechet 极值分布的样本矩相对误差（$k = 5.184$，$\theta = 0.865$）

2. 指数分布

指数分布的概率密度函数可以表达为

$$f(X) = \exp(-X\alpha)\alpha, \ X \geqslant 0 \tag{8.48}$$

式中：α 为指数分布的参数。

它的分布函数表达为

$$F(X) = 1 - \exp[-X\alpha], \ X \geqslant 0 \tag{8.49}$$

考察以下两组不同参数情况：（1）$\alpha = 2$；（2）$\alpha = 4$

表 8.6 与表 8.7 给出了不同参数下线性矩与中心矩的准确值。

表 8.6　不同参数下指数分布的中心矩准确值

参　　数	均　　值	标准差	偏　　度	峰　　度
$\alpha = 2$	2	2	2	9
$\alpha = 4$	4	4	2	9

表 8.7　不同参数下指数分布的线性矩准确值

参　　数	一阶线性矩	二阶线性矩	三阶线性矩	四阶线性矩
$\alpha = 2$	2	1	1/3	1/6
$\alpha = 4$	4	2	2/3	1/3

　　类似地，图 8.4 与图 8.5 给出了两组不同参数下，线性矩与中心矩的相对误差曲线。从图 8.4 与图 8.5 可以看出，在不同随机数下，线性矩相对误差总体上小于中心矩的相对误差，可以得到 Frechet 分布情况类似的结论。

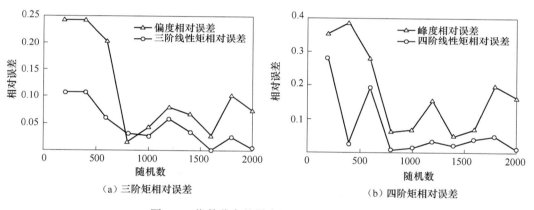

（a）三阶矩相对误差　　　　　　　　　　（b）四阶矩相对误差

图 8.4　指数分布的样本矩相对误差（$\alpha = 2$）

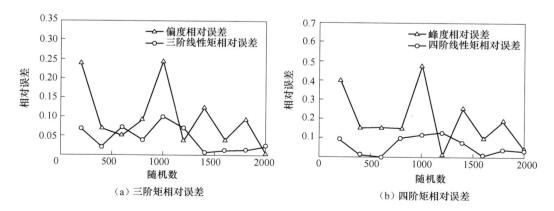

（a）三阶矩相对误差　　　　　　　　　　（b）四阶矩相对误差

图 8.5　指数分布的样本矩相对误差（$\alpha = 4$）

8.5.2　单自由度的动力可靠度

1. 平稳随机地震激励下线性单自由度

情况 1：确定性参数

考虑在平稳地震动激励下的线性单自由度，其功率谱密度函数采用 Clough-Penzien 谱[34]：

$$S(\omega) = \frac{\omega_g^4 + 4\zeta_g^2\omega_g^2\omega^2}{(\omega^2 - \omega_g^2)^2 + 4\zeta_g^2\omega_g^2\omega^2} \frac{\omega^4}{(\omega^2 - \omega_f^2)^2 + 4\zeta_f^2\omega_f^2\omega} S_0 \tag{8.50}$$

其中
$$S_0 = \frac{\overline{a}_{\max}^2}{\gamma^2\left[\pi\omega_g\left(2\zeta_g + \dfrac{1}{2\zeta_g}\right)\right]} \tag{8.51}$$

式中：ω_g 和 ζ_g 分别为场地土的卓越圆频率和阻尼比；ω_f 和 ζ_f 为地震加速度时程低频分量的参数，$\omega_f = 0.1\omega_g$、$\zeta_f = \zeta_g$；S_0 为基岩地震动加速度白噪声功率谱密度，它反映地震动的强弱程度，也简称为谱强度因子；$\overline{a}_{\max}$ 为地震地面加速度最大值的均值；γ 为峰值因子。Clough-Penzien 功率谱的参数取值如表 8.8 所示。

表 8.8　Clough-Penzien 谱的参数取值

ω_g/(rad/s)	ω_f(/rad/s)	ζ_g	ζ_f	γ	$\overline{a}_{\max}$/(cm/s²)	T/s	ω_u/(rad/s)	$\Delta\omega$
5π	0.5π	0.6	0.6	2.8	196.2	20	240	0.15

利用随机函数谱表示模型生成 986 条地震加速度时程样本。图 8.6（a）所示为生成的一条加速度时程样本曲线，图 8.6（b）为 986 条平稳地震加速度时程样本集合。图 8.7 给出了 986 条样本总体功率谱，从该图中可以看出该样本曲线与目标功率谱拟合良好。在此基础上，将利用 986 条地震加速度时程样本逐条进行时程分析。

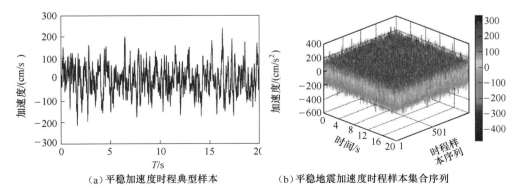

（a）平稳加速度时程典型样本　　　　（b）平稳地震加速度时程样本集合序列

图 8.6　平稳地震加速度时程

该单自由度体系的质量 $m = 3000\text{kg}$，刚度 $k = 100000\text{N/m}$，阻尼比 $\xi = 0.05$。将图 8.6（a）的地震加速度时程样本进行逐条时程分析并计算结构的位移响应与极值。图 8.8 为一次结构响应计算得到的位移响应时程曲线，图 8.9 为 986 条地震加速度时程分析后计算得到的位移响应极值。

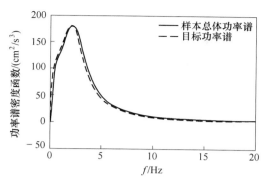

图 8.7   功率谱密度函数的比

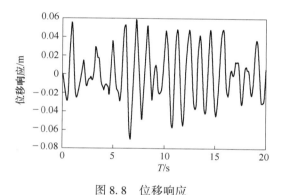

图 8.8   位移响应

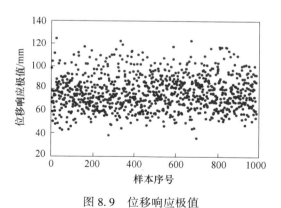

图 8.9   位移响应极值

设定位移界限 $R=120\text{mm}$，利用本章方法计算得到功能函数的前四阶线性矩如表 8.9 所示，同时 MCS 计算结果也列于表 8.9 中。从表 8.9 中可以看出，本章方法计算的功能函数的前四阶线性矩与 MCS 方法计算结果吻合，最大相对误差为 1.89%。接着，基于前四阶线性矩，利用本章建立的可靠指标完整表达式计算可靠指标并列于表 8.9 中，同时 MCS 计算结果也列于表 8.9 中，从该表中可以看出它们的相对误差为 3.26%。本章方法仅需 986 个样本点就可以得到准确的结果，相比于 MCS 结果大大提高了计算效率。

表 8.9　功能函数的前四阶线性矩与可靠指标

方　法	样本点	λ_{1X}	λ_{2X}	λ_{3X}	λ_{4X}	可靠指标
本章方法	986	43.10577	8.510622	−0.63212	0.984588	2.5126
MCS	10000	42.92609	8.489959	−0.63489	0.966326	2.5972
相对误差		0.42%	0.24%	0.44%	1.89%	3.26%

设定界限 R 为 110~118mm，间隔为 2，利用本章方法计算得到在不同界限下的功能函数前四阶线性矩如表 8.10 所示。接着，根据表 8.10 中的前四阶线性矩并利用表 8.3 的可靠指标完整表达式计算可靠指标，如图 8.10 所示。图 8.10 中还给出了 MCS 模拟结果。计算结果表明，本章计算方法所得结果与 MCS 结果基本吻合，验证了本章方法的高效性。

表 8.10　不同界限下的功能函数前四阶线性矩

界限 R/mm	λ_{1X}	λ_{2X}	λ_{3X}	λ_{4X}
110	33.10576	8.510625	−0.63212	0.984591
112	35.10576	8.510626	−0.63212	0.984591
114	37.10577	8.510624	−0.63212	0.984589
116	39.10577	8.510623	−0.63212	0.984589
118	41.10577	8.510624	−0.63212	0.984589

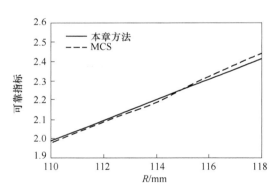

图 8.10　不同界限下的可靠指标

情况 2：不确定参数

考虑质量 m 为不确定性参数且服从正态分布：均值 $m_m = 3000\text{kg}$，变异系数 $v_m = 0.1$。取 $n = 987$，$h_2 = 610$，$h_1 = 1$，根据式（8.36）和式（8.37），获得二维均匀分布的点集，如图 8.11 所示。根据二维均匀分布离散点集生成两个基本随机变量即 Θ 与 $\widetilde{\Theta}$ 的点集。

根据本章方法计算得到考虑结构参数不确定的结构位移响应样本如图 8.12 所示。

考虑 $R = 120\text{mm}$，统计得到 987 个样本下的功能函数的样本，计算的功能函数前四阶线性矩如表 8.11 所示。类似地，MCS 计算的功能函数前四阶线性矩也列于表 8.11 中。最后利用本章方法计算得到可靠指标如表 8.11 所示。从表 8.11 可以看出，本章方法计算结果与 MCS（100000 样本）计算结果保持一致，线性矩的最大相对误差为 5.34%，可靠指标的相对误差为 4.11%。

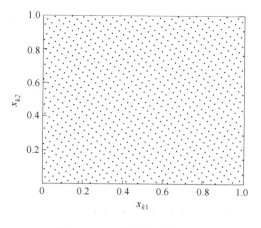

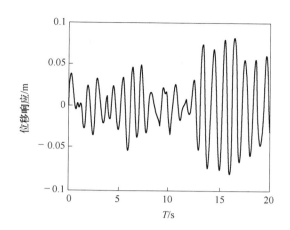

图 8.11　二维均匀分布点集　　　　图 8.12　考虑结构参数不确定的结构位移响应样本

表 8.11　考虑结构参数不确定性的功能函数前四阶线性矩与可靠指标

方　法	样本点	λ_{1X}	λ_{2X}	λ_{3X}	λ_{4X}	可靠指标
本章方法	987	37.23461	9.136204	-0.5480863	1.070361	2.1078
MCS	100000	37.94339	8.98768	-0.5450912	1.016075	2.1981
相对误差		1.87%	1.65%	0.55%	5.34%	4.11%

　　设定界限 R 为 110~118mm，间隔为 2，表 8.12 列出了考虑结构参数不确定性下不同界限的功能函数前四阶线性矩。根据表 8.12 中的前四阶线性矩并利用表 8.3 的可靠指标完整表达式计算可靠指标，如表 8.13 所示。表 8.13 给出了在不同界限下（$R = 110 \sim 118$mm）本章方法与 MCS 方法计算的可靠指标。从表 8.13 可以看出，两者结果吻合，最大相对误差为 3.70%，说明本章方法在考虑参数不确定情况下计算可靠指标的高效性与精确性。

表 8.12　考虑参数不确定性下不同界限的功能函数前四阶线性矩

界限 R/mm	λ_{1X}	λ_{2X}	λ_{3X}	λ_{4X}
110	27.23460	9.136207	-0.5480888	1.070363
112	29.23461	9.136205	-0.5480874	1.070362
114	31.23460	9.136206	-0.5480881	1.070363
116	33.23461	9.136205	-0.5480876	1.070363
118	35.23461	9.136205	-0.5480874	1.070362

表 8.13　考虑单参数不确定性的不同界限下的可靠指标

界限 R/mm	本章方法	MCS	相对误差
110	1.5901	1.6503	3.65%
112	1.6936	1.7586	3.70%
114	1.7981	1.8666	3.67%
116	1.9019	1.9743	3.67%
118	2.0052	2.0818	3.68%

　　为了进一步说明本章方法在参数不确定情况下的应用，考虑质量 m 与 k 均为不确定性参数，分布信息如表 8.14 所示。表 8.15 给出了在界限 $R=120\text{mm}$ 下，双参数不确定的功能函数前四阶线性矩与可靠指标。从表 8.15 中可以看出本章方法计算结果与 MCS 计算结果吻合，四阶线性矩的最大相对误差为 8.55%，可靠指标的相对误差为 4.69%。

表 8.14　不确定性参数的分布信息

不确定性参数	分布类型	均值	变异系数
m/kg	正态分布	3000	0.1
$k/(\text{N/m})$	正态分布	100000	0.1

表 8.15　双参数不确定性的功能函数前四阶线性矩与可靠指标

方法	样本点	λ_{1X}	λ_{2X}	λ_{3X}	λ_{4X}	可靠指标
本章方法	987	36.09020	9.268909	-0.518257	1.131909	2.0215
MCS	100000	36.94029	9.074248	-0.5297174	1.042744	2.1210
相对误差		2.30%	2.15%	2.16%	8.55%	4.69%

　　类似地，表 8.16 给出了双参数不确定参数在不同界限下的前四阶线性矩与可靠指标。

表 8.16　双参数不确定性参数在不同界限下的前四阶线性矩与可靠指标

界限 R/mm	λ_{1X}	λ_{2X}	λ_{3X}	λ_{4X}	可靠指标
110	26.0902	9.268912	-0.5182583	1.131909	1.5140
112	28.0902	9.268910	-0.5182575	1.131908	1.6174
114	30.0902	9.268910	-0.5182575	1.131908	1.7199
116	32.0902	9.268909	-0.5182569	1.131908	1.8213
118	34.0902	9.268909	-0.5182567	1.131909	1.9219

　　为了比较说明，将结构参数不确定性与随机参数情况的可靠指标列于图 8.13。从图 8.13 可以看出，由于不确定参数的影响，结构可靠指标减小且随机变量增多可靠指标越小。

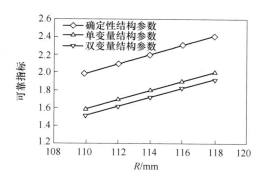

图 8.13 不同情况下的可靠指标对比

2. 非平稳随机地震激励下非线性单自由度

考虑非平稳随机地震激励下的非线性单自由度体系如图 8.14 所示，非线性为双线型恢复力模型，即恢复力 f_s-位移 x 的关系曲线，如图 8.15 所示。其中 x_y 为屈服位移，设为 0.01m。k_1 与 k_2 分别为初始刚度和折减后刚度，折减系数即 $k_1/k_2=0.2$。

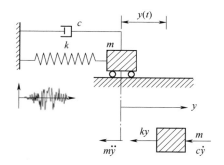

图 8.14 单自由度体系

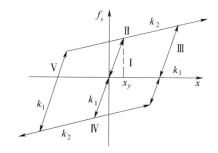

图 8.15 双线型恢复力模型

该单自由度体系的运动方程为

$$m\ddot{y} + c\dot{y} + ky = -m\ddot{u}_g \tag{8.52}$$

式中：m、c、k 分别为体系的质量、阻尼系数、刚度；$\ddot{y}$、$\dot{y}$、y 分别为体系的相对加速度、相对速度、相对位移，它们是时间 t 的函数。

考虑不确定性结构参数的分布信息如表 8.17 所示，阻尼系数 $c=36612\text{N} \cdot \text{s/m}$。

表 8.17 非线性结构不确定性参数的分布信息

不确定性参数	分布类型	均值	变异系数
m/kg	正态分布	57041	0.1
k(N/m)	正态分布	2350000	0.1

基于随机函数-谱表示模型，利用两个基本随机变量，并根据式（8.24）~式（8.27），生成非平稳地震加速度时程样本（本算例选取 610 个点），如图 8.16 为 610 条非平稳地震加速度时程样本集合中的典型样本。

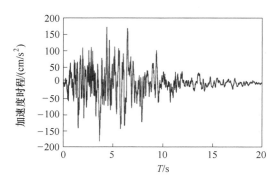

图 8.16　非平稳地震加速度时程典型样本

根据小波-伽辽金方法[35]，计算得到演变功率谱如图 8.17 所示。图 8.18 为根据演变功率谱得到的典型时刻即 $t=8\mathrm{s}$，$9\mathrm{s}$，$10\mathrm{s}$ 的功率谱，从该图中可以看出计算功率谱与目标功率谱能够很好地拟合。

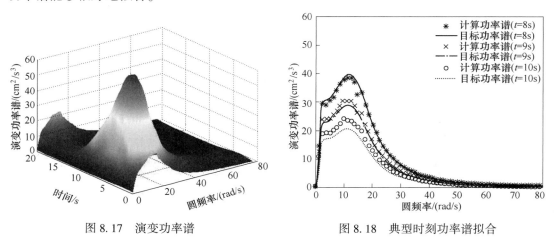

图 8.17　演变功率谱　　　　　　　　　图 8.18　典型时刻功率谱拟合

根据非线性时程分析方法将 610 条地震加速度时程逐条进行时程分析，计算得到的非线性结构位移响应样本，如图 8.19 所示。

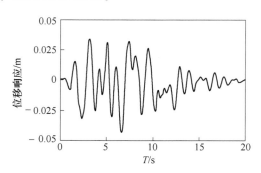

图 8.19　非线性结构位移响应样本

图 8.20 给出了一次输出样本的滞回曲线（恢复力–位移曲线）。从图 8.20 可以看出滞回曲线具有明显的双线型特性。利用本章方法得到位移响应极值的样本点如图 8.21 所示。

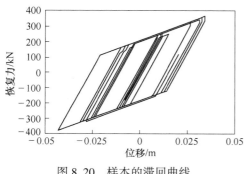

图 8.20 样本的滞回曲线

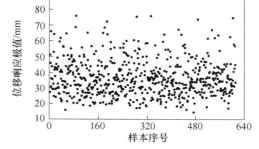

图 8.21 非线性结构位移响应极值

设定界限 $R = 80\text{mm}$，利用本章方法计算得到前四阶线性矩，如表 8.18 所示。为了将本章方法计算结果与 MCS 计算结果对比，表 8.18 给出了不同样本下 MCS 计算结果。从表 8.18 可以看出，当样本数为 50000 时，相比样本点数 10000~40000 的结果，计算结果稳定。因此，本算例将利用 50000 个 MCS 的计算结果作为标准值进行验证。利用本章方法，根据获得的位移响应极值计算功能函数的前四阶矩与可靠指标，如表 8.18 所示。从表 8.18 中可以看出本章方法仅需 610 个样本点能够得到较好的结果，可靠指标的相对误差小于 6%；在结果中三阶线性矩有较大的误差，该误差可以尝试通过利用不同的样本点以降低误差。

表 8.18 非线性结构功能函数的前四阶线性矩与可靠指标

方 法	样本点	λ_{1X}	λ_{2X}	λ_{3X}	λ_{4X}	可靠指标
本章方法	610	43.32907	6.534708	−1.03705	0.936324	2.6009
MCS	10000	42.66635	6.824709	−1.16396	1.000436	
	20000	42.63910	6.825787	−1.16119	0.988103	
	30000	42.65526	6.810328	−1.17391	1.001916	
	40000	42.70293	6.79678	−1.16697	0.998571	
	50000	42.74899	6.77331	−1.16034	0.994473	2.4723
相对误差		1.36%	3.52%	10.63%	5.85%	5.20%

8.6 结论

本章以随机函数–谱表示模型与高阶线性矩为基础，依据可靠度的定义，建立了基于线性矩的结构抗震可靠度分析方法。基于前四阶线性矩与三次多项式转换，本章提出了结构抗震可靠指标的完整表达式。以线性与非线性单自由度为例，考虑确定参数与随机参数情况，阐明了本章方法的计算步骤和计算结果，可得出以下结论：

（1）通过常见分布（Frechet 分布与指数分布）的算例说明了在样本数增加的情况下，相同样本对应的线性矩的相对误差小于中心矩的相对误差。同时，整体上，在样本较少的情况下，线性矩计算的相对误差也较小。因此，在利用线性矩进行抗震可靠度分析时能够体现本章方法的高效性与精确性。

（2）以线性与非线性单自由度为例，说明了本章方法能够用于线性与非线性结构的抗震可靠度分析。当不考虑确定性结构参数时，仅需一个基本随机变量进行结构分析，且采用主点的离散点集能够表达一个基本随机变量；当考虑随机参数时，只需两个基本随机变量，且好格子点集能够表达两个基本随机变量。算例结果表明，本章方法能够用于确定性参数与随机参数的情况，与 MCS 模拟对比具有高效性与精确性的特点。

（3）本章初步建立了基于高阶线性矩的结构抗震可靠度分析方法，该方法可以推广至多自由度的结构分析，但对于高可靠性（或小失效概率）或不同非线性情况（不同滞回恢复力模型）还需进一步深入研究。

参 考 文 献

［1］李桂青，李秋胜．工程结构时变可靠度理论及其应用［M］．北京：科学出版社，2001．

［2］李桂青，曹宏，李秋胜，等．结构动力可靠性理论及其应用［M］．北京：地震出版社，1993．

［3］COLEMAN J J . Reliability of aircraft structures in resisting chance failure［J］. Operations Research, 1959, 7（5）：639-645.

［4］VANMARCKE E H . On the distribution of the first-passage time for normal stationary random processes［J］. Journal of Applied Mechanics, 1975, 42（1）：215-220.

［5］AU S K , BECK J L . Estimation of small failure probabilities in high dimensions by subset simulation［J］. Probabilistic Engineering Mechanics, 2001, 16（4）：263-277.

［6］AU S K , BECK J L . First excursion probabilities for linear systems by very efficient importance sampling［J］. Probabilistic Engineering Mechanics, 2001, 16（3）：193-207.

［7］SHINOZUKA M. Monte Carlo solution of structural dynamics［J］. Computers. & Structures, 1972, 2（5-6）：855-874.

［8］朱位秋．随机平均法及其应用［J］．力学进展，1987，17（3）：342-352．

［9］ZHAO Y G, ZHANG L W, LU Z H, et al. First passage probability assessment of stationary non-Gaussian process using the third-order polynomial transformation［J］. Advances in Structural Engineering, 2019, 22（1）：187-201.

［10］李杰，陈建兵．随机动力系统中的概率密度演化方程及其研究进展［J］．力学进展，2010，40（2）：170-188．

［11］吕大刚，贾明明，李刚．结构可靠度分析的均匀设计响应面法［J］．工程力学，2011，28（7）：109-116．

［12］SHINOZUKA M, JAN C M. Digital simulation of random processes and its applications［J］. Journal of Sound & Vibration, 1972, 25（1）：111-128.

［13］陈建兵，李杰．随机过程的随机谐和函数表达［J］．力学学报，2011，43（3）：505-513．

［14］LIU Z, LIU Z, CHEN D. Probability density evolution of a nonlinear concrete gravity dam subjected to nonstationary seismic ground motion［J］. Journal of Engineering Mechanics, 2018, 144（1）：04017157.

［15］FISHER S R A , CORNISH E A . The Percentile Points of Distributions Having Known Cumulants［J］.

Technometrics, 1960, 2（2）: 209-225.

[16] WINERSTEIN S R. Nonlinear vibration models for extremes and fatigue [J]. Journal of Engineering Mechanics, 1988, 114（10）: 1772-1790.

[17] ZHAO Y G, LU Z H. Fourth-moment standardization for structural reliability assessment [J]. Journal of Structural Engineering, 2007, 133（7）: 916-924.

[18] ZHANG L W. An improved fourth-order moment reliability method for strongly skewed distributions [J]. Structural and Multidisciplinary Optimization, 2020（2）, 62, 1213-1225.

[19] ZHANG X Y, ZHAO Y G, LU Z H. Unified Hermite polynomial model and its application in estimating non-Gaussian processes [J]. Journal of Engineering Mechanics, 2019, 145（3）: 04019001.

[20] TUNG Y. K. Polynomial normal transformation in uncertainty analysis [C]//Melcher R E Stewart M E （Eds.）, ICASP 8, Application of Probability and Statistics, Netherlands: A. A. Balkema Publishersp, 1999: 167-174.

[21] CHEN X, TUNG Y K. Investigation of polynomial normal transform [J]. Structural Safety, 2003, 25（4）: 423-445.

[22] ZHAO Y G, TONG M N, LU Z H, et al. Monotonic expression of polynomial normal transformation based on the first four L-moments [J]. Journal of Engineering Mechanics, 2020, 146（7）: 06020003.

[23] HOSKING J. L-moments: analysis and estimation of distributions using linear combinations of order statistics [J]. Journal of the Royal Statistical Society. Series B: Methodological, 1990, 52（1）: 105-124.

[24] FLEISHMAN A. A method for simulating non-normal distributions [J]. Psychometrika, 1978, 43（4）: 521-532.

[25] ZHANG L W, LU Z H, ZHAO Y G. Dynamic reliability assessment of nonlinear structures using extreme value distribution based on L-moments [J]. Mechanical Systems and Signal Processing, 2021, 159: 107832.

[26] SHINOZUKA M, DEODATIS G. Simulation of stochastic processes by spectral representation [J]. Applied Mechanics Reviews, 1991, 44（4）: 191-204.

[27] PRIESTLEY M B. Evolutionary spectra and non-stationary processes [J]. Journal of the Royal Statistical Society, 1965, 27（2）: 204-237.

[28] DEODATIS G, SHINOZUKA M. Simulation of seismic ground motion using stochastic waves [J]. Journal of Engineering Mechanics, 1989, 115（12）: 2723-2737.

[29] LIU Z, LIU W, PENG Y. Random function based spectral representation of stationary and non-stationary stochastic processes [J]. Probabilistic Engineering Mechanics, 2016, 45: 115-126.

[30] ZOPPÈ A. Principal points of univariate continuous distributions [J]. Statistics and Computing, 1995, 5（2）: 127-132.

[31] LI J, CHEN J B. The number theoretical method in response analysis of nonlinear stochastic structures [J]. Computational Mechanics, 2007, 39（6）: 693-708.

[32] FANG K T, WANG Y, Number Theoretic Methods in Statistics [M], Chapman and Hall, London, 1994.

[33] LIU Z, RUAN X, LIU Z, et al. Probability density evolution analysis of stochastic nonlinear structure under non-stationary ground motions [J]. Structure and Infrastructure Engineering, 2019, 15（8）: 1049-1059.

[34] CLOUGH R W, PENZIEN J. Dynamics of Structures [M]. NewYork: McGraw-Hill, 1975.

[35] KONG F, LI S, ZHOU W. Wavelet-Galerkin approach for power spectrum determination of nonlinear oscillators [J]. Mechanical Systems & Signal Processing, 2014, 48（1-2）: 300-324.

下 篇

可靠度工程应用

9 超低周疲劳荷载下钢结构杆系单元损伤演化模型

白涌滔，重庆大学土木工程学院，重庆大学钢结构工程研究中心
周绪红，重庆大学土木工程学院，重庆大学钢结构工程研究中心
解程，重庆大学土木工程学院，重庆大学钢结构工程研究中心
Julio Florez-Lopez，重庆大学土木工程学院，重庆大学钢结构工程研究中心

9.1 引言

在 1994 年美国北岭地震和 1995 年日本阪神地震中，发现了大量钢框架梁柱节点和构件的断裂破坏。根据灾后分析，断裂的破坏模式主要分为大变形引起的延性断裂和往复塑性变形引起的疲劳断裂。其中，疲劳断裂与熟知的低周疲劳相似，通过在梁端部塑性变形的累积而引发疲劳裂纹的萌生，从而进入快速的扩展阶段，直至最终的断裂破坏。这是因为断裂显著降低结构刚度以抵抗横向地震，并且梁端部的断裂可以延伸到柱中，决定了竖向承载能力。因此，由于钢结构梁柱节点的损伤会直接降低框架体系的水平抗侧移刚度，对柱的水平能力、框架和桥梁体系的整体抗震性能和防倒塌安全性有重要的影响。

在低周疲劳试验研究方面，国内外学者对钢结构框架梁柱节点进行了一定的研究。其中，Ballio 等人[1]在研究中基于 Miner 准则（雨流计数法）确定 S–N 疲劳寿命曲线（振幅–循环次数的关系）相关参数，来定义不同辐值下高–低周疲劳性能及其剩余寿命。Jones、Fry 和 Engelhardt 等人对狗骨式连接的钢框架结构进行研究，发现了节点处法兰环板形状的多样性可降低由低周疲劳荷载引起的脆性断裂的风险。Castiglioni 探索了预测钢结构的疲劳破坏形式以及评估疲劳寿命过程的应力水平标准。Zhou 探究了地震荷载下的低周疲劳断裂。Toellner 通过钢梁反复静力荷载试验，发现了削弱式梁截面（Reduced beam section，RBS）与传统工字钢梁呈现出不同的疲劳破坏模式。以上试验研究以及其他相关的疲劳静力试验均限于有限变辐的静力加载制度。

此外，在数值模拟和分析方法方面，国内外学者开发了各种数值建模方法来预测低周疲劳断裂的机理[5-9]。Kanvinde 和 Deierlein 基于应力修正临界应变提出了孔洞扩张模型用于预测低碳钢的超低周疲劳裂纹的萌生状态。Castiglioni 等人使用累积损伤模型将低周疲劳法与 S–N 对数线性关系曲线相结合。Xue 提出了一种基于 Manson–Coffin 定律的统一表达式以预测超低周期疲劳。Amiri 等人提出了低周断裂模型，其模拟结果很好地记录了裂纹产生时的临界周期数。上述试验和数值模拟研究主要围绕疲劳破坏的材料微观机理、疲劳寿命周数展开，在裂纹萌生和扩展全过程、结构构件的宏观疲劳模型方面缺乏精确的力学理论和计算方法。

如今，有限元分析在工程领域被广泛应用[10-15]，如余琼等人通过 ANSYS 设计的弱节点模型对钢筋混凝土柱–钢梁节点的受力性能及其影响因素进行了分析。施刚等人用 ANSYS 分析了超高强钢材轴心受压柱的整体稳定性。王静峰等人分别对钢筋混凝土 T 形柱和 CFRP（Carbon fiber reinforced plastics）加固钢梁力学性能进行有限元分析。但有限元分析难以对钢梁柱节点等宏观结构构件在低周疲劳荷载作用下的断裂全过程问题进行准确有效的分析，其关键局限性在于初始损伤定位和连续体有限元方法的网格依赖性。

本章基于集中损伤力学理论，提出考虑了钢结构压弯构件的裂纹扩展及闭合效应的疲劳断裂新模型，同时详细介绍了杆系单元在有限元中的扩展建模与数值计算方法，最后通过对一组变幅往复荷载试验进行数值模拟验证模型可靠性，为该模型在钢结构压弯构件及其在框架和桥梁体系中的应用提供了有价值的理论基础。

9.2 Coffin–Manson–Basquin 疲劳公式

著名的 Coffin-Manson 低周疲劳公式在 1955 年前后被 Coffin 和 Manson 分别独立提出，该公式基于大量金属（钢）材料的单轴拉伸疲劳试验数据，回归得到恒定的塑性应变振幅和疲劳循环周期之间呈指数关系：

$$N = \left(\frac{\Delta \varepsilon_p}{\varepsilon_f} \right)^{\beta} \tag{9.1}$$

式中：$\Delta \varepsilon_p$ 为恒定的塑性应变幅值；ε_f 和 β 为材料相关的经验参数，其中 ε_f 为试件在单向拉伸产生裂纹的塑性应变值。

Coffin-Manson 公式在金属材料疲劳领域得到了广泛的认可，被作为预测疲劳寿命和疲劳设计的重要标准。然而，在真实的工程应用场景中，$\Delta \varepsilon_p$ 不可能为恒定值，而不同塑性应变幅值 $\Delta \varepsilon_p^1$、$\Delta \varepsilon_p^2$、$\Delta \varepsilon_p^k$ 下的疲劳寿命，则由 Palmgren-Miner 准则对不同幅值的疲劳寿命比例进行线性叠加得到：

$$\sum \frac{N_k}{N_f^k} = 1 \tag{9.2}$$

式中：N_f^k 为应变幅值是 $\Delta \varepsilon_p^k$ 时断裂的周期数；N_k 为该振幅下实际的周期数。

如图 9.1 所示，具有塑性铰链的梁经受往复加载，在离中性轴的距离 z 处的纤维的塑性应变幅值可近似为 $z\Delta \phi_p / L_p$，式中 $\Delta \phi_p$ 为塑性转动周期的振幅，L_p 为等效塑性长度。因此，在梁中裂纹开裂的循环次数 N_{cr} 表达式如下：

$$N_{cr} \cong \left(\frac{h\Delta \phi_p}{2L_p \varepsilon_f} \right)^{\beta} = \left(\frac{\Delta \phi_p}{\varphi_{cr}} \right)^{\beta} \tag{9.3}$$

其中

$$\phi_{cr} = \frac{2L_p \varepsilon_f}{h}$$

式中：参数 ϕ_{cr} 为第一循环结束时在塑性铰区中裂缝产生所需的塑性转动幅值。

随着梁的开裂中性轴上移，式（9.3）可改写为

$$N(z) \cong \left(\frac{z\Delta\phi_p}{L_p\varepsilon_f}\right)^\beta \tag{9.4}$$

式中：z 为梁构件有效截面高度的 $1/2$，当截面开裂后，随着中性轴的上移而减小。

一般认为，裂纹产生之后，铰不再是塑性的。

下文在集中损伤力学的框架中使用这个定律获得钢梁由低周疲劳引起的裂纹扩展的简化模型。

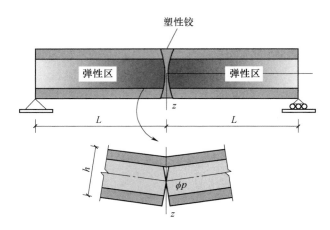

图 9.1　梁中的塑性铰

9.3　集中损伤力学与疲劳演化准则

9.3.1　弹性准则和塑性修正

首先，在钢结构框架和连续梁桥等体系中，主要受力构件为压弯构件，对其进行杆系单元的建模，需要定义广义变形矩阵 $\{\varepsilon\}$ 与广义应力矩阵 $\{\sigma\}$ 表示如式（9.5），为了表示非线性效应和损伤演化准则，引入两个状态变量，即塑性变形矩阵 $\{\varepsilon^p\}$ 和损伤矩阵 $\{D\}$：

$$\{\varepsilon\} = \begin{bmatrix} \phi_i \\ \phi_j \\ \delta \end{bmatrix} \quad \{\sigma\} = \begin{bmatrix} m_i \\ m_j \\ n \end{bmatrix} \quad \{\varepsilon^p\} = \begin{bmatrix} \phi_i^p \\ \phi_j^p \\ 0 \end{bmatrix} \quad \{D\} = (d_i,\ d_j) \tag{9.5}$$

式中：ϕ_i 和 ϕ_j 为相对转角；δ 为弦的伸长量（见图 9.2）；$\{\varepsilon^p\}$ 由非弹性铰的塑性或永久性转角组成，$\{D\}$ 包括非弹性铰的损伤变量。

根据前文所述的应变等价假定，总变形矩阵可分为三部分，即弹性应变 ε^e、塑性应变 ε^p、损伤应变 ε^d。弹性变形与广义应力矩阵之间的关系如下：

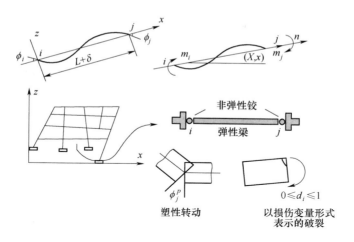

图 9.2 非弹性铰框架单元，广义变形和应力，非弹性铰中的塑性转角和损伤

$$\{\varepsilon^e\} = [F_0]\{\sigma\}$$

其中

$$[F_0] = \begin{bmatrix} \dfrac{L}{3EI} & -\dfrac{L}{6EI} & 0 \\[2mm] -\dfrac{L}{6EI} & \dfrac{L}{3EI} & 0 \\[2mm] 0 & 0 & \dfrac{L}{AE} \end{bmatrix} \tag{9.6}$$

式中：$[F_0]$ 为弹性单元的常规挠度矩阵。

如图 9.3 所示，ϕ^p 和 ϕ^d 是非弹性铰的转角。塑性转角是永久的，且如果弯矩趋于 0 则转角不消失。损伤转角是可逆的。应变等价假定建立了铰的转动与弯矩之间的关系：

$$\phi_{i,j}^d = \frac{d_{i,j}L}{3EI(1 - d_{i,j})}m_{i,j} \tag{9.7}$$

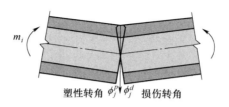

图 9.3 非弹性铰 i 处塑性转角和损伤转角

此处包含一个与非弹性铰损伤相关的附加弹性项。如果没有损伤，附加弹性项为 0。如果铰的损伤趋于 1，附加弹性项趋于无穷大。由式（9.5）~式（9.7）得到钢框架梁单元的弹性准则：

$$\{\varepsilon - \varepsilon^p\} = [F(D)]\{\sigma\}, \quad \begin{bmatrix} \phi_i - \phi_i^p \\ \phi_j - \phi_j^p \\ \delta \end{bmatrix} = \begin{bmatrix} \dfrac{L}{3EI(1-d_i)} & \dfrac{-L}{6EI} & 0 \\ \dfrac{-L}{6EI} & \dfrac{L}{3EI(1-d_j)} & 0 \\ 0 & 0 & \dfrac{L}{AE} \end{bmatrix} \begin{bmatrix} m_i \\ m_j \\ n_i \end{bmatrix}$$

$$(9.8)$$

当初始裂纹产生后，裂纹会随着循环荷载呈张开与闭合的趋势，同时考虑损伤以及裂纹闭合效应的弹性定律为

$$\{\varepsilon\}_b - \{\varepsilon^p\}_b = [F(D)]\langle\sigma\rangle_b^+ + [F(hD)]\langle\sigma\rangle_b^- \tag{9.9}$$

其中
$$[F(hD)] = \begin{bmatrix} \dfrac{L}{3EI(1-hd_i)} & \dfrac{-L}{6EI} & 0 \\ \dfrac{-L}{6EI} & \dfrac{L}{3EI(1-hd_j)} & 0 \\ 0 & 0 & \dfrac{L}{AE} \end{bmatrix}$$

式中：$\langle\sigma\rangle_b^+$ 和 $\langle\sigma\rangle_b^-$ 分别为表示正、负广义应力矩阵。

再次使用应变等价假设得到非弹性铰链的有效弯矩：$\overline{m}_i = m_i/(1-d_i)$，则非弹性铰的屈服函数为

$$f_{i,j} = \left| \frac{m_{i,j}}{1 - d_{i,j}} - C\phi_{i,j}^p \right| - M_y \leqslant 0 \tag{9.10}$$

低周疲劳下钢梁的本构模型通过引入损伤演化定律构成。

9.3.2　损伤演化准则

为了得到损伤演化规律，考虑如图 9.4 所示的经简化没有塑性转角的非弹性铰链，同时需估计作为铰中损坏函数的距离 z 的值。由参考文献 [19] 可以推出对于矩形截面：

$$z \cong \frac{h}{2} \sqrt[3]{1 - d_i} \tag{9.11}$$

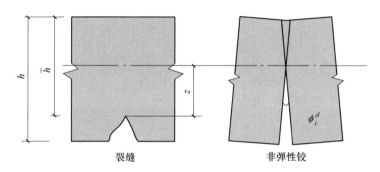

图 9.4　使用非弹性铰的裂纹的表示

对于其他类型横截面引入截面的相关参数，即弯曲中性轴高度 z 作为修正，则式（9.11）修正为 $z \cong \dfrac{h}{2}(1 - d_i)^\alpha$，将该式代入式（9.4）得出：

$$N = \left(\frac{(1 - d_i)^\alpha \Delta\phi_i^p}{\phi_{cr}}\right)^\beta \tag{9.12}$$

$$\text{if } N < N_{cr} \qquad d_i = 0$$

对式（9.12）求解 d_i 便得到具有恒定塑性转动振幅的低循环疲劳下铰 i 的损伤演化定律：

$$d_i(N) = \max\left(1 - \exp\left(\frac{\beta\ln(\phi_{cr}/\Delta\phi_i^p) + \ln(N)}{\beta\alpha}\right)\right) \tag{9.13}$$

$$d_i(0) = 0$$

对于不同塑性振幅 $\Delta\phi_{i1}^p$，$\Delta\phi_{i2}^p$，$\cdots$，$\Delta\phi_{ik}^p$，$\cdots$ 疲劳试验的情况，可由 Palmgren-Miner 式（9.2）和式（9.12）得出：

$$\sum N_k \left(\frac{(1 - d_i(N_k))^\alpha \Delta\phi_{ik}^p}{\phi_{cr}}\right)^{-\beta} = 1 \tag{9.14}$$

式中：N_k 为振幅是 $\Delta\phi_{ik}^p$ 的周期数。

因为在地震荷载作用下，周期不稳定，所以有必要重新定义塑性转动振幅的概念。首先，在铰链中引入累积塑性转动 p_i 的概念：$\mathrm{d}p_i = |\mathrm{d}\phi_i^p|$。仍然认为是恒幅加载，在一个循环中，铰中的累积塑性转动增加为 $2\Delta\phi_i^p$，从而，铰中累积的塑性旋转可近似为：$p_i \cong 2\Delta\phi_i^p N$。因此：

$$\Delta\phi_i^p \cong \frac{\dot{p}_i}{2}, \; \dot{p}_i = \frac{\mathrm{d}p_i}{\mathrm{d}N} \tag{9.15}$$

将式（9.15）代入式（9.14），且假设每组中的周期数倾向于零且循环组的数目倾向于无穷大，得

$$(1 - d_i(N))^{-\alpha\beta}\int_0^N \left(\frac{\dot{p}_i(t)}{2\phi_{cr}}\right)^{-\beta}\mathrm{d}t = 1 \tag{9.16}$$

因此，非稳定低周疲劳下非弹性铰的损伤演化规律为

$$d_i(N) = \max(1 - \exp(\ln(S_i)/\alpha\beta)) \tag{9.17}$$

其中

$$S_i(N) = \int_0^N \left(\frac{\dot{p}_i(t)}{2\phi_{cr}}\right)^{-\beta}\mathrm{d}t; \; d_i(0) = 0$$

式中：S_i 为这个模型的疲劳裂纹驱动变量。

9.4 超低周疲劳试验模型验证

9.4.1 试验建模与参数标定

前文中提到的试验使用有限元模拟模型的损伤，用三个单元四个节点来表示试件，如图 9.5 所示。

单元的物理属性和疲劳参数：弹性单元 1 和单元 2，$EI = 35000\text{kN} \cdot \text{m}^2$；$M_y = $ 任意大

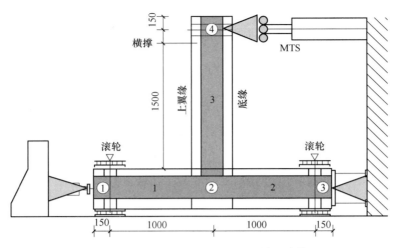

图 9.5　超低周疲劳试验的宏观单元建模

数；单元 3，$EI = 19000 \text{kN} \cdot \text{m}^2$；$M_y = 307 \text{kN} \cdot \text{m}$；$C = 16000 \text{kN} \cdot \text{m}$；$\alpha = 0.9$；$\beta = -0.809$；$\phi_{cr} = 0.082$；$h = 0.3$。

假定只有梁单元（单元 3）的端部进入屈服且发生疲劳损伤，柱单元（单元 1、单元 2）不屈服。由于假定的边界条件，仅在梁单元 3 与节点 2 相邻的端部塑性铰处存在塑性转动和疲劳损伤。

SP-6、SP-7 试件的数值模拟结果、损伤-周期、荷载-周期曲线，如图 9.6 和图 9.7 所示。

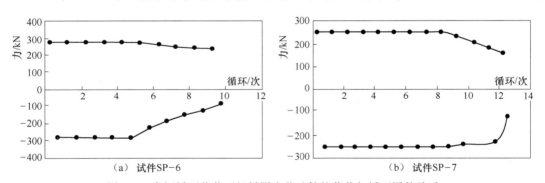

（a）试件SP-6　　　　　　　　　　　（b）试件SP-7

图 9.6　常幅循环荷载下超低周疲劳试件的荷载与循环周数关系

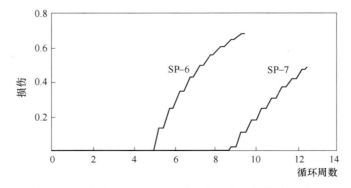

图 9.7　试件 SP-6、SP-7 的荷载、损伤模拟结果对比

针对该试验调整模型参数，模型和试验结果之间存在良好的一致性。在 SP-6、SP-7
模拟中，初始裂纹分别出现在第 4、第 8 次循环周数，并且在随后的循环中扩展。如图
9.8 所示，模型很好地描述了裂缝闭合效应、强度和刚度出现非对称退化，直至最终循环
中发生脆性断裂。

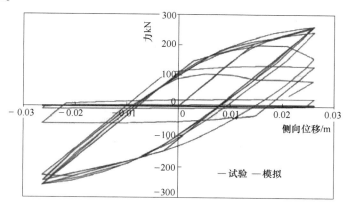

图 9.8 试件 SP-7 的荷载位移曲线

9.4.2 常幅低周疲劳性能

试件 SP-8、SP-9 的数值模拟结果如图 9.9 所示。虽然在脆性破坏之前力的最终值是
精确的，但该模型倾向于在裂纹产生初期高估裂纹扩展速率。此外，裂纹扩展的单向性与
其他三个试验相比似乎没那么明显。在图 9.10 中可以找到对于模型该性能降低的解释。

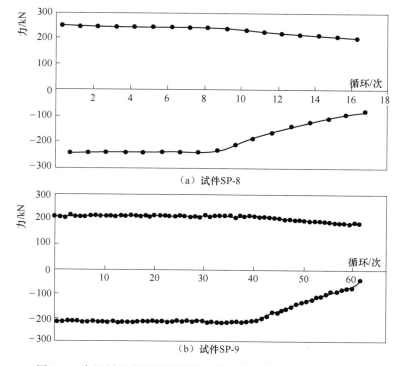

（a）试件SP-8

（b）试件SP-9

图 9.9 常幅循环荷载下超低周疲劳试件的荷载与循环周数关系

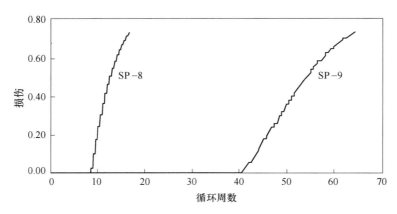

图 9.10　试件 SP-8 和 SP-9 的荷载、损伤模拟结果对比

试验 SP-6 和 SP-9 的滞回环可能位于曲线的两端，由于 Manson-Coffin 定律所表示的直线仅适用于大塑性应变振幅的超低周疲劳实验结果，在没有塑性应变的疲劳情况下，方程表征的断裂循环数取决于弹性应变幅值。因此，适用于试验 SP-6、SP-7 的损伤参数对于试验 SP-8 和 SP-9 的模拟并不适用。这是基于 Coffin-Manson 定律的初始裂纹损伤模型的局限性，不是本章所提出模型的具体缺陷；此外，常幅低周疲劳在裂纹萌生后，出现了单向裂纹扩展导致的非对称性能。

9.4.3　常幅低周疲劳性能

试验开展了 4 个变幅疲劳加载试验，试件名分别为 SP-2、SP-3、SP-4、SP-5。试验的数值模拟结果如图 9.11 所示。疲劳损伤模型的参数保持不变。

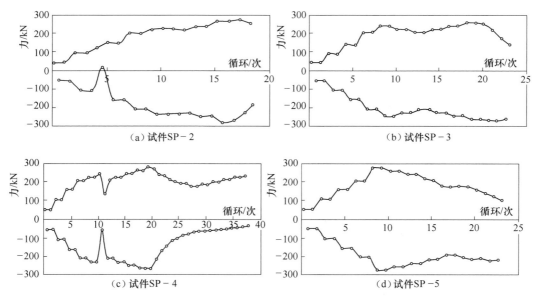

图 9.11　变幅疲劳试件的力与循环周数的关系曲线

在四个数值模拟中有三个正确地描述了试验结果，即 SP-2、SP-3 和 SP-5。SP-4 差异较大，其原因主要是初始裂纹对应的循环周数难以预测。整体上来看，除试件 SP-4 的模拟结果外，其他均模拟较好。以上四个变幅疲劳试件在裂纹扩展阶段的差异主要受裂纹萌生后的疲劳幅值影响（见图 9.12）。通过图 9.13 中的荷载位移曲线也可以发现，裂纹扩展阶段发生明显的强度和刚度退化，在荷载下降到 50% 左右后试件发生破坏，失去承载力。

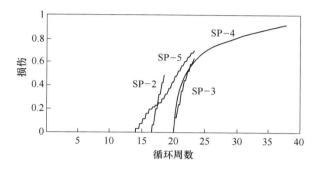

图 9.12 变幅疲劳试件 SP-2、SP-3、SP-4、SP-5 的荷载、损伤模拟结果对比

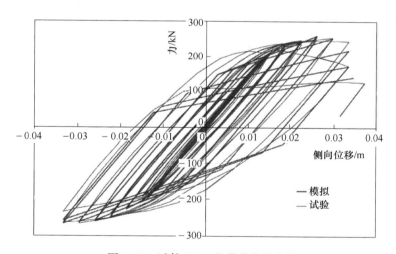

图 9.13 试件 SP-3 的荷载位移曲线

9.5 考虑不确定性的超低周疲劳可靠度分析

9.5.1 不确定性与概率分析方法

大量钢结构在其生命周期遭受复杂的荷载构成，同时也受到多种不确定性的影响，包括材料变异性、加载幅值变化以及几何不确定性[16]。为此，Sankararaman 等人[17] 提出了针对疲劳裂纹生长分析的不确定性量化和模型验证。评估失效概率的可靠度方法包括贝叶斯方法、主动学习方法、概率密度演化方法以及蒙特卡洛模拟方法等不同视角[18-21]；鉴

于提出的新损伤演化模型在计算效率上的优势，可以实现与蒙特卡洛模拟在可靠度分析上较好地结合。

为了对承受超低周加载的建筑或桥梁结构开展疲劳失效概率评估，通常需要考虑材料特性、加载幅值以及生命期使用荷载循环次数等方面不确定性。图 9.14 提出了上述钢结构新型损伤演化模型与蒙特卡洛模拟结合的可靠性评估框架。

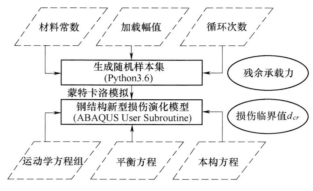

图 9.14　钢结构宏观疲劳损伤可靠性评估框架

以试验梁柱节点模型 SP-7 为例，首先，从确定性模拟结果可以发现，结构的超低周疲劳失效承载力 V_f 为极限承载力 V_0 的 40%，因此按式（9.18）定义残余承载力系数，对应于疲劳失效的临界承载力指标定义为 $\eta = 0.4$，后续用作校正宏观疲劳损伤模型的损伤临界值。

$$\eta = V_f / V_0 \tag{9.18}$$

9.5.2　节点模型 SP-7 的概率模型

将节点 SP-7 的柱构件弹性模量和加载幅值考虑为不确定性，结合实际，两类不确定性参数的概率分布为对数正态分布 $E \sim logN(12.2011, 0.0998)/10$ 和正态分布 $D \sim N(0.8, 0.25) \times 1.75\delta_y$，样本空间定义为 $\Omega(I)$，用以上两个随机变量参数替换新型损伤演化模型的对应参数，1000 个样本得到计算；任意取出第 200 个、第 400 个与第 800 个样本荷载-位移曲线结果，绘制于图 9.15，结果显示，该节点的承载能力明显受到柱弹性模量以及偶然过载幅值的影响。

9.5.3　失效概率以及临界损伤值校准

将样本空间中的超低周疲劳失效样本进行统计，可以得到其失效概率。此外，将各样本点的残余承载力系数和损伤指标同时绘制于图 9.16，可以看到，有一部分样本残余承载力为 1 时，意味着超低周疲劳加载过程极限承载力未出现退化，对应的损伤指标也均为 0；更重要的是，另一部分集中分布的数据分别对应的是 $\eta = 0.4$ 和 $d = 0.65$，因此，可以认为新型疲劳损伤演化模型对应疲劳失效的临界损伤值为 0.65。

$$P_f(I) = \frac{S_f(I)}{S(I)} = 0.231, \ S \in \Omega(I) \tag{9.19}$$

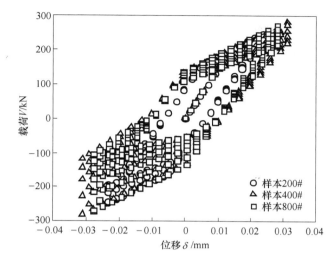

图 9.15 不同弹性模量和加载幅值对样本滞回曲线的影响

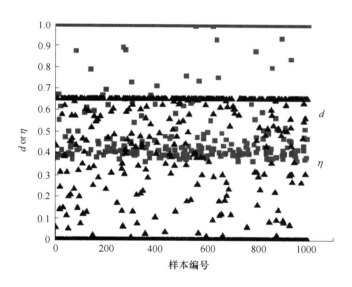

图 9.16 损伤指标与残余承载力系数关系

9.6 结论

本章提出的损伤力学模型可以揭示平稳或非平稳超低周疲劳下钢梁中裂纹扩展机理并量化其损伤程度。它还可以以合理的工程精度预测裂纹扩展和裂缝闭合效应。该模型以 Coffin-Manson 公式和 Palgren-Miner 准则出发，基于集中损伤力学引入两个新的概念，即瞬时塑性幅值 $\Delta\varepsilon_p$ 和裂纹扩展的损伤变量 d。通过定义损伤变量来量化压弯构件的疲劳裂纹扩展程度。对于评价大型复杂钢结构体系及构件的疲劳寿命易损性具有应用价值。

　　此外，该模型引入 4 个新的相关参数，其中 β 和 f_{cr} 沿用了 Coffin-Manson 公式，可以从两个恒定幅值的低周疲劳材料试验得到精确的参数。如果考虑裂纹闭合效应，则引入了新的裂纹闭合参数 h，其值受不同材料断裂韧性的影响，对于金属材料可近似为 0.3，不考虑闭合效应则为 1。裂纹扩展因子 α 则定义了疲劳裂纹扩展阶段的损伤演化规律，主要受到截面特征（如二阶惯性矩 I）的影响。

　　通过考虑不确定性参数实现了新型损伤模型的可靠性分析，提出了基于蒙特卡洛模拟的概率评估框架，通过 Python 与 ABAQUS 子程序结合完成了随机变量样本空间的失效概率计算；建立了超低周疲劳的损伤指标与结构残余承载力系数之间的关联，表征疲劳失效的两个临界状态分别是残余承载力系数 $\eta = 0.4$ 和损伤指标 $d_{cr} = 0.65$。

　　在展望方面，通过构件疲劳试验的结果得知，在裂纹扩展后期会发生脆性破坏，该破坏状态对应的损伤值为 0.6~0.7，而非理论值 1。这是由于材料到结构构件之间的传力机理中和压弯相互作用关系所影响，这个发现对于疲劳寿命预测和剩余能力评价至关重要。此外，当塑性应变辐值较小时，弹性应力对于疲劳寿命影响增加，疲劳周数由弹性应力辐值和塑性应变辐值共同控制，破坏模式将介于高-低周混合疲劳，该现象在全寿命周期中荷载呈现更为显著的非稳态特征。因此，在特大跨桥梁全寿命周期内的非稳态疲劳损伤机理、计算方法以及疲劳寿命不确定性具有重要的研究价值。

致谢

　　本研究获国家重点研发计划"交通基础设施"重点专项"在役特大跨桥梁寿命演化理论与建模方法"项目（2022YFB2602700）、国家自然科学基金面上项目（52378216）以及重庆市杰出青年科学基金项目（2024NSCQ-JQX0117）的资助。

参 考 文 献

[1] BALLIO G, CALADO L, CASTIGLIONI C A. Low cycle fatigue behaviour of structural steel members and connections [J]. Fatigue & Fracture of Engineering Materials & Structures, 1997, 20 (8): 1129-1146.

[2] ZHOU H, WANG Y, SHI Y, et al. Extremely low cycle fatigue prediction of steel beam-to-column connection by using a micro-mechanics based fracture model [J]. International Journal of Fatigue, 2013, 48: 90-100.

[3] MARANTE M E, PICON R, GUERRERO N, et al. Local buckling in tridimensional frames: experimentation and simplified analysis [J]. Latin American Journal of Solids and Structures, 2012, 9 (6): 691-712.

[4] FLOREZ-LOPEZ J, MARANTE, M E, Picón R. Fracture and Damage Mechanics for Structural Engineering of Frames: State-of-the-Art Industrial Application [M]. Hershey, Pennsylvania, USA, IGI-GLOBAL, 2015.

[5] KRAWINKLER H, ZOHREI M. Cumulative damage in steel structures subjected to earthquake ground motions [J]. Computers & Structures, 1983, 16 (1-4): 534-541.

[6] GIULIO B, CASTIGLIONII C A. A unified approach for the design of steel structures under low and/or high cycle fatigue [J].Journal of Constructional Steel Research, 1995, 34 (1): 75-101.

[7] KANVINDE A M, DEIERLEIN G G. The Void Growth Model and the Stress Modified Critical Strain Model to Predict Ductile Fracture in Structural Steels [J]. Journal of Structural Engineering, 2006, 132 (12):

1907-1918.

[8] XUE L. A unified expression for low cycle fatigue and extremely low cycle fatigue and its implication for monotonic loading [J]. International Journal of Fatigue, 2008, 30 (10/11)：1691-1698.

[9] AMIRI H R, AGHAKOUCHAK A A, SHABBEYK S, et al. Finite element simulation of ultra low cycle fatigue cracking in steel structures [J]. Journal of Constructional Steel Research, 2013, 89 (Oct.)：175-184.

[10] 施刚, 石永久, 王元清. 运用 ANSYS 分析超高强度钢材钢柱整体稳定特性 [J]. 吉林大学学报（工学版）,2009, 39（1）：113-118.

[11] 李美红, 王燕, 刘秀丽. 钢结构梁柱 T 型连接节点的力学性能分析 [J]. 钢结构, 2015, 30（4）：54-60.

[12] 王静峰, 丁伟伟. 钢管混凝土柱 T 形件抗震性能试验及数值模拟 [J]. 土木工程学报, 2012, 45（S1）：85-89.

[13] 彭福明, 郝际平, 杨勇新, 等. CFRP 加固钢梁的有限元分析 [J]. 西安建筑科技大学学报（自然科学版）, 2006, 38（1）：18-22, 68.

[14] 刘文洋, 李国强. 钢筋混凝土框架-屈曲约束钢板墙结构抗侧力性能研究 [J]. 建筑结构学报, 2016, 37（7）：96-104.

[15] 余琼, 闻文, 张燕语. 钢筋混凝土柱-钢梁柱贯穿型节点受力性能研究 [J]. 四川建筑科学研究, 2013, 39（4）：9-14.

[16] NIU X, WANG R, LIAO D, et al. Probabilistic modeling of uncertainties in fatigue reliability analysis of turbine bladed disks [J]. International Journal of Fatigue, 2021, 142：105912.

[17] SANKARARAMAN S, LING Y, MAHADEVAN S. Uncertainty quantification and model validation of fatigue crack growth prediction [J]. Engineering Fracture Mechanics, 2011, 78（7）：1487-1504.

[18] DANG C, VALDEBENITO M A, FAES M G, et al. Structural reliability analysis：A Bayesian perspective [J]. Structural Safety, 2022, 99：102259.

[19] MOUSTAPHA M, MARELLI S, SUDRET B. Active learning for structural reliability：Survey, general framework and benchmark [J]. Structural Safety, 2022, 96：102174.

[20] LI J. Probability density evolution method：background, significance and recent developments [J]. Probabilistic Engineering Mechanics, 2016, 44：111-117.

[21] SU Y H, YE X W, DING Y. ESS-based probabilistic fatigue life assessment of steel bridges：Methodology, numerical simulation and application [J]. Engineering Structures, 2022, 253, 113802.

10 基于 Excel 的高效全概率管道结构可靠度工具

公常清，哈尔滨工业大学（威海）海洋工程学院
秦国晋，西南石油大学土木工程与测绘学院

10.1 引言

北美监管部门要求管道运营商进行基于风险的管道检测维修完整性管理。风险评估主要用于识别高危管段、量化维修计划效果（比较风险水平变化）、通过与目标风险水平对比进行管道开挖决策、确定管道再检测周期、向监管机构证明管道安全性等。与规范给出的基于经验确定的安全系数法相比，风险方法可衡量不确定性下的结构性能和破坏后果。通过考虑与结构恶化和定期维护相关的各种不确定性，风险方法可确保管道具有一致的风险水平。风险方法还具有经济意义，通过识别高风险管段，减少不必要的管道开挖维修成本。自 2004 年采用基于风险的完整性管理以来，北美能源巨头 TransCanada 公司（现为 TC Energy 公司）的管道资产外部腐蚀爆裂率呈下降趋势[1]。近些年，国外出台了一系列关于管道风险完整性的标准和指南，如 ASME B31.8S、CSA Z662 附录 O 和 API 581 等[2-4]；国内颁布了《埋地钢质管道风险评估方法》（GB/T 27512—2011）和《油气管道风险评价方法 第 1 部分：半定量评价法》（SY/T 6891.1—2012）等[5,6]。

作为一种结构安全的度量，风险在数学表达上一般定义为失效概率与失效后果的乘积。常用的管道失效概率计算方法包括专家打分法（Kent 法）[7]、历史数据分析法[8,9]和全概率方法[10]，这三种方法的复杂性和数据采集量以及对风险决策的支持能力依次递增。

专家打分法不需要力学模型，当缺少历史数据或检测数据来支持使用力学模型描述管道安全时，可被用来评估风险[11]。然而，该方法难以保证风险水平一致，例如某管段的风险分数为"20"，不代表它的客观风险是"10"分管道的两倍。即使通过函数将分数映射到失效概率，也难以避免主观性。一般规模较小的管道业主倾向于使用操作简单的专家打分法。

历史数据分析法通过统计各类管道历史失效事件确定整体基准失效频率，使用修正因子来计算具有不同属性的管道的失效概率（管道属性包括管道直径、厚度、服役时间等）。这个方法计算效率极高，但修正公式同样受主观因素影响。若某管段历史失效数据缺失，或失效事件次数较少，使用这种方法会导致失效概率计算不准确，也无法将通过内检测获得的腐蚀缺陷几何信息考虑在内。

全概率方法应用结构可靠度理论，融合工程力学计算特定管段失效概率，被认为是最客观、前沿的管道风险评估方法[12]。该方法考虑了含有缺陷管道的精细材料和几何尺寸

特征，考虑一系列与管道破坏相关的管道本体参数的不确定性，近年来成为管道领域的研究热点[13]。文献综述发现，近年来，腐蚀管道可靠性评估领域关注可靠度评估方法的稳定性与效率。评估腐蚀管道系统随时间变化的失效概率的常用方法是简单的蒙特卡洛模拟[12]。然而，当腐蚀管道失效概率非常小和/或需要分析大量管段时，该方法暴露出需要耗费大量计算成本的弊病[12]。为了提升计算效率，学者常采用基于蒙特卡洛的混合算法来评估腐蚀管道的失效概率。其中，Seghier 等人报道了混合 5tree 算法与蒙特卡洛方法以及可分离蒙特卡洛的增强计算方法可大幅度提高蒙特卡洛方法的计算效率[14,15]；Ossai 等人通过结合马尔可夫过程和蒙特卡洛方法开发了一个用于评估含内腐蚀缺陷管道可靠性的方法，并确定了不同失效模式的发生概率[16]。除蒙特卡洛方法和基于蒙特卡洛方法的混合方法之外，Abyani 使用拉丁超立方采样（LHS）计算了含单个腐蚀缺陷管道的失效概率，并通过评估不同的失效模式发生概率发现 LHS 方法可以相当少的计算成本获得较高（可接受）的计算精度[17]。Liu 等人运用子集抽样方法评估了中国珠海市某化工园区天然气管道的可靠性，研究表明子集抽样方法因更高的计算效率可以弥补蒙特卡洛方法的固有缺点并取而代之[18]。Wen 等人基于人工神经网络技术开发了可靠度评估模型，算例证明该方法无论从效率还是精度都可替代蒙特卡洛方法，这为腐蚀管道失效概率计算提供了新思路[19]。Zhang 和 Zhou 使用一阶可靠度方法（FORM）评估腐蚀管道多种失效模式的发生概率，验证了 FORM 方法的准确性和鲁棒性[20]。Gong 和 Zhou 进一步发展了基于 FORM 和重要性抽样的考虑多模竞争失效的腐蚀管道可靠性分析方法[21,22]，并揭示忽略竞争性对评估所带来的误差。基于此，Yu 等人以及 Chakraborty 和 Tesfamariam 相继开发了基于子集抽样方法执行腐蚀管道的多模失效评估[23,24]。虽然子集抽样可靠度计算的精度有所提高，遗憾地是其计算效率低于 FORM 方法[21]。

　　近年来，在管理机构的努力推动下，全概率方法在北美管道完整性管理中应用越来越广泛。其中，工业应用推广主要由加拿大管道风险咨询公司（C-FER）发起，后被写入加拿大标准 CSA Z662 附录 O，并被 TransCanada 公司广泛应用并不断更新。C-FER 和 TransCanada 分别开发了管道可靠度计算软件。由于基于蒙特卡洛模拟的结构可靠度效率低，TransCanada 公司借助于多核超算计算机在云端服务平台进行可靠度计算，但该方法操作复杂、计算成本高并且难以保证数据安全性。因此，降低管道全概率结构可靠度计算的复杂性同时有效保障数据安全性成为工业界的关切点，对于准确、高效、灵活、便利且安全的管道可靠性方法与工具存在技术的需求。

　　为满足对简易、高效管道结构可靠度计算的需求，Gong 和 Zhou 开发了基于 FORM 的管道可靠度方法，经过大量验证，此方法效率极高，计算结果与蒙特卡洛模拟结果对比误差在可接受范围之内[21]。为进一步降低计算成本，笔者进一步发展了基于 Excel 的管道可靠度算法，使得复杂的管道可靠度计算能够在 Microsoft Excel 平台实现快速运算。本章的内容结构如下：10.2 节详细介绍 CSA Z662 附录 O、C-FER、TransCanada 公司采用的全概率腐蚀管道可靠度评估方法的基本框架。10.3 节介绍基于 FORM 的高效腐蚀管道可靠度算法原理；10.4 节节介绍基于 Spreadsheet 管道可靠度算法，并通过腐蚀管道案例阐述基于 FORM 高效可靠度计算方法；10.5 节给出了结论。

10.2　全概率腐蚀管道可靠度

10.2.1　概述

管道公司通过高分辨率漏磁检测技术测量腐蚀缺陷几何（深度和长度）、估计腐蚀增长速率，进而计算腐蚀管道失效概率以确定管道短期和长期的适用性[25]。管道的完整性评估考虑小泄漏（Small leak）和爆裂（Burst）两种失效模式[26]。小泄漏定义为在腐蚀缺陷处剩余管壁发生塑性坍塌之前被不断增长的腐蚀效应穿透，往往发生在深度大但长度小的腐蚀坑；爆裂指腐蚀穿透管壁之前，剩余管壁在管道内压作用下发生塑性坍塌。当腐蚀缺陷深度达 80% 管壁厚度时，容易产生裂纹最终导致小泄漏。所以通常将腐蚀缺陷深度到达 80% 壁厚作为管道穿孔发生小泄漏极限状态[27]。爆裂评估只考虑 10% 和 80% 腐蚀缺陷深度之间的管道，通常认为缺陷深度小于 10% 壁厚没有爆裂风险，而超过 80% 壁厚的管道应被立即开挖维修。

在确定性管道完整性管理中，腐蚀坑处的名义爆裂压力与工作压力之比（FPR）是决定管道是否开挖的依据。然而 FPR 阈值在实践中的选取存在不一致，ASME B31.8S[2] 规定腐蚀天然气管道 $FPR \leqslant 1.1$ 需要被维修；CSA Z662[3] 规定天然气维修限值 FPR 取决于管道路由地区等级，对于 1~4 类地区，FPR 分别为 1.25、1.39、1.79 和 2.27。研究发现管道维修 FPR 阈值与目标可靠度不一致。例如，两个管道 FPR 一样，但失效概率差距可能很大，进而引起评估误差误导维护决策，而全概率可靠度方法能够克服这一缺陷[28]。

全概率方法计算管道爆裂和小泄漏概率需要量化所有相关参数变量的不确定性，这些不确定性由概率分布进行描述。概率分布的类型和相关参数是通过对材料几何和力学测试以及对内检获得的腐蚀尺寸拟合获得。需要考虑不确定性的参数有腐蚀缺陷深度增长、材料特性（管材强度）、管道几何特性（管径和壁厚）、内检测量误差（腐蚀深度误差）、模型误差（爆裂真实失效压力与预测值之比）。这些参数的不确定性会传播到爆裂和小泄漏失效极限状态，进而影响管道的失效概率评估的精确性。图 10.1 给出了腐蚀管道结构可靠度计算的框架。这里需要重点强调的是，腐蚀管道结构可靠度计算不同于一般可靠度问题，爆裂和小泄漏两个失效模式本质上存在竞争关系，即一种失效模型的发生会导致另一种失效模型发生的可能性为零。众所周知，爆裂破坏会对生命和财产产生极其严重的后果，比如爆炸致人伤亡；而小泄漏破坏后果较小，一般只涉及维修成本。在管道可靠度计算中，划分这两种失效模式非常重要，否则会高估管道风险，导致不必要的管道开挖维护成本[20]。

10.2.2　常用的腐蚀管道爆裂模型

常用的管道爆裂评估模型有 ASME B31G、B31G Modified、RSTRENG 和 CSA[29]。其中，ASME B31G 最为保守，B31G Modified 是为了降低 ASME B31G 不必要的保守提出的。ASME B31G 保守地假定腐蚀深度的轮廓为抛物线，B31G Modified 则假定深度轮廓为长方形，长方形宽度方向为最大深度的 85%。由于内检一般提供腐蚀最大深度和长度，对深

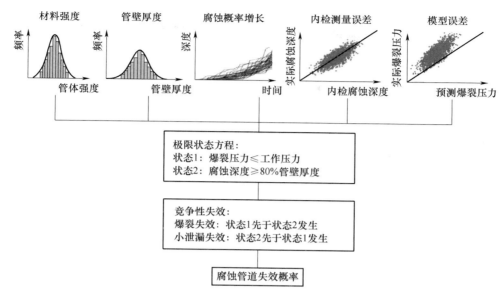

图 10.1 全概率管道可靠度计算框架

度轮廓进行简化有利于剩余强度分析，但也增加了剩余强度预测的不确定性。相比之下，RSTRENG 和 CSA 模型的预测精度较高，应用 RSTRENG 需要测量腐蚀详细的尺寸。除非有定制要求，一般管道内检测报告只提供缺陷的最大长度和深度。CSA 模型使用腐蚀坑平均深度来预测强度。在实际应用 CSA 模型时，可基于经验关系将内检测所获得的最大深度转化为平均深度。加拿大西安大略大学 Zhou 课题组[30]统计分析了加拿大阿尔伯塔地区腐蚀管道总共 470 个腐蚀坑的高精度激光扫描尺寸，发现腐蚀缺陷平均深度和最大深度之比（$\mu = d_{a\_l} / d_{max}$，其中，d_{a_l} 为腐蚀坑平均深度，d_{max} 是最大深度）服从上下限为 0~1 的 Beta 分布，均值为 0.32，变异系数为 44%。

CSA 模型预测管道名义爆裂失效压力的公式为

$$P_b = \xi \frac{2wt\,\sigma_f}{D}\left(\frac{1 - \dfrac{d_{a\_l}}{wt}}{1 - \dfrac{d_{a\_l}}{Mwt}}\right) \tag{10.1}$$

其中

$$M = \begin{cases} \sqrt{1 + 0.6275\dfrac{l^2_l}{Dwt} - 0.003375\dfrac{l^4_l}{(Dwt)^2}} & \dfrac{l^2_l}{Dwt} \leqslant 50 \\[4mm] 3.3 + 0.032\dfrac{l^2_l}{Dwt} & \dfrac{l^2_l}{Dwt} > 50 \end{cases} \tag{10.2}$$

$$\sigma_f = \begin{cases} 1.15\,\sigma_y & \sigma_y \leqslant 241\text{MPa} \\ 0.9\,\sigma_u & \sigma_y > 241\text{MPa} \end{cases} \tag{10.3}$$

式中：ξ 为模型误差；d_{a_l} 为腐蚀坑平均深度，mm；l_l 为腐蚀坑长度，mm；wt 为管道壁厚度，mm；D 为直径，mm；σ_y 为屈服强度，MPa；σ_u 为拉伸强度，MPa；σ_f 为流动应力，MPa。

值得注意的是，内检测数据并非完全准确，会涉及固有的内检测量误差不确定性。内检获得的腐蚀缺陷的深度和长度可表示为实际值和测量误差之和：

$$d_{\max, I} = d_{\max} + \varepsilon_d \qquad (10.4a)$$
$$l_I = l_0 + \varepsilon_l \qquad (10.4b)$$

式中：ε_d 和 ε_l 分别为与腐蚀缺陷的实际最大深度和长度有关的测量误差。

通常假设 ε_d 和 ε_l 遵循零均值正态概率分布，它们的变异系数可以从内检工具规范中得出。对大多数内检工具而言，在80%的时间内，$d_{\max, I}$ 均在 $d_{\max}$ $\pm 10\% wt_n$ 之内，而 l_I 则在 $l_0 \pm 10mm$ 之内。因此，ε_d 和 ε_l 的标准偏差可分别取为 $7.8\% wt_n$ 和 $7.8mm$。极限状态方程中涉及的变量的概率特征列于表10.1。

表 10.1　可靠度计算中随机变量概率特征

参　数	分布类型	均　值	变异系数（%）	来　源
ε_d / wt_n	正态	0	0.078[①]	文献［26］
ε_l	正态	0	7.8[①]	文献［26］
D	确定性	D_n	—	文献［3］
wt / wt_n	正态	1	1.5	文献［3］
σ_y / SMYS[②]	对数正态	1.1	3.5	文献［31］
σ_u / SMTS[③]	对数正态	1.09	3.0	文献［3］
P	确定性	P_n	—	文献［32］
ξ	对数正态	1.103	17.2	文献［33］
a	对数正态	—	50	假定或拟合
μ[④]	贝塔	0.32	44	文献［30］

① 数值是标准差，单位是 mm；② SMYS 为名义最小屈服强度；③ SMTS 为名义最小拉伸强度；④ 限值为 ［0, 1］。

10.2.3　腐蚀几何尺寸增长不确定性量化

对于历经多次内检的管道，可以通过对比同一腐蚀坑几何尺寸变化获得腐蚀增长速率。通常，腐蚀长度的增长对于现代管道来说并不是很关切的问题，对管道失效概率的影响可以忽略。因此，管道可靠性评估程序一般重点关注腐蚀深度增长。腐蚀坑的发展遵循非线性方式，在初始化后立即快速增长，但之后逐渐减少，并随时间稳定。但是，为简化起见，实践中经常使用线性增长模型：

$$d_{\max}(t) = d_{\max, 0} + a(t - 1) \qquad (10.5)$$

式中：t 为时间，a；a 为年腐蚀速率，mm/a；$d_{\max,0}$ 为初始实际腐蚀深度，mm，可以通过比较连续两次内检的腐蚀尺寸变化来获得腐蚀深度增长率。

由于内检工具测量误差的不确定性，以这种方式获得的腐蚀速率对于特定腐蚀特征可能为负。但是，通过对管道缺陷簇的增长率进行平均，可以降低测量不确定性对腐蚀速率不确定性的影响。一些研究已经验证了基于管节的腐蚀深度增长率预测的有效性。为了反映腐蚀深度增长的非负性，可使用对数正态分布来表征腐蚀增长的不确定性，但如果存在足够的数据，则可拟合最优的腐蚀增长概率分布。

10.3 高效腐蚀管道可靠度方法原理

10.3.1 极限状态方程

考虑带有单个腐蚀缺陷的管段，对于在给定时间 t 穿透管壁，其极限状态函数 $G_l(t)$ 为

$$G_l(t) = \varphi wt - d(t) \tag{10.6}$$

式中：$d(t)$ 为 t 时刻的最大缺陷深度；φ 为缩减系数，用于描述以下事实：剩余管壁易产生裂纹，足够深的缺陷可能导致其发生小泄漏，常用值为 $0.8^{[21]}$。

$G_b(t)$ 表示在 t 时刻腐蚀缺陷处剩余韧带区发生塑性坍塌的极限状态方程：

$$G_b(t) = P_b(t) - P \tag{10.7}$$

式中：$P_b(t)$ 为运行压力以及在腐蚀效应的协同作用下 t 时刻缺陷处管段的爆裂压力，由式（10.1）~式（10.3）确定；P 为缺陷区域受到的运行压力。

尽管管道内压在运行期间受到控制，但随着时间的推移，不可避免地会出现随机压力波动。因此，在理想情况下，运行压力应模拟为一个随时间变化的随机过程。然而，这种模拟非常复杂，因此认为运行压力的特征是与时间无关的随机变量，而不是与时间相关的随机过程。

10.3.2 一阶可靠度方法

结构的失效概率 P_f 可用以下多维积分表示：

$$P_f = \int_{g(x) \le 0} f_X(x)\,\mathrm{dx} \tag{10.8}$$

式中：X 为一组含有 m 维随机变量向量为 $X = [X_1, X_2, \cdots, X_m]^{\mathrm{T}}$ 的值；$g(x)$ 为极限状态方程，其中，$g(x) > 0$ 和 $g(x) < 0$ 分别定义了安全域和失效域；$f_X(x)$ 为 X 的联合概率密度函数。

求解式（10.8）最直接的方法是蒙特卡洛模拟。由于管道的失效概率往往低于 10^{-5}，蒙特卡洛模拟对计算平台有较高的要求。相比之下，一阶可靠度方法求解可靠度具有较高的效率，调用极限状态方程的次数远小于蒙特卡洛所需的次数。一阶可靠度方法基本原理如图 10.2 所示。在标准正态空间下，对真实极限状态方程进行线性化，然后获取从原点到线性化状态方程的距离 β，根据标准正态分布固有的性质，失效概率可以近似为 $P_f \approx 1 - \phi(\beta)$，其中 $\phi(\cdot)$ 为正态累积分布函数[34-36]。

使用 FORM 首先需将非正态分布变量 X 通过 Nataf 变换转换到标准正态空间下 $Z = [Z_1, Z_2, \cdots, Z_m]^{\mathrm{T}}$，其中 $Z_i(i = 1, \cdots, m)$ 是具有零均值和单位方差的相关正态变量；然后通过 $Z = LU$，将 Z 转换至标准正态空间 $U = [U_1, U_2, \cdots, U_m]^{\mathrm{T}}$，其中 U 是相互独立且服从标准正态分布的变量，L 是由对 R_{ZZ} 的柯林斯基分解（Cholesky decomposition）得到的下三角矩阵。然后，通过求解以下约束优化问题获得可靠性指数 $\beta^{[35,36]}$：

$$\beta = \min \sqrt{z^{\mathrm{T}} R_{zz}^{-1} z} \qquad \text{s. t. } g_Z(z) = 0 \tag{10.9}$$

或者 $\qquad\qquad\qquad \beta = \min \sqrt{u^{\mathrm{T}}u} \quad \mathrm{s.t.}\ g_U(u) = 0 \qquad\qquad\qquad$ （10.10）

式中：z 为 Z 的值；u 为 U 的值；R_{ZZ} 为 Z 的相关性矩阵。

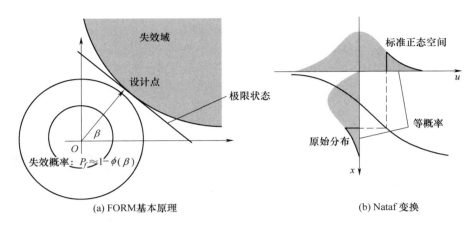

图 10.2　FORM 基本原理

10.3.3　腐蚀管道多模竞争失效原理

如前所述，穿孔引发的小泄漏和塑性坍塌引发的爆裂本质上是相互竞争两种失效模式。具体地讲，如果穿孔发生的时间 t_l 在设计寿命 t_d 内且在塑性坍塌发生之前，则管道会因小泄漏而失效；类似地，如果发生塑性坍塌的时间 t_b 在设计寿命 t_d 内且在穿孔之前，则管道发生爆裂[21]。小泄漏和爆裂的竞争事件可分别用 $(t_l < t_b)$ 和 $(t_b < t_l)$ 表征。在 t 时刻，腐蚀穿孔和塑性坍塌失效的累积概率如下所示：

$$P_l(t) = P\big[\,(0 \leqslant t_l \leqslant t_d) \cap (t_l < t_b)\,\big] \qquad\qquad (10.11)$$

$$P_b(t) = P\big[\,(0 \leqslant t_b \leqslant t_d) \cap (t_b < t_l)\,\big] \qquad\qquad (10.12)$$

式中：$P_l(t)$ 和 $P_b(t)$ 分别为在 t 时刻优先发生小泄漏和爆裂事件发生概率与时间的函数；"$\cap$" 为事件的交集运算。

式（10.11）和式（10.12）暗示考虑多模竞争失效的腐蚀管道可靠性评价实质上是评估在 $[0, t_d]$ 内小泄漏或爆裂相关的失效区域首次穿越概率。Gong 和 Zhou 提出将失效域划分为一组有序子集概率域，进而在时间增量上排除小泄漏或爆裂[21]。因此，从管道服役开始，式（10.11）和式（10.12）可分别通过式（10.13）和（10.14）计算：

$$P_l(\tau, \Delta t) = P_l(\tau) + \Delta P_l(\tau, \Delta t) \qquad\qquad (10.13)$$

$$P_b(\tau, \Delta t) = P_b(\tau) + \Delta P_b(\tau, \Delta t) \qquad\qquad (10.14)$$

$\Delta P_l(\tau, \Delta t)$ 和 $\Delta P_b(\tau, \Delta t)$（$0 \leqslant \tau \leqslant t_d$）是在时间间隔 $[\tau, \tau + \Delta t]$ 内分别发生小泄漏和爆裂的概率增量（incremental probability）。在 $[\tau, \tau + \Delta t]$ 内发生小泄漏和爆裂概率的增量可定义为以下事件的条件概率：腐蚀管道在 τ 时刻安全，但在 $\tau + \Delta t$ 时刻将由于腐蚀缺陷处的管壁穿透或塑性坍塌而失效。$P_l(\tau)$ 和 $P_b(\tau)$ 分别为在初始时间 $\tau = 0$ 时刻发

生小泄漏和爆裂的累积概率函数，可由 FORM 方法计算，但是，管道失效的概率增量计算是不明确的。为了解决这个问题，Gong 提出了稳健而高效的解决方法[21]。接下来通过考虑管段上包含一个腐蚀缺陷来展示方法，注意，所发展的一套方法同样适用于带多腐蚀缺陷的管道系统可靠性分析。

　　由于爆裂和小泄漏本质上是相互竞争的失效模式，故不能仅通过单个极限状态函数来定义管道的失效模式。为揭示竞争性失效本质，图 10.3 提供了带单个腐蚀缺陷管道多模失效的概率增量几何示意图。该图中，$G_l(\cdot)=0$ 和 $G_b(\cdot)=0$ 分别表示在标准正态空间中缺陷处剩余管壁发生穿孔和塑性坍塌的线性化极限状态方程。图 10.3（a）和（c）阴影区域表示考虑多模竞争性失效下与爆裂概率增量 $\Delta P_b(\tau,\Delta t)$ 和小泄漏概率增量 $\Delta P_l(\tau,\Delta t)$ 相关的增量失效域，可以发现增量失效域由 τ 时刻和 $\tau+\Delta t$ 时刻塑性坍塌和穿孔的极限状态方程的交集决定；另外，图 10.3（b）和（d）给出了时间间隔 $[\tau,\tau+\Delta t]$ 内单个极限状态下腐蚀管道发生塑性坍塌和穿孔概率增量 $[$即 $\Delta P_b'(\tau,\Delta t)$ 和 $\Delta P_l'(\tau,\Delta t)]$ 的几何示意图，其中两者所指阴影区域表示在标准正态空间中对应的增量失效域，很显然，单个极限状态下增量失效域与考虑多模竞争失效下增量失效域存在明显差异，这是因为后者需要使用相交的多个极限状态方程来表征。因此，不考虑竞争性失效的评价结果中必然出现误差，且该误差将随时间的增加不断累积。

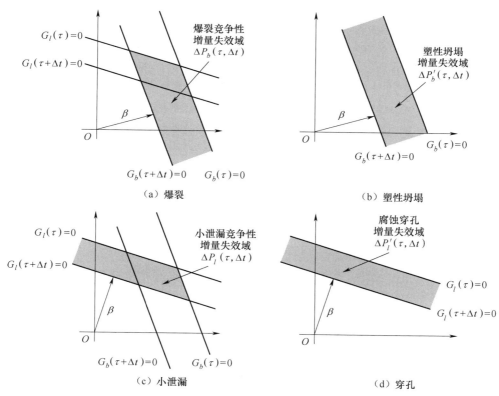

图 10.3　线性化极限状态方程计算带单个腐蚀缺陷管道失效的增量概率的几何示意

　　通过对图 10.3（a）和（c）中竞争性增量失效域的几何进行数学模型化处理，可将两种失效模式的概率增量计算为 $[\tau, \tau + \Delta t]$ 中腐蚀管道发生小泄漏或爆裂事件 θ_l 和 θ_b 的数学表达式[21]：

$$\theta_l(\tau, \Delta t) = \{G_l(\tau + \Delta t) \leqslant 0 \cap G_l(\tau) > 0 \cap G_b(\tau) > 0\} \tag{10.15}$$

$$\theta_b(\tau, \Delta t) = \{G_b(\tau + \Delta t) \leqslant 0 \cap G_b(\tau) > 0 \cap G_l(\tau) > 0\} \tag{10.16}$$

对应地，增量概率可通过对二维正态分布的概率密度函数积分来量化[21]：

$$\Delta P_l(\tau, \Delta t) = \int_{-\infty}^{\beta_b(\tau)} \int_{\beta_l(\tau+\Delta t)}^{\beta_l(\tau)} \phi_2(u_1, u_2, \rho(\tau)) \mathrm{d}u_1 \mathrm{d}u_2 \tag{10.17}$$

$$\Delta P_b(\tau, \Delta t) = \int_{-\infty}^{\beta_l(\tau)} \int_{\beta_b(\tau+\Delta t)}^{\beta_b(\tau)} \phi_2(u_1, u_2, \rho(\tau)) \mathrm{d}u_1 \mathrm{d}u_2 \tag{10.18}$$

式中：$\phi_2(\cdot, \cdot, \cdot)$ 为一个二元正态分布的概率密度函数；$\beta_l(\cdot)$ 和 $\beta_b(\cdot)$ 分别为穿孔小泄漏和塑性坍塌极限状态所对应的可靠性指标；$\rho(\cdot)$ 为这两个极限状态方程的相关系数。

10.4　基于 Excel 的高效管道可靠度评估方法与工具

10.4.1　开发工具

本章借助 VBA（Visual Basic for Applications）编程，将文献［21］提出的方法扩展为基于 Microsoft Excel 平台的管道可靠性工具。该工具通过 Microsoft Excel 平台自带的 VBA 环境开发指令集"宏"完成。

所开发的工具可处理 8 种广泛使用的概率分布函数，包括正态、对数正态、指数、瑞利、均匀分布等。图 10.4 给出了所开发的 Excel 可靠度工具的参数输入界面，它有三个组成部分：第一部分用来输入管道失效概率预测时间和爆裂模型选择（包括 CSA 和 B31G Modified 等模型）；第二部分"概率分布参数定义"用于选择概率分布的类型，并根据带腐蚀缺陷的管道的材料和几何特征名义值定义变量的均值和标准差。"设置参数名义值"

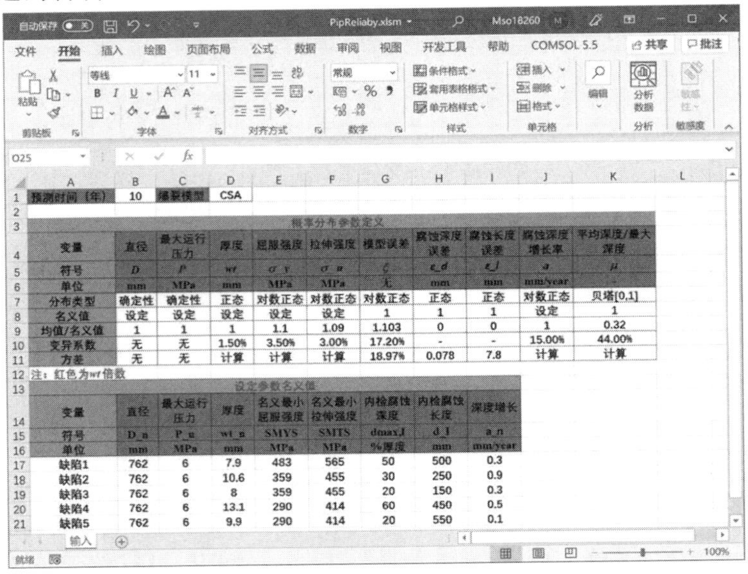

图 10.4　Microsoft Excel 管道可靠度变量输入界面

部分用于输入管道材料和几何属性；第三部分为失效概率输出。该工具只需在普通电脑运行，即可快速、准确地计算管道的可靠性，与复杂的软件平台相比，它提供了更多的灵活性（工具大小为不超过 200k）和数据安全性（全离线操作，无须上传数据至云端平台）。

10.4.2　数值算例

图 10.4 中的示例是带缺陷的 5 个管道节点，管道外径为 762mm，最大运行压力（MOP）为 6MPa，名义最小屈服强度分别为 483MPa、359MPa、359MPa、290MPa 和 290MPa，名义抗拉强度分别为 565MPa、455MPa、455MPa、414MPa 和 414MPa。高分辨率漏磁内检测的腐蚀深度分别为管道名义壁厚的 50%、30%、20%、60% 和 20%，腐蚀缺陷长度分别为 500mm、250mm、150mm、450mm 和 550mm。预测时间是 10 年，选用 CSA 爆裂模型进行可靠度计算。腐蚀深度增长率的平均值分别为 0.3mm/a、0.9mm/a、0.3mm/a、0.5mm/a 和 0.1mm/a。

图 10.5 和图 10.6 给出了计算得到的管道时变爆裂和泄漏失效概率。图 10.7 比较了 100 万次蒙特卡洛模拟获得的爆裂概率与 FORM 方法结果的对比。从图 10.7 中可看出，Excel 可靠度工具计算的结果与蒙特卡洛模拟的结果具有很好的吻合性。在搭载双核 CPU（型号，Intel Xeon W-2223；主频，3.60GHz）的台式电脑上采用本工具对单个缺陷进行时变失效概率评估，单个腐蚀缺陷 CPU 耗时仅 1.33s。

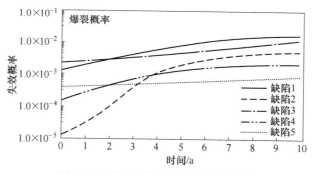

图 10.5　腐蚀管道时变爆裂失效概率

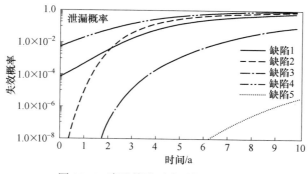

图 10.6　腐蚀管道时变泄漏失效概率

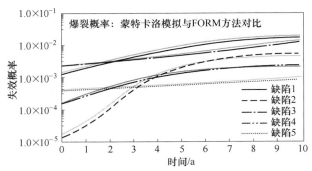

图 10.7　蒙特卡洛模拟与提出的算法结果对比（虚线为 FORM 方法，实线为蒙特卡洛模拟方法）

10.5. 结论

本章详细介绍了基于 Excel 的高效管道全概率可靠度评估方法。该方法基于一阶可靠度方法，计算效率高、简单，可在 Excel 工具直接操作。本章以带腐蚀缺陷的管道可靠度评估为例，使用 Excel 对代表性的管道的时变失效概率进行评估，结果表明，该工具有很强的鲁棒性和较高的精度，Excel 工具计算的 5 个典型算例可靠度结果与耗时的蒙特卡洛模拟结果接近；在搭载双核 CPU 的台式电脑上运行本工具，每个腐蚀缺陷结构计算 CPU 时间仅 1.33s。该工具的高效性和灵活性可极大降低管道全概率可靠度评估的难度，有助于基于风险的管道完整性管理在国内推广应用。

参 考 文 献

[1] HUANG T, KARIYAWASAM S. An ILI Based Program That Prevents Reoccurrence of Post ILI Failures Seen in Industry [C] //International Pipeline Conference. American Society of Mechanical Engineers, 2018, 51869: V001T03A053.

[2] Standard ASME. B31. 8S-2004: Managing System Integrity of Gas Pipelines [S]. New York: American Society of Mechanical Engineers, 2004.

[3] CSA. CSA Z662-2015: Oil and gas pipeline systems [S]. Mississauga: Canadian Standard Association, 2015.

[4] American Petroleum Institute (API). API 581 - 2008: Risk - based inspection technology [S]. Washington, D. C.: API Publishing Services, 2008.

[5] 中国国家标准化管理委员会. 埋地钢质管道风险评估方法: GB/T 27512-2011 [S]. 北京: 中国标准出版社, 2011.

[6] 国家能源局. 油气管道风险评价方法 第 1 部分: 半定量评价法: SY/T 6891. 1-2012 [S]. 北京: 石油工业出版社, 2012.

[7] MUHLBAUER W K. Pipeline risk management manual: ideas, techniques, and resources [M]. Elsevier, 2004.

[8] SHAN K, SHUAI J, XU K, et al. Failure probability assessment of gas transmission pipelines based on historical failure-related data and modification factors [J]. Journal of Natural Gas Science and Engineering, 2018, 52: 356-366.

[9] 张华兵. 基于失效库的在役天然气长输管道定量风险评价技术研究 [D]. 北京: 中国地质大学（北京）, 2013.

［10］ AHAMMED M, MELCHERS R E. Probabilistic analysis of underground pipelines subject to combined stresses and corrosion［J］. Engineering Structures, 1997, 19（12）: 988-994.

［11］ 戴联双, 张俊义, 张鑫, 等. RiskScore 管道风险评价方法与应用［J］. 油气储运, 2010, 29（11）: 818-820, 796.

［12］ ZHOU W. System reliability of corroding pipelines［J］. International Journal of Pressure Vessels and Piping, 2010, 87（10）: 587-595.

［13］ KHAN F, YARVEISY R, ABBASSI R. Risk-based pipeline integrity management: a road map for the resilient pipelines［J］. Journal of Pipeline Science and Engineering, 2021, 1, 74-87.

［14］ SEGHIER M E A B, KESHTEGAR B, CORREIA J A F O, et al. Reliability analysis based on hybrid algorithm of M5 model tree and Monte Carlo simulation for corroded pipelines: Case of study X60 Steel grade pipes［J］. Engineering Failure Analysis, 2019, 97: 793-803.

［15］ SEGHIER M E A B, BETTAYEB M, CORREIA J, et al. Structural reliability of corroded pipeline using the so-called Separable Monte Carlo method［J］. The Journal of Strain Analysis for Engineering Design, 2018, 53（8）: 730-737.

［16］ OSSAI C I, BOSWELL B, DAVIES I J. Application of Markov modelling and Monte Carlo simulation technique in failure probability estimation—A consideration of corrosion defects of internally corroded pipelines［J］. Engineering Failure Analysis, 2016, 68: 159-171.

［17］ ABYANI M, BAHAARI M R. A comparative reliability study of corroded pipelines based on Monte Carlo Simulation and Latin Hypercube Sampling methods［J］. International Journal of Pressure Vessels and Piping, 2020, 181: 104079.

［18］ LIU A, CHEN K, HUANG X, et al. Corrosion failure probability analysis of buried gas pipelines based on subset simulation［J］. Journal of loss prevention in the process industries, 2019, 57: 25-33.

［19］ WEN K, HE L, LIU J, et al. An optimization of artificial neural network modeling methodology for the reliability assessment of corroding natural gas pipelines［J］. Journal of Loss Prevention in the Process Industries, 2019, 60: 1-8.

［20］ ZHANG S, ZHOU W. An efficient methodology for the reliability analysis of corroding pipelines［J］. Journal of Pressure Vessel Technology, 2014, 136（4）: 041701

［21］ GONG C, ZHOU W. First-order reliability method-based system reliability analyses of corroding pipelines considering multiple defects and failure modes［J］. Structure and Infrastructure Engineering, 2017, 13（11）: 1451-1461.

［22］ GONG C, ZHOU W. Importance sampling-based system reliability analysis of corroding pipelines considering multiple failure modes［J］. Reliability Engineering & System Safety, 2018, 169: 199-208.

［23］ YU W, HUANG W, WEN K, et al. Subset simulation-based reliability analysis of the corroding natural gas pipeline［J］. Reliability Engineering & System Safety, 2021, 213: 107661.

［24］ CHAKRABORTY S, TESFAMARIAM S. Subset simulation based approach for space-time-dependent system reliability analysis of corroding pipelines［J］. Structural Safety, 2021, 90: 102073.

［25］ AL-AMIN M, ZHOU W. Evaluating the system reliability of corroding pipelines based on inspection data［J］. Structure and Infrastructure Engineering, 2014, 10（9）: 1161-1175.

［26］ STEPHENS M, NESSIM M. A comprehensive approach to corrosion management based on structural reliability methods［C］//International Pipeline Conference. 2006, 42622: 695-704.

［27］ CALEYO F, GONZALEZ J L, HALLEN J M. A study on the reliability assessment methodology for pipelines with active corrosion defects［J］. International Journal of Pressure Vessels and Piping, 2002, 79（1）: 77-86.

[28] ZHOU W, GONG C, KARIYAWASAM S. Failure pressure ratios and implied reliability levels for corrosion anomalies on gas transmission pipelines [C] //International Pipeline Conference. American Society of Mechanical Engineers, 2016, 50251: V001T03A017.

[29] QIN G, CHENG Y F. A review on defect assessment of pipelines: Principles, numerical solutions, and applications [J]. International Journal of Pressure Vessels and Piping, 2021, 191: 104329.

[30] SIRAJ T, ZHOU W. Evaluation of statistics of metal-loss corrosion defect profile to facilitate reliability analysis of corroded pipelines [J]. International Journal of Pressure Vessels and Piping, 2018, 166: 107-115.

[31] JIAO G, SOTBERG T, IGLAND R. SUPERB 2M statistical data-basic uncertainty measures for reliability analysis of offshore pipelines [R]. SUPERB Project Report, 1995: 35-38.

[32] ADIANTO R, NESSIM M, KARIYAWASAM S, et al. Implementation of Reliability-Based Criteria for Corrosion Assessment [C] //International Pipeline Conference. American Society of Mechanical Engineers, 2018, 51869: V001T03A072.

[33] ZHOU W, HUANG G X. Model error assessments of burst capacity models for corroded pipelines [J]. International Journal of Pressure Vessels and Piping, 2012, 99: 1-8.

[34] MELCHERS R E, BECK A T. Structural reliability analysis and prediction [M]. John wiley & sons, 2018.

[35] DER KIUREGHIAN A. First- and second-order reliability methods [M]//E. Nikolaidis, D. M. Ghiocel, & S. Singhal (Eds.), Engineering design reliability handbook. Boca Raton: CRC Press, 2004.

[36] LOW B K, TANG W H. Efficient spreadsheet algorithm for first-order reliability method [J]. Journal of Engineering Mechanics, 2007, 133 (12): 1378-1387.

隧道开挖中水力耦合随机有限元分析

王若晗，武汉大学水利水电学院
刘勇，武汉大学水利水电学院

11.1 水力耦合分析

岩土体的水力耦合指水体流动和介质变形间的相互作用与相互影响。在岩土体的渗流过程中，渗流场与应力场间的相互作用具体表现为：受到渗流力的影响，土体中的埋置结构、土体颗粒的应力场会发生改变；而土体颗粒、土体埋置结构也会改变渗流路径，进而影响渗流场的分布。

11.1.1 基本耦合方程

渗流场与应力场间水力耦合分析主要涉及四个方程，分别为达西定律、应力平衡方程、连续性渗流方程和有效应力原理。其中达西定律如式（11.1）所示：

$$v' = \frac{Q}{A} = -K \mathrm{grad} H = KJ \tag{11.1}$$

式中：v' 为平均渗流速度；Q 为流量；A 为过水面积；K 为渗透系数；H 为测压水头；J 为水力坡降。

在一维渗流分析中，式（11.1）中 K 为标量；对三维各向异性介质渗流，K 为三阶渗透张量，$K = \begin{bmatrix} k_{xx} & k_{xy} & k_{xz} \\ k_{yx} & k_{yy} & k_{yz} \\ k_{zx} & k_{zy} & k_{zz} \end{bmatrix}$，其中 $k_{ij} = k_{ji}$，故存在 6 个独立的渗透系数。

孔隙介质的有效应力原理可以表示为

$$\sigma'_{ij} = \sigma_{ij} + \delta_{ij} \left[\tau p_{\mathrm{w}} + (1 - \tau) p_{\mathrm{a}} \right] \tag{11.2}$$

式中：σ'_{ij} 为有效应力；σ_{ij} 为总应力；δ_{ij} 是克罗内克（Kronecker）符号；τ 为与液体和空气表面的饱和度和表面张力有关的值；p_{w} 为孔隙压力；p_{a} 为土体内部空气产生的压力。

土作为三相体系，其应力由土骨架及孔隙中的水和气共同承担，但仅作用于土骨架的力（有效应力）会影响土体的变形。因此，在进行渗流-应力耦合计算时，需要利用有效应力进行变形和强度分析。根据有效应力原理［即式（11.2）］可知，有效应力与土体总应力及孔隙压力有关，其中，总应力可利用边界条件求得，孔隙压力可由渗流计算获得。求得土的有效应力后，从而进一步进行强度和变形的计算。

应力平衡方程：

$$\int_v \delta\boldsymbol{\varepsilon}^{\mathrm{T}}\mathrm{d}\boldsymbol{\sigma}\mathrm{d}V - \int_v \delta u^{\mathrm{T}}\mathrm{d}f\mathrm{d}V - \int_S \delta u^{\mathrm{T}}\mathrm{d}t\mathrm{d}S = 0 \tag{11.3}$$

式中：f 为体力；t 为面力；$\delta\boldsymbol{\varepsilon}$ 为虚拟位移；δu 为虚应力；$\mathrm{d}V$ 为单元体积。

　　基于连续渗流条件，同一时刻流入与流出单元体的流量保持一致，连续性渗流方程可以表示为

$$\frac{\mathrm{d}}{\mathrm{d}t}\left(\iiint_V \frac{\rho_{\mathrm{w}}}{\rho_{\mathrm{w}}^0}sn\mathrm{d}V\right) = -\iint_S \frac{\rho_{\mathrm{w}}}{\rho_{\mathrm{w}}^0}sn\boldsymbol{n}v_{\mathrm{w}}\mathrm{d}S \tag{11.4}$$

式中：v_{w} 为流体在土体中的平均流动速度；ρ_{w} 为水的密度；ρ_{w}^0 为流体的参考密度；$\boldsymbol{n}$ 为渗流边界上的外法线方向向量；s 为土体饱和度；n 为土体孔隙度；S 为渗流边界。

11.1.2　渗透力

　　为更好地评估渗流对边坡稳定性的影响，在进行边坡的渗流过程和稳定性研究时，引入了渗透力的概念。Shin 等采用水力耦合分析方法对某地基反力曲线进行分析，发现渗透力对隧道及边坡的稳定性有显著影响[1]。渗透力对土体发生渗透变形起着重要作用，同时也可以揭示管涌发生的机理和渗流形成的潜在路径。渗透力也称为"渗流力"，是一种作用在土颗粒上的体积力[2]。在渗流过程中，土体颗粒受到垂直于颗粒周长面、平行于渗流方向的动水压力 p_{h} 和摩擦剪应力 p_{v} 的影响［见图 11.1（a）］，将二者积分得到合力 f_{r0}。对于土体，合力的矢量相加可以得到总合力 f_{r}。为了使计算简化，f_{r} 通常沿着流线分解为 p_{s} 和垂直向上的力 p_{u} 分量［见图 11.1（b）］。在管涌、流土等破坏模式中，常常考虑这两种力的作用。浮力 p_{u} 可以表示为

$$p_{\mathrm{u}} = (1 - n)\gamma_{\mathrm{w}}V \tag{11.5}$$

式中：n 为土体孔隙度；γ_{w} 为单位水重；V 为体积。

　　渗透力由动水压力产生，其方向与渗流方向相同，使土颗粒发生沿渗流方向运动的趋势，其值等于土颗粒对水流的阻力[3]。可表示为

$$p_{\mathrm{s}} = \gamma_{\mathrm{w}}JV \tag{11.6}$$

式中：p_{s} 为与流线平行的渗透力；J 为沿流线方向的水力梯度。

　　单位渗透力是作用在单位体积上的渗透力，其计算公式如（11.7）所示：

$$f = \gamma_{\mathrm{w}}J \tag{11.7}$$

式中：f 为单位渗透力；γ_{w} 为水的容重；J 为水力坡降。

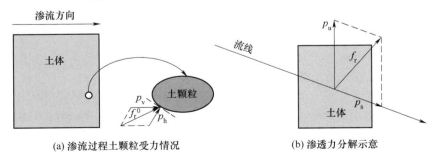

(a) 渗流过程土颗粒受力情况　　　　　　(b) 渗透力分解示意

图 11.1　渗透力示意

注：p_{h} 为动水压力；p_{v} 为摩擦剪应力；f_{r}^0 为作用在土粒上的合力；

f_{r} 为总合力；p_{u} 为上升力；p_{s} 为渗透力。

11.2　土体渗透系数的空间变异性

　　渗流是指流体在水力梯度作用下流入土体孔隙的过程。在冲积河道、堤岸和河流中，渗水侵蚀经常发生，特别是在沿河岸开挖隧道的过程中，这一过程常会导致各种地质灾害，如河道水的流失和突水、坍塌等严重事故。此外，管涌形成机理研究中常需考虑渗流力对土体埋置结构的稳定性的影响。

　　虽然关于土体参数的空间变异性表征的研究已较多，但由于现场测量困难，难以通过现场试验获得准确的实测数据。研究表明，渗透系数的变化范围比较大，变化范围在两个甚至更高的数量级。在稳定性分析中，假定土体均质且渗透系数为定值，会导致较大误差。Gui 等人将土体分层，假设每一层的渗透系数为常数，研究了土体的空间变异性[4]；该研究虽然在一定程度上表征了不同土层间的变异性，但同一土层内土体的空间变异性仍然被忽略。在实际工程中，土体的渗透系数因地区而异。不同类型的土体渗透系数具有较大的差异，一般可以相差 3~4 个数量级。即便同种类型的土，土体的渗透系数也有一定的差异。表 11.1 列出了部分类型土体的渗透系数变化范围。此外，渗透系数的空间变异性也会引起渗流通路和渗流流速的变化。Griffiths 等人将随机场与蒙特卡罗模拟相结合来分析渗流的空间变异性[5-7]，随后利用随机有限元法（RFEM）进行了渗流分析，但他们的研究主要集中于渗流场的研究，而忽略了应力场和渗流场之间的相互作用。在实际情况中，土体的非均匀性、渗透系数空间变异性及渗流过程是互相作用、互相影响的，如图 11.2 所示。此外，工程师使用随机有限元分析进行评估将耗费大量时间。因此，为了更好地评估渗透破坏发生的风险，为工程师提供较为准确的渗透系数代表值，使用随机有限元方法给出一个或几个可以替代计算过程的经验值。

表 11.1　部分各类土体的渗透系数数据统计

序号	土体类型	最小值/（m/d）	最大值/（m/d）
1	级配良好的砾石，砂砾（很少或没有细粒）	43.2	4.32×10^3
2	级配差的砾石，砂砾，很少或没有细砾	43.2	4.32×10^3
3	粉质砾石，粉质或砂质砾石	4.32×10^{-3}	0.432
4	黏土砾石，黏土和砂砾石混合	4.32×10^{-4}	0.432
5	级配良好的砂，砾石砂，很少或没有细粒	8.64×10^{-4}	8.64×10^{-2}
6	粉砂	8.64×10^{-4}	0.432
7	无机粉砂，粉质或黏质细砂，具有轻微塑性	4.32×10^{-4}	4.32×10^{-2}
8	低塑性无机黏土、粉质黏土、砂质黏土	4.32×10^{-5}	4.32×10^{-3}
9	低塑性有机粉砂和有机粉砂质黏土	4.32×10^{-4}	8.64×10^{-3}
10	高塑性无机粉砂	8.64×10^{-6}	4.32×10^{-3}
11	高塑性无机黏土	8.64×10^{-6}	8.64×10^{-3}
12	高塑性有机黏土	4.32×10^{-5}	8.64×10^{-3}

资料来源：Swiss Standard SN 670 010b，1999.

　　渗透破坏的原因可能是复杂的，但无不与渗透路径的隐蔽性和不规则性、岩土体参数的非均匀性、水位边界条件的时空变化性等因素密切相关。因此，如何实现土的空间变异性是本章讨论的重点。

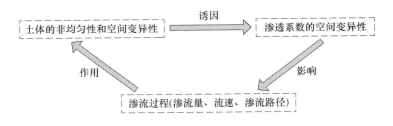

图 11.2   土体空间变异性、渗透系数和渗流过程三者互相作用的示意

11.3   二维隧道开挖水力耦合分析

管涌是地下空间工程施工中常见的渗透破坏现象。大量的工程观测资料显示，在天然地下水的影响下，坝基和岸坡通常是稳定的，但是当水库蓄水之后，会大大地改变地下水的状况，从而有可能引起内部冲刷和管涌发生。在天然坝基结构中，内部冲刷和管涌可能发生的部位一般在基岩中的节理裂隙、出露的砾石层、鼠穴、腐烂树根残留的孔穴，以及其他埋藏于地下的有机体。本节基于水力耦合分析方法，讨论了某沿江隧道开挖过程中的管涌发生情况，以四个不同防渗墙深度为防渗措施探究防渗效果，并评估了水深对防渗效果的影响，结合随机有限元分析考虑了渗透系数空间变异性对管涌发生概率的影响。

11.3.1   有限元模型及材料参数

隧道直径 12m，其几何尺寸和地质剖面方案如图 11.3 所示，使用膜袋对斜坡进行加固。隧道顶部距离地表 16m，地下水位设置为 14m，本算例中采用的土体参数取值如表11.2 所示。

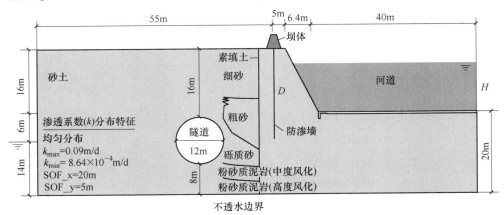

图 11.3   隧道几何尺寸及地质剖面[8]

注：D 为防渗墙深度；H 为河道水深。

表 11.2   确定性有限元分析中涉及的材料参数

参数名称	砂　土	防渗墙（水泥土）
渗透系数/(m/d)	0.044	—
密度/(g/cm³)	1.5	2.4
杨氏模量/(MPa)	10	892
泊松比	0.35	0.35
摩擦角（°）	30	45
黏聚力/(kPa)	0.7	1000
孔隙比	0.75	—
土颗粒比重 s（g/cm³）	2.67	—
临界水力梯度 J_c	0.95	

11.3.2　临界水力梯度 J_c

土颗粒在渗流作用下发生移动，开始形成渗流路径并沿渗流路径产生运动的根本原因是渗透力超过土体抵抗渗透破坏的能力极限。在此将单位土体能承受的极限渗透力称为抗渗比降，以此表征土体抵抗渗透破坏的能力大小。此时所达到的临界值称为临界水力梯度，以 J_c 表示。针对临界水力梯度 J_c 的计算，国内外学者提出了较多模型，并分别给出了计算公式。由于发生管涌等渗透破坏的条件和因素较多，至今尚未发现针对临界水力梯度 J_c 的统一计算公式。以下为无黏性土中应用较为普遍的几个模型公式[9]。

（1）太沙基模型。太沙基将下游土体在渗流水头的影响下上浮的现象定义为管涌，提出了计算临界水力梯度的太沙基模型：

$$J_c = (s - 1)(1 - n) \tag{11.8}$$

式中：J_c 为临界水力梯度，用于判断渗流破坏是否会发生；s 为土颗粒比重；n 为土体的孔隙率。

当观察到一条连通路径且水力梯度 J 大于临界值 J_c 时，则判定为发生管涌现象。本算例中根据土体孔隙比、密度和孔隙度之间的关系，采用经典太沙基公式计算临界水力梯度[见式（11.8）]。

（2）扎马林模型：

$$J_c = (s - 1)(1 - n) + 0.5n \tag{11.9}$$

式中：J_c 为临界水力梯度，用于判断渗流破坏是否会发生；s 为土颗粒比重；n 为土体的孔隙率。

（3）依斯托美娜模型：

$$J_c = 4.5(d_b/d_0)^2 \tag{11.10}$$

式中：J_c 为临界水力梯度，用于判断渗流破坏是否会发生；d_b 为允许的可移动土颗粒粒径；d_0 为土体孔隙的平均直径。

（4）中国水利水电科学研究院模型：

$$J_c = (s - 1)(1 - n)T_1(d_b/d_c) \tag{11.11}$$

式中：J_c 为临界水力梯度；s 为土颗粒比重；n 为土体的孔隙率；d_b 为允许的可移动土颗

粒粒径；d_c 为非均匀土的等效粒径。

对不连续级配土，T_1 可按式（11.12）计算：

$$T_1 = 2.2(1 - n) \tag{11.12}$$

管涌的发生条件非常复杂，受到多种因素共同影响，与最大有效粒径、渗透系数、饱和体积质量、下游滤层倾角、水力梯度、地层中土的组成成分、结构、土的级配、表面覆盖黏土层的内摩擦角、内聚力、覆盖层厚度、黏滞系数、土的饱和度等诸多因素有关，是一个复杂的多元非线性问题。

11.3.3　结果分析

1. 确定性有限元分析

为了评价数值分析方法预测渗流特性的能力，在确定渗透系数的情况下进行了确定性有限元分析。选取渗透系数（变化范围为 $8.64 \times 10^{-4} \sim 8.64 \times 10^{-2}$ m/d）的平均值作为确定性有限元分析的渗透系数参数值。河道正常水深为 13m，故本算例中也采用该水深作为河道内水深。

情况一：未采取任何防渗措施的工况分析（$D = 0$m）

图 11.4 是模拟 30 天渗流过程后得到的渗流结果。开挖后孔隙压力等值线图如图 11.4（a）所示。模型右侧的孔隙压力明显下降，这是由存在 14m 地下水位造成的。如图 11.4（a）所示，灰色区域代表非饱和土，开挖后的流速分布图如图 11.4（b）所示，其中矢量箭头表示各单元流速方向。由于河道左侧土体的基质吸力的变化，其处于非饱和状态，流速最大值出现在河道左侧。河道左侧位置和靠近隧道开挖的位置流速值较大，这意味着渗透破坏具有一定概率发生在这些位置。因此，在隧道开挖过程中应采取一些防渗措施来保护岸坡结构。

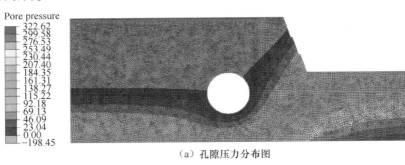

（a）孔隙压力分布图

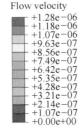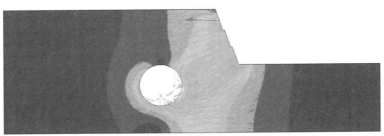

（b）开挖后流速矢量图

图 11.4　隧道开挖后渗流分析计算结果

情况二：采取防渗措施的工况分析

在工程实践中，经常采用防渗墙作为防渗措施，为隧道施工创造良好的条件，以保护隧道结构。本例中采用0.5m厚的防渗墙作为主要防渗措施。为探究防渗墙长度的影响，考虑了四种不同深度的防渗墙情况，分别为未设置防渗墙（即$D=0\text{m}$）、防渗墙底部与隧道顶部齐平（即$D=16\text{m}$）、防渗墙底部与隧道中心齐平（即$D=22\text{m}$）、防渗墙底部与隧道底部齐平（即$D=28\text{m}$）。

图11.5（a）为开挖后$D=16\text{m}$时的孔隙压力分布图。由于防渗墙的存在，孔隙压力的分布发生了明显的变化，流速分布图如图11.5（b）所示。从图11.5（b）中可以看出，数值较大的位置有三个，分别在靠近河岸的隧道右侧、防渗墙底部和坡脚的位置。图11.6为$H=13\text{m}$和$H=15\text{m}$的水力梯度分布图。当水深$H=13\text{m}$时，无连通渗流路径。当水位增加到15m时，若防渗墙长度D较短，则会有连通的渗流路径出现〔见图11.6（e）和（f）〕，这意味着可能会出现管涌现象。相反地，22m和28m长度的防渗墙防渗效果较好，且未观察到连通的渗流路径出现。

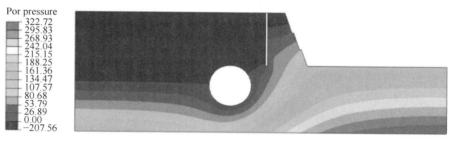

（a）工况2孔隙压力分布图

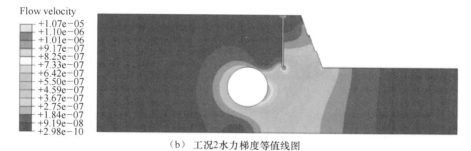

（b）工况2水力梯度等值线图

图11.5 开挖后渗流场计算结果

2. 随机有限元分析

由于渗透系数具有较强的空间变异性，无法精确地给出定值，因此采用概率进行描述。将土体属性视为多维随机场，采用随机有限元法（RFEM），结合蒙特卡罗模拟得到概率统计结果。为获得渗流特性的基本统计量，使用随机有限元进行了100次蒙特卡洛模拟。随机有限元分析中渗透系数的分布使用均匀分布，土的力学性质保持不变，如表11.2所示。由于均匀分布需要给出渗透系数变化范围的上下限，该范围一般由国家标准

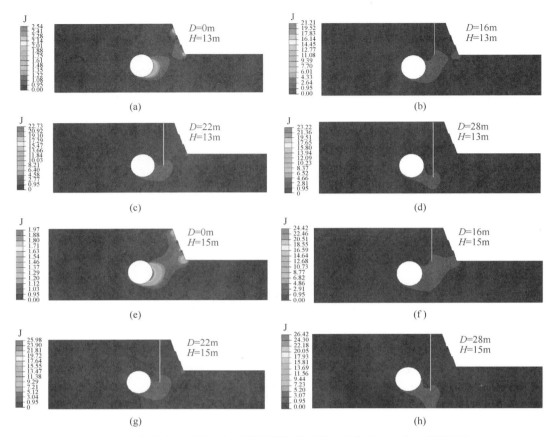

图 11.6　多种防渗墙深度与不同水深情况下的水力梯度 J 确定性分析结果

注：其中黑色区域用来表示水力梯度值小于临界值。

确定，此处采用瑞士标准（1999）[10]，上、下限分别取为 8.64×10^{-2} m/d 和 8.64×10^{-4} m/d。均匀分布的渗透系数随机场是在高斯随机场基础上通过无记忆平移得到，而高斯随机场则是通过修正线性估计法[11]产生。根据 Phoon[12]的研究，渗透系数随机场的垂直相关长度设为 5m，水平相关长度设为 20m。

3. 防渗墙长度的影响分析

为了测试不同防渗措施的效果，将河道内水深固定为 13m，同样考虑了四种不同的防渗墙长度（D）。图 11.7 为一个典型的渗透系数随机场样本，图 11.8 和图 11.9 分别为同一渗透系数随机场（见图 11.7）分布情况下，采取和不采取防渗措施两种情况的随机有限元计算结果。为更好地模拟场地的渗流过程，图 11.8 和图 11.9 的唯一区别是防渗墙的长度，其他条件（如水位、渗透系数分布）在进行蒙特卡罗模拟时均保持不变。

图 11.8（a）为该模型的孔隙压力分布图，与图 11.4（a）所示的确定性分析计算结果相比，孔隙压力的变化波动较小，总体变化趋势较为相似。图 11.8（b）和（c）分别为隧道开挖后的流速和水力梯度等值线图。流速的分布相较确定性分析的结果更加不规则，数值范围也有较大的变化。考虑渗透系数的空间变异性后，最大渗透系数的位置从河岸上部转移到坡脚和靠近河道的隧道位置。

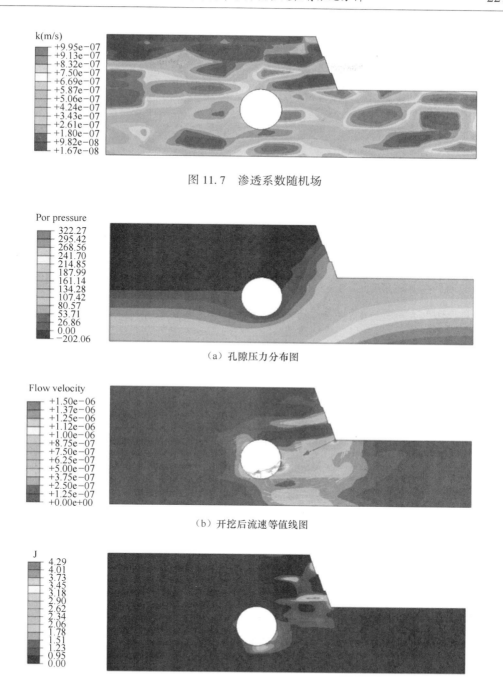

图 11.7   渗透系数随机场

（a）孔隙压力分布图

（b）开挖后流速等值线图

（c）隧道开挖后的水力梯度等值线图

图 11.8   无防渗措施隧道开挖后基于随机场分析的渗流分析计算结果
注：图中黑色区域表示水力梯度值小于临界值。

图 11.8（c）给出了水力梯度的分布情况，从该图中可知，隧道与河岸坡中间存在一个危险区域。在随机有限元分析中，由于渗透系数分布不均匀，管涌发生的概率较大，更

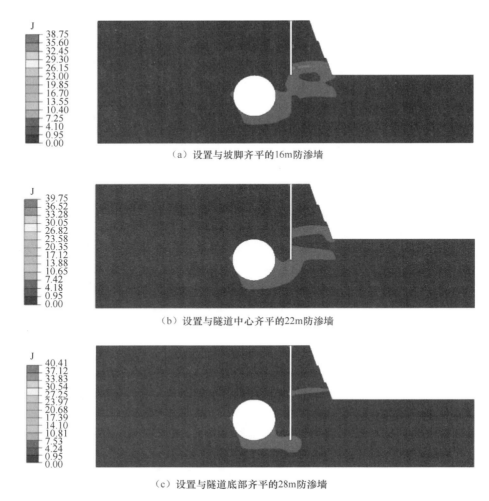

（a）设置与坡脚齐平的16m防渗墙

（b）设置与隧道中心齐平的22m防渗墙

（c）设置与隧道底部齐平的28m防渗墙

图 11.9　不同防渗墙深度下同一场地水力梯度计算结果（图 11.14 展示的场地）

符合工程实际。与确定性分析不同的是，渗流路径中通路的存在揭示了渗流破坏的概率，
计算结果对工程实践具有一定的参考价值。

　　图 11.9（a）～（c）为存在防渗措施工况下的水力梯度分布。在没有采取防渗措施
的情况下，出现如图 11.15 所示的大面积渗流连通路径。从图 11.9 和图 11.10 可以看出，
渗流路径连通的面积随着防渗墙深度的增加而逐渐变小。从图 11.9（b）可以看出，渗流
路径被防渗墙切断，而无防渗措施的情况［见图 11.9（c）］则出现了管涌现象。这表明
防渗墙对减少渗流量有一定作用。

　　表 11.3 统计了管涌现象发生的蒙特卡罗模拟结果，从该表中可知，与隧道顶面齐平
（即 $D=16m$）的防渗墙非但不能降低管涌发生的概率，对防渗破坏作用不大，甚至有负面
作用。例如，图 11.10（a）和图 11.10（b）是同一随机场分布（即同一场地），但防渗
措施不同。在 $D=0m$ 时不发生管涌现象［见图 11.10（a）］，而在 $D=16m$ 时发生管涌现
象［见图 11.10（b）］。这说明 16m 的防渗墙改变了渗流场的流速分布，反而增加了管
涌发生的可能。而较长的防渗墙（如 $D=22m$ 或 $D=28m$）在隧道开挖过程中对减少管涌

的发生有着一定积极的作用，有利于阻断渗流路径。

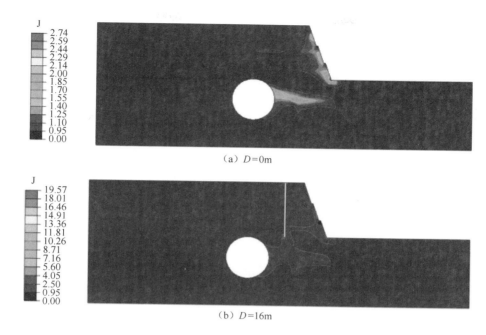

（a）$D=0$m

（b）$D=16$m

图 11.10　不同防渗墙深度下同一场地水力梯度 J 的计算结果

表 11.3　管涌现象发生的蒙特卡罗模拟结果统计

分析手段	防渗墙长度 D/m	管涌现象发生概率	
		水深 $H=13$m	水深 $H=15$m
确定性有限元分析 （k 取固定值 $8.64×10^{-3}$m/d）	0	×	√
	16	×	√
	22	×	×
	28	×	×
随机有限元分析 （k 遵循随机场理论，其值 分布变化从 $8.64×10^{-4}$ ~ $8.64×10^{-2}$m/d）	0	28%	49%
	16	30%	52%
	22	6%	14%
	28	0%	0%

注：k 为土体的渗透系数，×为没有观测到管涌现象发生；√为观测到管涌现象发生。

4.　水深的影响分析

以水深（H）作为变量，对 100 个不同的渗透系数分布场地进行数值模拟，评估管涌发生的概率。不同水深下管涌出现的概率统计如表 11.3 所示。在水深 15m（即 $H=15$m）情况下，对于无防渗措施的隧道，100 个场地中有 49 个在渗透力作用下出现了管涌现象。16m 长度的防渗墙（$D=16$m）的管涌发生次数与没有采取任何防渗措施的隧道（$D=0$m）的管涌发生次数相差较小，这表明防渗墙长度与隧道顶部齐平时，该防渗墙对减少隧道中管涌的发生几乎没有影响。而对于 22m 的防渗墙（$D=22$m）和 28m 的防渗墙（$D=28$m），它们的防渗效果更为明显。

在未采取防渗措施的情况下，13m 水深时管涌发生概率为 28%，15m 水深时管涌发生概率为 49%。比较两组不同水深的数值结果可以发现，15m 水深的条件下，管涌出现次数几乎是 13m 水深的 2 倍。因此，可以得到与认知较为一致的结论，即水深是管涌发生的重要因素之一。

11.3.4　小结

以某沿江隧道为例，建立了有限元数值模型，研究了隧道开挖过程中多种防渗措施下管涌的发生概率，总结了不同防渗墙深度条件下隧道开挖过程中渗流场和应力场的变化规律，并通过对比确定性有限元分析与随机有限元分析结果，评估了防渗墙的长度（D）和水深（H）对管涌发生概率的影响。

土体的渗透系数与渗透破坏及管涌的形成关系密切。考虑土体空间变异性对更准确地描述土体的渗透系数、明确渗透破坏和管涌等的发生情况具有重要意义。根据蒙特卡洛模拟的结果，基于随机有限元分析得到管涌发生概率是 28%（$H = 13m$，$D = 0m$）和 30%（$H = 13m$，$D = 16m$），然而根据确定性有限元分析的计算结果，并未观察到管涌现象的发生，这表明确定性有限元分析无法准确模拟实际情况。研究结果还表明，当防渗墙不够长时，发生管涌的风险也较高。考虑到施工成本，采用与隧道底部齐平的防渗墙长度可以起到足够的防渗效果。通过在水深和防渗墙长度等重要参数之间进行权衡，可以更为具体地为工程师提供优化设计建议。

11.4　三维水力耦合随机有限元分析

在沿江隧道施工过程中，渗流引起的渗流场和应力场的变化，一直是影响施工过程的重要问题[13]。结合前文中水力耦合分析基本原理，研究了临江隧道在渗流作用下的渗流特性。考虑了隧道周围无衬砌和隧道周围使用水泥土衬砌作为防渗措施的两种工况。同样地，三维水力耦合随机有限元算例中也使用了蒙特卡洛模拟，在分析中主要考虑了渗透系数的空间变异性[14]。结果表明，该方法能较好地反映土体参数的变化范围。渗透系数的算术平均值可以作为宏观尺度代表性渗透系数的经验估计值。研究结果可以对渗流场的特性进行科学估计，并更好地了解隧道坍塌的潜在失效机理。

11.4.1　有限元模型及材料参数

建立三维瞬态渗流有限元模型，对某沿江隧道开挖施工过程进行了模拟，几何尺寸和边界条件的设置如图 11.11（a）所示。河道内水深设置为 9m，右侧设有 26m 的地下水位，将岸坡水位以下部分设置为孔隙压力边界，随水深的增加而增大。本算例中采用的网格尺寸和隧道到边、底边界的距离足以使计算得到收敛结果。

主要考虑以下两种工况进行分析：

（1）工况 1，未采取任何防渗措施的隧道，如图 11.11（b）所示。

（2）工况 2，隧道周围采取水泥土衬砌作为防渗措施，如图 11.11（c）所示。

水泥土衬砌常被用作隧道施工的防渗层和支护结构，诸多学者已针对软黏土中水泥土环境下隧道的稳定性进行了研究，但这些研究往往忽略了作用在隧道及周围土体的渗透力。在本算例中，考虑了使用3m厚的水泥土衬砌作为防渗措施的情况。

算例中采用了两种材料特性的土，即天然土和水泥土。本算例涉及的水泥土渗透系数是通过实验室的变水头渗透试验而获得，天然土和水泥土的土体参数性质如表11.4所示。

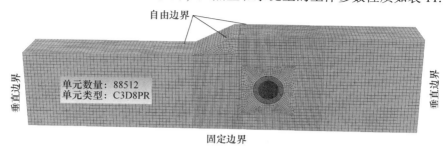

（a）三维有限元模型网格划分

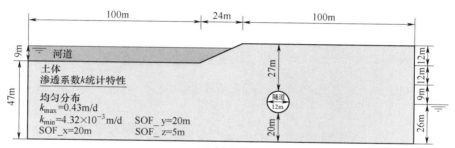

（b）模型正视图(未采取任何防渗措施的工况)

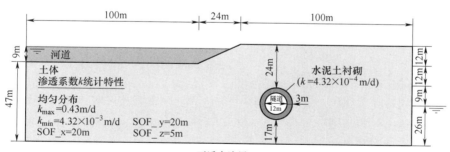

（c）模型正视图(采取水泥土衬砌作为防渗措施的工况)

图 11.11 沿江隧道示意图[13]

表 11.4 确定性有限元分析中的材料参数

土体类型	渗透系数/（m/d）	密度/（g/cm³）	杨氏模量/MPa	泊松比	摩擦角（°）	凝聚力/kPa
天然土	0.22	1.6	10	0.35	30	30
水泥土	4.32×10^{-4}	1.8	120	0.3	30	100

11.4.2　结果分析

1. 确定性有限元分析

在确定性有限元分析中，渗透系数被假定为固定值，工况 1（未采取任何防渗措施的工况）的确定性分析计算结果如图 11.12 所示。隧道开挖前的地应力场分布云图如图 11.12（a）所示。地应力平衡后，土层达到稳定状态。图 11.12（b）为两个月渗流过程的模拟结果，土的应力随着深度的增加而增大，但隧道开挖后，隧道两侧的应力明显大于相同深度处的应力。沿水平方向，隧道两侧应力最大。该分布云图表明，隧道开挖会导致隧道周围土体出现较大的应力集中现象。

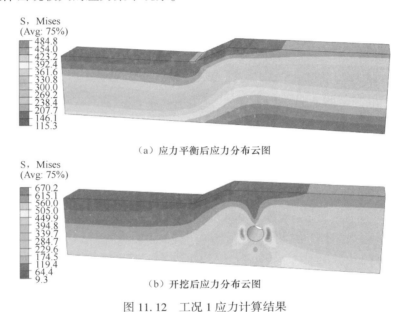

（a）应力平衡后应力分布云图

（b）开挖后应力分布云图

图 11.12　工况 1 应力计算结果

开挖前后的孔隙压力分布云图分别如图 11.13（a）和图 11.13（b）所示。对比两图可知，隧道开挖后孔隙压力显著下降，图中灰色的区域表明该区域土体未饱和。开挖后的流速和单位渗透力分布云图分别如图 11.13（c）和图 11.13（d）所示，它们的分布规律相似，流速和渗透力的最大值都出现在靠近河岸顶部的位置，这是因为这部分土是具有基质吸力的非饱和土。结果表明，模型左岸坡水位附近和隧道开挖位置的流速远大于模型其他位置的流速，因此这两个位置附近更容易发生渗透破坏。因此，在实际工程中，这些位置需要进行符合工程实际的防渗处理。

在工况 2 中，采取将水泥浆注入周围土体的方式，在隧道周围形成 3m 厚的衬砌作为防渗措施。在工程中，水泥土经常被用来降低周围土体的渗透性，同时这一措施也可以提高周围土体的刚度和强度。开挖注浆后，应力分布如图 11.14（a）所示。应力集中在隧道左右两侧的部分。与工况 1 相比，应力最大值减小了 12%。开挖后的单位渗透力分布云图如图 11.14（b）所示。结果表明，在岸坡上部和模型右下方的地下水位位置处数值较大，连接这两个位置的部分和隧道周围位置的渗透力都比较大。渗透力可能导致土体颗

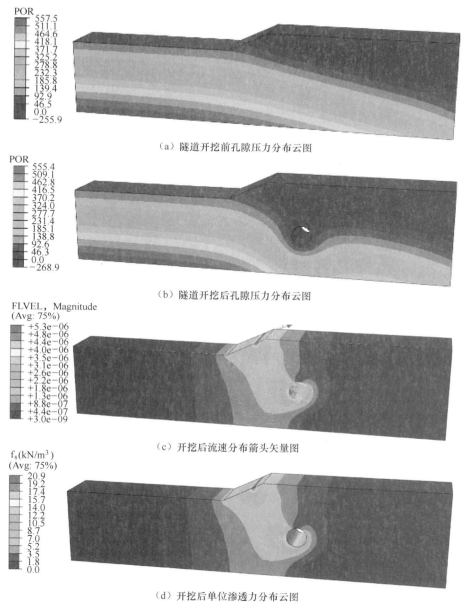

（a）隧道开挖前孔隙压力分布云图

（b）隧道开挖后孔隙压力分布云图

（c）开挖后流速分布箭头矢量图

（d）开挖后单位渗透力分布云图

图 11.13 工况 1 的渗流计算结果

粒发生移动，从而形成连通的渗流路径，甚至造成管涌情况的发生。由于水泥土衬砌的存在，与工况 1 相比，渗透力有着显著下降［见图 11.13（d）和图 11.14（b）］。

2. 随机有限元分析

（1）随机场计算结果

假定渗透系数服从均匀分布，其他参数与表 11.4 保持一致。当采用均匀分布时，需要系数具有明确的变化范围；变化范围的上下界限通常由国家标准规定（如瑞士标准 1999）。表 11.5 列出了均匀分布的上界和下界以及其他统计参数。均匀分布随机场由高斯

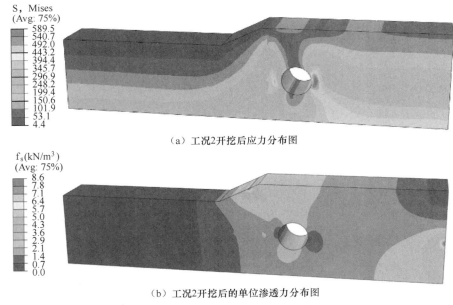

（a）工况2开挖后应力分布图

（b）工况2开挖后的单位渗透力分布图

图 11.14　工况 2 计算结果

随机场通过无记忆平移得到，而高斯随机场是使用修正线性估计方法产生[11]。类似地，渗透系数随机场的垂直相关长度设为 5m，水平相关长度设为 20m。通过 100 次蒙特卡洛模拟，得到结果的基本统计特征。与确定性结果的情况相同，为了检验防渗措施的有效性，考虑了两种不同的工况，共模拟了 100 次渗透系数随机场，其中一次的分布如图 11.15 所示。

表 11.5　随机有限元分析中渗透系数的统计参数

统计参数	符号	单位	天然土	水泥土
分布下限	k_{min}	m/d	4.32×10^{-3}	—
分布上限	k_{max}	m/d	$100k_{min}$	—
级数平均值	k_o	m/d	$10k_{min}$	—
几何平均值	k_g	m/d	$38.54k_{min}$	—
算术平均值	k_a	m/d	$50.50k_{min}$	4.32×10^{-4}
变异系数（COV）	—	—	0.97	0

在图 11.15 所示的渗透系数分布下，结合水力耦合分析计算其孔隙压力、流速、单位渗透力等，结果如图 11.16 所示。对比图 11.16（a）和图 11.16（b）可知，隧道开挖前后的孔隙压力分布与确定性分析结果具有相似的趋势。由于渗透系数的空间变异性，孔隙压力分布有轻微的波动。结果表明，渗透系数的空间变异性可能对其分布有轻微影响。图 11.16（c）为空间随机土体中的流速分布，由于流速受渗透系数和水力梯度的影响，其相对于均匀土体中的流速分布更为不规则。根据图 11.16（d）所示单元渗透力分布情况可知，岸坡与隧道相连接的部分有较大可能会形成连通的渗流通路。从渗透系数分布来看（见图 11.15），该段渗透系数大于其他区域。

受土体空间变异性的影响，渗流速度和渗透力的分布变得不规则，分别如图 11.16

（c）和 11.16（d）所示。与相应的确定性情况相比，渗透力的最大值有所增加，同时其分布面积增大。因此，形成渗流通道的可能性增大，从而增加了渗透破坏的风险。

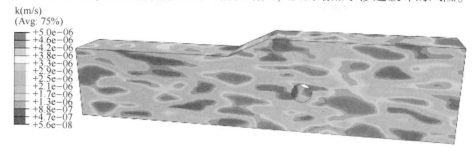

图 11.15　渗透系数（k）随机场示意

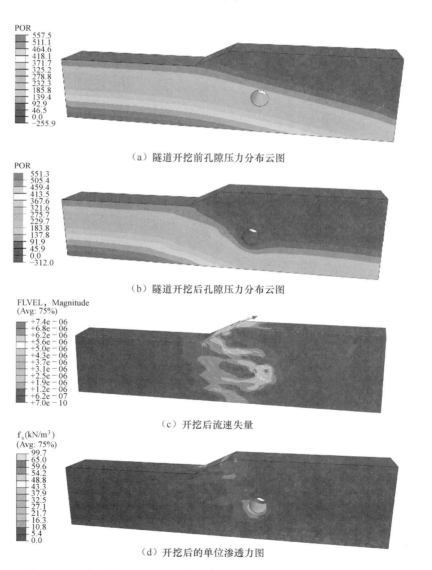

（a）隧道开挖前孔隙压力分布云图

（b）隧道开挖后孔隙压力分布云图

（c）开挖后流速失量

（d）开挖后的单位渗透力图

图 11.16　基于图 22 所示随机场分布的情况下工况 1 的渗流计算结果

（2）蒙特卡洛模拟结果

为从宏观尺度科学地估算出一个具有代表性的渗透系数值，本研究考虑了表 11.6 中列出的 5 种渗透系数值。将这 5 种渗透系数分别进行确定性有限元分析，并将其结果与随机有限元分析结果进行比较。以总渗流量（RVF）作为评估指标，工况 1 和工况 2 的比较结果如表 11.6 和图 11.17 所示。

表 11.6　蒙特卡洛模拟结果统计

工　况	总渗流量（RVF）		
	平均值/（m^3/s）	标准差/（m^3/s）	变异系数
工况 1	2.20×10^{-3}	2.41×10^{-4}	0.11
工况 2	4.46×10^{-5}	2.63×10^{-6}	0.06

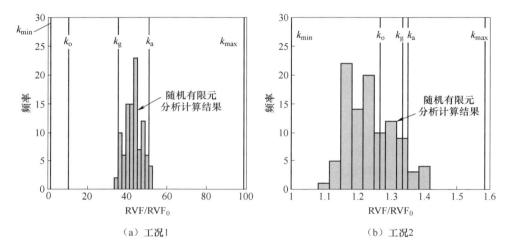

（a）工况1　　　　　　　　　　　　（b）工况2

图 11.17　确定性有限元分析和随机有限元分析结果

注：RVF_0 为 $k_{min} = 5 \times 10^{-8} m/s$ 时由确定性有限元分析计算得到的总渗流量；

图中 5 条直线为确定性有限元分析在不同渗透系数 k 值下的计算结果，如表 11.6 所示。

随机场体现了渗透系数的空间变异性，其结果（见图 11.17）可以提供较为合理的渗流量估算。5 条直线之间的距离较大，说明在使用不同渗透系数时，确定性分析结果存在较大差异。工况 1 ［见图 11.17（a）］ 的渗流量变化远大于工况 2 ［见图 11.17（b）］，水泥土衬砌的存在阻断了 97.8% 的渗流量。此外，受到水泥土加固的影响，结果中的变异系数值由 0.11 降低到 0.06。

图 11.17 为随机有限元计算结果与 5 个渗透系数的确定性有限元计算结果的对比，以找到一个合理的宏观尺度渗透系数代表值。在实际工程中，对每个工程进行随机有限元分析是不实际的。从图 11.17 可以看出，k_a 可以提供一个相对保守且合理的估计值。需要指出的是，使用 k_g 对工况 2 进行的评估比使用 k_a 更准确，但 k_a 对工况 1 的风险评估更为合理 ［见图 11.17（a）］。为了平衡精度和降低潜在风险，建议采用 k_a 作为宏观尺度代表性渗透系数的经验估计。

11.4.3 小结

本节采用有限元方法对隧道开挖过程中的渗流破坏机理进行了数值研究,总结了工程实践中常见的有衬砌和无衬砌两种情况,并通过对比随机有限元与确定性有限元分析结果,探讨了防渗措施对应力场和渗流场的影响。

确定性有限元分析假定渗透系数为定值,因此,难以真实地反映渗透系数、渗透力和渗流路径的变化。随机有限元法能较好地表征渗透系数的空间变化规律,更符合实际情况。考虑土体的空间变异性后,渗流速度和渗透力的分布变得更加不规则,且渗透力的最大值和渗透力的分布面积均会增大。因此,把土体的空间变异性纳入考虑范围,将增大渗流通道形成的可能性,从而增加渗流破坏的风险。

采用随机有限元分析可以合理考虑渗透系数的空间变异性,但对于工程师而言,使用随机有限元分析需要耗费大量的时间。为此,本研究建议采用渗透系数的算术平均值作为宏观尺度代表性渗透系数的估计值。

在随机有限元分析中,尽管每次蒙特卡洛模拟结果各不相同,但统计结果表明,采用水泥土加固的措施时的总渗流量要小得多。此外,水泥土衬砌还可以缓解隧道周边区域的应力集中现象。

11.5 结论

本章重点讨论了考虑随机渗流的水力耦合分析,针对二维隧道管涌发生概率以及三维隧道开挖过程中的渗流破坏进行了分析。

(1)渗流过程中渗流场与应力场间是相互作用、相互影响的,渗透系数的空间变异性不仅对渗流过程具有影响,而且对结构的安全稳定也存在重要的影响。确定性有限元分析将渗透系数设为固定值,无法真实地模拟土体的渗流过程。相比之下,随机有限元法能较好地表征渗透系数的空间变化规律,使其更符合实际土体情况。因此,在考虑渗透系数的空间变异性的条件下,结合水力耦合分析,对实际工程案例进行了二维及三维数值模拟。

(2)在考虑土体空间变异性的情况下,采用水力耦合分析对隧道开挖过程中存在的潜在管涌事故发生概率进行了研究,总结了不同防渗墙长度及水位深度情况下渗流场和应力场的变化规律,并通过对比确定性有限元分析与随机有限元分析结果,探讨了防渗墙长度和水深对管涌现象发生概率的影响。结果表明,土体渗透系数的空间变异性对管涌事故的发生具有一定的影响。同时,使用随机有限元分析可以更为具体地为工程师提供合理建议,更好地权衡水深和防渗墙长度等参数的重要性,从而提供较为优化的设计方案。

致谢

感谢国家自然科学基金国际合作项目(41861144022)对本研究提供的支持。

参 考 文 献

[1] SHIN Y J, SONG K I, LEE I M, et al. Interaction between tunnel supports and ground convergence—Con-

sideration of seepage forces [J]. International Journal of Rock Mechanics & Mining Sciences, 2011, 48 (3): 394-405.

[2] 刘杰. 土的渗透稳定与渗流控制 [M]. 北京: 水利电力出版社, 1992.

[3] 毛昶熙, 段祥宝, 吴良骥. 再论渗透力及其应用 [J]. 长江科学院院报, 2009, 26 (21): 1-5.

[4] GUI S, ZHANG R, TURNER J P, et al. Probabilistic slope stability analysis with stochastic soil hydraulic conductivity [J]. Journal of Geotechnical and Geoenvironmental Engineering, 2000, 126 (1): 1-9.

[5] GRIFFITHS D V, FENTON G A. Seepage beneath water retaining structures founded on spatially random soil [J]. Géotechnique, 1993, 43 (4): 577-587.

[6] GRIFFITHS D V, FENTON G A. Probabilistic analysis of exit gradients due to steady seepage [J]. Journal of Geotechnical and Geoenvironmental Engineering, 1998, 124 (9): 789-797.

[7] FENTON G A, GRIFFITHS D V. Risk Assessment in Geotechnical Engineering [M]. John Wiley & Sons, Inc. 2008.

[8] WANG R H, Li D Q, WANG M Y, et al. Deterministic and probabilistic investigations of piping occurrence during tunneling through spatially variable soils [J]. ASCE-ASME Journal of Risk and Uncertainty in Engineering Systems, Part A: Civil Engineering, 2021, 7 (2): 04021009.

[9] 毛昶熙, 段祥宝, 吴良骥. 砂砾土各级颗粒的管涌临界坡降研究 [J]. 岩土学, 2009, 30 (12): 3705-3709.

[10] Swiss Standard SN 670 010b, Characteristics coefficient of soils. Association of Swiss Road and Traffic Engineers [S]. 1999.

[11] LIU Y, LEE F H, QUEK S T, et al. Modified linear estimation method for generating multi-dimensional multi-variate Gaussian field in modelling material properties [J]. Probabilistic Engineering Mechanics, 2014, 38: 42-53.

[12] PHOON K K, KULHAWY F H. Characterization of geotechnical variability [J]. Canadian Geotechnical Journal, 1999, 36 (4): 612-624.

[13] WANG R H, SUN P G, LI D Q, et al. Three-dimensional seepage investigation of riverside tunnel construction considering heterogeneous permeability [J]. ASCE-ASME Journal of Risk and Uncertainty in Engineering Systems, Part A: Civil Engineering, 2021, 7 (4): 04021041.

[14] LIU Y, QUEK S T, LEE F H. Translation random field with marginal beta distribution in modeling material properties [J]. Structural Safety, 2016, 61: 57-66.

12 台风作用下海洋风−浪联合概率模型

魏凯，西南交通大学土木工程学院桥梁工程系

12.1 引言

台风是我国东南沿海常见的灾害性天气[1]。台风登陆时常伴随着强风、巨浪、风暴潮、急流等现象，给近海工程的设计、建造和安全运营带来了严峻挑战[2]。台风发生时极端海洋环境共同作用下的结构动力响应十分复杂，如何获取极端海洋环境数据并且确定给定重现期下的荷载参数成为制约近海结构设计的关键科学问题。由于野外测量成本高、数据不完备、测量失效等缺陷，通过数值模拟的方式获取台风期间风、浪参数变得尤为重要。获取台风期间环境要素数据之后，下一步就是如何进行极端海况的多要素组合。传统方法多根据长期水文观测资料（20 年以上[2]）对环境要素的年极值进行概率分析，然后确定一定重现期下的环境要素。然而，上述方法：①未区分台风等非良态风下的环境要素，对非良态风认识不足；②水文观测设备常在极端环境下失效，常缺失极端环境下的要素；③忽略各环境要素之间的相关性，往往造成设计上的过度浪费。

针对以上问题，本章介绍了台风风场模拟方法以及采用 SWAN+ADCIRC 波流耦合模式开展近岸海域波浪、风暴潮参数的数值模拟方法；给出了利用 Copula 理论的台风下最大风速、最大浪高、平均波周期等环境要素概率分布的拟合方法以及基于逆一阶可靠度方法（IFORM）建立环境等值线和等值面模型的流程。以平潭海峡公铁两用大桥所在海域为对象，验证了台风下海洋风、浪环境模型的可行性和有效性；通过对 1990—2018 年 29 年间影响平潭海峡的 58 次历史台风事件开展数值模拟，探讨了台风下该海域环境要素的联合概率特征。

12.2 数值模拟方法

12.2.1 台风混合风场模型

1. 参数风场模型

台风模型可提供模拟台风期间海浪和风暴潮的驱动气压场和风场。基于梯度风公式计算圆对称风场，叠加台风移行效应的台风参数风场模型，由于计算量小、率定参数少，同时也能反映台风的基本特征并取得较好的模拟结果，因此在台风灾害风险评估、风工程设

计及台风期间海浪、风暴潮数值模拟中得到了广泛应用。本研究采用应用较为广泛的 Holland 气压剖面描述台风的气压场，如式（12.1）所示。

$$p(r) = p_c + (p_n - p_c)\mathrm{e}^{-\left(\frac{R_m}{r}\right)^B} \tag{12.1}$$

式中：r 为计算点到台风中心的距离；$p(r)$ 为台风径向气压；p_c 为台风中心气压；p_n 为外围环境气压，取 1010hPa；R_m 为最大风速半径；B 为气压剖面形状系数。

台风风场风速矢量应为同高度上梯度风场与台风移行风场风速矢量的叠加：

$$V(r) = V_g(r) + V_m(r) \tag{12.2}$$

式中：V_g 为梯度风场风速矢量；V_m 为移行风场风速矢量。

忽略了海表面（地表）摩擦，根据气压梯度力、科氏力及离心力平衡，计算的梯度风速为

$$V_g(r) = \sqrt{\frac{r}{\rho_a}\frac{\partial p}{\partial r} + \frac{r^2 f^2}{4}} - \frac{rf}{2} = \sqrt{\frac{B}{\rho_a}\left(\frac{R_m}{r}\right)^B (p_n - p_c)\mathrm{e}^{-\left(\frac{R_m}{r}\right)^B} + \frac{r^2 f^2}{4}} - \frac{rf}{2} \tag{12.3}$$

式中：f 为计算位置处的科氏力系数，$f = 2\Omega\sin(\Psi)$。

式（12.2）计算的风速方向垂直于台风径向。

本研究采用 Jakobsen 和 Madsen[3] 的模型计算移行风场：

$$V_m(r) = V_{mc}\mathrm{e}^{\left(-\frac{r}{R_G}\right)} \tag{12.4}$$

式中：V_{mc} 为台风中心移动速度矢量；R_G（约 500km）为环境的长度尺度。

式（12.2）忽略了海表面（地表）摩擦，其计算的风速为大气边界层顶部的梯度风速。因此，从大气边界层的梯度风速转换到海表面（地表，10m 高度处）的风速，需考虑风速折减因子（γ）和流入角（β）。图 12.1 展示了台风风速的关系图。

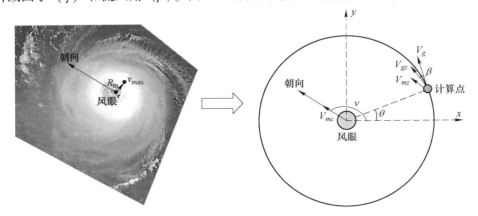

图 12.1　台风风速关系示意

注：V_{mc} 为台风中心移动速度，V_g 为大气边界层顶部的梯度风速，V_{gz}、V_{mz} 为高度 z 处（10m 高度）的梯度和移行风场风速，v 为台风朝向。

基于中国气象局的最佳路径集，台风移速和移向可由路径移动信息计算（计算的台风中心移动速度视为 10m 高度处 1h 平均风速）。因此，计算海表面（地表）气压场和风场还需最大风速半径、B 参数、风速折减因子和流入角。

由式（12.2）知：

$$B \approx \frac{\rho_a e V_{gmax}^2}{p_n - p_c} \qquad (12.5)$$

其中
$$V_{gmax} = s_m / \gamma \qquad (12.6)$$

$$s_m = s_f - \sqrt{V_{ERe}^2 + V_{ERn}^2} \qquad (12.7)$$

式中：V_{gmax} 为最大梯度风速，可由对流层顶部最大持续风速扣除移行风速获得，称为动态 Holland 模型[4]；s_f 为 10m 高度处 1 分钟平均风速，可由台风 2 分钟平均最大持续风速乘以 1.03[5] 转换得到；V_{ERe}、V_{ERn} 为由移行风场模型计算得到的在最大风速半径处的东向和北向的移行风速，由式（12.4）确定。

对于最大风速半径，本章采用赵鑫等人[6]对 28°N～31°N 间西北太平洋上航空测得的中心气压、最大风速半径拟合的经验公式 ［见式（12.8）］。由于海面粗糙度较小，同时经过后文实测的验证，本章与开发 ADCIRC 水动力数值软件团队采用 Holland 模型（H80）[4] 计算风场一致，γ 取为 0.9 和流入角考虑为 0°。

$$R_m = R_k - 0.4(p_c - 900) + 0.01 (p_c - 900)^2 \qquad (12.8)$$

式中：R_k 为经验常数，推荐值为 40。

在风工程领域，风速具有时距（如 3s 平均风速、1min 平均风速、2min 平均风速、10min 平均风速、1h 平均风速）。不同时距风速间有相应的转换关系，如 10min 与 3s、1min、2min、1min 平均风速的比值分别为 1/1.26、1/1.136、1/1.103、1.06/1[5,7]。由于式（12.5）的 B 参数由大气边界层 1 分钟平均的最大梯度风速计算得到，因此式（12.2）计算得到的梯度风速为 1min 平均风速。后文 SWAN+ADCIRC 波流耦合模型需要 10m 高度处 10min 平均风速作为风场输入，因此需将计算的表面（10m 高度处）梯度风场和移行风场风速矢量转换为 10min 平均风速矢量后叠加。

2. 再分析风场

再分析风场是一种可以免费下载的全球或区域风场的数据资料，可用于波流耦合模式的风场驱动。美国国家环境预报中心（NECP）、美国 NASA 物理海洋学分布式档案中心（PODAAC）及欧洲中期天气预报中心（ECMWF）提供的 NCEP-DOE、CCMP、ERA-Interim 风场是目前大气物理、气象与海洋等领域应用最为广泛的全球尺度的风场再分析产品[8]。再分析风场在低风速时具有较高精度，但是在高风速时精度较差。为更精确模拟台风风场，本章采用 CCMP 再分析风场作为参数风场的背景风场。CCMP 再分析数据提供了 10m 高度处的全球尺度的东、北向风速，其中时间间隔为 6h（世界时间 0 时刻、6 时刻、12 时刻、18 时刻），水平空间分辨率为 0.25°×0.25°。

3. 混合风场模型

有研究表明[9]，台风参数模型在台风中心附近具有较高的精度，但随着距台风中心距离的增加，精度下降；相比台风参数模型，风场再分析产品在远离台风中心处，具有较高精度；在台风中心附近，精度较差。为获得更精确的风场，本章将参数风场与再分析风场混合，获得最终波浪-风暴潮耦合模型的驱动风场，称为台风混合风场模型。本研究再分析风场采用 CCMP 风场，同时，台风混合风场构建原则为：在台风中心以参数风场为主，在台风外围以 CCMP 风场为主，混合方式如下：

$$\begin{cases} v_{Hy} = V & r \leqslant R_1 \\ v_{Hy} = (1 - \alpha)V + \alpha v_{\text{ccmp}} & R_1 < r \leqslant R_2 \\ v_{Hy} = v_{\text{ccmp}} & r > R_2 \end{cases} \tag{12.9}$$

其中
$$\alpha = (r - R_1) / (R_2 - R_1)$$

式中：v_{Hy} 为混合风场风速矢量；V 为由台风参数模型确定的风速矢量；v_{ccmp} 为 CCMP 风场风速矢量；α 为使参数风场与 CCMP 风场之间平滑过渡的系数，本研究 R_1、R_2 取为 300km 和 400km。

结合台风参数风场模型及 CCMP 再分析风场构建台风混合风场的示意图和结果，如图 12.2 所示。

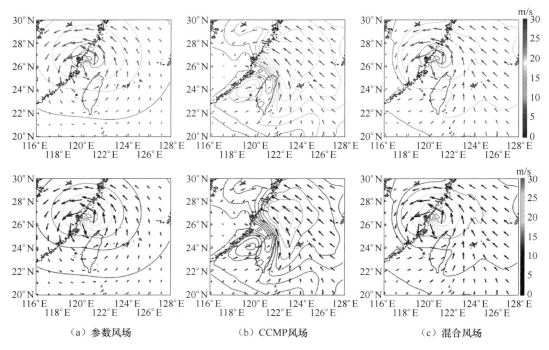

（a）参数风场　　　　　　　（b）CCMP风场　　　　　　　（c）混合风场

图 12.2　台风混合风场构建示意

注：世界时间 2018-07-01 100：00，台风"玛莉亚"，10m 高度处 10min 平均风速。

12.2.2　SWAN+ADCIRC 波流耦合模型

SWAN+ADCIRC 耦合模式可将 SWAN 模式和 ADCIRC 模式在相同的非结构化网格下进行耦合计算[10]。ADCIRC 将计算得到的风速、水位和流速数据实时传递给 SWAN，SWAN 根据 ADCIRC 提供的信息实时更新水深和与波浪计算相关的过程。ADCIRC 又部分由 SWAN 计算的波浪辐射应力 ［式（12.10）~式（12.14）］ 驱动。

$$\tau_{\text{sx, waves}} = -\frac{\partial S_{xx}}{\partial x} - \frac{\partial S_{xy}}{\partial y} \tag{12.10}$$

$$\tau_{sy,\,waves} = -\frac{\partial S_{xy}}{\partial x} - \frac{\partial S_{yy}}{\partial y} \qquad (12.11)$$

$$S_{xx} = \rho_0 g \int \left[n\cos^2\theta + n - \frac{1}{2} \right] E \mathrm{d}\sigma \mathrm{d}\theta \qquad (12.12)$$

$$S_{xy} = S_{yx} = \rho_0 g \int n\sin\theta\cos\theta E \mathrm{d}\sigma \mathrm{d}\theta \qquad (12.13)$$

$$S_{yy} = \rho_0 g \int \left[n\sin^2\theta + n - \frac{1}{2} \right] E \mathrm{d}\sigma \mathrm{d}\theta \qquad (12.14)$$

式中：S_{xx}、S_{xy}、S_{yy} 均为波浪辐射应力张量；E 为能量谱密度；n 为群速度与相速度的比值。

上述耦合过程可以充分考虑风暴潮与波浪之间的相互影响，能有效提高近岸浅水区域波浪和风暴潮的模拟精度。

12.3　历史台风作用下桥址区极端环境要素极值概率特征

采用上述极端海洋环境数值模拟方法，对 1990—2018 年平潭海峡公铁两用大桥有重要影响的台风事件进行数值模拟。Yin 等人[11]研究影响长江口的台风，选取了通过以近岸参考点为圆心、半径为 400km 圆形区域的台风事件。在他们的研究中，同时还限制了被选择的台风要在登陆或临近登陆时，风暴中心气压不高于 980hPa。Lin 等人[12]研究影响美国纽约的飓风，选取了通过以 Battery 站点为圆心、半径为 200km 圆形区域的人工飓风事件。本研究参考他们的方法，选取平潭海峡公铁两用大桥的主桥跨中 C_2 测点（119.63°E，25.70°N）为近岸参考点，然后根据台风中心气压（p_c，hpa）和距离近岸参考点的距离（D，km），从 1990—2018 年的历史台风数据集中选择了以下台风事件：①指定距离近岸参考点 200km 的圆形范围为登陆或接近登陆区域，因此首先选择通过近岸参考点 200km 圆形范围内的台风，同时要求这些台风在接近圆形区域或进入区域后，中心气压有低于或等于 980hPa 的时刻发生；②为避免遗漏距离近岸参考点 200km 以外的较强的台风事件，除①选择的台风外，对通过近岸参考点 400km 圆形范围内，并可能造成桥位强海洋环境的台风事件进行选择（$p_c < 1010 - 30D/200$）。最终，本研究一共选取了如图 12.3 所示的 58 次历史台风事件。

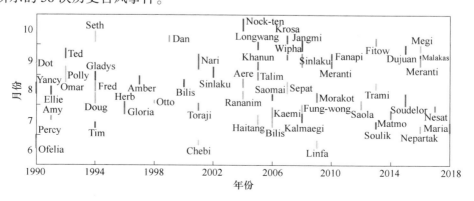

图 12.3　选取的历史台风数据集

12.4　基于 Copula 的联合概率模型

12.4.1　边缘分布

单变量的概率分布（也称边缘分布）是建立联合概率模型的基础。根据样本估计总体的概率分布密度，常用的方法包括参数法和非参数法。参数法假定总体服从某种已知分布，后估计其中的参数；非参数法不依赖于总体的分布和参数，直接根据样本数据对总体分布进行估计，如核密度估计等。虽然非参数法对样本数据拟合较好，但非参数法无固定的函数形式，其结果外延困难。同时，在水文观测数据分布中，已有广泛的研究开展，给参数法中总体分布的假设提供了宝贵的依据。因此，本节使用较为广泛的 Rayleigh 分布、Weibull 分布、GEV 分布、Logistic 分布对台风下各环境要素的分布进行拟合。Rayleigh 分布、Weibull 分布、GEV 分布、Logistic 分布的概率密度函数分别如下。

Rayleigh 分布：

$$f(x) = \frac{x}{b^2}\exp\left(-\frac{x^2}{xb^2}\right) \tag{12.15}$$

式中：b 为 Rayleigh 分布的尺度参数。

Weibull 分布：

$$f(x) = \frac{b}{a}\left(\frac{x}{a}\right)^{b-1}\exp\left(-\left(\frac{x}{a}\right)^b\right) \tag{12.16}$$

式中：a、b 分别为 Weibull 分布的尺度、形状参数。

GEV 分布：

$$f(x) = \begin{cases} \dfrac{1}{\sigma}\exp\left(-\left(1 + k\dfrac{x-\mu}{\sigma}\right)^{-1/k}\right)\left(1 + k\dfrac{x-\mu}{\sigma}\right)^{-1-1/k} & k \neq 0 \\ \dfrac{1}{\sigma}\exp\left(-\exp\left(-\dfrac{x-\mu}{\sigma}\right) - \dfrac{x-\mu}{\sigma}\right) & k = 0 \end{cases} \tag{12.17}$$

式中：μ、σ、k 分别为 GEV 分布的位置、尺度、形状参数。

GEV 分布有三种类型，分别为 Gumbel 分布（极值 I 型，$k=0$）、Fréchet 分布（极值 II 型，$k>0$）和逆三参数 Weibull 分布（极值 III 型，$k<0$）。

Logistic 分布：

$$f(x) = \frac{\exp\left(\dfrac{x-\mu}{\sigma}\right)}{\sigma\left(1 + \exp\left(\dfrac{x-\mu}{\sigma}\right)\right)^2} \tag{12.18}$$

式中：μ、σ 分别为 Logistic 分布的位置、尺度参数。

12.4.2　Copula 理论

Copula 函数是连接相关变量的有用工具。根据 Sklar 理论[13]，m 个随机变量 X_1，X_2，X_3，$\cdots$，X_m，假设其边缘分布为 $F_1(X_1)$，$F_2(X_2)$，$\cdots$，$F_m(X_m)$，则存在一个 Copula

函数，满足：

$$F(x_1,\ x_2,\ \cdots,\ x_m) = C(F_1(x_1),\ F_2(x_2),\ \cdots,\ F_m(x_m)) \tag{12.19}$$

式中：$F(x_1,\ x_2,\ \cdots,\ x_m)$ 是 m 个随机变量的联合分布函数，其对应的联合概率密度函数 $f(x_1,\ x_2,\ \cdots,\ x_m)$ 为

$$f(x_1,\ x_2,\ \cdots,\ x_m) = \frac{\partial^m F(x_1,\ x_2,\ \cdots,\ x_m)}{\partial x_1 \partial x_2,\ \cdots,\ \partial x_m} \tag{12.20}$$

Copula 函数主要存在两个函数簇，即椭圆 Copula 函数簇和阿基米德 Copula 函数簇[14]。椭圆 Copula 函数主要描述特定的对称相关特性，不适合描述具有尾部非对称分布特性的变量，而阿基米德 Copula 函数在复杂的依赖关系中表现出优异的性能，特别是在捕捉尾部非对称特征方面[14]。目前，阿基米德 Copula 函数已广泛应用于水文频率分析、联合概率建模等方面[15,16]。因此，本章选择常用的二元阿基米德 Copula 函数来描述两变量之间的依赖关系，包括 Gumbel Copula、Clayton Copula 和 Frank Copula。它们的概率分布和密度函数如下：

Gumbel Copula：

$$C_\theta(u,\ v) = \exp(-[(-\ln u)^\theta + (-\ln v)^\theta]^{1/\theta}) \tag{12.21}$$

$$c_\theta(u,\ v) = \frac{\partial^2 C_\theta(u,\ v)}{\partial u \partial v} = \frac{C(u,\ v;\ \theta)\,(\ln u \cdot \ln v)^{\theta-1}}{uv\,[(-\ln u)^\theta + (-\ln v)^\theta]^{2-1/\theta}} \{[(-\ln u)^\theta + (-\ln v)^\theta]^{1/\theta} + \theta - 1\}$$

$$\tag{12.22}$$

Clayton Copula：

$$C_\theta(u,\ v) = (u^{-\theta} + v^{-\theta} - 1)^{-1/\theta} \tag{12.23}$$

$$c_\theta(u,\ v) = \frac{\partial^2 C_\theta(u,\ v)}{\partial u \partial v} = (1+\theta)\,(uv)^{-\theta-1}\,(u^{-\theta} + v^{-\theta} - 1)^{-2-1/\theta} \tag{12.24}$$

Frank Copula：

$$C_\theta(u,\ v) = -\frac{1}{\theta}\ln\left(1 + \frac{(e^{-\theta u} - 1)(e^{-\theta v} - 1)}{e^{-\theta} - 1}\right) \tag{12.25}$$

$$c_\theta(u,\ v) = \frac{\partial^2 C_\theta(u,\ v)}{\partial u \partial v} = \frac{-\theta(e^{-\theta} - 1)e^{-\theta(u+v)}}{[(e^{-\theta} - 1) + (e^{-\theta u} - 1)(e^{-\theta v} - 1)]^2} \tag{12.26}$$

式中：θ 为各 Copula 函数的参数，Gumbel Copula 的 $\theta \in [1,\ \infty)$，Clayton Copula 的 $\theta \in [0,\ \infty)$，Frank Copula 的 $\theta \in (-\infty,\ \infty) \setminus \{0\}$，$\theta$ 可由极大似然法进行估计；u 和 v 为随机变量的边缘分布。

Gumbel、Clayton 和 Frank 的概率密度如图 12.4 所示。Frank Copula 对尾部依赖不太敏感，而 Gumbel Copula 和 Clayton Copula 则对尾部依赖敏感。同时，Gumbel Copula、Clayton Copula 对边缘分布间具有负相关性的变量不具备描述能力。为选取合适的 Copula 函数，采用均方根误差 RMSE、Nash 效率系数 NSE 和 AIC 信息准则法对各 Copula 函数的拟合优度进行评价。均方根误差 RMSE、Nash 效率系数 NSE 和 AIC 信息准则法可分别表示为

$$RMSE = \sqrt{\frac{1}{n}\sum_{i=1}^{n}[p_s(i) - p_0(i)]^2} \tag{12.27}$$

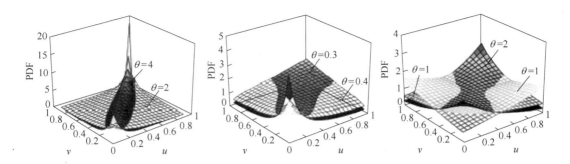

图 12.4　Gumbel Copula、Clayton Copula 和 Frank Copula 密度函数

$$NSE = 1 - \frac{\sum_{i=1}^{n} \left[p_s(i) - p_0(i) \right]^2}{\sum_{i=1}^{n} \left[p_0(i) - \bar{p}_0 \right]^2} \tag{12.28}$$

$$AIC = n\ln\left(\frac{1}{n-\theta} \sum_{i=1}^{n} \left[p_s(i) - p_0(i) \right]^2 \right) + 2\theta \tag{12.29}$$

式中：n 为样本数；p_0 为经验分布经验值；p_s 为拟合分布理论值；$\bar{p}_0$ 为经验分布经验值的均值。

　　$RMSE$ 和 NSE 只关注残差最小化，均方根误差越小及 Nash 效率系数越接近 1，理论分布和经验分布的残差越小。更复杂的模型对数据更灵活，因此往往会更适合观测数据，但可能对数据造成过度拟合。因此，AIC 信息准则法同时考虑了模型的复杂性和残差最小化，为模型预测的质量提供了更可靠的度量[17]。AIC 引入了惩罚项，有助于降低模型过度拟合的可能性。AIC 越小，模型的拟合效果越好。

12.4.3　Pair-Copula 模型

　　上述 Copula 函数存在三维甚至更高维度的 Copula 函数，但是相对较少，同时应用起来较为困难。目前，处理多维问题的一种著名方法是将多元密度递归分解为条件密度的乘积[15,18]。以三维联合概率密度为例，其一种分解形式可表示为

$$f(x_1, x_2, x_3) = f_1(x_1)f_{2|1}(x_2 \mid x_1)f_{3|1,2}(x_3 \mid x_1, x_2) \tag{12.30}$$

式中：$f_1(x_1)$、$f_{2|1}(x_2 \mid x_1)$ 和 $f_{3|1,2}(x_3 \mid x_1, x_2)$ 为变量 X_1 的概率密度、在变量 X_1 条件下变量 X_2 的条件概率密度和在变量 X_1、X_2 条件下变量 X_3 的条件概率密度。

　　由于条件概率密度可表示为

$$f_{j|i} = \frac{f_{ij}(x_i, x_j)}{f_i(x_i)} = c_{ij}(F_i(x_i), F_j(x_j))f_j(x_j) \tag{12.31}$$

式中：f_{ij} 为变量 X_i、X_j 的联合概率密度；c_{ij} 为连接边缘分布 $F_i(x_i)$ 和 $F_j(x_j)$ 的 Copula 概率密度。

　　因此，式（12.30）中的条件密度 $f_{2|1}(x_2 \mid x_1)$ 和 $f_{3|1,2}(x_3 \mid x_1, x_2)$ 可表示为

$$f_{2|1} = c_{12}(F_1(x_1), F_2(x_2))f_2(x_2) \tag{12.32}$$

$$f_{31,2}(x_3 \mid x_1, x_2) = c_{13|2}(F_{1|2}(x_1 \mid x_2), F_{3|2}(x_3 \mid x_2))f_{3|2}(x_3 \mid x_2)$$
$$= c_{13|2}(F_{1|2}(x_1 \mid x_2), F_{3|2}(x_3 \mid x_2))c_{23}(F_2(x_2), F_3(x_3))f_3(x_3)$$

$$(12.33)$$

式中：$f_2(x_2)$、$f_3(x_3)$ 和 $f_{3|2}(x_3 \mid x_2)$ 为变量 X_2 的概率密度、变量 X_3 的概率密度和在变量 X_2 条件下变量 X_3 的条件概率密度；c_{12} 和 c_{23} 分别为边缘分布 $F_1(x_1)$ 和 $F_2(x_2)$、$F_2(x_2)$ 和 $F_3(x_3)$ 的 Copula 概率密度；$c_{13|2}$ 为条件分布 $F_{1|2}(x_1 \mid x_2)$ 和 $F_{3|2}(x_3 \mid x_2)$ 的 Copula 概率密度。条件分布 $F_{1|2}(x_1 \mid x_2)$ 和 $F_{3|2}(x_3 \mid x_2)$ 可表示为

$$F_{1|2}(x_1 \mid x_2) = \frac{\partial C_{12}(F_1(x_1), F_2(x_2))}{\partial F_2(x_2)}$$

$$(12.34)$$

$$F_{3|2}(x_3 \mid x_2) = \frac{\partial C_{23}(F_2(x_2), F_3(x_3))}{\partial F_2(x_2)}$$

$$(12.35)$$

式中：$C_{12}(\cdot, \cdot)$ 和 $C_{23}(\cdot, \cdot)$ 分别为连接边缘分布 $F_1(x_1)$ 和 $F_2(x_2)$、$F_2(x_2)$ 和 $F_3(x_3)$ 的二元 Copula 函数。

因此，根据式（12.30）~式（12.33），三维联合概率密度可表示为

$$f(x_1, x_2, x_3) = c_{12}(F_1(x_1), F_2(x_2))c_{23}(F_2(x_2), F_3(x_3))c_{13|2}(F_{12}(x_1 \mid x_2), F_{32}(x_3 \mid x_2)) \times$$
$$f_1(x_1)f_2(x_2)f_3(x_3)$$

$$(12.36)$$

Copula 概率密度函数等于 Copula 概率分布函数对自变量的偏导，即

$$c_{ij}(F_i(x_i), F_j(x_j)) = \frac{\partial C_{ij}(F_i(x_i), F_j(x_j))}{\partial F_i(x_i)\,\partial F_j(x_j)}$$

$$(12.37)$$

由式（12.36）可以看出，式（12.30）可表示为各变量对 Copula 密度函数和边缘分布的乘积，称为 Pair-Copula 模型。式（12.36）避免了直接求解 $f_{3|1,2}$，对数据量的要求得到了缓解，式（12.36）最多只涉及两个变量的连接。其中，Copula 函数 $C_{12}(\cdot, \cdot)$，$C_{23}(\cdot, \cdot)$，$C_{13|2}(\cdot, \cdot)$，可从二元 Copula 函数家族里进行选择，然后利用极大似然估计，确定 Copula 函数的最佳拟合参数。隐含的条件分布数据对 $F_{1|2}(x_1 \mid x_2)$ 和 $F_{3|2}(x_3 \mid x_2)$ 由式（12.34）和式（12.35）确定。根据式（12.20），三维联合累积概率为

$$F(x_1, x_2, x_3) = C(F_1(x_1), F_2(x_2), F_3(x_3)) = \int_{-\infty}^{x_3}\int_{-\infty}^{x_2}\int_{-\infty}^{x_1} f(x_1, x_2, x_3)\,\mathrm{d}x_1\mathrm{d}x_2\mathrm{d}x_3$$

$$(12.38)$$

由于式（12.30）中的条件密度可以做出不同的选择，三维联合概率密度的分解一共存在三种不同的表达形式，可采用图 12.5 所示的藤状结构表示。图 12.5（a）即为式（12.36）表示的三维联合概率密度。

采用类似的方法可以得到更高维度的联合概率密度的表达式，同时可用图 12.5 所示的藤状结构表示。随着维度的增加，多维联合概率密度会存在更多的分解形式。因此，对于多维联合概率密度，采用 Pair-Copula 模型进行分解，需要考虑：①选择一种分解形式，②为每组数据对选择合适的 Coupla 函数，③估计 Copula 函数里的待定参数。由于在不同的分解形式中，不同的数据对需要选择合适的 Copula 函数，因此，选择 Copula 函数的差异可能造成不同分解形式的结果是不同的。但是，由于每组数据对都选择了合适的 Copula 函数及相应的最佳参数，都是对已有数据分布的较优近似，所以单纯从拟合样本分布的角度讲，各分解都是有效的[18]。

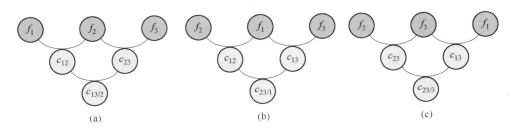

图 12.5　三维联合概率密度分解形式

12.5　环境等值线和等值面模型

建立二维、三维甚至更高维度联合概率模型的直接用途可进行蒙特卡洛抽样，获取符合分布的环境参数，然后进行结构设计，或根据联合概率模型求解重现期供近海结构设计参考。若联合概率模型维度增加，基于累积超越概率求解出的重现期已很难理解其含义，并应用到实际设计中，因此需要一种更易于结构设计的重现期计算方法。

逆一阶可靠度方法（IFORM）是计算可靠度和工程中失效概率的一种广泛使用的数值计算方法[19]。目前，已在海洋结构物设计中有所研究和应用[20-22]，用于求解特定重现期（即可靠度）下的环境等值线（二维）和环境等值面（三维）。根据 IFORM，当给定重现期时，二维环境等值线（三维等值面），可通过将不相关的标准正态平面（空间）上具有恒定半径 β 的等概率圆（球）以概率相等原则转换到物理联合随机变量平面（空间）上得到[22,23]。图 12.6 为逆一阶可靠度方法（IFORM）的原理以及求解二维等值线和三维等值面的示意图。

以三维随机变量为例，在标准正态空间中，半径为 β 的等概率球可表示为

$$u_1^2 + u_2^2 + u_3^2 = \beta^2 \tag{12.39}$$

式中：u_1、u_2 和 u_3 为三个不相关的标准正态随机变量。

在不相关的标准正态空间中，等概率球的半径 β 等于目标可靠性指数[24]。因此，具有 T 年重现期的等概率球半径 β 可由式（12.40）计算：

$$\beta = \Phi^{-1}\left(1 - \frac{1}{NT}\right) \tag{12.40}$$

式中：$\Phi^{-1}(\cdot)$ 为标准正态分布的逆累积分布函数；N 为随机事件的年发生率。

根据概率相等原则，即 Rosenblatt 变换，三维标准正态空间和物理联合随机变量空间的转换关系可表示为

$$\Phi(u_1) = F_1(x_1) \tag{12.41}$$

$$\Phi(u_2) = F_{2|1}(x_2 \mid x_1) \tag{12.42}$$

$$\Phi(u_3) = F_{3|1,2}(x_3 \mid x_1, x_2) \tag{12.43}$$

式中：F_1、$F_{2|1}$ 和 $F_{3|1,2}$ 分别为变量 X_1 的分布、在变量 X_1 条件下变量 X_2 的条件分布和在变量 X_1、X_2 条件下变量 X_3 的条件分布。

$F_{2|1}$ 和 $F_{3|1,2}$ 可根据式（12.32）和式（12.33）通过概率密度函数的积分进行计算。

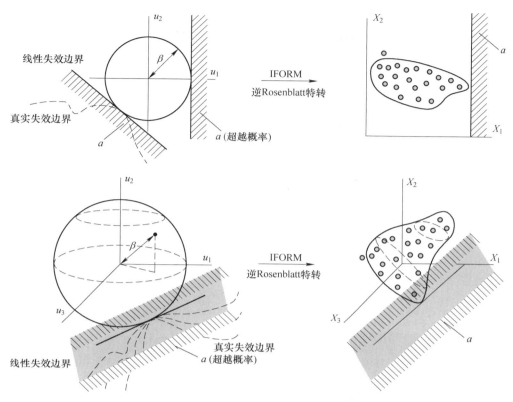

图 12.6　逆一阶可靠度方法（IFORM）以及求解二维等值线和三维等值面的示意图

根据 IFORM 即可获得特定重现期下的环境等值线、等值面或更高维度形式的高维等值体。然后，在该重现期下，即可在环境等值线、等值面或更高维度形式的高维等值体上寻找对结构最不利的环境参数组合。

12.6　风–浪联合概率模型

12.6.1　单变量风、浪概率模型

为建立联合概率模型做准备，本节探究了 58 次台风中的单变量环境要素极值（风速和浪高）的边缘分布。以主桥跨中海面 C_2 测点为例，图 12.7 给出了分别采用 Rayleigh 分布、Weibull 分布、GEV 分布、Logistic 分布拟合最大风速和波高分布的对比图。由均方根误差可知，Weibull 分布对最大风速和波高分布拟合最好，均方根分别为 0.042 和 0.037。同时，Weibull 分布通过了置信水平为 95% 的 K–S 检验。因此，采用 Weibull 分布作为桥址区台风下最大风速、最大波高的分布类型。对于最大风速和最大波高，采用 Weibull 分布拟合的参数分别为：$a = 22.56$，$b = 4.11$；$a = 3.77$，$b = 3.32$。

本节计算了单变量下环境要素的重现期。根据重现期理论[16]，单变量重现期计算方法为

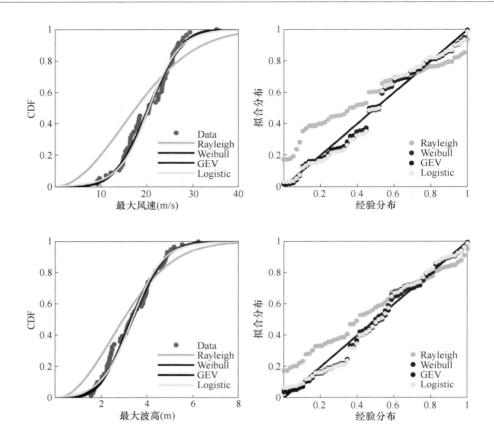

图 12.7　不同分布函数拟合最大风速和波高对比

$$T = \frac{L}{m(1 - F(x))} \tag{12.44}$$

式中：$F(x)$ 为变量 X（风速等环境参数）的分布函数；m 为产生变量 X 的事件的发生次数；L 为统计变量 X 的时间长度。

台风致最大风速和最大波高的重现期如图 12.8 所示。

12.6.2　最大风速、浪高联合概率模型

二维联合概率模型是建立三维概率模型的基础，以台风下风速和波高为例。本节先研究了桥位台风下的风、浪关系。根据 58 个历史台风的风、浪演变数据，图 12.9 展示了以风向的 60°为扇区，各扇区内风速和有效波高的关系图，其中颜色深浅表示通过标准化的风、浪组合对的频率。同时，采用二次多项式 $ax^2 + bx + c$ 对风、浪关系进行拟合，并计算了数据对的 Pearson 相关系数。Pearson 相关系数可表示为

$$r_{xy} = \frac{\sum_{i=1}^{n}(x_i - \bar{x})(y_i - \bar{y})}{\sqrt{\sum_{i=1}^{n}(x_i - \bar{x})^2}\sqrt{\sum_{i=1}^{n}(y_i - \bar{y})^2}} \tag{12.45}$$

式中：x、y 为实测数据对；$\bar{x}$ 为 x 的均值；$\bar{y}$ 为 y 的均值；$r_{xy} = 1$ 表示强线性相关性，$r_{xy} = 0$

表示弱线性相关性。

图 12.9 给出了台风下各风向扇区内风、浪关系。由该图知，当风向位于在 180° ~ 300°时，线性相关性最强。不关注方向上差异，基于 Copula 函数建立最大风速和浪高的联合概率模型的首要工作是确定各变量的边缘分布。最大风速和最大波高的边缘分布如表 12.1 所示。随后，采用二元阿基米德 Copula 函数：Gumbel Copula、Clayton Copula 和 Frank Copula 对边缘分布进行拟合，拟合结果如表 12.2 和图 12.10 所示。

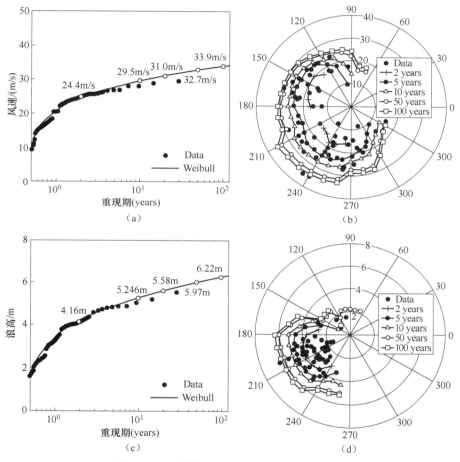

图 12.8　台风致最大风速和最大波高重现期

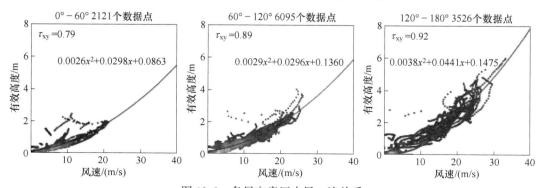

图 12.9　各风向扇区内风、浪关系

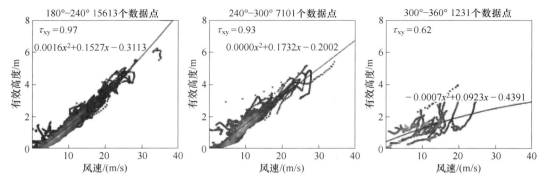

图 12.9　各风向扇区内风、浪关系（续）

表 12.1　台风致最大风速和波高的拟合参数与检验结果

变　量	分　布	参　数		RMSE	K-S 检验 (95% 置信水平)
		a	b		
最大风速	Weibull 分布	22.56	4.11	0.042	通过
最大波高	Weibull 分布	3.77	3.32	0.037	通过

表 12.2　台风致最大风速和波高联合分布的拟合参数与检验结果

Copula 函数	参数 θ	RMSE	NSE	AIC
Gumbel	3.19	0.042	0.98	-357.9
Clayton	2.46	0.051	0.97	-338.6
Frank	10.77	0.041	0.98	-337.7

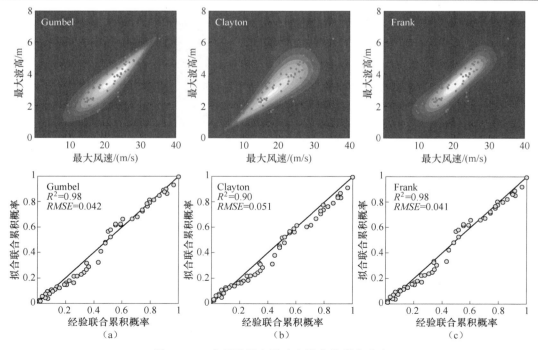

图 12.10　台风致最大风速和浪高的联合分布

　　台风致最大风速和浪高的联合分布如图 12.10 所示，由该图可知 Frank Copula 拟合的 RMSE 最小，但其 AIC 最大，说明 Frank Copula 存在过拟合。由于 Gumbel Copula 拟合的 AIC 最小，因此 Gumbel Copula 更适合描述台风下极端风浪的联合分布。由图 12.10（a）知台风下极端风浪联合分布的上尾较尖。在 Qiao 等人[20]的研究中也存在类似的情形，说明台风下，大风往往和大浪相对应。采用 IFORM 计算得到的环境等值线（联合重现期）如图 12.11 所示，该图中还显示了单变量计算的 100 年一遇台风致最大风、浪结果。由于台风下极端风浪联合分布的上尾较尖，单独的风、浪 100 年重现期的组合与风、浪联合的 100 年重现期的组合较接近。

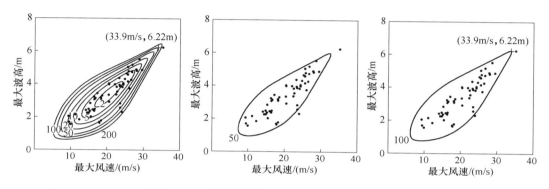

图 12.11　台风致最大风速和浪高的环境等值线

12.6.3　最大浪高、最大波高时平均波周期联合概率模型

　　基于 Copula 函数建立最大波高和最大波高时刻平均波周期的联合概率模型。边缘分布的最佳拟合如表 12.3 所示。Gumbel Copula、Clayton Copula 和 Frank Copula 对边缘分布的拟合结果如表 12.4 和图 12.12 所示。

表 12.3　最大波高和波浪平均周期分布的拟合参数与检验结果

变　量	分　布	参　数		RMSE	$K–S$ 检验（95% 置信水平）
		a 或 μ	b 或 σ		
最大波高	Weibull 分布	3.77	3.32	0.037	通过
平均波周期	Logistic 分布	7.39	0.75	0.029	通过

表 12.4　最大波高和平均波周期联合分布的拟合参数与检验结果

Copula 函数	参数 θ	RMSE	NSE	AIC
Gumbel	1.29	0.051	0.95	−341.6
Clayton	3.23	0.035	0.98	−386.1
Frank	3.23	0.040	0.97	−363.1

　　根据表 12.4 和图 12.12，Clayton Copula 对波高和平均波周期的联合分布吻合最好。但其对小波高、长周期的分布描述不足。为建立更符合波高和波浪平均周期联合分布的关系，将最大波高和平均波周期的联合密度分解为各条件密度的乘积：

$$f_{H,T} = f_H(h) f_{TH}(t \mid h)$$

（12.46）

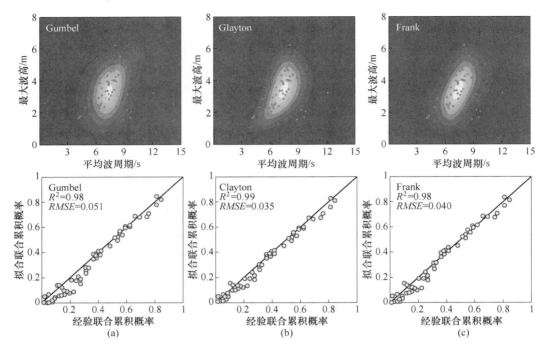

图 12.12　台风致最大波高与平均波周期的联合分布

式中：f_H 为波高的概率密度；$f_{T|H}$ 为平均波周期在波高下的条件密度。

　　根据前人的研究[25]发现，平均波周期在波高下的分布符合 Lognormal 分布。本节采用 Lognormal 分布检验台风下最大波高时刻的平均波周期在最大波高下的分布。Lognormal 分布的密度函数如式（12.47）所示。

$$f_{T|H}(t\mid h) = \frac{1}{\sqrt{2\pi}\,\sigma_{\text{LTC}}}\exp\left(-\frac{1}{2}\left(\frac{\ln(t)-\mu_{\text{LTC}}}{\sigma_{\text{LTC}}}\right)^2\right) \tag{12.47}$$

式中：μ_{LTC}、σ_{LTC} 为 Lognormal 分布的参数，即对数均值和标准差。

　　将 $H\pm0.5\text{m}$ 的平均波周期视为在同一个波高 H 下，随后对各波高下平均波周期的分布采用 Lognormal 分布进行拟合。图 12.13 展示了波高属于 $2\pm0.5\text{m}$ 和 $5\pm0.5\text{m}$ 下平均波周期的分布。如图 12.13 所示，Lognormal 分布吻合良好，同时通过了置信区间为 95% 的 K-S 检验。

　　为确定不同波高下平均波周期分布之间的联系，本节对不同波高下平均波周期分布拟合的 μ_{LTC}、σ_{LTC}^2 采用以下公式进行拟合：

$$\mu_{\text{LTC}} = c_1 + c_2 h^{c_3} \tag{12.48}$$
$$\sigma_{\text{LTC}}^2 = d_1 \exp(d_2 h) \tag{12.49}$$

式中：c_1、c_2、c_3 为 μ_{LTC} 的拟合参数；d_1、d_2 为 σ_{LTC}^2 的拟合参数。

　　拟合结果如图 12.14 所示。将拟合式（12.48）和式（12.49），代入式（12.47），后将式（12.47）代入式（12.46）得最大波高和平均波周期的联合概率密度，如图 12.15 所示。如图 12.15 所示，采用条件密度乘积得到的最大波高和平均波周期的联合概率密度较好地捕捉到了小波高、长周期的情形，与实测吻合良好。同时，采用条件密度乘积得到

的联合分布的 *RMSE* 与 Clayton Copula 拟合的 *RMSE* 相差不大，分别为 0.038 和 0.035，但采用条件密度乘积得到分布更能反映实际的分布特征，因此本章采用条件密度乘积得到的分布为最大波高和平均波周期的联合分布。基于 IFORM 计算的环境等值线如图 12.16 所示。

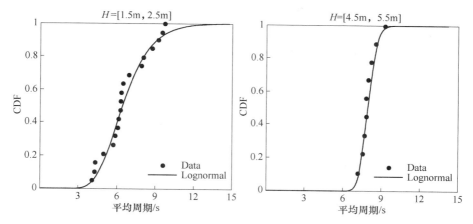

图 12.13　平均波周期在波高下的条件分布拟合图

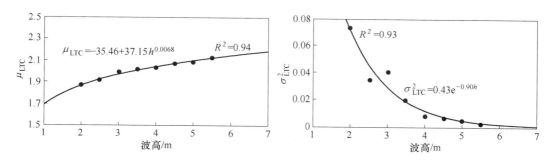

图 12.14　μ_{LTC} 和 σ_{LTC}^2 拟合图

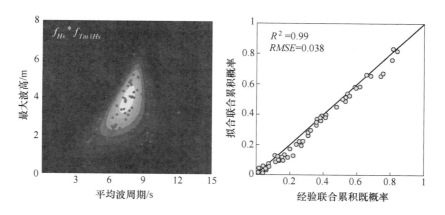

图 12.15　台风致最大波高与平均波周期的联合分布（条件密度乘积方式）

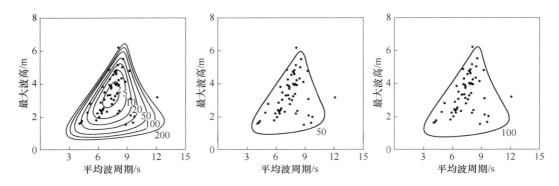

图 12.16　台风致最大波高与平均波周期的环境等值线

　　本章对平潭桥桥址区经历的 58 次台风事件的环境要素极值的单变量和联合概率特征进行了分析。其中包括最大风速、最大波高、最大风速和最大波高的联合、最大波高和最大波高时刻平均波周期的联合，并最终都给出了相应的单变量概率模型和联合概率模型，对该海域考虑双变量联合下近海结构设计、可靠度评估提供了重要的模型。同时，给其他海域环境单变量和双变量极值分析和概率模型建立提供了有利的参考，包括概率模型的建立方法、概率模型的选择、分布的检验等。由于实际设计中，不只需要考虑两种环境变量的组合，下节将建立更高维度的联合概率模型和环境等值面，本节的一维和二维联合概率模型是下节更高维度联合概率模型的基础。

12.7　最大风速、最大波高、最大波高时平均波周期三维联合概率模型

　　将最大风速视为随机变量 X_1、最大波高视为随机变量 X_2、平均波周期视为随机变量 X_3，基于 Pair-Copula 理论建立台风致最大风速、最大波高和相应时刻的平均波周期的三维联合概率模型。关于极端波高和平均波周期的联合分布并未在 Gumbel Copula、Clayton Copula 和 Frank Copula 中找到合适的拟合形式，最终基于条件密度的乘积得到了极端波高和平均波周期的联合分布，即

$$f_{H,T} = f_H(h)f_{T|H}(t \mid h) = f_{23}(x_2, x_3) \tag{12.50}$$

　　由于：

$$f_{23}(x_2, x_3) = c_{23}(F_2(x_2), F_3(x_3))f_2(x_2)f_3(x_3) \tag{12.51}$$

　　将式（12.51）代入式（12.32），可得

$$f(x_1, x_2, x_3) = c_{12}(F_1(x_1), F_2(x_2))c_{13|2}(F_{1|2}(x_1|x_2), F_{3|2}(x_3|x_2))f_1(x_1)f_{23}(x_2, x_3) \tag{12.52}$$

　　前面已确定 f_1（Weibull 分布）、c_{12}（Gumbel Copula）和 f_{23}。因此，确定最大风速、最大波高和平均波周期的三维联合概率模型只需再确定 $c_{13|2}$。根据式（12.30）及 Lognormal 分布，得到数据对（$F_{1|2}$，$F_{3|2}$）。随后，采用 Gumbel Copula、Clayton Copula 和 Frank Copula 对条件边缘分布 $F_{1|2}$、$F_{3|2}$ 拟合，拟合结果如表 12.5 所示。

表 12.5　条件边缘分布 $F_{1|2}$、$F_{3|2}$ 联合分布的拟合参数

Copula 函数	参数 θ	RMSE	NSE	AIC
Gumbel	1	0.049	0.92	−347.9
Clayton	0	0.047	0.92	−350.9
Frank	−4.57	0.059	0.87	−341.7

　　根据表 12.5，尽管 Gumbel Copula、Clayton Copula 拟合对应的 RMSE 及 AIC 较小，但是 Gumbel Copula、Clayton Copula 不具备描述边缘分布为负相关性的变量，对 $F_{1|2}$、$F_{3|2}$ 的联合分布不适合。$F_{1|2}$、$F_{3|2}$ 的联合分布更偏向于 Frank Copula 的拟合结果，如图 12.17 所示。由图 12.17 可知，在同一波高下，当风速接近于 0 时，涌浪成分显著，波周期较长，周期分布接近于 1。当风速很大时，风浪成分增强，波周期较短，周期分布接近于 0。Frank Copula 更能体现相应的物理意义。根据式（12.52）计算得到的台风下最大风速、最大浪高、平均波周期的三维联合概率密度如图 12.18 所示。

　　由图 12.18 知，本节建立的三维联合概率模型的联合累积概率与经验累积概率位于 1:1 等值线附近，同时，$R^2 = 0.98$，说明吻合良好。根据 IFORM 计算的三维环境等值面如图 12.19 所示。图 12.19 展示了各风速下，在 50 年一遇、100 年一遇环境等值面上，波高和周期的组合，以及各变量单独取到最大时，其他变量的取值。

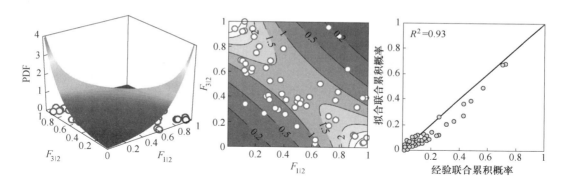

图 12.17　Frank Copula 对 $F_{1|2}$，$F_{3|2}$ 联合分布的拟合结果

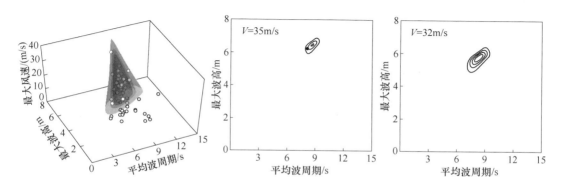

图 12.18　最大风速、最大浪高和平均波周期三维联合概率模型

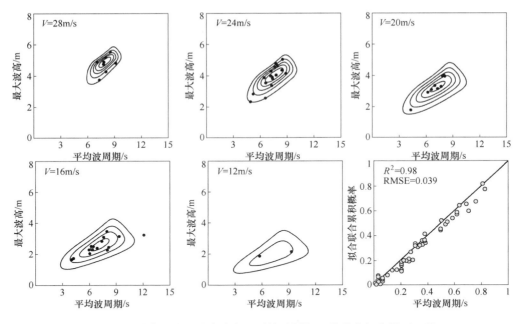

图 12.18　最大风速、最大浪高和平均波周期三维联合概率模型（续）

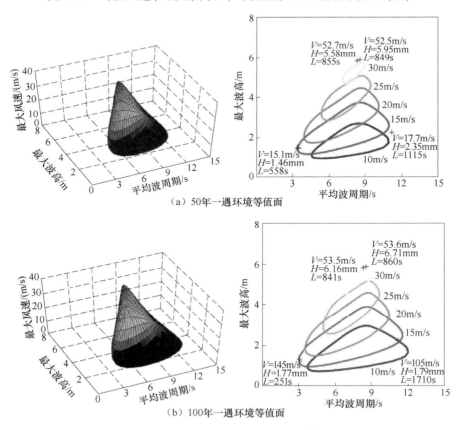

图 12.19　最大风速、最大浪高、平均波周期三维环境等值面

12.8 小结

台风作用会在近岸海域形成狂风、巨浪等极端环境，严重威胁近海工程结构安全。本章介绍了使用 SWAN+ADCIRC 模式进行近岸海域台风作用下极端海洋环境的数值模拟方法以及环境要素多维联合概率模型的建立方法。以平潭海峡海域为对象，开展了过去 29 年的历史台风下海洋环境数值模拟；基于上述数据，给出了基于 Coupla 理论建立风-浪-周期多维联合概率模型及环境等值线和等值面模型的方法。

参 考 文 献

［1］ WEI K, SHEN Z, TI Z, et al. Trivariate joint probability model of typhoon-induced wind, wave and their time lag based on the numerical simulation of historical typhoons ［J］. Stochastic Environmental Research and Risk Assessment, 2021, 35 （2）: 325-344.

［2］ 魏凯, 沈忠辉, 吴联活, 等. 强台风作用下近岸海域波浪-风暴潮耦合数值模拟 ［J］. 工程力学, 2019, 36 （11）: 139-146.

［3］ ZHANG Y, WEI K, SHEN Z, et al. Economic impact of typhoon-induced wind disasters on port operations: A case study of ports in China ［J］. International Journal of Disaster Risk Reduction, 2020, 50: 101719.

［4］ FLEMING J, FULCHER C, LUETTICH J R, et al. A real time storm surge forecasting system using AD-CIRC ［M］//SPAUL DING ML. Estuarine and Coastal Modeling, ASCE, 2008: 893-912.

［5］ HARPER B A, KEPERT J D, GINGER J D. Guidelines for converting between various wind averaging periods in tropical cyclone conditions. World Meteorological Organization Tech. Doc. WMO/TD-1555, 2010: 1-54.

［6］ 赵鑫, 姚炎明, 黄世昌, 等. 超强台风"桑美"及"韦帕"风暴潮预报分析 ［J］. 海洋预报, 2009, 26 （1）: 19-28.

［7］ 赵永平, 张必成, 陈永利, 等. 不同时距平均风速换算关系的研究 ［J］. 海岸工程, 1988 （3）: 62-66.

［8］ 李正泉, 肖晶晶, 张育慧, 等. 基于全球风场产品中国海表面风速变化分析 ［J］. 海洋环境科学, 2016, 35 （4）: 587-593, 640.

［9］ PAN Y, CHEN Y, LI J, et al. Improvement of wind field hindcasts for tropical cyclones ［J］. Water Science and Engineering, 2016, 9 （1）: 58-66.

［10］ DIETRICH J C, TANAKA S, WESTERINK J J, et al. Performance of the unstructured-mesh, SWAN+ADCIRC model in computing hurricane waves and surge ［J］. Journal of Scientific Computing, 2012, 52 （2）: 468-497.

［11］ YIN K, XU S, HUANG W. Estimating extreme sea levels in Yangtze Estuary by quadrature Joint Probability Optimal Sampling Method ［J］. Coastal Engineering, 2018, 140: 331-341.

［12］ LIN N, EMANUEL K A, SMITH J A, et al. Risk assessment of hurricane storm surge for New York City ［J］. Journal of Geophysical Research: Atmospheres, 2010, 115 （D18）: D18121: 1-12.

［13］ SKLAR M. Fonctions de répartition à N dimensions et leurs marges ［J］. Annales de l'ISUP, 1959, Ⅷ （3）: 229-231.

［14］ LI M S, LIN Z J, JI T Y, et al. Risk constrained stochastic economic dispatch considering dependence of multiple wind farms using pair-copula ［J］. Applied Energy, 2018, 226: 967-978.

［15］ SAGHAFIAN B，MEHDIKHANI H. Drought characterization using a new copula-based trivariate approach ［J］. Natural Hazards，2014，72（3）：1391−1407.

［16］ LIU X，LI N，YUAN S，et al. The joint return period analysis of natural disasters based on monitoring and statistical modeling of multidimensional hazard factors ［J］. Science of The Total Environment，2015，538：724−732.

［17］ SADEGH M，RAGNO E，AGHAKOUCHAK A. Multivariate Copula Analysis Toolbox（MvCAT）：Describing dependence and underlying uncertainty using a Bayesian framework ［J］. Water Resources Research，2017，53（6）：5166−5183.

［18］ AAS K，CZADO C，FRIGESSI A，et al. Pair-copula constructions of multiple dependence ［J］. Insurance：Mathematics and Economics，2009，44（2）：182−198.

［19］ 张烨. 基于逆可靠度法的海工结构疲劳寿命概率预测 ［D］. 青岛：中国海洋大学，2012.

［20］ QIAO C，MYERS A T，ARWADE S R. Characteristics of hurricane−induced wind，wave，and storm surge maxima along the U. S. Atlantic coast ［J］. Renewable Energy，2020，150（C）：712−721.

［21］ LI L，GAO Z，MOAN T. Joint Distribution of Environmental Condition at Five European Offshore Sites for Design of Combined Wind and Wave Energy Devices ［J］. Journal of Offshore Mechanics and Arctic Engineering，2015，137（3）：031901.

［22］ VALAMANESH V，MYERS A T，ARWADE S R. Multivariate analysis of extreme metocean conditions for offshore wind turbines ［J］. Structural Safety，2015，55：60−69.

［23］ ROSENBLATT M. Remarks on a Multivariate Transformation ［J］. Annals of Mathematical Statistics，Institute of Mathematical Statistics，1952，23（3）：470−472.

［24］ SARANYASOONTORN K，MANUEL L. Efficient models for wind turbine extreme loads using inverse reliability ［J］. Journal of Wind Engineering and Industrial Aerodynamics，2004，92（10）：789−804.

［25］ LIN Y，DONG S，TAO S. Modelling long−term joint distribution of significant wave height and mean zero−crossing wave period using a copula mixture ［J］. Ocean Engineering，2020，197：106856.